KB215390

60Kim쌤의

멀티미디어콘텐츠
제작전문가 필기

시대에듀

2025 시대에듀
60kim쌤의 멀티미디어콘텐츠제작전문가 필기 공부 끝

Always with you

사람의 인연은 길에서 우연하게 만나거나 함께 살아가는 것만을 의미하지는 않습니다.
책을 펴내는 출판사와 그 책을 읽는 독자의 만남도 소중한 인연입니다.
시대에듀는 항상 독자의 마음을 헤아리기 위해 노력하고 있습니다. 늘 독자와 함께하겠습니다.

머리말 PREFACE

4차 산업혁명, 멀티미디어의 문을 열다!

현대 사회에서 더 이상 무시할 수 없는 중요한 키워드 중 하나인 '4차 산업혁명'은 디지털 기술의 발전과 다양한 산업 간의 융합을 통해 혁신을 이루어 내고 있습니다. 이에 따라 멀티미디어콘텐츠제작 분야 또한 큰 변화를 맞이하고 있습니다. 특히, 다양한 플랫폼의 확산으로 영상은 우리의 일상에 더욱 특별히 자리잡게 되었고, 이러한 트렌드에 발맞춰 전문적인 영상 편집 기술과 전문가의 필요성이 점차 높아지고 있습니다.

여러분에게 도전을 제안합니다!

멀티미디어콘텐츠제작전문가 자격증은 멀티미디어콘텐츠제작 관련 기술 및 능력을 갖춘 전문가를 양성하기 위한 시험입니다. 필기시험과 실기시험으로 나누어져 있으며, 필기시험에는 이론의 이해와 실무적인 능력을 확인하는 문제들이 출제됩니다. 『60kim쌤의 멀티미디어콘텐츠제작전문가 필기 공부 끝』은 멀티미디어콘텐츠제작전문가 자격증 취득을 꿈꾸는 여러분을 위한 필기시험 대비 수험서입니다. 시험에서 요구하는 필수적인 이론 지식을 포괄적으로 다루고 있으며, 각 장은 쉽게 이해할 수 있는 설명과 함께 실전 문제를 풀어보는 기출유형 완성하기로 구성되어 있습니다. 최신 동향을 반영한 기출문제에 중점을 두어, 실제 시험 대비와 자신감 증진에 도움이 될 것입니다. 또한 자세한 해설을 통해 비전공자도 손쉽게 핵심 개념을 이해할 수 있도록 하였습니다.

목표 달성을 향한 여러분의 열정을 응원합니다!

멀티미디어콘텐츠제작전문가 자격증을 취득함으로써 여러분의 전문성을 한 단계 높이고, 현장에서의 경쟁력을 확보할 수 있을 것입니다. 도전의 시작은 항상 어렵습니다. 그러나 꿈과 목표에 한 발짝 더 다가가기 위한 첫걸음을 내딛는 것은 가치 있는 일입니다. 도전하세요, 여러분의 멀티미디어콘텐츠제작전문가 자격증 도전과 취득을 응원합니다. 꿈을 향해 한 발 더 나아가는 여정에 함께하겠습니다.

모두의 합격을 기원합니다.

저자 **김유경(60kim)**

시험안내

◇ 기본정보

디지털화의 급속한 진전으로 기업, 기관 등에서 제공하는 대부분의 콘텐츠가 미디어를 통해 디지털콘텐츠로 제공됨에 따라 멀티미디어콘텐츠를 제공할 수 있는 활용 능력(기획, 디자인, 제작 등)을 평가하는 자격시험

◇ 수행직무

❶ 컴퓨터를 통하여 멀티미디어 정보를 시청각적으로 표현하는 업무
❷ 인터넷 또는 컴퓨터 통신이나 CD-ROM, DVD 등 멀티미디어 매체를 위한 콘텐츠를 제작하는 업무
❸ 관련 직업 : 영상프로듀서, 웹프로듀서, 멀티미디어 디자이너 등

◇ 시행처

한국산업인력공단(www.q-net.or.kr)

◇ 응시자격

제한 없음

◇ 출제경향

❶ 멀티미디어콘텐츠의 기획, 설계, 제작 능력 평가
❷ 시스템 지원, 운용 및 사용 S/W를 활용한 기본적인 프로그래밍과 디자인 및 미디어 관련 작업 수행 능력 평가

◇ 시험과목

구 분	시험과목	
필기시험	❶ 멀티미디어 개론	❷ 멀티미디어 기획 및 디자인
	❸ 멀티미디어 저작	❹ 멀티미디어 제작기술
실기시험	멀티미디어콘텐츠 제작실무	

◇ 시험일정(2024년 기준)

구 분	필기시험 원서접수	필기시험	필기시험 합격자 발표	실기시험 원서접수	실기시험	최종 합격자 발표
제1회	01.23.~01.26.	02.15.~03.07.	03.13.	03.26.~03.29.	04.27.~05.17.	05.29.
제2회	04.16.~04.19.	05.09.~05.28.	06.05.	06.25.~06.28.	07.28.~08.14.	08.28.
제3회	06.18.~06.21.	07.05.~07.27.	08.07.	09.10.~09.13.	10.19.~11.08.	11.20.

◇ 시험방식

구 분	검정방법	시험시간
필기시험	객관식 4지 택일형(과목당 20문항)	2시간(과목당 30분)
실기시험	작업형	4시간

◇ 합격기준

구 분	합격기준
필기시험	100점을 만점으로 하여 과목당 40점 이상, 전 과목 평균 60점 이상 취득
실기시험	100점을 만점으로 하여 60점 이상 취득

◇ 검정현황

연 도	필기시험			실기시험		
	응시(명)	합격(명)	합격률(%)	응시(명)	합격(명)	합격률(%)
2023	2,111	1,047	49.6	1,041	726	69.7
2022	1,854	760	41	767	564	73.5
2021	1,876	1,145	61	908	731	80.5
2020	884	444	50.2	463	341	73.7
2019	815	526	64.5	420	163	38.8

※ 위 사항은 시행처인 한국산업인력공단에 게시된 국가자격 종목별 상세정보를 바탕으로 작성되었습니다. 시험 전 최신 공고사항을 반드시 확인하시기 바랍니다.

출제의 핵심을 짚는 기출유형

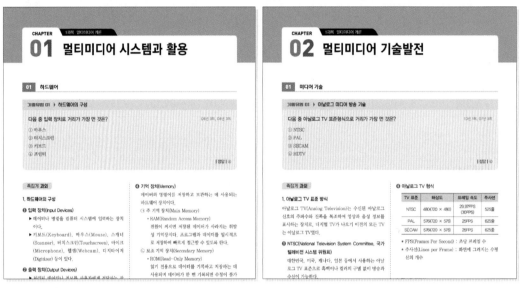

수험생이 꼭 풀어보아야 할 대표적인 기출문제를 선별한 '기출유형'이 출제의 핵심을 짚어줍니다. 앞으로 공부할 이론이 시험에 어떤 유형으로 출제될지 꼼꼼하게 살펴보세요.

족집게 과외로 체계적인 이론 학습

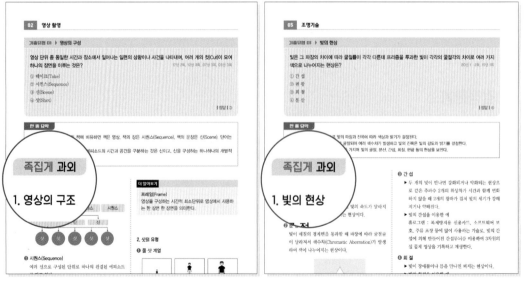

깔끔하고 정확하게 정리된 '족집게 과외'와 함께 전문용어 및 이론을 한눈에 파악하고 쉽게 학습하세요. '더 알아보기'를 통한 심화 학습으로 빈틈없는 이론 학습을 완성할 수 있습니다.

빠른 이해를 돕는 다양한 시각자료

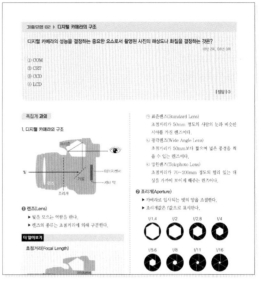

이론을 더욱 생생하고 구체적으로 전하기 위해 그림과 사진, 표 등 다양한 시각자료를 수록하였습니다. 풍부한 시각자료가 여러 가지 개념을 빠르게 이해하고 효과적으로 암기하도록 합니다.

기출유형 완성하기와 출제예상문제로 익히는 합격 노하우

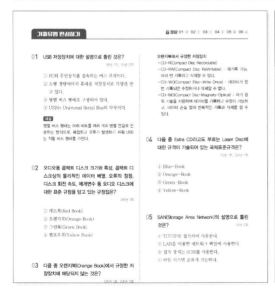

다양한 유형의 기출문제로 구성한 '기출유형 완성하기'와 '출제예상문제'를 만나보세요. 실제 시험처럼 풀어보며 실전 감각을 익힐 수 있고, 헷갈리거나 어려웠던 부분을 점검하며 실력을 다질 수 있습니다. 문제 아래에 수록된 상세하고 전문적인 해설은 완벽한 학습을 돕습니다.

CONTENTS
이 책의 차례

1과목

멀티미디어 개론

01 멀티미디어 시스템과 활용

01 하드웨어

기출유형 01 ▶ 하드웨어의 구성

다음 중 입력 장치로 거리가 가장 먼 것은? 08년 3회, 06년 3회

① 마우스
② 터치스크린
③ 키보드
④ 프린터

│정답│④

족집게 과외

1. 하드웨어의 구성

❶ 입력 장치(Input Devices)
- ▶ 데이터나 명령을 컴퓨터 시스템에 입력하는 장치이다.
- ▶ 키보드(Keyboard), 마우스(Mouse), 스캐너(Scanner), 터치스크린(Touchscreen), 마이크(Microphone), 웹캠(Webcam), 디지타이저(Digitizer) 등이 있다.

❷ 출력 장치(Output Devices)
- ▶ 처리된 데이터나 정보를 사용자에게 전달하는 장치이다.
- ▶ 모니터, 프린터, 스피커, 프로젝터 등이 있다.

❸ 연산 장치(Central Processing Unit ; CPU)
- ▶ 컴퓨터의 두뇌 역할을 하며 명령어 해석 및 실행, 데이터 연산을 수행한다.
- ▶ CPU는 컴퓨터 시스템의 성능을 결정하는 중요한 요소이다.

❹ 기억 장치(Memory)

데이터와 명령어를 저장하고 보관하는 데 사용되는 하드웨어 장치이다.

㉠ 주 기억 장치(Main Memory)
- • RAM(Random Access Memory)
  전원이 꺼지면 저장된 데이터가 사라지는 휘발성 기억장치다. 프로그램과 데이터를 일시적으로 저장하여 빠르게 접근할 수 있도록 한다.

㉡ 보조 기억 장치(Secondary Memory)
- • ROM(Read-Only Memory)
  읽기 전용으로 데이터를 기록하고 저장하는 데 사용되며 데이터가 한 번 기록되면 수정이 불가능하다.
- • 플래시 메모리(Flash Memory)
  - 전원이 꺼져도 데이터를 보존할 수 있는 비휘발성 기억장치이다.
  - 주 기억 장치보다 느린 접근 속도를 가지지만 영구적인 데이터 보존이 가능하다.
  - 보조 기억 장치인 동시에 저장 장치(Storage Devices)이다.
  - SSD(Solid State Drive), 메모리 카드(Memory Card), USB 드라이브(Universal Serial Bus Drive) 등이 있다.

- 캐시 메모리(Cache Memory)
  - CPU와 주 기억 장치 사이에 위치한 고속 메모리이다.
  - 주 기억 장치로부터 데이터를 미리 가져와서 CPU의 작업 속도를 향상시키는 역할을 한다.

❺ 저장 장치(Storage Devices)
  ▶ 데이터를 영구적으로 저장하고 보존하는 장치이다.
  ▶ HDD(Hard Disk Drive), SSD(Solid State Drive), USB 드라이브, External HDD(외장 하드 드라이브), 광학 드라이브(Optical Drive) 등이 있다.

더 알아보기

광학 드라이브의 종류
CD, DVD, 블루레이

❻ 미디어 처리 장치(Media Processing Devices)
  ▶ 컴퓨터와 다양한 입출력 장치를 연결하여 다양한 미디어 데이터를 처리하고 재생하는 장치이다.
  ▶ 사운드 카드(Sound Card), 그래픽 카드(Graphics Card), 비디오 캡처 카드(Video Capture Card), 비디오 오버레이 보드(Video Overlay Board), 음향 프로세서(Audio Processor) 장치 등이 있다.

❼ 네트워크 장비(Network Devices)
  ▶ 네트워크 연결과 통신을 관리한다.
  ▶ 모뎀(Modem), 허브(Hub), 스위치(Switch), 라우터(Router) 등이 있다.

01 멀티미디어 관련 장치 중 입력 장치로 거리가 가장 먼 것은?

07년 3회

① 스캐너(Scanner)
② 디지타이저(Digitizer)
③ 터치스크린(Touch screen)
④ 프로젝터(Projector)

해설
프로젝터(Projector)
컴퓨터 출력 장치 중 하나로 영상, 이미지, 문서 등과 같은 디지털 콘텐츠를 스크린이나 벽면 등에 투영해서 재생시키거나 확대해서 보여주기 위한 광학장치이다.

02 출력 장치에 대한 설명으로 틀린 것은?

22년 1회, 18년 3회

① 정보를 외부로 출력하는 것을 말한다.
② 대표적으로는 프린터, 플로터, 스캐너 등이 있다.
③ 화면 디스플레이는 출력 장치에 속한다.
④ 프린트 작업은 출력 작업에 속한다.

03 멀티미디어 시스템에서 사용되는 출력 장치의 종류가 아닌 것은?

05년 1회

① 액정 디스플레이(LCD)
② 프로젝터(Projector)
③ HMD(Head Mounted Display)
④ 그래픽 태블릿(Graphic Tablet)

해설
HMD(Head Mounted Display)는 머리에 착용하는 디스플레이 장치이다.

〈HMD를 착용하고 있는 모습〉

04 데이터를 일시적으로 저장하였다가 쓸 수 있는 휘발성 기억 장치는?

19년 1회

① ROM
② RAM
③ BIT
④ CPU

05 다음 설명은 하드웨어 중 무슨 장치를 말하는 것인가?

05년 1회, 03년 3회

> 입출력 장치를 컴퓨터와 연결하는 인터페이스 기능과 사운드나 이미지를 처리하여 데이터를 압축하는 기능을 제공한다.

① 본 체
② 미디어 처리 장치
③ 기억 장치
④ 응용 소프트웨어

06 멀티미디어 하드웨어 환경에서 미디어 처리 장치 중 성격이 다른 하나는?

07년 1회

① 사운드 카드
② 스피커
③ 마이크로폰
④ 비디오 카드

해설
④는 비디오 처리 장치이고, ①, ②, ③은 오디오 처리 장치이다.

텍스트나 이미지를 비트맵 형태의 디지털 데이터로 저장하는 하드웨어 장치는?   03년 3회

① 스캐너(Scanner)
② 터치스크린(Touch screen)
③ 디지타이저(Digitizer)
④ 전자펜(Electronic pen)

┃정답┃ ①

족집게 과외

1. 스캐너의 유형

스캐너(Scanner)는 종이나 사진 등의 실제 물체를 비트맵 형태의 디지털 데이터로 변환하는 장치이다.

❶ 슬라이드 스캐너(Slide Scanner)

필름이나 투명한 슬라이드를 스캔하는 데 사용한다.

❷ 평판 스캐너(Flatbed Scanner)

일반적인 스캐너 유형으로 평평한 표면의 문서나 사진, 이미지 등을 스캔하는 데 사용한다.

❸ 핸드헬드 스캐너(Handheld Scanner)

휴대성이 좋으며 스캐너를 손으로 움직여 물체의 이미지를 스캔하는 데 사용한다.

❹ 드럼 스캐너(Drum Scanner)

대량의 이미지를 고해상도로 스캔하는 데 사용되는 스캐너로, 전문 그래픽 디자인, 고급 인쇄 등에서 사용한다.

❺ CCD(Charge Coupled Device) 스캔

빛을 감지하는 센서로 이미지를 스캔하는 유형으로 높은 화질을 제공한다.

2. 스캔 방식

❶ 1패스 스캔(One-Pass Scan)

▶ 한 번의 스캔으로 여러 색상 채널을 동시에 읽고 처리하여 이미지를 생성한다.

▶ 스캔 속도가 빠르지만 3패스 스캔보다 정확성이 떨어진다.

❷ 3패스 스캔(Three-Pass Scan)

▶ 투과 빛과 이미지, 반사 빛을 각각 스캔하여 세 번의 스캔 정보를 결합해 이미지를 생성한다.

▶ 스캔 속도가 느리지만 정확성이 높다.

❸ 라인 스캔 (Line Scan)

이미지를 한 줄씩 스캔하는 방식으로 주로 평판 스캐너에서 사용한다.

3. 컴퓨터와 스캐너 연결방식

❶ USB(Universal Serial Bus) 연결

대부분의 스캐너 연결방식으로 USB-A 또는 USB-C 케이블을 사용하여 컴퓨터와 연결한다.

❷ 무선 연결

Wi-Fi(Wireless Fidelity) 또는 블루투스(Bluetooth)와 같은 무선 통신 기술을 사용하여 컴퓨터와 연결한다.

❸ SCSI(Small Computer System Interface) 연결

▶ 이미지 처리에서 높은 성능이 요구되는 경우 사용되는 연결방식이다.

▶ 별도의 SCSI 컨트롤러 카드가 필요하며, 컴퓨터의 내장된 인터페이스보다 고속으로 데이터를 전송한다.

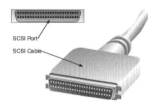

4. 터치스크린 방식

터치스크린(Touchscreen)은 사용자가 손가락이나 펜과 같은 도구로 화면을 직접 터치하여 입력하는 기술이다.

❶ 정전용량 방식(Capacitive Sensing)

▶ 손가락이 전기 신호를 차단하는 특성을 이용한 방식으로 스크린 표면에 있는 전기 용량을 감지해 터치를 인식한다.

▶ 스마트폰, 태블릿, 노트북 트랙패드 등에서 사용한다.

❷ 저항막 방식(Resistive Touchscreen)

▶ X 전극 축과 Y 전극 축으로 이루어진 2장의 투명한 기판(저항층)에 물리적인 압력을 가해 터치를 인식한다.

▶ 손가락, 펜 등 다양한 도구로 입력할 수 있다.

❸ 와이브로(Wireless) 방식

▶ 송수신 장치나 안테나 등 무선 통신 기술을 사용하여 터치를 감지한다.

▶ 키오스크(Kiosk), 무인 자동판매기 등에서 사용한다.

❹ 적외선(Infrared) 방식

▶ 스크린 주변에 적외선 발광 다이오드(LED)와 감지기를 배치하여 손가락이나 물체가 적외선 빛을 가로막으면서 터치를 감지한다.

▶ 대형 스크린을 사용하는 정보 디스플레이(Information Display), 전자칠판(Electronic Whiteboard), 미디어 설치물, 의료 장비 등에서 사용한다.

❺ 표면 파형(Surface Acoustic Wave ; SAW) 방식

▶ 스크린 표면에 초음파 파장을 사용하여 손가락 등의 터치로 파장을 차단하면서 터치를 감지한다.

▶ 손가락으로 입력할 때 정확도가 중요한 스마트폰, 태블릿 등에서 사용한다.

❻ 표면 전파(Surface Wave) 방식

▶ 스크린 표면에 전자기파를 발생시켜 터치로 인해 전자기파가 변화하면서 터치를 감지한다.

▶ 높은 투명도와 강한 내구성을 가지고 있어 실외용 정보 디스플레이에서 사용한다.

01 스캐너(Scanner)에 대한 설명으로 틀린 것은?

21년 3회

① 평판 스캐너는 필름 입력에 적합한 장치이다.
② 전자출판과 같은 고급 인쇄를 위해서는 드럼 스캐너가 적합하다.
③ 3패스 스캔은 1패스 스캔에 비해 오랜 시간이 걸린다.
④ 일반적으로 스캐너는 SCSI 방식 또는 USB 인 터페이스를 사용하여 연결한다.

해설
① 평판 스캐너는 문서나 사진 등을 스캔하는 데 적합한 장치이다.

03 종이로 된 인쇄물을 컴퓨터로 입력하는 장치인 스캐너의 해상도 단위로 가장 적당한 것은?

09년 1회, 06년 3회

① DPI(Dots Per Inch)
② LPI(Line Per Inch)
③ BIT(Binary Digit)
④ BPS(Bit Per Second)

04 다음 중 스캐너의 종류로 볼 수 없는 것은?

13년 3회

① 플랫베드형
② 핸드형
③ 트랙볼형
④ 필름형

해설
① 평판 스캐너
② 핸드헬드 스캐너
④ 슬라이드 스캐너

02 스캐너의 해상도 단위는?

14년 2회

① DPI
② LPI
③ BPS
④ BIT

해설
• DPI(Dots Per Inch)는 인치당 점의 개수를 나타내는 측정 단위로 인쇄나 이미지 디스플레이(Display)의 해상도를 표현할 때 사용한다.
• 디스플레이는 컴퓨터 모니터, 텔레비전, 스마트폰, 태블릿, 프로젝터 등 시각적 정보를 보여주기 위한 장치를 말한다.

05 투명 전극이 코팅된 2장의 기판으로 구성되어 손가락이나 펜을 통해 화면에 압력을 주면 그 부위의 기판이 서로 달라붙으며 위치를 인지하는 터치스크린 방식은?

19년 3회, 15년 2회

① 와이브로 방식
② 적외선 방식
③ 정전용량 방식
④ 저항막 방식

다음 중 모니터에 관한 설명으로 거리가 가장 먼 것은?   11년 3회

① 활성화율은 초당 화면이 몇 번 디스플레이 되는가를 나타내는 횟수이다.
② 높은 활성화율은 깜빡임을 없애 주고 눈을 덜 피로하게 한다.
③ 해상도는 단위 영역당 픽셀의 개수를 나타내는 수이다.
④ 해상도가 높으면 선명도는 감소하고 스크롤이 필요하다.

|정답| ④

족집게 과외

1. 모니터의 성능 평가 요소

❶ 해상도(Resolution)
  ▶ 선명도를 결정하는 요소이다.
  ▶ PPI(Pixel Per Inch)로 표시하며, 단위 영역당 픽셀의 개수를 나타낸다.
  ▶ 픽셀의 색상은 빛의 삼원색인 Red, Green, Blue를 조합하는 가산혼합(Additive Color Mixing, 가법혼색)으로 나타낸다.

더 알아보기

픽셀의 밀도를 나타내는 측정 단위를 도트피치(Dot Pitch)라 한다. 도트피치가 더 작을수록 화면의 해상도가 높아진다.

❷ 활성화율(Refresh Rate, 주사율)
  ▶ 부드러운 화면 표시와 동작 정확도에 영향을 미치는 요소이다.
  ▶ 헤르츠(Hz, 주사율)로 표시하며, 초당 화면을 몇 번 업데이트하는지를 나타낸다.
    예 주사율(Hz) = 초당 화면 갱신 횟수
        60Hz = 초당 60번 화면 업데이트

❸ 응답 시간(Response Time)
  ▶ 낮은 응답 시간은 빠른 동작을 부드럽게 표현하는 중요한 요소이다.
  ▶ 게임용 모니터나 동영상 시청에 영향을 미친다.

❹ 색상 정확도(Color Accuracy)
  ▶ 모니터의 색상 표현 능력을 나타내는 요소이다.
  ▶ 모니터가 실제 색상과 얼마나 정확하게 일치하는지를 나타낸다.

2. 모니터의 종류

❶ CRT(Cathode Ray Tube, 형광선관) 모니터
  전자총에 의해 생성된 전자빔을 사용하여 화면을 형성하는 디스플레이 장치이다. 과거에 널리 사용되었던 모니터로 두껍고 무거웠으며, 현재는 거의 사용되지 않는다.

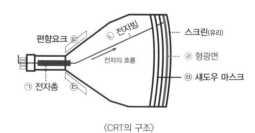

〈CRT의 구조〉

㉠ 전자총(Electronic Gun)
  전자를 가속시켜 빔 형태로 발사하는 장치로 적색(R), 녹색(G), 청색(B)의 3개의 빔을 송출한다.
㉡ 전자빔(Electronic Beams)
  전자총에서 나오는 속도가 거의 균일한 전자의 연속적 흐름이다.
㉢ 편향 요크(Deflection Yoke)
  전자기력 발생 장치로 전자기력을 미세하고 정교하게 조정하여 전자빔을 휘게 한다.

ⓔ 형광면

형광점(Phosphor Dot)으로 이루어진 화면이다. 형광점은 적색(R)점, 녹색(G)점, 청색(B)점으로 이루어진 작은 형광 입자로 전자빔이 닿으면 빛을 발생한다.

ⓜ 섀도우 마스크(Shadow Mask)

형광면 앞에 위치한 얇은 금속판으로 전자빔이 형광점에 정확하게 입사하도록 하는 역할을 한다.

❷ LCD(Liquid Crystal Display) 모니터

가장 일반적으로 사용되는 모니터로 액정 패널을 사용하여 이미지를 표시한다.

❸ LED(Light Emitting Diode) 모니터

LCD 모니터와 유사하지만 LED 백라이트(Backlight) 기술을 사용하여 더 밝고 선명한 화면을 제공한다.

❹ OLED(Organic Light Emitting Diode, 올레드, 유기 발광 다이오드)

▶ 특정 전압을 가하여 유기성 발광체가 빛을 내는 원리로 동작한다.

▶ 화면을 구성하는 픽셀 하나하나가 스스로 빛을 내므로 화질이 우수하고 반응 속도가 빠르며, 전력 소모가 적다.

❺ AMOLED(Active Matrix Organic Light Emitting Diode, 아몰레드, 능동형 매트릭스 유기 발광 다이오드)

OLED의 기술을 개선한 확장형으로 각 픽셀을 박막 트랜지스터(TFT, 미세한 박막을 이용하여 만든 소형 트랜지스터)로 제어하여 개별적으로 활성화시키는 능동형 기술이다.

3. 모니터의 화면 왜곡 현상

❶ 지오메트릭 디스토션(Geometric Distortion, 기하학적 왜곡)

이미지의 기하학적 모양이 왜곡되거나 변형되는 현상이다.

㉠ 바렐 왜곡(Barrel Distortion)

중심에서 멀어질수록 외곽 부분이 확대되어 왜곡된 모양으로 나타나는 현상이다.

㉡ 핀 쿠션(Pin Cushion)

바렐 왜곡과 반대로 이미지의 외곽 부분이 중심 부분보다 작아 보이는 현상이다.

㉢ 미스 컨버전스(Mis-Convergence)

CRT 모니터에서 주로 나타나는 현상으로 전자빔이 화면에 잘못 도달함으로써 정확하게 수직으로 모이지 않아 글자가 선명하지 못하고 이미지가 왜곡되는 현상이다.

❷ 모아레(Moire)

고해상도 모니터에서 자주 발생하는 패턴 현상으로 두 개의 격자 또는 선이 서로 겹치거나 교차할 때 발생한다.

01 모니터의 성능을 평가하는 요소로서 모니터 화면에 나타난 점과 점 사이의 거리를 말하는 것은?

11년 3회, 05년 3회

① 도트피치(Dot Pitch)
② 해상도(Resolution)
③ 핀 쿠션(Pin Cushion)
④ 주파수(Frequency)

해설
모니터 화면에 나타난 점과 점 사이의 거리란 픽셀(Fixel)과 픽셀 사이의 거리를 의미하며 도트 피치가 작을수록 픽셀 밀도가 높아진다.

02 CRT 모니터에 대한 설명 중 활성화율(Refresh Rate)에 대하여 가장 적절하게 설명한 것은?

13년 3회, 06년 1회, 04년 3회

① 단위 영역당 픽셀의 개수를 나타내는 비율이다.
② 초당 화면이 몇 번 칠해지는가를 나타내는 횟수이다.
③ 편광판에 가해지는 전압의 크기를 나타낸다.
④ 전자빔이 특정 위치에 형광물질에 도달되는 회수를 나타낸다.

03 CRT 모니터에 대한 설명으로 거리가 가장 먼 것은?

17년 1회, 07년 3회, 05년 3회, 02년 12월

① 전자총에 의해 반사된 전자빔이 편광판 사이를 지나 섀도우 마스크 금속판을 걸쳐 형광물질에 도달한다.
② 컬러 CRT는 빛의 삼원색인 RGB를 사용하여 화면에 표시한다.
③ 장시간 이용 시 눈의 피로가 높다.
④ 해상도가 낮을수록 선명도가 높다.

04 다음 중 모니터에 대한 설명으로 거리가 가장 먼 것은?

08년 3회, 05년 1회

① 모니터는 Red, Green, Blue의 3색 형광물질을 방사하는 감법혼합을 이용한다.
② 1초 동안에 CRT 좌측에서 우측까지 전자빔이 주사되는 횟수를 수평 주파수라고 한다.
③ 상단에서 하단까지 주사가 모두 끝났을 때, 하단의 주사선을 다시 상단으로 옮기는 횟수를 수직 주파수라고 한다.
④ 화소의 크기가 작을수록, 화소 내의 형광 입자 간의 거리가 가까울수록 해상도는 높아진다.

해설
① 빛의 삼원색인 Red, Green, Blue의 조합은 가산혼합(Additive Color Mixing, 가법혼색)이다.

05 각 픽셀을 박막 트랜지스터(TFT)로 작동하게 하는 능동형 유기 발광 다이오드로, 전력 소모가 상대적으로 적으며 더 정교한 화면을 구현할 수 있는 장점이 있는 것은?

18년 3회, 15년 1회

① LCD
② AMOLED
③ PMOLED
④ CRT

06 모니터에서 목적지를 조금 벗어난 근처 지점에 전자빔이 잘못 도달함으로써 글자가 선명하지 못하고 이미지가 왜곡되는 현상을 무엇이라 하는가?

13년 1회, 10년 1회

① 미스 컨버전스(Mis-Convergence)
② 지오메트릭 디스토션(Geometric Distortion)
③ 핀 쿠션(Pin Cushion)
④ 모아레(Moire)

스토리지 장비 중 DAS(Direct Attached Storage)에 대한 설명으로 옳지 않은 것은?   20년 3회

① 시스템에 직접 붙이는 외장 스토리지이다.
② 다른 서버에 할당된 저장장치 영역에는 접근이 금지된다.
③ 서버가 채널을 통해 대용량 저장장치에 직접 연결하는 방식이다.
④ 대용량 트랜잭션 처리를 필요로 하는 DB 업무에 적합하다.

해설
서버가 채널을 통한다는 표현은 스토리지 장치와 서버 사이의 연결을 강조하는 말이다.

┃정답┃④

한 줄 요약

스토리지(Storage)는 컴퓨터 시스템이나 디지털 기기에서 데이터를 장기간 보존하고 저장하는 장치이다.

족집게 과외

1. 스토리지 유형

❶ 내장 스토리지

컴퓨터나 디지털 기기 내부에 탑재되는 저장장치이다.
㉠ HDD(Hard Disk Drive, 하드 디스크 드라이브)
㉡ SSD(Solid State Drive, 솔리드 스테이트 드라이브)

❷ 외장 스토리지

컴퓨터나 디지털 기기 외부에 연결되는 저장장치이다.
㉠ 외장 HDD
㉡ 외장 SSD
㉢ USB(Universal Serial Bus, 범용 직렬 버스)
　• 컴퓨터와 주변장치 간에 데이터 전송과 전력 공급을 위한 표준 인터페이스이다.
　• 직렬 버스(Serial Bus)는 하나의 신호선을 통해 비트를 하나씩 전송하는 형태로 데이터 전송 속도와 호환성이 높다.
㉣ 자기 테이프
　DV(Digital Video) 테이프, VHS(Video Home System) 등이 있다.

㉤ 광학디스크
　CD(Compact Disc), DVD(Digital Versatile Disc), HD−DVD, 블루레이(Blue−ray), M−DISC(Millennial Disc) 등이 있다.

2. CD 규격

CD 기술 규격 및 표준 분류	
레드북 (Red Book)	오디오 CD에 대한 규격서
오렌지북 (Orange Book)	오디오 CD 이외의 CD−R 및 CD−RW 등 쓰기 가능한 CD에 대한 규격서
그린북 (Green Book)	CD−I(Compact Disc Interactive)에 대한 규격서
옐로우북 (Yellow Book)	CD−ROM(Compact Disc Read Only Memory)에 대한 규격서
블루북 (Blue Book)	Laser Disc에 대한 규격서. Extra CD라고도 불림

3. 데이터 스토리지 기술

❶ DAS(Direct Attached Storage, 직접 연결 저장 장치)
- ▶ 서버에 직접 연결되는 스토리지이다.
- ▶ 네트워크 경유 없이 전용 케이블로 스토리지를 시스템에 직접 연결한다.
- ▶ 특정 서버에 연결되어 연결된 서버만이 접근할 수 있으며, 다른 서버에 할당된 저장장치에는 접근이 금지된다.

❷ NAS(Network Attached Storage, 네트워크 접속 기반 파일 서버)
- ▶ 네트워크를 통해 접근 가능한 스토리지이다.
- ▶ 서버를 직접 연결하지 않아도 네트워크를 통해 데이터를 공유할 수 있다.
- ▶ 구성이 쉽고 웹 인터페이스를 통해 관리할 수 있다.
- ▶ 가정이나 소규모 비즈니스에서 파일 공유 및 백업 용도로 사용한다.

❸ SAN(Storage Area Network, 스토리지 전용 네트워크)
- ▶ 고속 데이터 전송을 위한 전용 스토리지 네트워크이다.
- ▶ TCP/IP로 접속하여 사용하여 여러 스토리지를 하나의 네트워크로 연결한다.
- ▶ 구성이 복잡하고 파일 시스템 공유가 가능하다.
- ▶ 대규모 기업이나 데이터 센터에서 사용한다.

❹ Cloud Storage(클라우드 스토리지)
클라우드 기반의 스토리지 서비스로 백업(Backup), 아카이빙(Archiving), 파일 공유 등에 사용한다.

❺ RAID(Redundant Array of Independent Disks, 복수 배열 독립 디스크)
- ▶ 여러 개의 하드 디스크를 조합하여 데이터의 보호, 성능 향상, 고가용성 등을 위해 사용되는 기술이다.
- ▶ 다양한 RAID 레벨이 있으며, 각 레벨은 다른 목적과 특성을 가지고 있다.

레 벨	특 성
RAID 0	• 데이터 보호 기능이 없음 • 데이터를 빠르게 찾거나 읽을 수 있도록 여러 디스크를 함께 사용
RAID 1	데이터를 복사하여 두 곳에 저장하여 하나의 디스크가 고장나도 데이터를 보존
RAID 5	데이터와 패리티 정보를 섞어 저장하여 하나의 디스크가 고장나도 데이터를 복구
RAID 6	RAID 5와 비슷하지만 두 개의 디스크가 동시에 고장나도 데이터를 복구
RAID 10 (1+0)	RAID 1을 묶어 놓은 구성을 RAID 0으로 묶은 방식
RAID 50 (5+0)	여러 개의 RAID 5 구성을 RAID 0으로 묶은 방식
RAID 60 (6+0)	여러 개의 RAID 6 구성을 RAID 0으로 묶은 방식

더 알아보기

패리티(Parity)는 데이터의 무결성을 검사하고 복구하기 위해 사용되는 특별한 계산값으로 RAID와 같은 스토리지 시스템에서 사용한다.

01 USB 저장장치에 대한 설명으로 틀린 것은?

18년 1회, 15년 2회

① PC와 주변장치를 접속하는 버스 규격이다.
② 소형 경량이어서 휴대용 저장장치로 각광을 받고 있다.
③ 병렬 버스 형태로 구성되어 있다.
④ USB는 Universal Serial Bus의 약자이다.

해설

병렬 버스 형태는 여러 비트를 여러 개의 병렬 연결로 전송하는 방식으로, 복잡하고 오류가 발생하기 쉬워 USB는 직렬 버스 형태를 가진다.

02 오디오용 콤팩트 디스크 크기와 특성, 콤팩트 디스크상의 물리적인 데이터 배열, 오류의 정정, 디스크 회전 속도, 매개변수 등 오디오 디스크에 대한 표준 규정을 담고 있는 규정집은?

06년 1회

① 레드북(Red Book)
② 오렌지북(Orange Book)
③ 그린북(Green Book)
④ 옐로우북(Yellow Book)

03 다음 중 오렌지북(Orange Book)에서 규정한 저장장치에 해당되지 않는 것은?

06년 1회, 04년 3회

① CD-I
② CD-R
③ CD-WO
④ CD-MO

해설

CD-I(Compact Disc Interactive)는 1990년대 초에 필립스(Philips)가 개발한 멀티미디어 CD 장치로 CD-I에 대한 규격서는 그린북(Green Book)이다. CD-I는 고가의 가격과 기술경쟁력 부족으로 현재는 폐기되었다.

오렌지북에서 규정한 저장장치

• CD-R(Compact Disc Recordable)
• CD-RW(Compact Disc ReWritable) : 재기록 가능. 여러 번 기록하고 삭제할 수 있다.
• CD-WO(Compact Disc-Write Once) : 데이터가 한 번 기록되면 수정하거나 삭제할 수 없다.
• CD-MO(Compact Disc-Magneto-Optical) : 자기 광학 기술을 사용하여 데이터를 기록하고 수정이 가능하고, 데이터 손실 없이 반복적인 기록과 삭제를 할 수 있다.

04 다음 중 Extra CD라고도 부르는 Laser Disc에 대한 규격이 기술되어 있는 국제표준규격은?

13년 1회, 09년 1회

① Blue-Book
② Orange-Book
③ Green-Book
④ Yellow-Book

05 SAN(Storage Area Network)의 설명으로 틀린 것은?

14년 2회

① TCP/IP로 접속하여 사용한다.
② LAN을 이용한 네트워크 백업에 사용한다.
③ 접속 장치는 SCSI를 사용한다.
④ 파일 시스템 공유가 가능하다.

06 RAID 종류 중 데이터를 찾거나 읽을 때 속도를 빠르게 하는 데 목적을 두는 것은?

17년 1회

① RAID레벨 61
② RAID레벨 51
③ RAID레벨 41
④ RAID레벨 0

해설

①, ②, ③은 사용되지 않는 레벨로, RAID레벨은 0, 1, 5, 6, 10, 50, 60 등이 있다.

DVD(Digital Versatile Disc)에 대한 설명으로 거리가 먼 것은?　12년 3회, 10년 1회, 02년 12월

① 기록면이 단면이므로 CD와 유사하다.
② 저장용량은 약 4.7GB이며, 17GB 이상도 기록 가능하다.
③ 원래 비디오 데이터를 저장하기 위해 개발되었다.
④ 음악 등을 기록하기 위한 DVD Audio도 개발되었다.

해설
DVD(Digital Versatile Disc)는 양면에 데이터를 저장할 수 있는 이중면 형태이다.

| 정답 | ①

족집게 과외

1. 광학 디스크의 종류

❶ CD(Compact Disc)
▶ 780nm(나노미터) 파장의 적색 레이저를 사용한다.
▶ 저장용량은 약 700MB(메가바이트)에서 800MB까지 기록 가능하다.

❷ DVD(Digital Versatile Disc)
▶ 650nm 파장의 적색 레이저를 사용한다.
▶ 저장용량은 약 4.7GB이며, 17GB 이상도 기록 가능하다.

❸ HD-DVD
▶ 405nm 파장의 블루 레이저를 사용한다.
▶ 저장용량은 약 15~30GB이며, DVD 용량의 5~8배 크기이다.

❹ 블루레이(Blue-ray)
▶ 405nm 파장의 블루 레이저를 사용한다.
▶ 저장용량은 약 25~50GB로, DVD보다 많은 용량의 데이터를 저장할 수 있다.
▶ 비디오 데이터 포맷은 MPEG-2를 사용하고 오디오는 5.1채널의 AC-3를 지원한다.

❺ M-DISC(Millennial Disc)
▶ 데이터의 장기 보존을 위해 개발된 광 저장 장치이다.
▶ 기존의 염료(Dye) 층에 표시하는 방식과는 달리 디스크 표면의 무기물층에 레이저를 이용해 자료를 조각해서 기록하는 방식으로 자료를 영구 보관할 수 있다.

2. 데이터 전송 속도

단 위	전송률	대역폭
Bps	Bits per second, 비트/초	네트워크 및 통신 시스템
Kbps	Kilobits per second, 킬로비트/초	인터넷
Mbps	Megabits per second, 메가비트/초	고속 인터넷
Gbps	Gigabits per second, 기가비트/초	대용량 데이터 전송, 고속 네트워크

❶ CD(Compact Disc)
CD-ROM(CD Read Only Memory)의 기본 데이터 전송 속도 - 1x(1배속) 약 150Kbps

❷ DVD(Digital Versatile Disc)
DVD-ROM(DVD - Read Only Memory)의 기본 데이터 전송 속도 - 1x 약 1,350Kbps

❸ HD-DVD (High-Definition DVD)
DVD-ROM의 기본 데이터 전송 속도 - 1x 약 36,550Kbps

01 블루레이(Blue-ray)에 대한 설명으로 틀린 것은?

21년 3회, 17년 3회, 15년 3회

① DVD보다 많은 용량의 데이터를 저장
② 비디오 데이터 포맷은 MPEG-2를 지원
③ 오디오는 5.1채널의 AC-3을 지원
④ 120nm 파장의 적색 레이저를 사용하여 데이터 기록

02 디스크 표면의 무기물층에 레이저를 이용해 자료를 조각해서 기록하는 방식으로 미국의 밀레니어터사에서 개발한 광 저장 장치는? 16년 1회

① DVD
② M-DISC
③ Blu-ray Disk
④ Magnetic tape

해설

미국의 밀레니어터(Millennial Disc Corporation)사는 M-DISC(Millennial Disc)의 특허를 보유하고 있다.

03 데이터 전송 속도를 나타내는 단위는?

14년 3회, 09년 1회

① bps
② fps
③ dpi
④ ftp

04 CD-ROM의 성능은 주기억 공간으로의 데이터 전송속도로 표현하며 보통 배속으로 표시하는데 이때, 1배속의 속도는 얼마인가?

07년 1회, 04년 3회

① 100Kbps
② 150Kbps
③ 200Kbps
④ 250Kbps

05 32배속 CD-ROM의 데이터 전송 속도는?

14년 1회, 05년 1회

① 150Kbps
② 600Kbps
③ 1.2Mbps
④ 4.8Mbps

해설

CD-ROM의 기본 데이터 전송 속도는 150Kbps이다.
150Kbps × 32 = 4,800Kbps
1,000Kbps(Kilobits per second) = 1Mbps(Megabits per second)이므로,
4,800Kbps = 4.8Mbps

06 DVD-ROM의 데이터 전송속도는 CD-ROM과 마찬가지로 배속으로 나타내는데, DVD-ROM의 1배속이란? 06년 3회, 03년 3회

① 1,150Kbps
② 1,250Kbps
③ 1,350Kbps
④ 1,450Kbps

영상관련 하드웨어 중 외부에서 입력되는 아날로그 영상신호와 컴퓨터 영상을 중첩시켜주는 기능을 하는 장치는?

18년 3회

① 프레임 그래버 보드
② 그래픽 카드
③ 비디오 오버레이 보드
④ MPEG 카드

| 정답 | ③

한 줄 요약

미디어 처리 장치(Media Processing Device)는 컴퓨터와 다양한 입출력 장치를 연결하여 다양한 미디어 데이터를 처리하고 재생하는 장치이다.

족집게 과외

1. 미디어 처리 장치의 종류

❶ 사운드 카드(Sound Card)

오디오 신호를 처리하고 컴퓨터에서 소리를 재생하는 장치이다.

❷ 그래픽 카드(Graphics Card, 영상 카드)

화면에 그래픽을 출력하고 고해상도의 영상이나 게임을 표시하는 장치

❸ 비디오 보드

㉠ 프레임 그래버 보드(Frame Grabber Board), 비디오 캡처 카드(Video Capture Card)
  • 아날로그 비디오 신호를 디지털 데이터로 변환하여 컴퓨터로 입력받아 저장하는 장치이다.
  • 비디오를 편집하거나 공유하기 위해 사용한다.

㉡ 비디오 오버레이 보드 (Video Overlay Board)
  비디오(아날로그 영상신호)를 컴퓨터와 연결시켜 비디오테이프의 내용을 모니터 화면에 표시하거나, 다른 이미지 또는 컴퓨터 영상을 중첩(重疊, 둘 이상을 겹침)시켜 표시해 주는 장치이다.

㉢ TV 수신 카드(TV Tuner Card)
  컴퓨터에 TV 신호를 수신하여 모니터 화면에 표시하는 장치이다.

❹ Genlock(Generator Locking Device, 동기 결합 장치)

  ▶ 컴퓨터 그래픽과 비디오카메라의 비디오 신호를 동기화시켜주는 장치이다.
  ▶ 정확한 시간에 영상을 합성하거나 표시하는 데 사용한다.

❺ 음향 프로세서(Audio Processor) 장치

㉠ Compressor(컴프레서)
  • 소리의 갑작스러운 크기 변화를 조절하여 음향의 균일성을 유지시켜 주는 장치이다.
  • 입력된 오디오 신호가 특정 임계치를 초과하는 경우 출력 신호의 음압을 자동으로 줄여준다.

㉡ Pre-amplifier(프리앰프)
  • 마이크나 악기의 약한 소리를 강한 소리로 증폭시키기 위해 사용한다.
  • 약한 오디오 신호를 프리앰프에서 높은 레벨로 변환하여 스피커에서 명확하게 들리도록 한다.

㉢ 다이나믹 레인지(Dynamic Range, 동적 범위)
  • 입력 신호의 크기에 따라 크고 작은 소리 차이가 같은 크기로 들리도록, 출력 신호의 크기를 자동으로 조절하는 장치이다.
  • 오디오 신호의 최강음(가장 큰 레벨의 소리)과 최약음(가장 작은 레벨의 소리)의 차이를 [dB] 단위로 표현하며 오디오 신호의 균일성을 조절한다.

- [dB]은 데시벨(Decibel)의 약자로 음량이나 전력 등의 비율을 나타내는 단위이다.
- [dB] 숫자가 클수록 음량의 차이가 크다.

㉣ 이퀄라이저(Equalizer)
- 주파수를 조절하여 음색을 변경하거나 음악의 균형을 조절하는 장치이다.
- 원하는 음향 특성을 강화하거나 약화해 음악의 톤을 조절하거나 특수 효과를 부여한다.

❻ 컴퓨터 비전(Vision) 센서

얼굴 인식, 물체 감지 등에 활용된다.

❼ 음성 인식 센서

소리를 텍스트로 변환하여 컴퓨터에서 처리할 수 있게 해준다.

❽ 기타 멀티미디어 입·출력 장치

마이크(Microphone), 스피커(Speaker), 헤드폰 (Headphones), 이어폰(Earphones), 카메라 (Camera)

01 멀티미디어 시스템에서 비디오를 컴퓨터와 연결시켜 비디오테이프의 내용을 모니터 화면에서 볼 수 있는 장치는?

07년 1회

① 사운드 카드
② 영상 오버레이 카드
③ 그래픽 가속 보드
④ HMD(Head Mounted Display)

02 컴퓨터 그래픽과 비디오카메라의 비디오 신호를 동기화시켜주는 장치는?

16년 1회, 12년 3회

① Frequency
② Genlock
③ Color Palettes
④ Resolution

03 음향 신호를 전송하거나 녹음할 때 최강음과 최약음의 차이를 [dB]로 나타낸 것은?

17년 3회, 11년 1회

① 푸리에 변환
② 다이나믹 레인지
③ 콘볼루션
④ 정재파비

04 16비트 디지털 오디오의 다이내믹 레인지는 약 몇 dB인가?

20년 3회

① 16
② 36
③ 76
④ 96

해설

다이나믹레인지(dB) 계산공식 = $20 \times \log_{10} (2^{비트수})$

$20 \times \log_{10} (2^{16}) = 20 \times \log_{10} (65,536)$

➔ $\log_{10} (65,536) \approx 4.82$
➔ $20 \times 4.82 \approx 96.33$ dB
➔ 약 96dB

※ $\approx$: 근삿값, 근사치

05 오디오 콘솔의 기능 중 어떤 임계치 이상의 진폭에 대해 설정한 비율로 진폭을 억제하는 것은?

11년 1회

① Compressor
② Preamplifier
③ Noise Gate
④ Fader

해설

오디오 콘솔(Audio Console)은 믹서(Mixer)라고도 불리며, 음악 녹음, 현장 믹싱, 음향 편집 등 다양한 음향 작업을 위해 사용되는 장비이다.

06 오디오 콘솔의 기능 중 마이크 입력에서 들어오는 미약한 신호를 증폭하기 위한 기기는?

14년 1회, 11년 3회

① Pre-amplifier
② Post-amplifier
③ Mid-amplifier
④ Re-amplifier

다음 중 허브와 브리지의 기능을 혼합시킨 네트워크 장비는?   09년 3회, 03년 3회

① Gateway
② Switch
③ Router
④ CSU/DSU

| 정답 | ②

족집게 과외

1. 네트워크 장비

❶ 모뎀(Modem, Modulator-Demodulator)

디지털 신호를 아날로그 신호로 변조하여 보내고, 아날로그 신호를 다시 디지털 신호로 복조하는 장치로 컴퓨터와 통신 회선(전화선이나 케이블)을 통해 데이터를 주고받을 때 사용한다.

❷ 허브(Hub)

▶ 네트워크에 연결된 모든 포트로 데이터를 전송하는 단순 분배기이다.

▶ 연결되는 디바이스 수에 따라 데이터 전송 대역이 분리되며 트래픽이 증가할수록 충돌과 혼잡이 발생한다.

▶ 현재는 허브를 대신하여 더 효율적인 스위치가 널리 사용되고 있다.

❸ 브리지(Bridge)

▶ 네트워크 분할을 위한 장치로, 두 개의 이더넷(Ethernet, 유선 네트워크)을 연결하여 하나의 네트워크처럼 동작하도록 한다.

▶ 네트워크 분할을 통해 트래픽을 분산시키고 충돌을 제한하는 역할을 한다.

❹ 스위치(Switch)

▶ 허브와 브리지의 기능을 혼합시킨 네트워크 장비로 여러 포트를 가진다.

▶ 각각의 포트가 개별적인 충돌을 방지하여 데이터를 정확한 포트로 전달하는 역할을 한다.

ⓐ L1 Switch(Layer 1 Switch, 더미허브)
OSI 7계층 중 1번째 계층인 물리계층을 이용한다.

ⓑ L2 Switch(Layer 2 Switch, 스위칭 허브)

• OSI 7계층 중 2번째 계층인 데이터링크계층을 이용한다.
• MAC 주소를 기반으로 데이터를 전송한다.

ⓒ L3 Switch(Layer 3 Switch)
• OSI 7계층 중 3번째 계층인 네트워크계층을 이용하며 라우터 기능을 내장하고 있다.
• IP 주소를 기반으로 데이터를 전송한다.

❺ 라우터(Router)

다양한 네트워크 간의 데이터 패킷을 전달하고 관리하는 역할을 한다.

더 알아보기

포트 스캔(Port Scan)
라우터를 통과하는 패킷의 포트들을 검사하여 어떤 포트가 열려 있는지 확인하는 작업으로, 네트워크 보안 평가와 취약성 분석을 위해 사용한다.

01 디지털 신호를 아날로그 신호로 변조하여 보내고, 아날로그 신호를 원래로 디지털 신호로 복조하는 전자장치를 무엇이라 하는가? 07년 1회

① FEP
② MODEM
③ CCP
④ FTP

해설

① FEP(Front End Processor) : 네트워크에서 데이터를 처리하는 장치로 네트워크 트래픽의 처리와 데이터 전송 작업을 수행한다.
③ CCP(Chained Ciphertext Policy) : 암호학에서 사용되는 용어로 데이터 보안 및 접근 제어와 관련이 있다.
④ FTP(File Transfer Protocol): 파일 전송 프로토콜로 네트워크를 통해 파일을 송수신하는 데 사용된다.

02 다음 중 허브와 브리지의 기능을 혼합시킨 네트워크 장비는? 22년 1회

① Modem
② Repeater
③ L2 Switch
④ LAN

해설

L2 스위치는 허브처럼 모든 포트에 데이터를 전송하며, 동시에 브리지처럼 각 포트에 연결된 장치의 MAC 주소를 기억하여 트래픽을 효율적으로 관리한다.

03 다음 중 포트 스캔에 대한 설명으로 틀린 것은? 21년 3회

① 포트가 열려 있는 것을 확인하면 시스템의 활성화 정보도 얻을 수 있다.
② 열린 포트라 하더라도 아무 응답이 없는 경우가 있다.
③ 컴퓨터에 존재하는 TCP/UDP 포트는 28개이다.
④ 포트를 검색하기 위해서는 먼저 IP를 알아야 한다.

해설

컴퓨터에 존재하는 TCP(Transmission Control Protocol)와 UDP(User Datagram Protocol) 포트의 총 개수는 각각 65,535개로 각각의 포트는 고유한 번호를 가지고 있어 프로세스가 어떤 종류의 데이터를 주고받는지 식별하는 데 사용한다.

기출유형 01 ▶ 운영체제

운영체제의 목적으로 거리가 먼 것은?   19년 3회, 16년 2회

① 처리 능력 향상
② 반환 시간의 최대화
③ 신뢰도 향상
④ 사용 가능도 향상

|정답|②

한 줄 요약

운영체제(Operating System ; OS)는 하드웨어 자원을 관리하고 응용프로그램과 사용자 간의 상호작용을 조율하는 소프트웨어로, 사용자와 프로그램에 편리한 환경을 제공하는 것을 목적으로 한다.

족집게 과외

1. 운영체제의 종류

운영체제	개발사	사용 환경
Windows Windows(윈도우)	Microsoft	개인용 컴퓨터(PC), 서버(Server)
macOS(맥오에스)	Apple	맥(Mac) 컴퓨터
Linux Linux(리눅스)	오픈소스 운영체제	서버(Server)
UNIX. UNIX(유닉스)	AT&T 벨 연구소	서버(Server)
android Android(안드로이드)	Google	스마트폰, 태블릿
iOS iOS(아이오에스)	Apple	아이폰, 아이패드
chrome Chrome OS (크롬 오에스)	Google	클라우드 기반의 인터넷 브라우징, 온라인 작업

2. 운영체제의 목적

❶ **처리능력의 향상**

프로세스 스케줄링을 통해 자원을 효율적으로 활용하여 처리능력을 향상시킨다.

㉠ 프로세스

프로세스(Process)는 실행 중인 프로그램의 동작을 나타내는 용어로 운영체제가 여러 작업을 동시에 다루기 위해 사용하는 개념이다.

㉡ 스케줄링

스케줄링(Scheduling)은 다수의 프로세스가 CPU 등의 시스템 자원을 사용하기 위해 경쟁할 때, 이를 효율적으로 관리하기 위해 어떤 순서로 프로세스를 실행시킬지 순서를 결정하는 기술이다.

스케줄링의 목적
- 공정한 자원 분배
  모든 프로세스에 CPU 사용 시간을 공정하게 할당
  하여 불필요한 자원 낭비를 최소화한다.
- 응답시간의 최소화
  최적화된 스케줄링을 통해 응답시간을 최소화한다.
- 처리량의 최대화
  단위 시간당 처리하는 작업량을 최대화하여 시스템
  의 처리량을 향상시킨다.
- 자원 활용도 최적화
  CPU 등의 시스템 자원 이용률을 최대화하여 시스
  템의 효율성을 높인다.
- 우선순위 조절
  우선순위가 높은 작업이 우선적으로 처리되어 중요
  한 작업이 먼저 실행되도록 한다.

❷ 사용가능도 향상

▶ 파일 시스템으로 데이터를 구조적으로 관리하고,
  응용프로그램 실행을 통해 사용자의 요구에 빠르
  게 대응하여 사용 편의성을 높인다.

▶ 파일 시스템(File System)이란 컴퓨터의 저장 장
  치에 데이터를 구조적으로 저장하고 관리하는 시
  스템이다.

❸ 신뢰도 향상

접근 제어, 권한 관리, 보안과 오류처리 등을 통해 시
스템의 안정성과 신뢰성을 유지한다.

❹ 반환시간 단축

프로세스를 효율적으로 관리하여 작업의 완료까지 걸
리는 시간을 최소한으로 줄인다.

3. 운영체제의 프로세스 관리 개념

❶ 프로세스 자원 할당

실행 중인 프로세스에 대한 정보를 저장하는 데이터
구조인 PCB(Process Control Block)에 담아 자원을
할당한다.

PCB의 주요 저장 정보
- 프로세스 고유식별자(Process ID)
  각 프로세스를 구별하는 유일 값
- 프로세스의 현재 상태(State)
  대기(Waiting), 실행(Running), 준비(Ready), 종료
  (Terminated)
- 스케줄링 및 프로세스 우선순위(Priority)
  우선순위를 기반으로 스케줄링이 이루어진다.
- 자원 할당 정보(Resource Allocation Information)
  프로세스가 할당받은 자원들과 사용 중인 자원 정보
- 계정 및 사용자 정보(Accounting and User
  Information)
  프로세스의 소유자, 생성자, 실행시간

❷ 자원 관리

㉠ Critical Resource(크리티컬 리소스, 중요 자원)
  두 개 이상의 프로세스가 동시에 접근할 수 없는
  자원으로 한 번에 하나의 프로세스만이 접근할 수
  있도록 제어하여 데이터의 일관성과 신뢰성을 유
  지한다.

㉡ Deadlock(데드락, 교착상태)
  두 개 이상의 프로세스가 서로 상대방이 가진 자원
  을 기다리며 무한히 멈춘 상태이다.

❸ 프로세스 전환과 효율성 관리

㉠ Context Switching(컨텍스트 스위칭, 문맥전환)
  다른 프로세스가 CPU를 사용하도록 하기 위해 현
  재 실행 중인 프로세스의 상태를 보관하고, 실행할
  새로운 프로세스의 상태를 적재(Loading)하는 방
  법으로 CPU 자원을 효율적으로 활용하기 위한 동
  작이다.

㉡ SJF(Shortest Job First, 최단 작업 우선)
  스케줄링 실행시간이 가장 짧은 프로세스에게 먼
  저 CPU를 할당하는 방식으로, 정확한 실행시간을
  예측하기 어려워 실제 환경에서는 사용이 제한될
  수 있다.

❹ 성능과 과부하 관리

프로세스 간의 메모리 경쟁으로 인하여 지나치게 페이지 폴트(Page Fault, 페이지 부재)가 발생하여 전체 시스템의 성능이 급격히 저하되는 현상을 Thrashing(스레싱, 무의미한 노력)이라고 한다.

더 알아보기

페이지 폴트는 프로세스가 요청한 데이터 페이지가 물리 메모리(RAM)에 없을 때 발생한다.

01 운영체제로 거리가 먼 것은? 21년 3회

① Windows 10
② RADEON 5
③ Linux
④ OS/2

해설
② RADEON(라데온)은 미국의 반도체 기술 회사 AMD(Advanced Micro Devices)에서 개발한 그래픽 카드 브랜드이다.
④ OS/2(오에스투)는 IBM과 마이크로소프트가 공동으로 개발한 운영체제로, 초기에는 Windows 운영체제의 경쟁 상대로 개발되었으나 현재는 서비스가 중단되었다.

02 운영체제의 성능 평가 요소로 거리가 먼 것은? 21년 3회, 21년 1회, 19년 3회

① 반환 시간
② 처리 능력
③ 비 용
④ 신뢰도

해설
성능 평가 요소는 운영체제가 목표하는 목적을 측정하거나 검증하는 데 사용되는 지표이다.

03 운영체제에서 스케줄링의 목적으로 틀린 것은? 17년 3회

① 응답시간을 빠르게 하기 위해
② 운영체제의 오버헤드를 최대화하기 위해
③ 단위 시간당 처리량을 최대화하기 위해
④ 모든 작업들에 공평성을 유지하기 위해

04 운영체제에서 실행상태에 있는 프로그램의 인스턴스를 지칭하는 것은? 18년 1회

① System
② Program
③ Record
④ Process

해설
인스턴스(Instance, 사례, 사본)란 프로그램이 실행되는 동안 복사되는 사본으로, 같은 프로그램이라도 실행할 때마다 독립적인 인스턴스가 생성되어 각각의 실행상태와 데이터를 가진다.

05 운영체제에서 두 개 이상의 프로세스가 동시에 접근하여 사용할 수 없는 자원은? 22년 1회, 19년 3회

① Execute Resource
② Output Resource
③ Critical Resource
④ Input Resource

06 운영체제에서 CPU를 사용 중인 상태에서 다른 프로세스가 CPU를 사용하도록 하기 위해, 이전 프로세스 상태를 보관하고 새로운 프로세스 상태를 적재하는 방법은? 18년 2회

① Deadlock
② Semaphore
③ C-scan
④ Context Switching

UNIX 시스템의 구성요소가 아닌 것은?   17년 2회, 14년 3회

① Shell   ② Kernel
③ Input   ④ Utility

|정답| ③

한 줄 요약

운영체제의 시스템 구성요소는 컴퓨터 시스템을 구성하고 관리하기 위한 핵심 요소들로 하드웨어와 소프트웨어 간의 상호작용을 조정하고 사용자가 시스템을 효과적으로 활용할 수 있도록 지원한다.

족집게 과외

1. 운영체제 시스템의 주요 구성요소

❶ Kernel(커널)
> 운영체제의 핵심 부분으로 하드웨어와 프로세스 스케줄링, 메모리 관리, 파일시스템 접근 등을 관리한다.
> 운영체제의 다른 구성요소와 상호작용하면서 시스템 전체의 기능과 안정성을 유지한다.

❷ Shell(쉘)
사용자와 운영체제 간의 인터페이스 역할을 하는 명령어 해석기로 사용자의 명령어를 해석하고 실행한다.

❸ 파일시스템(File System)
컴퓨터의 저장 장치에 데이터를 구조적으로 저장하고 관리하는 시스템이다.
㉠ 파일시스템의 주요 기능
  • 파일생성
    파일 이름, 위치, 크기, 권한 등의 정보를 설정하여 생성한다.
  • 예비와 복구
    데이터가 손상되었을 때 이전 상태로 복구할 수 있는 예비와 복구 기능을 제공한다.
  • 파일 간의 정보 전송
    다른 위치로 데이터를 이동하거나 복제할 수 있다.
  • 일관성 유지
    시스템의 비정상적인 종료나 문제 발생 시에도 데이터 손상을 최소화하여 안정성을 유지한다.
  • 디스크 공간 관리
    디스크 공간을 효율적으로 활용한다.
㉡ 파일시스템의 종류

Windows	NTFS, FAT, FAT32, exFAT
Linux, Unix	ext2, ext3, ext4, XFS, Btrfs, ZFS

㉢ 파일시스템의 데이터구조
파일시스템의 데이터구조(Data Structures)는 파일과 메타데이터를 저장하고 조직하는 방식이다.

Windows NTFS 파일시스템	MFT, B+ 트리 구조
Linux, Unix ext4 파일시스템	Super Block, Data Block, I Node(아이노드)

❹ 유틸리티(Utility)
시스템 관리, 파일 조작, 데이터 처리 등의 유용한 작업을 수행하는 프로그램 집합이다.

2. 운영체제 시스템의 구조

01 UNIX 운영체제의 주요 구성요소로 거리가 먼 것은?

15년 3회, 10년 1회

① Kernel
② Shell
③ Client/Server
④ File system

02 I Node로 불리는 데이터구조를 할당하여 관리하는 리눅스 커널의 기본 기능은?

16년 1회

① 커널 프로그래밍
② 메모리 관리
③ 프로세스 간 통신
④ 파일 시스템

03 UNIX에서 파일 소유자의 식별 번호, 파일 크기, 파일의 최종 수정시간, 파일의 링크 수 등의 내용을 가지고 있는 것은?

19년 1회, 16년 2회, 15년 1회, 14년 1회

① I Node
② Super Block
③ Mounting
④ Boots Block

해설
① I Node(아이노드)는 파일 소유자의 식별 번호(UID), 파일 크기, 파일의 최종 수정 시간, 파일의 링크 수 등의 정보를 가지고 있다. 각 파일 및 디렉터리마다 할당되며 파일 이름과 실제 데이터 블록을 연결하는 역할을 한다.
② Super Block(수퍼 블록)은 파일 시스템의 식별자, 파일 시스템 전체의 크기, 블록 크기 등의 내용을 가지고 있다.
③ Mounting(마운팅)은 파일 시스템을 사용 가능한 디렉터리 경로에 연결하는 프로세스를 말한다.
④ Boots Block(부트블록)은 Bootloader(부트로더)가 위치한 블록으로, 부트로더(Bootloader)는 컴퓨터의 운영체제를 로드하고 실행하기 위한 프로그램이다.

04 운영체제를 둘러싸고 있으면서, 입력받은 명령어를 실행하는 명령어 해석기는?

20년 3회

① Command User Interface
② Shell
③ Register
④ Process

해설
① Command User Interface(CUI, 커맨드 유저 인터페이스) : 사용자가 명령어를 텍스트로 입력하고 실행하는 방식의 인터페이스로 Command Line Interface(CLI)라고도 불린다.
③ Register(레지스터) : CPU 내부에 있는 고속 기억 장치
④ Process(프로세스) : 실행 중인 프로그램

05 UNIX에서 사용자의 요구를 해석해서 요청 서비스를 실행시키는 명령어 해석기는?

17년 2회, 13년 3회

① Nucleus
② Kernel
③ Shell
④ Core

06 UNIX의 쉘(Shell)에 관한 설명으로 옳지 않은 것은?

21년 3회

① 명령어 해석기이다.
② 프로세스, 기억 장치, 입출력 관리를 수행한다.
③ 시스템과 사용자 간의 인터페이스를 담당한다.
④ 여러 종류의 쉘이 있다.

UNIX 시스템에서 커널이 수행하는 기능으로 거리가 먼 것은? 19년 1회, 15년 2회, 12년 3회

① 프로세스 관리
② 기억 장치 관리
③ 입출력 관리
④ 명령어 해석

|정답| ④

족집게 과외

1. 커널의 주요 구성요소와 기능

❶ 프로세스 관리자[Process Manager, Process Management(프로세스 관리)]

프로세스의 생성, 실행, 일시 정지, 종료 등을 관리하며 CPU 스케줄링을 통해 여러 프로세스가 공정하게 실행될 수 있도록 시스템 자원을 분배한다.

〈프로세스 상태의 주요 유형〉

• Running(실행)
  현재 CPU에서 실행 중인 프로세스
• Blocked(대기)
  특정 이벤트나 리소스가 사용 가능해질 때까지 대기하는 프로세스
• Ready(준비)
  CPU를 할당받기 위해 기다리는 프로세스
• Terminated(종료됨)
  실행을 마친 프로세스
• Zombie(좀비)
  – 프로세스가 정지된 상태지만 부모 프로세스가 종료 상태를 수집하지 않아, 그 정보가 삭제되지 않고 메모리에 남아있는 상태
  – 좀비 상태에서 시스템 자원은 소비되지 않으며 부모 프로세스가 종료 상태를 처리하면 프로세스는 완전히 삭제된다.
• Stopped(정지)
  실행 중인 프로세스가 일시적으로 중지된 상태로 주로 디버깅을 위해 사용된다.

더 알아보기

디버깅(Debugging)은 컴퓨터 프로그램 내에서 발생하는 버그, 오류, 결함 등을 찾아내고 수정하는 과정이다.

❷ 메모리 관리자[Memory Manager, Memory Management(기억 장치 관리)]

시스템 내의 메모리를 프로세스들이 효율적으로 공유하고 사용할 수 있도록 관리하여 시스템 자원을 최적으로 활용한다.

〈메모리 관리자의 주요 기능〉

• 가상 메모리(Virtual Memory) 관리
  가상 메모리 주소 공간과 물리 메모리(RAM) 간의 매핑(Mapping, 연결)을 관리한다.
• 페이징 유닛(Paging Unit, 페이지 관리 단위)
  가상 메모리와 물리 메모리 간의 변환 작업을 담당하는 부분으로 가상 주소로 데이터에 접근할 때 물리 메모리 주소로 매핑시켜 데이터를 읽고 쓸 수 있게 한다.
• 페이지 교환(Swapping, 스와핑)
  컴퓨터의 메모리가 부족한 경우 일부 프로세스의 페이지를 하드디스크로 옮기고, 필요한 페이지를 다시 메모리로 가져오는 작업을 관리한다.
• 페이지 폴트(Page Fault, 페이지 부재) 처리
  프로세스가 요청한 데이터 페이지가 물리 메모리(RAM)에 없는 경우 발생하는 페이지 폴트를 처리하고 필요한 페이지를 가져와 매핑한다.

❸ 파일 관리자[File Manager, File System Management(파일 시스템 관리)]

파일과 디렉터리의 생성, 삭제, 읽기, 쓰기 등의 접근 권한을 관리하며 데이터를 안정적으로 저장하고 검색할 수 있도록 한다.

❹ 장치 관리자[Device Manager, Device Driver Management(디바이스 관리, 입출력 관리)]

▶ 입출력 장치의 드라이버를 관리하여 하드웨어와 소프트웨어 간의 원활한 상호작용을 지원한다.

▶ 시스템에서 처리되는 각종 데이터를 장치 간에 전송하고 변환하여 효율적인 입출력을 지원한다.

❺ 보안 관리자(Security Manager, 보안 및 권한 관리)

시스템의 보안을 유지하고 파일 및 자원에 대한 접근 권한을 관리한다.

❻ 인터럽트 관리자(Interrupt Manager, 인터럽트 및 예외 처리)

▶ 하드웨어 인터럽트나 예외 상황을 처리하여 시스템의 안정성을 보장한다.

▶ 인터럽트(Interrupt, 방해하다, 끼어들다)는 컴퓨터 시스템에서 발생하는 이벤트로, CPU가 현재 수행 중인 작업을 중단하고 우선적으로 처리해야 하는 상황을 나타낸다.

▶ 인터럽트가 발생하면 현재 실행 중인 작업을 중단하고 해당 인터럽트를 처리한 후, 원래 작업으로 복귀한다.

❼ 시스템 호출 관리자(System Call Manager, 시스템 호출 처리)

시스템 호출은 응용 프로그램이 운영 체제의 기능을 사용하기 위한 요청으로 운영프로그램은 시스템 호출을 사용하여 필요한 작업을 처리한다.

01 임베디드 리눅스 커널의 주요 구성요소가 아닌 것은? 17년 2회

① 장치 관리자
② 파일 관리자
③ 사용자 관리자
④ 메모리 관리자

해설
커널의 구성요소 관리자
프로세스, 메모리, 파일, 장치, 보안, 인터럽트, 시스템호출

02 리눅스의 커널에 대한 설명으로 거리가 먼 것은? 16년 1회

① 파일 시스템의 접근 권한 처리
② 시스템에서 처리되는 각종 데이터를 장치 간에 전송하고 변환
③ 명령어 해석기 역할 수행
④ 시스템 자원 분배

03 리눅스 커널의 기능으로 틀린 것은? 18년 2회

① 프로세스 관리
② 디바이스 관리
③ 파일 시스템 관리
④ 웹 서비스 관리

해설
④ 웹 서비스 관리는 웹 서버 소프트웨어에 속하며 웹 서버의 설정, 관리 및 성능 향상을 담당한다.
② 디바이스(Device) 관리는 장치 관리를 뜻하며, 입출력 관리라고도 한다.

04 리눅스의 프로세스 상태 중 프로세스가 정지된 상태지만, 그 정보가 삭제되지 않고, 메모리에 남아있는 상태는? 11년 1회

① 좀 비
② 실 행
③ 대 기
④ 중 단

05 리눅스 커널에서 페이징 유닛(Paging Unit)이 하는 일은? 18년 3회

① 논리 주소를 페이지 테이블로 매핑
② 선형 주소를 물리 주소로 변환
③ 물리 주소를 논리 주소로 전환
④ 물리 주소를 페이지 테이블로 매핑

해설
① 페이징 유닛은 논리 주소를 페이지 테이블을 통해 물리 주소로 변환한다.
③ 컴퓨터 시스템에서 물리 주소를 논리 주소로 전환하는 작업은 지원하지 않는다.
④ 페이징 유닛은 가상 주소를 물리 주소로 변환하는데 페이지 테이블을 사용한다.
용어해설
• 물리 메모리(Physical Memory) : 컴퓨터 하드웨어의 메모리(RAM)
• 가상 메모리(Virtual Memory) : 실제 물리 메모리 (RAM)보다 큰 주소 공간을 가상으로 프로세스에 제공하는 기술
• 물리 주소(Physical Address) : RAM에서 사용되는 주소. 실제 데이터가 저장되는 위치 주소
• 논리 주소(Logical Address, 가상 주소) : 프로세스가 CPU로부터 할당받은 주소. 가상 메모리 공간에서 사용되는 주소
• 선형 주소(Linear Address) : 가상 주소 공간 내에서의 주소
• 페이지 테이블(Page Table) : 가상 주소와 물리 주소 간의 매핑 정보를 저장하는 데이터구조

06 다음 중 주변 장치나 CPU가 자신에게 발생한 사건을 리눅스 커널에게 알리는 통신 방법은?

16년 1·2회

① 인터럽트
② 시그널
③ 태스크
④ PIC

해설

② 시그널(Signal) : 한 프로세스가 다른 프로세스에게 어떤 사건이 발생했음을 알리는 것
③ 태스크(Task) : 유닉스의 프로세스(Process)와 동의어(同義語)로 리눅스에서는 태스크라는 용어를 많이 사용한다.
④ PIC(Programmable Interrupt Controller, 프로그램 가능한 인터럽트 컨트롤러) : 여러 장치의 인터럽트를 관리하고 분배하는 디바이스(Device)

PIC 〈Intel사의 8259A〉

UNIX 명령 중 도스(DOS) 명령 「dir」과 유사한 기능을 갖는 것은?   22년 1회, 18년 1회

① cp
② dr
③ ls
④ rm

| 정답 | ③

족집게 과외

1. 명령어와 함수

❶ 명령어

명령어는 컴퓨터에게 어떤 동작을 하라고 지시하는 단어나 구문으로 컴퓨터는 명령어를 받아서 그에 맞는 동작을 수행한다.

기능	MS-DOS	UNIX, Linux
디렉터리 조회	dir	ls
디렉터리 확인	cd	pwd
디렉터리 생성	mkdir	mkdir
파일 복사	copy	cp
파일 이동	move	mv
파일 삭제	del	rm
파일 시스템의 디스크 사용량 정보	chkdsk	df
현재 시간 표시	time	date
사용자 정보 조회	net user 사용자명	finger
사용자 정보 확인	whoami	id
실시간 프로세스 모니터링	Tasklist	top

❷ 함수

함수는 프로그래밍에 사용되는 명령문들을 모아놓은 코드의 묶음으로 필요할 때 호출해서 사용하므로 같은 작업을 반복해서 작성하지 않아도 된다.

분류	시스템 호출	UNIX, Linux
파일 입출력 함수	파일 열기	open( )
	파일 읽기	read( )
	파일 쓰기	write( )
	파일 닫기	close( )
프로세스 제어 함수	프로세스 복제	fork( )
	새로운 프로세스 실행	exec( )
	프로세스 종료	exit( )
네트워킹 함수	데이터 송신	send( )
	데이터 수신	recv( )

01 UNIX 명령어 중 현재 작업 디렉터리의 위치 정보를 알려주는 명령어는?

18년 3회, 13년 1회, 07년 1회

① kill
② mk
③ pwd
④ rm

03 UNIX에서 파일에 대한 읽기, 쓰기, 실행 접근 권한을 변경하는 명령어는? 22년 1회, 14년 1회

① chprv
② chmod
③ chass
④ chown

해설
② chmod는 유닉스와 리눅스에서 사용되는 파일 및 디렉터리의 권한을 변경하는 명령어이다. DOS에서는 chmod와 같은 파일 권한을 변경하는 명령어는 없으나, 비슷한 개념으로 attrib 명령어를 사용하여 파일 속성을 변경할 수 있다.

02 UNIX 시스템에서 서버에 현재 Login한 사용자의 정보를 알 수 있게 해주는 명령어는?

17년 1회, 15년 1회, 14년 2회

① ping
② ftp
③ finger
④ rlogin

해설
③ finger 명령어를 사용하면 사용자 계정 정보와 최근 로그인 정보, 이메일, 예약 작업 정보 등을 볼 수 있다.

04 리눅스에서 프로세스의 메모리, CPU 사용량, 실행시간 등을 확인할 수 있는 명령어는? 17년 2회

① top
② ls
③ qs
④ emac

해설
① top은 실시간 프로세스 모니터링 명령어로 프로세스의 CPU 사용량, 메모리 사용량, 실행 시간 등을 실시간으로 확인하고, 시스템 리소스의 상태를 파악할 수 있다.

05 다음 내용이 설명하는 유닉스 명령어는? 20년 3회

> 슈퍼 블록에서 카운트하고 있는 마운트 된 파일시스템, 디렉터리에서 사용 가능한 디스크 블록과 Free Node 수를 알려줌

① df
② file
③ find
④ vr

해설

① df는 유닉스와 리눅스에서 파일시스템의 디스크 사용량 정보를 보여주는 명령어이다.

용어해설

• 슈퍼 블록(Superblock) : 파일시스템 자체의 정보와 구조를 저장하는 블록
• 마운트(Mounted) : 컴퓨터 운영체제에서 파일시스템을 시스템 내의 특정 디렉터리에 연결하는 작업
• 프리 노드(Free Node) : 파일시스템에서 사용 가능한 비어 있는 노드(Node)

06 리눅스에서 프로세스를 복제하는 기능의 함수는?

20년 1 · 2회, 18년 2회

① Create
② Fork
③ Exec
④ Memcopy

기출유형 01 ▶ 이미지 저장방식

이미지의 저장방식 중 래스터방식과 벡터방식을 설명한 것으로 거리가 먼 것은?   08년 3회, 05년 3회

① 래스터방식은 이미지를 Pixel 단위로 저장하는 방식으로 이미지를 확대하면 용량이 커지고 해상도도 좋아진다.

② 래스터방식은 색의 변화를 나타내는 데 유용하며 자연색상 그대로를 표현하는 데 좋다.

③ 벡터방식은 이동, 회전, 변형이 쉽고 요소의 형태와 칼라에 대한 정보를 기억하나 기억공간을 적게 차지하는 장점이 있다.

④ 벡터방식은 수학적으로 기술되어 화면에 보여주는 속도가 느리고 점진적인 색변화를 나타내는 데 어려움이 있다.

| 정답 | ①

한 줄 묘약

그래픽 프로세싱(Graphics Processing)은 컴퓨터 그래픽스를 생성, 조작, 표현하는 과정을 말한다. 컴퓨터 그래픽스 이미지의 저장방식은 래스터(Raster)방식과 벡터(Vector)방식으로 나뉜다. 래스터방식은 비트맵(Bitmap)방식으로도 불린다.

족집게 과외

1. 그래픽 저장방식

❶ 래스터(Raster, 비트맵)방식

▶ 픽셀(Pixel) 단위로 이미지 정보가 저장되며 확대하면 화질이 저하된다.

▶ 점진적인 색 변화와 자연 색상 그대로를 표현하는 데 유용하다.

▶ 파일의 크기는 해상도에 비례한다.
파일 형식 : GIF, JPEG, PNG, TIFF, BMP

   ㉠ 픽셀(Pixel, Px)

    • 픽쳐(Picture)와 구성요소(Element)의 합성어로 화면을 구성하는 점을 뜻하기도 한다.

    • 픽셀이 많을수록 해상도가 높다.

   ㉡ 해상도(Resolution)

    • 비트맵 이미지를 표현하는 데 사용하는 가로세로 공간 안의 픽셀의 수를 의미한다.

    • 해상도가 높을수록 이미지 상태가 정밀하고 해상도가 낮을수록 이미지의 품질은 떨어진다.

    • 해상도의 단위는 PPI(Pixel Per Inch)를 사용한다.

❷ 벡터(Vector)방식

▶ 수학적으로 기술되어 확대해도 화질의 저하가 없다.

▶ 이동, 회전, 변형이 쉽고 기억공간을 적게 차지한다.

▶ 화면에 보여주는 속도가 느리고 점진적인 색 변화를 나타내는 데 어려움이 있다.

▶ 파일 형식 – EPS, AI, WMF

2. 문자 저장방식

❶ 래스터 폰트(Raster Font, 비트맵 글꼴)

▶ 픽셀로 구성된다.

▶ 확대하면 화질이 저하되고 가장자리 모양이 변형될 수 있다.

▶ 화면에 표시하는 것이 간단하고 벡터 폰트에 비하여 표시가 빠르다.

〈래스터 폰트의 종류〉
- 비트맵 폰트(Bitmap Font)
- 아웃라인 폰트(Outline Font)
- 스트로크 폰트(Stroke Font)

❷ 벡터 폰트(Vector Font, 벡터 글꼴)

▶ 픽셀 대신 점과 점을 연결하는 선분과 곡선으로 문자를 생성한다.

▶ 확대해도 매끄럽게 처리할 수 있어 손실 없이 무한대로 확장할 수 있다.

〈벡터 폰트의 종류〉
- 트루타입 폰트(TrueType Font) : *.ttf
- 오픈타입 폰트(OpenType Font) : *.otf
- 포스트스크립트 폰트(PostScript Font) : *.ps or, *.otf
- 스케일러블 벡터 그래픽스 폰트(Scalable Vector Graphics Font, SVG Font)

01 그래픽 데이터와 이미지 데이터를 표현할 때 사용되는 비트맵방식의 특징으로 거리가 먼 것은?

09년 3회

① 회전, 확대 등의 연산이 자유롭다.
② 사진이나 비디오 정지화면을 표현하는 데 유리하다.
③ 색상의 점진적인 변화 표현에 유리하다.
④ 픽셀 단위로 색상이나 색의 강도 정보를 표현한다.

02 픽셀에 대한 설명으로 틀린 것은? 10년 3회

① 픽셀이 많을수록 해상도가 높아진다.
② Picture Element의 약자이다.
③ 화면상의 그림을 구성하는 점들 중에 하나이다.
④ 이미지는 픽셀 단위로 저장되는 벡터방식으로 기억 장치에 저장된다.

03 그래픽과 이미지 표현 방식 중에서 화면 확대 시 화질의 저하가 발생하지 않는 방식은?

19년 3회, 08년 1회, 03년 3회

① 벡터방식
② 비트맵방식
③ RGB방식
④ 래스터방식

04 이미지와 그래픽 파일 포맷 중에서 벡터 그래픽의 특징으로 볼 수 없는 것은 무엇인가?

09년 1회, 04년 3회

① 화면 확대 시 화질의 저하가 발생하지 않는다.
② 픽셀들이 모여서 하나의 이미지를 만들어 내는 방식이다.
③ 일러스트레이션(Illustration)에 적합한 방식이다.
④ 그래픽 소프트웨어 중 그리기 도구를 이용하여 점, 선, 곡선, 원 등과 같은 기하적 개체로 생성한다.

05 다음 중 문자 폰트를 표현하는 방식이 다른 하나는?

12년 1회

① 벡터 폰트
② 비트맵 폰트
③ 트루타입 폰트
④ 포스트스크립트 폰트

06 다음 이미지 파일 포맷 중 벡터 정보를 표현할 수 없는 것은?

22년 1회, 10년 1회, 06년 1회

① AI
② EPS
③ WMF
④ TIFF

좁은 범위의 밝기 분포를 가지는 영상에 대하여 넓은 범위의 밝기 분포를 가지도록 화소의 밝기 값을 조절하는 처리 기법은?

22년 1회

① 히스토그램 명세화(Histogram Specification)
② 명암대비 스트레칭(Contrast Stretching)
③ 중위수 필터링(Median Filtering)
④ 윤곽선 추출(Edge Detection)

| 정답 |②

족집게 과외

1. 이미지 처리 기법의 종류

❶ 명암대비 스트레칭(Contrast Stretching, 대비 확장)

▶ 이미지의 선명도를 향상시키기 위해 이미지의 명암대비를 조절한다.

▶ 좁은 범위의 밝기 분포를 가지는 영상에 대하여 밝기 값의 범위를 더 넓게 펼쳐서 전체적으로 더 선명하고 구별되는 이미지를 만든다.

❷ 히스토그램 평준화(Histogram Equalization)

▶ 이미지의 대비를 향상시키기 위해 이미지의 히스토그램을 변형하여 전체 명암 범위를 고르게 분포시킨다.

▶ 이미지에서 어둡거나 밝은 부분을 균등하게 조정하여 너무 어둡거나 너무 밝은 이미지의 명암대비를 좀 더 균등하게 만든다.

• 히스토그램[히스토그램, 도수 분표표 그래프 (Frequency Distribution Table Graph)]

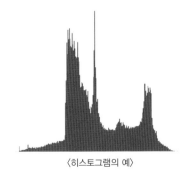

〈히스토그램의 예〉

– 이미지나 영상의 명암값들의 분포를 나타낸 그래프이다.

– 각 화소(픽셀)의 명암값 분포를 분석하여 이미지의 대비와 밝기 조절을 위해 사용한다.

– 각 명암값에 대한 화소(픽셀)의 개수를 직사각형의 그래프로 표시한다.

더 알아보기

도수분포(Frequency Distribution)는 각 값이 나타나는 빈도를 표현하는 분포이다.

❸ 크로미넌스(Chrominance)

▶ 이미지나 영상에서 화면의 색상 정보를 추출하고 표현한다.

▶ 색상(Hue)과 채도(Saturation) 정보를 통해 색상 특성을 파악한다.

▶ Vector scope(벡터 스코프)는 크로미넌스 정보를 그래픽 표시로 나타내는 측정계기이다.

❹ 윤곽선 추출(Edge Detection)

▶ 이미지의 밝기 값 변화를 감지하여 물체의 윤곽선
(Edge, 엣지)을 찾아낸다.

▶ 윤곽선은 이미지 내에서 밝기 값이 급격하게 변하
는 부분으로 물체의 형태를 파악하는 데 도움을 준다.

**❺ 디더링[Dithering, 오차 확산 디더링(Error Diffusion
Dithering)]**

이미지나 영상을 표현할 때 발생하는 색상의 부족함
이나 차이를 줄이기 위해 사용되는 기술로, 주어진 픽
셀(화소)을 수학적 알고리즘을 사용하여 팔레트가 제
공하는 컬러 중 가장 가까운 값으로 매칭시킨다.

❻ 콘투어링효과(Contouring Effect)

특정 영역의 윤곽을 강조하거나 시각적으로 돋보이게
하는 효과로, 이미지의 주요한 특징이나 경계(Edge,
엣지)가 명확하게 드러나게 하여 이미지를 더 선명하
게 만드는 목적으로 사용된다.

01 이미지에서 어둡거나 밝은 부분을 균등하게 조정해 줌으로써 너무 어둡거나 너무 밝은 이미지의 명암을 보기 좋게 하는 이미지 필터링은?

16년 1회, 12년 1회

① 디더링
② 히스토그램 평준화
③ 윤곽선 추출
④ 샤프닝

해설

히스토그램 평준화(Histogram Equalization)
이미지에서 어둡거나 밝은 부분을 균등하게 조정하여 너무 어둡거나 너무 밝은 이미지의 명암대비를 좀 더 균등하게 만든다.

02 영상 내의 색정보, 즉 영상의 크로미넌스(Chrominance) 정보를 그래픽 표시로 나타내는 측정계기는?

11년 3회

① Vector Scope
② Waveform Monitor
③ Color Displayer
④ Level Meter

해설

〈Adobe Premiere Pro의 Vector scope – www.adobe.com〉

03 수학적 알고리즘을 이용해 각 화소를 팔레트가 제공하는 컬러 가운데 가장 가까운 것으로 매칭시키는 것은?

21년 3회

① 디더링(Dithering)
② 샘플링(Sampling)
③ 렌더링(Rendering)
④ 모델링(Modeling)

해설

〈디더링의 수학적 알고리즘 단계〉

픽셀 선택
↓
팔레트 매칭
(팔레트에서 가장 가까운
컬러로 매칭)
↓
오차 계산
(원래의 픽셀 값과
팔레트에서 매칭된 컬러 값 간의
오차 계산)
↓
오차 확산
(주변 픽셀에 오차를 확산시켜
전체적으로 오차 분산)
↓
픽셀 업데이트
(픽셀 값을
팔레트에 매칭된 컬러 값으로
업데이트)

소리의 3요소가 아닌 것은?   14년 2회, 12년 1회

① 소리의 높이
② 음 향
③ 소리의 크기
④ 음 색

|정답| ②

한 줄 요약

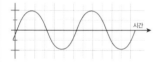

소리는 공기 중에 울리는 진동을 청각을 통해 듣게 되는 것으로, 시간에 따른 소리의 변화를 파동(Wave)이라고 하고 파동의 모양을 파형(Wave Form)이라고 한다.

족집게 과외

1. 소리의 3요소

❶ 진폭(Amplitude, 소리의 크기)

  ㉠ 단위 : dB(데시벨)
  ㉡ 소리 파형의 기준선에서 최고점까지의 거리를 진폭이라고 한다.

 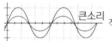

❷ 주파수(Frequency, 소리의 높이)

  ㉠ 단위 : Hz(헤르츠)
  ㉡ 소리의 파동이 1회 완성되는 데 걸리는 시간을 음의 주기라고 한다.

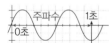 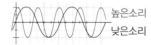

❸ 음색(Tone color, Timbre, 소리의 파형)

  음색 = 소리 맵시 = 소리 색깔 = 소리 톤(Tone)

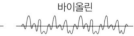

01 사운드를 구성하는 3요소에 들어가지 않는 것은?

10년 1회

① 주파수
② 주 기
③ 진 폭
④ 음 색

02 멀티미디어 구성요소 중 오디오/사운드에서 음의 3요소에 속하지 않는 것은?

09년 3회

① 음의 높이
② 음의 크기
③ 음의 길이
④ 음 색

03 사운드 파형의 기준선에서 최고점까지의 거리를 의미하며 소리의 크기와 관련이 있는 것은?

09년 1회

① 진폭(Amplitude)
② 주파수(Frequency)
③ 음색(Tone Color)
④ 잡음(Noise)

04 사운드의 기본요소 중 음의 크기와 관련이 있는 것은?

03년 3회

① 진폭(Amplitude)
② 잡음(Noise)
③ 음색(Tone Color)
④ 주파수(Frequency)

05 단위 시간당 사이클을 반복하는 횟수를 나타내는 단위는?

19년 3회

① V
② Degree
③ Pulse
④ Hz

해설
시간당 사이클을 반복하는 횟수는 음의 주기를 뜻한다.

06 음의 세기(Sound intensity) 단위는?

15년 1회, 12년 3회

① W/m^2
② erg/m^2
③ kgf
④ W^2/cm

해설
음의 세기는 소리의 크기와 관계하며 음의 세기가 높을수록 소리의 진폭이 커지므로 더 큰 소리로 느낀다. W(와트)/m²(평방미터)는 단위 면적당 음파가 전달하는 에너지의 양을 나타낸다.

4비트로 구성되는 데이터의 단위는?   14년 2회

① 바이트(Byte)
② 워드(Word)
③ 컬럼(Column)
④ 니블(Nibble)

|정답| ④

족집게 과외

1. 데이터의 단위

❶ 비트(Bit)

㉠ 데이터의 가장 작은 단위로 0 또는 1의 값을 가진다.
㉡ 컴퓨터 시스템은 이진(Binary) 방식으로 데이터를 처리하므로 모든 정보는 비트로 표현된다.

❷ 니블(Nibble)

㉠ 4비트로 구성된 단위로 이진수 0000부터 1111까지의 값을 나타낼 수 있다.
㉡ Half Byte라는 뜻으로 1바이트(8비트)를 두 개의 니블로 나누어 표현하는 방식으로 사용된다.

❸ 바이트(Byte)

㉠ 8개의 비트로 구성된 데이터 단위로 문자나 숫자, 기호 등을 나타내는 데 사용된다.
㉡ 대부분의 컴퓨터 시스템은 바이트를 기본적인 메모리 할당 단위로 사용한다.

❹ 킬로바이트(KB), 메가바이트(MB), 기가바이트(GB), 테라바이트(TB)

바이트의 곱으로 데이터의 크기를 나타내는 단위이다.

1KB	1,024Byte
1MB	1,024KB = 1,048,576Byte
1GB	1,024MB = 1,073,741,824Byte
1TB	1,024GB = 1,099,511,627,776Byte

❺ 문 자

ASCII나 유니코드와 같은 문자 인코딩(Encoding) 방식을 사용하여 문자를 표현한다.

2. 문자 인코딩의 방식

❶ ASCII(아스키코드, American Standard Code for Information Interchange, 미국 정보 교환 표준 부호)

㉠ 가장 기본적이고 널리 사용되는 문자 인코딩 방식 중 하나이다.
㉡ 7비트 이진 코드로 알파벳, 숫자, 특수 문자 등을 표현한다.

❷ Unicode(유니코드, Universal Coded Character Set, 유니버설 문자 세트)

㉠ 다양한 언어와 문자를 2바이트에서 4바이트로 표현하는 국제 표준 문자 인코딩 방식이다.
㉡ 각 문자에 대해 코드 포인트라고 하는 고유한 숫자 값을 사용하여 하나의 통일된 방식으로 표현한다.

❸ BCD(Binary Coded Decimal, 2진화 10진수)

10진수를 2진수로 변환하는 숫자 인코딩 방식으로 숫자를 4비트 이진 코드로 표현한다.

❹ BCDIC(Binary Coded Decimal Interchange Code)

IBM에서 개발한 문자와 기호 인코딩 방식으로 8비트 이진 코드로 표현한다.

❺ EBCDIC(에브시딕코드, Extended Binary Coded Decimal Interchange Code)

BCDIC보다 더 다양한 문자와 기호를 포함하는 인코딩 방식으로 8비트 이진 코드로 표현한다.

❻ EUC-KR(Extended Unix Code-KR, 확장 유닉스 코드-한글)

한국어 인코딩 방식으로 2바이트 이진 코드로 표현한다.

01 기억용량 단위의 크기 순서로 옳은 것은?

08년 3회

① Bit < Byte < MB < TB < KB < GB
② Bit < Byte < MB < GB < KB < TB
③ Bit < Byte < KB < MB < GB < TB
④ Byte < Bit < KB < MB < GB < TB

02 데이터의 교환을 원활하게 하기 위해 국제 표준으로 제정된 2바이트계의 만국 공통의 국제 문자부호체계는?

19년 3회

① 확장 아스키 코드
② 유니코드
③ EBCDIC 코드
④ BCD 코드

03 컴퓨터에서 다중언어를 동시에 지원하기 위하여 설계된 문자 표시 코드의 국제 표준을 무엇이라고 하는가?

05년 1회

① Unicode
② KSC-560
③ Binary
④ ASCII

04 유니코드에 대한 설명으로 틀린 것은?

16년 2회, 09년 1회

① 64비트의 구조에 초점을 맞춘 코드이다.
② 문자집합, 문자인코딩, 문자정보, 데이터베이스, 문자들을 다루기 위한 알고리즘을 포함하고 있다.
③ 유니코드 표준에 포함된 문자들은 각자의 고유한 코드 포인트를 가지고 있다.
④ 전세계의 모든 문자를 컴퓨터에서 일관되게 표현할 수 있도록 설계된 산업표준이다.

05 EBCDIC 코드는 몇 개의 비트로 구성되는가?

22년 1회, 18년 1회, 14년 2회

① 4
② 7
③ 8
④ 16

06 ITU-T에서 정한 ASCII 전송 제어문자에 대한 설명으로 옳은 것은?

14년 1회

① ACK : 수신된 정보에 대한 부정 응답
② EOT : 전송의 시작 표시
③ SYN : 문자 동기의 유지
④ STX : 본문의 종료 표시

해설

- ITU-T는 전화 및 정보통신 기술 표준을 개발하고 관리하는 국제기구이다.
- ASCII 전송 제어문자는 컴퓨터와 통신 시스템에서 특별한 기능을 수행하기 위해 사용되는 문자들이다. 제어문자들은 데이터 통신 제어, 동기화, 오류 감지, 데이터 표현 등을 관리한다.
- ASCII 전송 제어문자
  - SYN(Synchronous Idle) : 문자 동기화 신호를 보낼 때 사용된다.
  - ACK(Acknowledgement) : 수신된 데이터의 정상적인 수신 응답에 사용된다.
  - EOT(End of Transmission) : 데이터 전송의 종료를 표시한다.
  - STX(Start of Text) : 본문 텍스트 데이터의 시작을 표시한다.
  - ETX(End of Text) : 본문 텍스트 데이터의 종료를 표시한다.
  - NAK(Negative Acknowledgement) : 수신된 데이터에 문제가 있거나 처리할 수 없는 오류 상황을 표시한다.
  - CR(Carriage Return), LF(Line Feed) : 텍스트 데이터의 줄바꿈에 사용된다.

음성의 디지털 부호화 기술 중에 파형 부호화 방식을 적용한 기술은?   17년 3회

① 보코더
② DPCM
③ 선형 예측 부호화
④ 포만트 보코더

┃정답┃②

족집게 과외

1. 음성 및 오디오 부호화 방식

❶ 파형 부호화 방식(Waveform Coding)

음성 신호를 원본 파형 형태로부터 직접 변환하여 부호화하는 방식이다.

ㄱ PCM(Pulse Code Modulation, 펄스부호변조)
  - 아날로그 신호를 디지털로 변환하는 가장 기본적인 방법으로 연속적으로 변화하는 아날로그 신호를 주기적으로 조사하여 변조한다.
  - 표본화 → 양자화 → 부호화 과정을 거친다.

ㄴ DPCM(Differential Pulse Code Modulation, 차분 펄스부호변조)
  - 이전 표본과 현재 표본(Sample, 샘플) 간의 차이를 계산하여 차분 값(Difference Value, 두 값 간의 차이)을 부호화한다.
  - 인접 표본 간의 차이를 통해 오차를 예측하고 이를 양자화하여 압축한다.

ㄷ ADPCM(Adaptive Differential Pulse Code Modulation, 적응 차분 펄스부호변조)
  DPCM의 발전된 형태로 신호의 크기와 변화율에 따라 양자화 단계를 동적으로 조절하여 압축 효율이 높다.

❷ 보코딩(Vocoding) 방식

  ▶ 보이스 코더(Voice Coder)의 줄임말로 주로 음성 통신이나 음성 압축에 사용한다.

  ▶ 인간의 대화 소리를 잘 표현할 수 있는 방식으로 음성 신호를 부호화하여 전송, 저장 또는 처리한다.

  ▶ 음성의 파형을 직접 양자화하지 않고 파형을 분석한다.

  ▶ 유성음, 무성음 등 음성의 특성만을 추출한다.
    FM(Frequency Modulation) 보코딩
    음성 신호의 주파수 변조를 사용하여 음성 신호를 부호화한다.

❸ 통계적 부호화 방식

확률 및 통계적 모델을 사용하여 데이터를 압축하거나 부호화한다.

ㄱ 허프만 부호화(Huffman Coding, 가변길이 부호화)
  - 빈번히 발생하는 값에는 짧은 비트를 할당하고 드물게 발생하는 값에는 긴 비트를 할당하여 부호화한다.
  - 사용 빈도가 높은 문자를 효율적으로 표현하면서도 압축률을 높일 수 있다.

ㄴ Lempel-Ziv 부호화[렘펠지브, LZW(Lempel-Ziv-Welch)]
  입력 데이터에서 반복하는 패턴을 찾아내어 딕셔너리(Dictionary, 사전)에 저장하고 번호를 붙여, 같은 패턴의 새로운 문자열이 등장하면 딕셔너리 번호로 부호화한다.

❹ 혼합 부호화 방식

여러 가지 음성 및 오디오 신호 처리 기술을 혼합하여
부호화하는 방식이다.

㉠ MP2(MPEG Audio Layer-2)
- 초기 디지털 음성 및 오디오 압축에 사용했다.
- MUSICAM(뮤지캠, Masking Pattern Adapted
  Universal Subband Integrated Coding And
  Multiplexing, 마스킹 패턴 적응형 유니버설 서
  브밴드 통합 부호화 및 다중화)으로도 불린다.

㉡ MP3(MPEG Audio Layer-3)
음악 및 디지털 오디오 파일을 압축하는 데 사용한다.

㉢ AAC(Advanced Audio Coding)
고품질의 음성 압축을 위한 효율적인 기술로 주로
음악, 오디오 스트리밍, 영화 등 다양한 음향 콘텐
츠의 압축에 사용한다.

㉣ AC-3(Audio Coding-3, Dolby Digital)
- 미국의 돌비(Dolby, Dolby Laboratories, Inc.)
  사가 개발한 멀티채널 사운드를 위한 오디오 부
  호화 방식이다.
- 비디오 콘텐츠와 함께 사용되며 영화, DVD, 블
  루레이 디스크, 미디어 스트리밍 등에서 널리 사
  용한다.

01 사운드를 디지털화하는 데 널리 사용되는 방법으로 연속적으로 변화하는 아날로그 신호의 강도를 주기적으로 조사하여 변조하는 방식은?

08년 3회

① OCM 방식
② PCM 방식
③ PCR 방식
④ OCR 방식

03 파형 코딩 방법 중 연속된 샘플의 값들 사이의 차이만을 인코딩하고 저장함으로써 압축을 하는 방식으로 ITU-T의 음성 압축 표준인 G.72X의 핵심 코딩 기술은?

20년 1 · 2회, 14년 1회, 09년 1회

① PM(Phase Modulation)
② PCM(Pulse Code Modulation)
③ AM(Amplitude Modulation)
④ ADPCM(Adaptive Differential Pulse Code Modulation)

해설
G.72X는 ITU-T 표준에서 정의된 음성 부호화 알고리즘으로 G.726, G.728 등이 있다.

04 정보의 통계적인 확률을 이용하여 기호의 발생 빈도가 높으면 짧은 부호를, 낮으면 긴 부호를 할당하여 평균 부호 길이가 최소가 되도록 하는 방식은?

20년 3회, 18년 2회

① 객체 모델링 기법
② 색 참조 기법
③ 메시지 다이제스트 기법
④ 가변길이 부호화 기법

02 PCM 전송에서 송신 측 과정이 순서대로 나열된 것은?

22년 1회, 18년 3회, 12년 3회

① 표본화 → 양자화 → 부호화
② 표본화 → 부호화 → 양자화
③ 부호화 → 양자화 → 표본화
④ 부호화 → 표본화 → 양자화

05 사용빈도가 높은 문자는 가장 짧은 코드로 표현하고, 가장 사용빈도가 낮은 문자는 가장 긴 코드로 표현하는 압축 방식은?

18년 3회, 12년 3회

① 허프만 코딩 방식
② 줄길이 부호화 방식
③ MPEG 방식
④ JPEG 방식

아날로그 사운드를 디지털 형태로 바꾸는 과정 중 표본화(Sampling)에 대한 설명으로 거리가 먼 것은?

09년 1회

① 표본화를 많이 할수록 원음에 가깝게 표현할 수 있다.
② 표본화를 크게 할수록 데이터 저장을 위한 공간이 증가한다.
③ 아날로그 파형을 디지털 형태로 변환하기 위해 표본을 취하는 것이다.
④ 표본화에서의 기록 단위는 데시벨(dB)이다.

| 정답 | ④

한 줄 요약

PCM(Pulse Code Modulation, 펄스부호변조)은 파형 부호화 방식의 부호화 기법으로 아날로그 신호를 디지털 신호(Pulse, 펄스)로 변환한다.

족집게 과외

1. PCM 과정

❶ **표본화(Sampling, 샘플링)**

▶ 아날로그 신호의 연속적인 값을 일정한 시간 간격으로 나누어 표본(샘플, Sample)을 추출한다.

▶ 표본화를 많이 할수록 원음에 가깝게 표현할 수 있지만 데이터 저장을 위한 공간이 증가한다.

▶ 단위는 Hz(헤르츠)이다.

　㉠ 표본화 주기(Sampling Period)

　　• 표본화(샘플링)된 디지털 값들 사이의 시간 간격을 말한다.

　　• 단위 : s(초, Second)

　㉡ 표본화율[Sampling Rate, 표본화 주파수(Sampling Frequency)]

　　• 초당 몇 번을 표본화하는지를 나타낸다.

　　• 단위 : Hz(헤르츠)

　㉢ 표본화 주기 계산 공식

　　T(표본화 주기) = 1s / fs(표본화 주파수)

　㉣ 표본화 주기와 표본화율의 관계

　　• 표본화 주파수가 높아질수록 표본화 주기는 짧아진다.

• 1Hz는 1초당 한번 샘플링되었다는 뜻이다.

• 표본화 주기의 예
표본화 주파수 1Hz = 표본화 주기 1초 / 표본화 주파수 2Hz = 표본화 주기 0.5초

〈표본화 과정〉

아날로그 신호

↓

일정한 시간 간격으로 나눈다.

↓

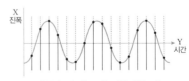

진폭의 길이(크기) 값을 얻는다.

② 양자화(Quantization, 퀀타이제이션)

▶ 표본화된 신호를 일정한 단위로 나누어 실수 값을
정수 값으로 변환한다.

㉠ 정수(Integer) : 소수점 이하가 없는 양의 또는
음의 수

㉡ 실수(Real Number) : 정수와 소수점 이하의
값을 포함하는 수

▶ 실제 신호 크기를 미리 설정한 몇 단계의 정수 값
으로 반올림하여 디지털 양(정수 값)을 표시한다.

▶ 단위는 Bit(비트)이다.

〈양자화 과정〉

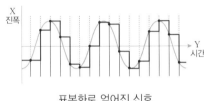

표본화로 얻어진 신호

↓

단계를 설정한다.

↓

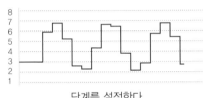

양자화 단계 값이 구해진다.

↓

소수점은 반올림하여
정수 값으로 변환해 정량화한다.

③ 부호화(Encoding, 인코딩)

양자화로 얻어진 정수 값을 이진수의 비트열로 변환
하는 단계이다.

01 PCM 방식에서 표본화 주파수가 8kHz라 하면 이때 표본화 주기는? 19년 3회, 13년 3회

① 170μs ② 125μs
③ 100μs ④ 8μs

해설
T(표본화 주기) = 1(초, Seconds) / fs[표본화 주파수(Hz)]
T = 1 / 8kHz = 1 / 8,000Hz(1kHz는 1,000Hz)
∴ T = 0.000125s
T = 0.000125s × 1,000,000μs/s[1초는 1,000,000μs (마이크로초)]
∴ T = 125μs
시간의 단위
• 1s(초) = 1,000ms(밀리초) = 1초의 천분의 일
• 1ms = 1,000μs(마이크로초) = 1초의 백만분의 일
• 1μs = 1,000ns(나노초) = 1초의 십억분의 일
• 1ns = 1,000ps(피코초) = 1초의 일조억분의 일

02 디지털 음향분야에서 주로 사용하는 표준 샘플링(Sampling) 주파수가 아닌 것은? 10년 3회

① 32[kHz] ② 44.1[kHz]
③ 48[kHz] ④ 86[kHz]

해설
① 32kHz : 약간 낮은 품질, 주로 전화 통화나 음성 메시징에 사용한다.
② 44.1kHz : CD의 표준 샘플링 주파수이다.
③ 48kHz : 고음질 오디오, 주로 영상과 함께 사용되는 음향에서 사용한다.

03 다음 디지털화 과정에서 실수 값을 정수 값으로 변환하는 과정은? 02년 12월

① 샘플링 ② 양자화
③ 부호화 ④ 복호화

04 다음 중 양자화를 가장 잘 표현한 것은? 12년 1회, 11년 1회

① 샘플링된 신호를 디지털 양으로 표시
② 샘플링 주파수의 선정
③ 디지털 신호의 아날로그화
④ 전송신호의 위상

해설
아날로그 신호를 일정한 시간 간격으로 표본화하여 샘플링된 값들을 디지털 양(정수 값)으로 표시하는 과정에서 아날로그 신호의 값들은 디지털 값에 가장 가까운 값으로 양자화(Quantization)된다.

05 양자화를 가장 잘 표현한 것은? 18년 3회

① 표본화된 PAM 신호를 진폭영역에서 이산적인 값으로 변환
② 신호가 전송로를 점유하는 시간 분할
③ 통화로의 분기 및 삽입 용이
④ 전송 신호의 위상 변화

해설
이산적인 값은 1, 2, -3과 같이 연속적이지 않고 떨어진 개별적인 값으로 문제에서는 정수를 의미한다.

06 아날로그 이미지를 디지털화하는 과정에 있어 양자화(Quantization)에 대한 설명으로 올바른 것은? 07년 3회, 04년 3회

① 연속적인 색상의 값을 이산치로 변환하는 것을 말한다.
② 아날로그 값의 샘플을 픽셀로 표현하는 것이다.
③ 기본 이미지에 임의의 변형을 가하여 특수한 효과를 얻는 것이다.
④ 아날로그 값의 샘플을 모니터에 출력하는 작업을 나타낸다.

해설
이산치(Discrete Values, 離散値) = 이산적인 값

DVD의 오디오 압축방식으로 사용되며 미국식 디지털 TV 표준(ATSC-DTV)의 오디오 압축 방식(돌비디지털 압축)은?

14년 2회, 11년 3회, 10년 3회

① AC-1

② AC-2

③ AC-3

④ AC-4

|정답| ③

한 줄 묘약

AC-3는 오디오 코딩 3번째 버전(Audio Coding-3)의 줄임말로 돌비디지털(Dolby Digital)이라고도 불리며, 미국의 돌비(Dolby, Dolby Laboratories, Inc.)사가 개발한 고품질의 다채널 오디오를 제공하기 위한 오디오 부호화 방식이다.

족집게 과외

1. AC-3의 활용

❶ 디지털 TV

다양한 국가에서 돌비 AC-3를 디지털 TV 표준 오디오 압축방식으로 채택하고 있다.

㉠ 미국 : ATSC-DTV(Advanced Television Systems Committee-Digital Television) 표준

㉡ 유럽 : DVB-DTV(Digital Video Broadcasting-Digital Television) 표준

㉢ 일본 : ISDB-DTV(Integrated Services Digital Broadcasting-Digital Television) 표준

㉣ 한국 : ATSC 3.0 표준

㉤ 중국 : DTMB-DTV(Digital Terrestrial Multimedia Broadcast-Digital Television) 표준

❷ DVD(Digital Video Disc)

DVD에 저장할 때 돌비 AC-3 압축방식을 사용하여 오디오의 고품질을 유지하면서 저장 공간을 절약할 수 있다.

❸ 영화관

고품질의 다채널 오디오를 제공한다.

❹ 비디오 게임

몰입감 있는 오디오 효과를 제공한다.

❺ 인터넷 스트리밍(Internet Streaming)

동영상 스트리밍 플랫폼이나 온라인 미디어 서비스에서 고품질의 오디오 스트림(Stream)을 제공한다.

2. AC-3의 구성

❶ 채 널

주로 5.1 채널 구성을 사용하며 2.0 스테레오, 7.1 채널 등 다양한 음향 시스템에서 활용한다.

더 알아보기

5.1 채널의 구성
왼쪽, 오른쪽, 중앙, 왼쪽 후면, 오른쪽 후면에 각각 하나씩 스피커가 있고, 서브우퍼가 하나 있는 구성이다.

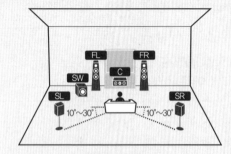

(이미지 출처 yamaha.com)

- FL(Front Left) : 앞쪽 좌측 스피커
- C(Center) : 중앙 스피커
- FR(Front Right) : 앞쪽 우측 스피커
- SL(Surround Left) : 서라운드 좌측 스피커
- SR(Surround Right) : 서라운드 우측 스피커
- SW(Sub Woofer) : 서브 우퍼

---

❷ 비트율 범위

㉠ 32Kbps ~ 640Kbps

㉡ 비트율(Bit Rate)은 오디오 압축률을 나타내는 값으로, 주어진 시간 동안 전송되는 비트 데이터의 양을 나타낸다.

01 5.1 멀티채널, 32Kbps에서 640Kbps의 비트율을 가지고 압축률을 높이기 위해 채널 간 마스킹 특성을 이용하는 오디오 코딩방식은? 16년 2회

① AC-1
② AC-2
③ AC-3
④ MP3

해설
마스킹(Masking) 특성은 하나의 소리가 다른 소리에 의해 얼마나 잘 가려지거나 듣기 어려워지는지를 나타내는 특성이다.

02 다음 중 지상파 디지털 TV ATSC 방식에서 음성 압축방식은? 11년 1회

① MPEG-1
② MPEG-2
③ MPEG-3
④ Dolby AC-3

03 다음 중 미국의 돌비 연구소에서 개발한 AC-3 음성 부호화 방식에서 사용되는 기본 채널은? 16년 2회, 13년 1회

① 3.1채널
② 4채널
③ 5.1채널
④ 6.2채널

04 디지털 서라운드 사운드에 관한 설명 중 틀린 것은? 05년 1회

① 디지털 서라운드 방식은 최대 5.1채널로만 이루어진다.
② Dolby Surround Digital은 AC-3 코딩을 기초로 두고 있다.
③ Dolby Surround Digital과 DTS 방식의 포맷은 모두 데이터 압축이 이루어진다.
④ Dolby Surround Digital과 DTS 방식의 포맷은 DVD 제작에 응용되고 있다.

해설
• 디지털 서라운드 사운드(Digital Surround Sound)는 5.1 채널 또는 7.1 채널과 같은 다채널 사운드 시스템을 지칭한다.
• DTS(Digital Theater Systems)와 AC-3(Dolby Digital)는 모두 고품질의 다채널 오디오를 제공하기 위한 오디오 부호화 방식으로 DTS는 미국의 음향 기술 회사인 DTS사에서 개발하였고, AC-3는 미국의 Dolby Laboratories사가 개발하였다.

05 다음 중 오디오 압축부호화 방식으로 거리가 먼 것은? 12년 1회

① DES
② Dolby AC-3
③ MUSICAM
④ MPEG1 audio/layer3

해설
③ MP2는 MUSICAM(뮤지캠)이라고도 불린다.
④ MPEG1 audio/layer3는 MP3이다.

기출유형 01 ▶ 이미지 처리 및 형식

다음 중 그래픽 파일 형식에 대한 설명으로 옳지 않은 것은?　　08년 1회, 05년 1회, 03년 3회

① JPEG 형식은 GIF 형식보다 다양한 색상을 나타낼 수 있다.
② JPEG는 사진 압축에 유리한 포맷으로 웹에서 표준으로 널리 사용된다.
③ GIF 형식은 Animation을 표현할 수 있다.
④ GIF 형식은 24Bit 트루 컬러(True Color) 색상으로 표현할 수 있다.

┃정답┃ ④

족집게 과외

1. 이미지 형식 유형

❶ JPEG(Joint Photographic Experts Group, 합동 사진 전문가단체, 정지 영상 압축표준)

정지 영상을 지원하기 위한 국제표준이다.

　㉠ JPEG : 가장 널리 사용되는 이미지 압축 형식으로 사진 및 다양한 컬러 이미지를 압축하는 데 사용한다.

　㉡ JPEG2000

　　• JPEG의 발전된 형태로 압축효율 개선과 블록화 문제를 해결하여 더 나은 이미지 품질을 제공한다.

　　• 웨이블릿 변환을 사용하여 이미지의 세부 특성을 분석하고 압축한다.

더 알아보기

웨이블릿 변환(Wavelet Transform)
이미지를 주파수 성분으로 분해한 후, 다양한 크기와 주기를 가지는 웨이블릿(작은 파동) 함수를 사용하여 해당 이미지를 분석하는 기법이다.

❷ GIF(Graphics Interchange Format, 그래픽 교환 방식)

　▶ 미국의 컴퓨터 네트워크 회사인 컴퓨서브(Compuserve)사에서 빠르게 이미지를 전송할 목적으로 개발했다.

　▶ 8Bit 컬러를 지원한다.

　▶ 흑백으로만 사용되던 파일 다운로드 영역에 256색상(8Bit, 2^8 = 256)의 컬러 이미지를 제공하였다.

　▶ RLE(Run-Length Encoding) 압축 알고리즘을 대체한 LZW(Lempel-Ziv-Welch) 압축 알고리즘을 사용하여 느린 모뎀에서도 빠르게 다운로드할 수 있다.

　▶ LZW에 대한 특허를 받은 미국의 IT 회사 유니시스(Unisys)와 GIF 개발사인 컴퓨서브(Compuserve)사 간에 특허 논란이 있었다.

　▶ 투명색을 지정할 수 있으며 한 파일에 다수의 이미지 및 텍스트의 포함이 가능하다.

　▶ GIF의 원래 버전은 87a라고 불렸으며 향상된 89a 버전부터 애니메이션 기능을 제공한다.

01 흑백 및 컬러 정지화상을 위한 국제표준안으로 이미지의 압축 및 복원 방식에 관한 표준안은?

21년 1회

① JPEG
② BMP
③ GIF
④ TIFF

02 흑백 및 컬러 정지 이미지의 압축 및 복원방식에 관한 국제표준안으로 디지털카메라, 스캐너 등의 저장 포맷으로 사용되는 것은?

17년 2회, 05년 1회

① GIF
② PCX
③ JPEG
④ BMP

03 JPEG의 압축효율 개선과 블록화 문제를 해결하고 웨이블릿 변환 및 적응적 산술코딩을 적용한 정지영상 압축표준은?

17년 3회, 11년 3회

① JPEG1000
② MPEG
③ H.264
④ JPEG2000

해설
산술코딩(Arithmetic Coding)은 빈도나 확률분포에 따라 적은 비트를 할당하는 기법으로 주요 산술코딩에는 허프만 부호화(Huffman Coding)가 있다.

04 다음 중 웨이블릿 변환과 가장 관계있는 표준은?

15년 1회, 12년 1회, 11년 1회

① H.263
② JPEG2000
③ MPEG-7
④ MPEG-21

05 GIF(Graphic Interchange Format)에 대한 설명으로 옳지 않은 것은?

18년 1회

① 높은 압축률과 빠른 실행 속도가 장점이다.
② 압축방식은 LZW(Lempel-Ziv-Welch) 알고리즘을 사용한다.
③ 색상정보는 그대로 두고 압축하기 때문에 사진 압축에 가장 유리한 방법이다.
④ 미국 Compuserve사에서 자체 개발 서비스를 통해 이미지를 전송할 목적으로 개발되었다.

06 GIF에 대한 설명으로 가장 거리가 먼 것은?

17년 2회

① 16비트 컬러를 지원하는 대표적인 압축 포맷이다.
② GIF89a에서는 애니메이션 기능을 제공한다.
③ 웹에서는 JPEG 포맷과 함께 가장 널리 사용된다.
④ 투명색을 지정하여 투명효과를 줄 수 있다.

동영상의 압축, 복원을 위한 표준안 중, 동영상을 압축하여 CD-ROM에 저장한 뒤 최대 1.5Mbps의 속도로
전송하기 위한 목표로 제정된 것은?
02년 12월

① MPEG-1
② MPEG-2
③ MPEG-3
④ MPEG-4

▮정답▮ ①

족집게 과외

1. 영상 압축 유형

❶ **MPEG(Moving Picture Experts Group, 엠펙)**

ISO/IEC(국제표준화기구 및 국제전기표준화기구)와
ITU-T(국제전기통신연합 통신표준분과)에서 제정한
동영상 압축 국제표준이다.

㉠ MPEG-1(Moving Picture Experts Group-1)
- MPEG에서 개발한 첫 번째 비디오 및 음성 데이
터 압축표준이다.
- CD-ROM의 용량과 특성을 고려하여 개발했으
며, VCD(Video CD) 형식으로 사용한다.
- 목표 전송률 : 1.5Mbps/sec

㉡ MPEG-2(Moving Picture Experts Group-2)
- 고품질 비디오 및 음성 데이터의 압축에 사용하
는 표준이다.
- DVD, 디지털 TV, 브로드캐스팅(Broadcasting)
등 다양한 응용 분야에서 사용한다.
- 목표 전송률 : 2~45Mbps/sec

㉢ MPEG-4(Moving Picture Experts Group-4)
- 멀티미디어 데이터의 압축 및 전송을 위한 표준
이다.
- 64Kbps 정도의 낮은 데이터 전송 속도에서도
고압축률로 동영상을 효과적으로 압축하고 전송
하는 것을 목적으로 한다.
- 인터넷 스트리밍(Internet Streaming), 멀티미
디어 서비스 등 다양한 응용 분야에서 사용한다.

㉣ MPEG-7(Multimedia Content Description
Interface)
- 멀티미디어 정보를 정리하고 설명하기 위한 표
준으로 데이터 그 자체가 아닌 데이터의 내용에
대한 표현 방법을 다룬다.
- 멀티미디어 데이터베이스의 색인화와 정보 검색
을 목적으로 한다.
- 멀티미디어 정보의 제작, 전송, 저장, 유통 및
검색 분야에 활용할 수 있는 메타데이터
(Metadata, 다른 데이터에 대한 정보를 제공하
는 데이터) 표준 기술이다.

㉤ MPEG-21(Multimedia Framework)
- 멀티미디어 콘텐츠의 전자상거래를 위한 통합
프레임워크(Framework)이다.
- 멀티미디어 콘텐츠 자원을 다양한 네트워크와
장치에서 효과적으로 활용하기 위한 목적이다.

❷ **H.264(AVC, Advanced Video Coding)**
▶ 뛰어난 압축률과 높은 품질을 제공하는 현대적인
비디오 압축표준이다.
▶ 스트리밍, 디지털 TV, 온라인 비디오 등 다양한 응
용 분야에서 사용한다.

❸ **H.265(HEVC, High Efficiency Video Coding)**
▶ H.264의 후속 버전으로 약 1.5배 더 높은 압축률
을 가지면서도 동일한 비디오 품질을 제공하는 고
효율 비디오 압축표준이다.
▶ 4K UHD 및 고해상도 비디오에서 높은 효율성을
제공하며, 더 나은 비디오 압축 및 전송을 위해 개
발했다.

01 동영상의 압축을 위한 표준으로서 약 2~45Mbps의 속도로 전송할 때 디지털 TV나 DVD 수준의 영상을 유지할 목적으로 제정된 것은? 　12년 1회

① MPEG-1
② MPEG-2
③ MPEG-4
④ MPEG-7

02 고화질 디지털 방송을 위해 ISO 산하 MPEG 위원회에서 규정한 국제표준은? 　06년 3회, 04년 3회

① MPEG-1
② MPEG-2
③ MPEG-3
④ MPEG-4

해설
MPEG-3는 실제로 존재하지 않는 표준으로 초기에 계획되었지만, MPEG-2와 유사하여 MPEG-2로 통합되었다. 음성 압축표준인 MP3(MPEG Audio Layer-3)와 혼동하지 않도록 한다.

03 모바일 환경에서 영상검색을 하기 위해 간략화하면서도 확장성 있는 메타데이터 표준 기술은? 　17년 2회, 15년 1회

① MPEG-7 CDVS
② MPEG-2 CD
③ MPEG-9
④ MPEG-1

해설
MPEG-7는 Compact Descriptors for Visual Search의 약자로 MPEG-7 CDVS라고도 표기한다.

04 멀티미디어 콘텐츠의 전자상거래(생성, 거래, 전달, 관리, 소비)를 위해 상호운용성을 보장하는 통합 멀티미디어 프레임워크를 위한 표준화에 해당하는 것은? 　21년 3회, 18년 3회

① MPEG-2
② MPEG-7
③ MPEG-21
④ MPEG-Z

05 H.264/MPEG-4 AVC 기술과 비교하여 약 1.5배 높은 압축률을 가지면서도 동일한 비디오 품질을 제공하는 고효율 비디오 코딩 표준으로 H.265라고도 불리는 이 코딩 기술은? 　20년 3회, 18년 2회, 15년 2회

① MPEG-2
② HEVC
③ AVC
④ IESG

06 영상압축의 표준화 방식은? 　20년 1·2회, 17년 3회, 14년 2회

① Dolby AC-3
② H.264
③ MPEG1 audio/layer3
④ MUSICAM

해설
① Dolby AC-3(Audio Coding-3)는 미국 Dolby(돌비)사가 개발한 고품질 오디오 표준화 방식이다.
③ MPEG1 audio/layer3는 MP3이다.
④ MUSICAM(뮤지캠)은 오디오 압축 표준으로 음성 통신 분야에서 사용되고 있으며 MP2(MPEG-1 Audio Layer 2)라고도 불린다.

02 멀티미디어 기술발전

01 미디어 기술

기출유형 01 ▶ 아날로그 미디어 방송 기술

다음 중 아날로그 TV 표준형식으로 거리가 가장 먼 것은?   10년 1회, 07년 3회

① NTSC
② PAL
③ SECAM
④ HDTV

| 정답 | ④

족집게 과외

1. 아날로그 TV 표준 방식

아날로그 TV(Analog Television)는 수신된 아날로그 신호의 주파수와 진폭을 복조하여 영상과 음성 정보를 표시하는 장치로, 디지털 TV가 나오기 이전의 모든 TV는 아날로그 TV였다.

❶ NTSC(National Television System Committee, 국가 텔레비전 시스템 위원회)

대한민국, 미국, 캐나다, 일본 등에서 사용하는 아날로그 TV 표준으로 흑백이나 컬러의 구별 없이 방송과 수신이 가능하다.

❷ PAL(Phase Alternative by Line, 팔)

독일 텔레풍켄(Telefunken)사에서 개발한 아날로그 컬러 TV 표준으로 유럽에서 사용한다.

❸ SÉCAM(Séquential Couleur à Mémoire, 세캄)

프랑스가 개발한 아날로그 컬러 TV 표준으로 프랑스어권 나라와 일부 동유럽 국가에서 사용한다.

❹ 아날로그 TV 형식

TV 표준	해상도	프레임 속도	주사선
NTSC	480i(720 × 480)	29.97FPS (30FPS)	525줄
PAL	576i(720 × 576)	25FPS	625줄
SÉCAM	576i(720 × 576)	25FPS	625줄

* FPS(Frames Per Second) : 초당 프레임 수
* 주사선(Lines per Frame) : 화면에 그려지는 수평선의 개수

2. 텍스트 미디어

❶ Teletext(텔레텍스트)

▶ 아날로그 TV 신호의 일부로 텍스트 정보를 전송하는 기술로 1970년대부터 1980년대에 널리 사용하였다.

▶ 화면 하단에 뉴스, 날씨, TV 프로그램 안내 등의 정보를 확인할 수 있도록 하였다.

❷ Videotex(비디오텍스)

〈이미지 출처 위키미디어〉

▶ 전화 회선과 아날로그 TV를 통해 텍스트와 그래픽 정보를 제공하는 방식으로 1980년대와 1990년대 초까지 사용하였다.

▶ 사용자들은 키보드를 이용하여 정보를 검색하거나 입력할 수 있었고, 상호작용적인 양방향 서비스를 제공하는 것을 목표로 하였다.

▶ 온라인 구매, 기차 예약, 주가 확인, 전화번호부 검색, 채팅 등을 할 수 있었다.

01 다음 중 우리나라에서 사용하는 아날로그 텔레비전 방송을 위한 비디오 신호 형식은?

07년 1회

① NTSC
② PAL
③ SECAM
④ MPEG

02 우리나라에서 채택하고 있는 아날로그 TV 표준 방식은? 19년 3회, 08년 1회, 02년 12월

① NTSC(National Television System Committee)
② PAL(Phase Alternative by Line)
③ SECAM(SEquential Couleur A Memoire)
④ VOD(Video on Demand)

03 현재 국제적으로 통용되는 아날로그 3대 TV 표준 방식 중 NTSC 방식의 설명으로 올바른 것은?

05년 3회

① 525개의 주사선(Lines Per Frame)을 사용한다.
② PAL-B와 PAL-M 두 방식을 가장 많이 사용하고 있다.
③ 프랑스와 구소련 등 중심으로 개방된 방송 형태이다.
④ 1967년 색상 변환 시 오류를 최소화하려는 취지에서 등장한 방송 형태이다.

해설
②, ④ PAL(Phase Alternating Line)에 관한 내용이다.
③ SECAM(Systeme Electronique Couleur Avec Memoire)에 관한 내용으로 구소련은 동유럽에 속한다.

04 우리나라에서 채택한 아날로그 NTSC 방식의 TV 화상은 초당 몇 프레임을 사용하는가?

06년 1회, 04년 3회

① 1초당 15프레임
② 1초당 24프레임
③ 1초당 30프레임
④ 1초당 34프레임

05 뉴스, 일기예보, 주식시세 등 여러 가지 정보를 글자나 그림으로 만든 후, 이를 부호화하여 TV(NTSC 방식) 전파의 빈틈에 Digital Data의 형태로 삽입하여 송출하는 것은? 12년 1회

① Videotex
② VAN(Value Added Network)
③ ISDN(Integrated Service Digital Network)
④ Teletext

06 비디오텍스(Videotex)에 관한 설명 중 거리가 가장 먼 것은? 06년 1회

① 비디오텍스는 전화 회선과 TV를 이용한 정보 서비스이다.
② 비디오텍스는 단방향 통신방식을 이용한다.
③ 비디오텍스는 PSTN이나 CATV 시스템을 이용한다.
④ 대화형 양방향 미디어로서 요구되는 정보를 즉시 제공할 수 있다.

해설
② 비디오텍스는 양방향 통신방식을 이용한다.

다음 중 텔레비전의 3요소와 거리가 가장 먼 것은? 11년 1회

① 편 향   ② 화 소   ③ 주 사   ④ 동 기

|정답| ①

족집게 과외

1. 아날로그 TV 3요소

❶ 화소(Pixel)

▶ 텔레비전 화면을 구성하는 가장 작은 이미지 요소이다.

▶ 화면의 해상도는 화소의 수에 따라 결정되며 화소가 많을수록 고해상도이다.

❷ 주사(Scanning)

▶ 화면에 이미지를 만들기 위해 수평 및 수직 방향으로 빠르게 이동하는 전자빔을 사용하는 과정이다.

▶ 주사율(Scanning Rate)이 높을수록 고해상도이다.

〈주사 과정〉

㉠ 수평 주사(Horizontal Scanning) : 화면을 왼쪽에서 오른쪽으로 수평 방향을 스캔한다.

㉡ 수직 주사(Vertical Scanning) : 수평 주사가 한 번 완료된 후 화면을 위에서 아래로 수직 방향을 스캔하고, 수직 주사가 완료되면 다시 수평 주사를 시작한다.

❸ 동기(Synchronization, 싱크로나이제이션, 동기화)

비디오와 오디오 신호가 동시에 전송되도록 하는 과정이다.

㉠ 수평 동기(Horizontal Synchronization, H-Sync) : 수평 주사 과정을 올바르게 조절한다.

㉡ 수직 동기(Vertical Synchronization, V-Sync) : 수직 주사 과정을 올바르게 조절한다.

㉢ 색위상 동기(Color Phase Synchronization, 색상 위상 동기화) : 컬러 비디오 신호의 밝기(Luminance) 정보와 색상(Chrominance) 정보를 분리하는 과정에서 발생하는 수평 동기와 수직 동기 정보 간의 충돌을 동기화하는 것으로 컬러 버스트(Color burst, 색 동기) 신호를 사용한다.

㉣ 오디오 동기(Audio Synchronization) : 비디오와 오디오 신호의 정확한 타이밍 조절을 통해 소리와 화면이 일치하도록 한다.

2. 아날로그 TV 스케일러의 종류

스케일러(Scaler)는 HDMI, VGA, 컴포넌트 비디오 등의 다양한 비디오 신호 형식을 서로 호환되도록 변환하는 장치이다.

스케일러(ATEM사의 VC812)

❶ 스캔 컨버터(Scan Converter)

▶ 컴퓨터의 디지털 비디오 신호를 아날로그 TV 표준(NTSC, PAL, SÉCAM)에 맞게 변환한다.

▶ 디지털 비디오 신호를 아날로그 TV에서 볼 수 있는 형식으로 변경하는 데 사용한다.

❷ 해상도 변환기(Resolution Converter)

▶ 입력 신호의 해상도를 조절하는 장치이다.

▶ 고해상도의 디지털 신호를 저해상도의 아날로그 TV에 맞게 변환하는 데 사용한다.

❸ 화면 비율 조정기(Aspect Ratio Adjuster)

입력 신호의 화면 비율을 조절하는 장치이다.

❹ 색상 변환기(Color Converter)

입력 신호의 색공간을 변환하는 장치이다.

01 다음 중 컬러 버스트(Color Burst) 신호의 역할은?

11년 3회

① 포화도 조절
② 색상 조절
③ 휘도 조절
④ 색위상 동기

해설

Color Burst(색상 동기 신호)는 특정 주파수와 위상을 가지는 신호로 아날로그 TV 수신기는 이를 감지하여 색상 정보를 동기화한다.

02 퍼스널 컴퓨터 출력신호를 방송규격에 알맞게 NTSC 신호로 변환하는 장치는?

12년 1회

① TSC(Television Signal Converter)
② 스캔 컨버터(Scan Converter)
③ TBC(Time Base Corrector)
④ 동기결합장치

03 컴퓨터의 영상 신호를 방송용으로 활용하기 위해 NTSC 또는 PAL, SECAM 신호로 변환하는 장치를 무엇이라 하는가?

13년 1회

① Free Converter
② Scan Converter
③ Base Converter
④ Generator locking device

04 디지털 방식의 영상 및 음성까지 전달할 수 있으며, 커넥터의 크기도 작아서(DVI 대비), AV 기기에 쓰기에 적합한 인터페이스는?

16년 2회

① D-Sub
② 컴포지트
③ Serial Port
④ HDMI

05 정상적인 Composite video signal을 표현한 것으로 틀린 것은?

22년 1회

① Full : 140IRE
② Video : 100IRE
③ Sync : 30IRE
④ Burst : 40IRE

해설

• Composite video(복합 비디오)는 영상 신호가 하나의 케이블을 통해 전송되는 방식으로, 일반적으로 노란색 RCA 케이블을 통해 연결되며 아날로그 TV에서 사용한다.

〈RCA 케이블〉

• IRE(Institute of Radio Engineers, 통신기술자협회)는 1912년에 설립되어 1963년에 IEEE(전기 및 전자 기술자 협회)로 통합되었다.
• IRE는 아날로그 비디오 신호의 밝기의 레벨을 측정 단위로 사용되며, 0부터 100까지의 범위로 나타내고 0IRE는 신호가 없는 절전 상태(완전히 검은색), 100IRE는 최대 밝기 레벨이다.
① Full : 140IRE → 표준 범위 Full : 확장 범위 140IRE
  • IRE는 아날로그 비디오 신호에서 최대 밝기 레벨을 100IRE로 사용하지만, 디지털 비디오의 밝기 레벨을 IRE로 표시할 경우는 100IRE의 표준 범위를 벗어난 확장된 범위로 나타난다.
  • 일반적인 디지털 비디오 밝기 표현방식은 8-Bit 또는 10-Bit 값, 또는 그레이 스케일의 0부터 255까지의 값이다.
② Video : 100IRE → 비디오 Video : 최대 밝기 레벨 100IRE
③ Sync : 30IRE → IRE는 밝기 신호를 측정하는 단위로 동기 신호인 Sync는 Composite video signal이 아니다.
④ Burst : 40IRE → 컬러 버스트 Burst : 밝기 레벨 40IRE

다음 중 디지털 방송 방식의 종류에 속하지 않는 것은?   22년 1회, 13년 3회

① ATSC
② DVB-T
③ MVC
④ ISDB-T

|정답| ③

한 줄 요약

디지털 TV 방송은 디지털 신호를 사용하여 음성, 영상 및 데이터를 전송하는 기술로 높은 품질과 효율성을 제공하며, 다양한 장치에서 미디어 콘텐츠를 송출하고 수신하는 데 사용한다.

족집게 과외

1. 디지털 TV 표준 방식

❶ ATSC(Advanced Television Systems Committee)
  ▶ 미국과 몇몇 다른 국가에서 사용하는 표준이다.
  ▶ 모바일 TV 표준은 ATSC-M/H(Advanced Television Systems Committee-Mobile/Handheld)이다.

❷ DVB(Digital Video Broadcasting)
  ▶ 유럽 및 아시아를 포함한 많은 국가에서 사용하는 표준이다.
  ▶ DVB-T(DVB-Terrestrial, 지상파), DVB-S(DVB-Satellite, 위성), DVB-C(DVB-Cable, 케이블) 등이 있다.
  ▶ 모바일 TV 표준은 DVB-H(Digital Video Broadcasting-Handheld) 표준이다.

❸ DTMB(Digital Terrestrial Multimedia Broadcast)
중국에서 사용하는 표준이다.

❹ ISDB(Integrated Services Digital Broadcasting)
  ▶ 일본에서 사용하는 표준이다.
  ▶ ISDB-T(지상파), ISDB-S(위성), ISDB-C(케이블), ISDB-Tb(ISDB-Terrestrial, Brazilian Version, 브라질에서 사용되는 ISDB-T의 변종) 등이 있다.
  ▶ 모바일 TV 표준은 ISDB-T(Integrated Services Digital Broadcasting-Terrestrial)이다.

❺ ISDTV(Integrated Services Digital Television)
필리핀에서 사용하는 표준으로 ISDB-T를 기반으로 한다.

❻ DMB(Digital Multimedia Broadcasting, 디지털 멀티미디어 방송)
  ▶ 휴대전화, 태블릿 등 모바일 기기를 통해 디지털 오디오, 비디오, 데이터 등을 무선으로 송신하는 기술이다.
  ▶ 이동성이 있는 콘텐츠 송수신이 가능하여 자동차, 대중교통 등 이동 중에도 효과적으로 수신한다.
  ▶ 디지털 기반의 압축 및 재생기술을 통해 아날로그 방송보다 더 높은 품질의 오디오 서비스와 데이터 방송이 가능하다.
  ▶ 다중화 기술(Multiplexing Technology)을 사용하여 다채널 방송이 가능하다.

❼ T-DMB(Terrestrial Digital Multimedia Broadcasting)

DAB 기술을 기반으로 대한민국에서 개발한 라디오와 지상파 텔레비전 방송을 위한 디지털 멀티미디어 방송 표준이다.

❽ DAB(Digital Audio Broadcasting)

라디오 방송에 사용되는 디지털 오디오 표준으로 DAB(Digital Audio Broadcasting)와 DAB+가 있다.

❾ MediaFLO(미디어플로)

미국의 퀄컴(Qualcomm)사가 개발한 모바일 TV 표준이다.

2. 디지털 TV 형식

TV 표준	비디오 압축	오디오 압축	채널 대역폭
ATSC	MPEG-2	AC-3(Dolby Digital)	6MHz
T-DMB	H.264, MPEG-4 Part 10	AAC(Advanced Audio Coding)	1.536MHz

01 디지털 TV 방송은 전송 방식의 표준규격에 따라 구분할 수 있다. 다음 중 디지털 TV 전송 방식으로 거리가 먼 것은? 08년 3회

① 미국방식(ATSC)
② 유럽방식(DVB)
③ 호주방식(OCAP)
④ 일본방식(ISDB)

02 다음 중 유럽의 지상파 디지털 TV 전송 방식은? 12년 3회

① DVB-T
② ATSC
③ ISDB-T
④ NTSC

03 다음 중 DMB(Digital Multimedia Broadcasting)의 일반적인 특징이 아닌 것은? 12년 3회

① 효과적인 이동체의 수신이 가능하다.
② 채널의 오류정정이 불가능하다.
③ CD급 음질의 오디오 서비스와 데이터 방송이 가능하다.
④ 디지털 기반의 압축 및 재생기술을 통해 다채널 방송이 가능하다.

04 Eureka-147을 기반하여 우리나라에서 개발한 지상파 디지털 멀티미디어 방송 표준은? 17년 1회

① T-DMB
② ATSC
③ DVB-T
④ IBOC

해설
Eureka-147는 유럽에서 개발된 디지털 오디오 방송(Digital Audio Broadcasting, DAB) 국제 표준이다.

05 지상파(Eureka-147) DMB의 채널 대역폭은? 17년 3회, 12년 1회

① 6.53[MHz]
② 140[MHz]
③ 2.04[MHz]
④ 1.536[MHz]

해설
Eureka-147는 DAB(Digital Audio Broadcasting)라고도 하며, 지상 안테나를 통해 신호를 송출하는 지상파 방식의 디지털 오디오 표준이다.

06 모바일 TV 미디어와 관련이 없는 것은? 17년 3회, 14년 3회

① MMS
② DMB
③ DVB-H
④ Media FLO

데이터 통신에 관한 설명 중 거리가 가장 먼 것은? 09년 3회, 06년 3회

① 단방향 통신은 공중파 방송과 같이 송신 측과 수신 측이 정해져 있다.
② 전화기는 전이중 통신이 대표적인 예이다.
③ 반이중 통신은 한 번에 한쪽 방향으로만 송수신이 가능하다.
④ 전이중 통신은 무전기와 같이 사용 획득권을 이용하는 방식이다.

▎정답▎④

한 줄 요약

데이터 통신(Data Communication)은 컴퓨터 및 디지털 장치 간에 정보를 교환하거나 전송하는 과정이다.

족집게 과외

1. 데이터 통신 방식

❶ 단방향(Simplex, One-way) 통신

데이터가 한 방향으로만 전송되는 방식으로 송신자는 데이터를 보내지만, 수신자는 응답할 수 없다.
예 라디오 방송, 텔레비전 방송

❷ 양방향(Duplex, Two-way) 통신

ㄱ 전이중(Full Duplex) 통신 : 데이터가 양방향으로 동시에 전송되는 방식으로 송신자와 수신자 모두 동시에 데이터를 주고받을 수 있다.
예 전화 통화, 인터넷 화상 통화

ㄴ 반이중(Half Duplex) 통신 : 데이터가 양방향으로 전송되지만, 동시에는 한 방향으로만 전송될 수 있는 방식으로 송신자와 수신자가 번갈아가며 통신한다.
예 무전기, 팩스(Fax)

2. 데이터 접속 방식

❶ 다중화(Multiplexing)

데이터 전송을 효율적으로 처리하기 위한 방식으로 하나의 통신 매체 또는 하나의 전송로(Transmission Line)에 여러 개의 신호를 동시에 전송한다.
예 여러 개의 텔레비전 채널이 단일 케이블을 통해 전송된다.

ㄱ FDM(Frequency Division Multiplexing, 주파수 분할 다중화) : 여러 개의 신호를 여러 주파수대역(Frequency Band)으로 나누어서 동시에 전송한다.

ㄴ TDM(Time Division Multiplexing, 시간 분할 다중화) : 여러 개의 신호를 여러 시간 영역으로 나누어서 동시에 전송한다.

ㄷ CDM(Code Division Multiplexing, 코드 분할 다중화) : 여러 개의 신호에 고유한 코드를 부여하여 동시에 전송한다.

❷ 다중접속(Multiple Access)

다중접속을 가능하게 하는 방식으로 여러 사용자가 동시에 같은 통신 매체 또는, 전송로를 공유하여 사용한다.

- 예 Wi-Fi를 통해 여러 개의 디바이스(Device)가 동시에 인터넷에 접속할 수 있다.
- ㉠ FDMA(Frequency Division Multiple Access, 주파수 분할 다중접속) : 여러 사용자가 같은 통신 매체를 공유하지만 각 사용자에게 서로 다른 주파수대역을 할당한다.
- ㉡ TDMA(Time Division Multiple Access, 시간 분할 다중접속) : 여러 사용자가 같은 통신 매체를 공유하지만 각 사용자에게 서로 다른 시간 영역을 할당한다.
- ㉢ CDMA(Code Division Multiple Access, 코드 분할 다중접속)
  - 각 사용자에게 고유한 코드를 부여하여 데이터를 전송하고, 수신 측에서 해당 코드를 사용하여 데이터를 구분한다.
  - 데이터를 전송할 때 신호를 특정 코드와 함께 혼합시켜 전송하는 대역 확산 방식을 기반으로 한다.
  - 대역 확산(Spread Spectrum) 방식의 유형
    - Direct Sequence Spread Spectrum(DSSS) : 고정된 주파수 대역에서 매우 넓은 대역폭으로 확장시키는 방식
    - Frequency Hopping Spread Spectrum(FHSS) : 여러 개의 서로 다른 주파수로 분할하여 전송하는 방식
- ㉣ WCDMA(Wideband Code Division Multiple Access) : CDMA의 확장된 형태로 고속 데이터 전송을 지원하면서도 더 나은 품질을 제공한다.

3. 데이터 통신의 주요 프로세스

❶ 데이터 생성 및 수집

전송하려는 정보나 데이터를 생성하고 수집한다.

❷ 데이터 변조 및 부호화

- ▶ 원본 데이터를 변조(Modulation)하거나 부호화(Encoding)하는 작업을 수행한다.
- ▶ 변조(Modulation)는 데이터를 전송할 수 있는 형식으로 변환하는 과정이다.
- ▶ 변조 속도(초당 발생한 신호의 변화 상태)의 기본 단위는 Baud(바우드)이다.

❸ 데이터 전송 및 수신

변조된 데이터가 실제로 전송되고 수신 측에서 다시 원본 데이터로 복구된다.

01 반이중(Half-Duplex) 통신방식에 대한 설명으로 옳은 것은? 18년 3회

① 송신과 수신을 양쪽에서 할 수 있으나 동시에는 할 수 없다.

② 데이터 전송로에서 한쪽 방향으로만 데이터가 흐르도록 하는 통신방식이다.

③ 접속된 두 장치 간에 데이터가 동시에 양방향으로 흐를 수 있도록 하는 통신방식이다.

④ 4선식 회선이 사용되나, 2선식 회선에서 주파수 분할로도 통신이 가능한 통신방식이다.

02 다중화 방법 중 적은 주파수대역을 점하는 여러 신호들이 각기 다른 반송파에 변조되어, 넓은 주파수 대역을 가진 하나의 전송로를 따라서 동시에 전송되는 방식은? 09년 3회

① FDM   ② TDM

③ CDM   ④ WDM

해설
문제의 지문은 주파수 분할 다중화(Frequency Division Multiple Access)를 설명하고 있다.

03 Direct Sequence와 같은 대역 확산 방식을 사용하여 Fading 및 Jamming의 영향을 감소시킬 수 있는 다자 간 접속방법은? 12년 1회

① FDMA(Frequency Division Multiple Access)

② TDMA(Time Division Multiple Access)

③ CDMA(Code Division Multiple Access)

④ OFDMA(Orthogonal Frequency Division Multiple Access)

해설
• Fading(감쇠) : 무선통신에서 발생하는 신호가 감쇠되거나 변형되는 현상
• Jamming(전파방해) : 통신을 교란시킬 목적으로 무선통신을 방해하는 것

04 군용 통신에 이용되었던 대역 확산(Spread Spectrum) 방식을 이동통신에 이용한 방식으로 세계 최초로 디지털 셀룰러 전화에 채택하여 상용화된 기술은? 22년 1회, 17년 2회

① FDMA

② TDMA

③ FDDI

④ CDMA

해설
• 대역 확산 방식은 적대적 환경에서도 효과적인 간섭 방지가 가능하여 20세기 후반부터 21세기 초반까지 군용 통신에 널리 이용되었다.
• 세계 최초로 디지털 셀룰러 전화에 채택된 것은 2G(2세대 통신) 기술로, 2G의 대표적인 기술로는 CDMA와 TDMA 방식 기반의 GSM(Global System for Mobile Communications, 이동통신을 위한 국제표준 시스템)이 있다.

05 데이터 통신에서 1초에 변조할 수 있는 최대 변조 횟수의 단위는? 11년 1회, 05년 3회

① Cps

② Baud

③ Decibel

④ Modulator

06 초당 발생한 신호의 변화 상태를 나타내는 변조 속도의 기본 단위는? 07년 3회

① Baud

② Bit

③ Packet

④ Cell

다음 중 IP-TV에 대한 설명으로 거리가 먼 것은?   17년 1회, 12년 3회

① 초고속 광대역 네트워크를 통해 서비스 되는 디지털 채널 방송이다.

② 양방향의 데이터 서비스를 제공한다.

③ 셋톱박스를 통하여 디지털 비디오 레코딩 기능 등 다양한 멀티미디어 기능을 제공한다.

④ 필수 장비로 컴퓨터가 필요하다.

|정답|④

한 줄 요약

IPTV(Internet Protocol Television, 인터넷 프로토콜 TV)는 초고속 광대역 유선 인터넷을 통해 방송 채널을 전달하고, 가입자는 원하는 콘텐츠를 VOD 형태로 시청할 수 있는 서비스이다.

족집게 과외

1. IPTV의 특징

❶ 인터넷 기반 전송

인터넷을 통해 텔레비전 채널 및 비디오 콘텐츠를 전송한다.

❷ 다양한 콘텐츠 제공

사용자는 TV 프로그램, 영화, 스포츠, 뉴스, 게임 등 다양한 유형의 콘텐츠를 선택할 수 있다.

❸ 개별화된 경험

사용자는 원하는 프로그램을 선택하고 원하는 시간에 시청할 수 있다.

❹ 대역폭 요구

고화질 영상 및 멀티미디어 콘텐츠를 스트리밍하려면 고속 광대역이 필요하다.

❺ 양방향 통신

채널 변경, 투표, 채팅 등과 같은 양방향 통신을 지원하며 사용자와 상호작용할 수 있다.

❻ 셋톱박스를 통한 접근

셋톱박스(Set-Top Box)는 사용자가 콘텐츠를 선택하고 관리할 수 있는 중요한 장치로 텔레비전 수신기에 연결하여 사용한다.

2. IPTV의 주요 구성 요소

❶ 콘텐츠 제공 업체(Content Providers)

IPTV 서비스의 핵심 콘텐츠를 제공하는 회사 또는 기관이다.

㉠ 방송채널사용사업자(PP, Platform Provider)
- 콘텐츠를 제공하고 유통하는 플랫폼 또는 배급 업체이다.
- 지상파방송 사업자, 종합편성채널 사용 사업자, CJ ENM(CJ Entertainment and Media) 등이 있다.

㉡ 콘텐츠공급자(CP, Content Provider)
- 콘텐츠를 제작하거나 제공하는 개체로 PP와 협력하여 해당 플랫폼을 통해 사용자에게 콘텐츠를 제공한다.
- 방송사(KBS, MBC, SBS), 케이블 방송사, 온라인 플랫폼(Netflix, Tving 등), 음악 스트리밍 플랫폼(Melon, Genie Music 등), 웹툰 플랫폼, 영화 및 드라마 제작사 등이 있다.

❷ IPTV 클라이언트

사용자가 IPTV 콘텐츠를 시청하는 장치 또는 애플리케이션으로 셋톱박스(Set-Top Box), IPTV 앱 등이 있다.

❸ 콘텐츠 압축

콘텐츠를 스트리밍하는 데 필요한 대역폭을 줄이기 위해 고화질 표준 해상도의 디지털 형식으로 인코딩하여 압축한다.

비디오 압축	H.264(AVC, Advanced Video Coding), H.265(HEVC, High Efficiency VC)
오디오 압축	AAC(Advanced Audio Coding)
전송 방식	MPEG-2(Moving Picture Experts Group-2)

❹ 인증 및 보안 시스템

사용자 인증과 콘텐츠 보안을 위한 기술이다.

〈IPTV의 주요 보안 시스템〉

㉠ CAS(Conditional Access System) : IPTV 서비스의 암호화와 해독을 관리하는 기술로 실시간 채널에 대한 암호화 및 VOD 콘텐츠의 사전 암호화를 수행하여 구독자가 구매한 채널만 접근하도록 제어한다.

㉡ DRM(Digital Rights Management) : 디지털 콘텐츠의 저작권 보호를 위해 사용되는 기술로 허가된 사용자만 해당 콘텐츠를 시청하도록 한다.

㉢ VPN(Virtual Private Network) : 인터넷 연결을 통해 IPTV 콘텐츠에 접근할 때 제공하는 추가 보안 기능으로 데이터 암호와 사용자의 식별 정보를 숨긴다.

01 좁은 의미에서는 Walled Garden, VOD 등 초고속 인터넷의 부가 서비스로 서비스 영역을 PC에서 TV로 확장시킨 개념이지만, 넓은 의미에서는 초고속 인터넷의 가입자 망 구간을 물리적인 방송매체로 활용하여 오디오/비디오 형태의 방송 채널을 적극적으로 수용하는 것을 포함한다. IP 네트워크상에서 방송과 VOD 형태의 TV 및 비디오를 전달하는 서비스로 정의할 수 있는 것은?

07년 1회

① IPTV
② SDTV
③ VRML
④ SGML

해설

② SDTV(Standard Definition Television) : 표준 해상도의 텔레비전으로 고화질(HD)이나 초고화질(UHD)보다 낮은 해상도를 갖는다.
③ VRML(Virtual Reality Modeling Language) : 가상현실을 표현하기 위한 3D 그래픽 언어이다.
④ SGML(Standard Generalized Markup Language) : 문서를 구조화하고 마크업하는 데 사용되는 메타언어이다.

02 유선 브로드밴드(IP망 기반)를 통해 가입자에게 비디오를 전송하는 서비스를 총칭하며, 방송채널사용사업자(PP) 및 콘텐츠공급자(CP)에게서 받은 프로그램을 인터넷 망을 통하여 가입자에게 전송해 주는 뉴미디어 서비스는? 14년 3회

① CATV
② DMB
③ IPTV
④ VDSL

03 IPTV의 영상신호소스 압축과 전송방식이 바르게 짝지어진 것은? 14년 1회

① 신호압축 : MPEG-4, 전송 : MPEG-4
② 신호압축 : WMV-9, 전송 : MPEG-4
③ 신호압축 : H.264, 전송 : MPEG-2
④ 신호압축 : MPEG-2, 전송 : MPEG-2

해설

• H.264(AVC, Advanced Video Coding) : 고화질 비디오 압축에 사용되는 표준
• MPEG-2 : 영상 및 오디오 데이터의 압축 및 전송을 위한 표준

04 IPTV에서 사용되는 플랫폼(Platform) 기술 중 실시간 채널에 대한 암호화 및 VOD 콘텐츠의 사전 암호화를 수행하며 시청 권한을 제어하는 기능은? 19년 1회, 18년 2회

① CAS(Conditional Access System)
② DRM(Digital Rights Management)
③ MOC(Media Operation Core)
④ BB(Base Band)

인터넷 방송에 관한 설명 중 거리가 가장 먼 것은?   07년 3회, 06년 1회

① 양방향성을 갖는다.
② 채널 수가 제한적이다.
③ 방송 외에 부가적인 내용을 전달할 수 있다.
④ 사용자가 원하는 시간에 볼 수 있다.

┃정답┃②

한 줄 요약

인터넷 방송(Internet Broadcasting)은 여러 플랫폼을 통해 다양한 멀티미디어 콘텐츠를 사용자에게 전송하는 기술로 채팅, 댓글, 소셜 미디어 연동 등을 통한 양방향성과 원하는 시간에 시청할 수 있는 시청 편의성 등을 가진다.

족집게 과외

1. 인터넷 통신방식

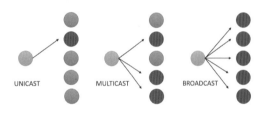

❶ 유니캐스트(Unicast)

하나의 송신자와 하나의 수신자 간의 1:1 통신을 나타내는 방식이다.

❷ 애니캐스트(Anycast)

여러 수신지 중 가장 가까운 수신지로 데이터를 전송하는 방식이다.

❸ 멀티캐스트(Multicast)

하나의 송신자가 특정한 다수의 수신자에게 데이터를 전송하는 방식이다.

❹ 브로드캐스트(Broadcast)

네트워크에 연결된 모든 장치에 데이터를 전송하는 방식이다.

2. 인터넷 접속방식

❶ ISDN(Integrated Services Digital Network, 종합정보통신망)

전화 회선을 사용하는 기술로 더 빠른 인터넷 접속방식으로 대체되었다.

❷ DSL(Digital Subscriber Line, 디지털 가입자 회선)

가입자의 디지털 전화 회선을 통한 인터넷 접속 기술로 DSL 모뎀을 사용하였다.

❸ VDSL(Very High Bitrate Digital Subscriber Line, 초고속 디지털 가입자 회선)

DSL의 개선된 버전으로, 가입자의 디지털 전화 회선을 통한 고속 인터넷 접속 기술이다.

❹ 케이블 인터넷

케이블 TV 네트워크를 기반으로 한 고속 인터넷 접속 기술이다.

❺ 광섬유(Fiber Optic) 인터넷

광섬유 케이블을 통한 데이터 전송 기술로 구리 케이블(Copper Cable)보다 빠르고 안정적이다.

❻ 무선 인터넷

무선 라우터를 사용하여 인터넷에 접속하는 기술로 WIBRO(Wide Broadband Wireless, 와이브로), WiMAX(Worldwide Interoperability for Microwave Access, 위맥스) 등의 서비스가 있다.

❼ 모바일 데이터

스마트폰, 태블릿 등의 모바일 기기를 사용하여 인터넷에 접속하는 기술이다.

❽ 위성 인터넷

위성 통신을 통한 인터넷 접속 기술이다.

3. 인터넷 방송 기술

❶ 다운로드(Download)

▶ 인터넷을 통해 사용자의 장치로 파일을 저장하는 방식이다.

▶ 파일을 완전히 다운로드한 후에 해당 파일을 열어서 볼 수 있다.

❷ 스트리밍(Streaming)

▶ 동영상을 끊김 없이 지속적으로 전송 처리하는 기술이다.

▶ 파일을 완전히 다운로드하기 전이라도 전송된 일부만으로 즉시 재생할 수 있다.

〈스트리밍의 유형〉

㉠ 오디오 스트리밍 : Pandora(판도라), Spotify (스포티파이), iTunes(아이튠즈), Podcast(팟캐스트) 등이 있다.

㉡ 비디오 스트리밍 : YouTube, Netflix, Amazon Prime Video, Disney+ 등이 있다.

㉢ 라이브 스트리밍 : YouTube Live, Facebook Live, Instagram Live, Zoom, Microsoft Teams, Google Meet 등이 있다.

㉣ OTT(Over-The-Top)

• Over-The-Top의 'Top'이란 셋톱박스(Set-top Box)를 뜻하며 '셋톱박스를 넘어'로 해석한다.

• 셋톱박스라는 하나의 플랫폼에만 제한되지 않고 인터넷 연결이 가능한 스마트폰, 태블릿, 스마트 TV, 노트북 등 다양한 플랫폼을 통해 접근할 수 있는 온라인 동영상 서비스이다.

• N-Screen 환경에서 제공되며 Netflix, Amazon Prime Video, Disney+ 등이 있다.

N-Screen(Network Screen) 환경은 '어떤 화면에서든'이라는 뜻을 가지고 있으며, 동일한 콘텐츠를 PC, 스마트TV, 스마트폰, 태블릿PC 등 다양한 디지털 정보기기에서 자유롭게 이용할 수 있는 서비스이다.

〈스트리밍의 신호 전달 과정〉

㉠ 데이터 전송(Data Transmission) : 미디어 콘텐츠 데이터를 작은 패킷으로 나누어 서버에서 사용자 장치로 전송한다.

㉡ 재생 버퍼링(Playback Buffering) : 사용자 장치는 전송된 데이터를 버퍼에 저장하고, 버퍼에 일정량의 데이터가 축적되면 재생이 시작된다.

버퍼 지연(Buffer Delays)

• 지터(Jitter)로 인해 데이터 패킷이 일정한 간격으로 도착하지 않을 경우, 수신 측에서는 데이터를 재생하기 위해 추가적인 버퍼링이 필요하게 되고, 이로 인해 재생이 지연되거나 끊어질 수 있다.

• 지터(Jitter)는 디지털 신호의 전달 과정에서 발생하는 시간적인 불안정(시간 축상의 오차)을 나타내는 용어로 데이터 패킷의 도착 시간이 일정하지 않아 패킷의 순서가 뒤바뀌거나 신호의 왜곡 현상이 나타난다.

㉢ 실시간 재생(Real-time Playback) : 미디어가 버퍼링(Buffering)하는 동안 사용자는 이미 수신된 데이터를 시청하며, 동시에 새로운 데이터를 계속 받아온다.

01 인터넷 전송 방식 중에서 하나의 송신자가 특정한 다수의 수신자에게 데이터를 전송하는 방식은?

09년 3회

① 유니캐스트
② 이중캐스트
③ 브로드캐스트
④ 멀티캐스트

02 이동하면서도 초고속인터넷을 이용할 수 있는 무선휴대 인터넷을 무엇이라 하는가? 10년 1회

① WIBRO
② DMB
③ ISDN
④ VDSL

03 동영상을 끊김 없이 지속적으로 전송 처리하는 기술로 수신자에게 전송된 일부만으로도 재생 가능한 기술은? 16년 2회, 13년 1회, 08년 3회

① 스트리밍
② 푸 시
③ 쿠 키
④ 다중화

04 멀티미디어 스트리밍(Streaming) 방식에 대한 설명으로 거리가 먼 것은? 22년 1회, 09년 1회

① 데이터 저장을 위한 저장 공간이 적게 든다.
② 파일의 무단 복제나 수정, 배포 등의 문제를 최소화 할 수 있다.
③ 재생을 위한 대기 시간이 짧아 실시간 방송에 적합하다.
④ 파일이 완전히 다운로드되면 바로 재생된다.

05 동일한 콘텐츠를 PC, 스마트TV, 스마트폰, 태블릿PC 등 다양한 디지털 정보기기에서 자유롭게 이용할 수 있는 서비스는? 18년 2회, 15년 3회

① NFC
② Bluetooth
③ Trackback
④ N-Screen

06 아날로그 사운드를 디지털로 변환하는 과정 중에 발생하는 지터(Jitter) 에러에 대한 설명으로 옳은 것은? 21년 1회, 16년 1회, 14년 1회, 11년 1회, 09년 3회, 07년 1회, 04년 3회

① 디지털 신호의 전달 과정에서 일어나는 시간 축상의 오차
② 아날로그 파형을 양자화 비트로 표현하면서 발생하는 값의 차이
③ 가청 주파수보다 높은 고주파 성분 발생으로 인한 에러
④ 사운드에 원래 고주파 성분이었던 울림이 없어지고 저주파수의 방해음이 발생하는 것

근거리에 놓여 있는 컴퓨터와 이동단말기, 가전제품 등을 무선으로 연결하여 쌍방향으로 실시간 통신을 가능하게 해주는 규격을 말하거나 그 규격에 맞는 제품을 이르는 말은?   07년 3회, 06년 1회

① 단방향 통신(Simplex)
② 쌍방향 통신(Duplex)
③ 블루투스(Bluetooth)
④ HTTP(HyperText Transfer Protocol)

|정답| ③

족집게 과외

1. 무선 통신 기술의 유형

❶ WLAN(Wireless Local Area Network, 무선 랜)

짧은 거리 내에서 무선 네트워크 연결을 제공한다.

㉠ Wi-Fi(와이파이) : 인터넷에 연결된 장치 간에 무선으로 데이터를 전송할 수 있는 기술이다.

㉡ DSRC(Dedicated Short-Range Communication, 단거리 전용 통신) : 지능형 교통 시스템을 위한 무선 통신 기술이다.

　예 하이패스(Hipass, 고속도로 통행 요금 징수 시스템)

❷ WPAN(Wireless Personal Area Network, 개인용 무선 네트워크)

작은 범위 내에서 개인적인 기기들이 상호 연결되는 무선 네트워크 시스템이다.

㉠ Bluetooth(블루투스) : 단거리, 저전력, 저비용의 무선 통신 기술로 근거리에 놓여 있는 다양한 디바이스들을 연결하여 쌍방향으로 실시간 통신을 가능하게 한다.

㉡ Zigbee(지그비) : 저전력의 무선 통신 기술로 홈 자동화 시스템 및 센서 네트워크에서 널리 사용한다.

　예 창문 감지 센서, 움직임 감지 센서 등을 이용한 스마트 홈 보안 시스템

㉢ UWB(Ultra-Wideband, 초광대역) : 넓은 대역폭을 사용하여 데이터를 고속으로 전송하고 정확한 위치 추적을 지원한다.

　예 차량의 문을 자동으로 열거나 시동을 건다.

❸ WWAN(Wireless Wide Area Network, 무선 광역 통신망)

넓은 지역을 커버하는 무선 네트워크 시스템이다.

㉠ LTE(Long-Term Evolution, 4G 이동통신) : 이동 중에도 고속 인터넷 접속을 제공한다.

㉡ 5G(Fifth Generation, 차세대 이동통신) : LTE를 발전시킨 기술로 더욱 향상된 성능을 제공한다.

❹ RFID(Radio Frequency Identification, 전자식별)

태그를 부착하고 해당 태그를 통해 무선 주파수를 이용하여 정보를 읽거나 저장하는 기술로 물류나 재고 관리에 사용된다.

〈RFID의 기본 구성〉

• 태그(Tag) : 부착되거나 내장되는 작은 무선 칩이다.
• 리더(Reader) : 무선 신호를 발사하여 태그로부터 정보를 읽거나 쓸 수 있다.
• 안테나(Antenna) : 리더와 태그 간의 무선 신호 송수신을 위해 사용되는 장치이다.
• 데이터베이스(Database) : RFID 시스템에서 수집된 정보를 저장하고 관리하는 저장소이다.

태그　　안테나　　리더　　컴퓨터 데이터베이스

〈RFID의 종류〉

㉠ LFID(Low Frequency Identification, 저주파 RFID)
- 약 30~300kHz의 주파수 범위에서 작동하고 주로 125kHz 주파수대역에서 동작한다.
- 낮은 주파수로 인해 데이터 전송 속도가 제한되고 읽기 범위가 더 짧아 출입 통제, 애완동물 추적, 가축 식별 등에 사용된다.

㉡ HFID(High Frequency Identification, 고주파 RFID)
- 약 3~30MHz의 주파수 범위에서 작동하고 주로 13.56MHz 주파수대역에서 동작한다.
- LFID 시스템에 비해 더 나은 데이터 전송 속도와 읽기 범위를 제공하여 비접촉 결제 시스템, 전자 여권, NFC(Near Field Communication, 근거리 무선 통신) 장치 등에 사용된다.
  예 모바일 결제, 교통 카드, 출입 카드

㉢ UHFID[Ultra High Frequency Identification, 초고주파 RFID, UHF(Ultra High Frequency)]
- 약 300MHz~3GHz의 주파수 범위에서 작동하고 주로 860~960MHz 주파수대역에서 동작한다.
- 빠른 데이터 전송 속도와 여러 태그를 동시에 판독할 수 있어 공급망 관리, 재고 추적 및 자산 관리 등에 사용된다.
  예 실시간 운송 상태 모니터링

2. 무선 통신 국제표준

기술 유형		국제표준
WLAN	Wi-Fi	IEEE 802.11 시리즈
	DSRC	IEEE 802.11p
WPAN	Bluetooth	IEEE 802.15.1
	Zigbee	IEEE 802.15.4
	UWB	IEEE 802.15.4a, IEEE 802.15.3a
RFID	HFID	ISO/IEC 14443, ISO/IEC 15693
	UHFID	IEEE 802.11 RFID, IEEE 802.15.4c
	NFC	IEEE 802.15.2

▶ IEEE(Institute of Electrical and Electronics Engineers, 전기전자기술자협회, 아이트리플이)는 전기, 전자기술 분야의 표준을 개발하는 국제기구이다.

▶ ISO(International Organization for Standardization, 국제표준화기구)는 전 세계의 다양한 산업 분야 표준을 개발하는 국제기구이다.

▶ IEC(International Electrotechnical Commission, 국제전기기술위원회)는 전기, 전자, 정보 기술, 통신 기술 분야의 표준을 개발하는 국제기관이다.

01 지능형 교통시스템을 위한 통신방식으로 무선 통신기술을 이용하여 통행료 자동 지불시스템, 주차장 관리, 물류 배송관리, 주유소 요금 지불, 자동차 쇼핑, 자동차 도선료 등 다방면에서 활용되는 단거리 통신은? 15년 2회

① DSRC
② GPS
③ SDR
④ Wibro

02 미국전기전자학회(IEEE ; Institute of Electrical and Electronics Engineers)에서 표준화한 무선 통신기기 간의 가까운 거리에서 낮은 전력을 이용한 통신표준인 블루투스(Bluetooth)의 채널 제어 모드가 아닌 것은? 13년 1회

① 대기모드
② 질의모드
③ 실행모드
④ 페이지모드

해설
블루투스 채널 제어 모드의 유형
• 대기모드(Standby Mode) : 기기가 통신을 수행하지 않고 대기하고 있는 상태
• 질의모드(Inquiry Mode) : 기기가 다른 기기를 검색하고 페어링을 수행하기 위한 상태
• 페이지모드(Page Mode) : 기기가 다른 기기에 연결 요청을 보내는 상태
• 스캔모드(Scan Mode) : 기기가 주변에 있는 다른 블루투스 기기를 검색하는 상태
• 연결모드(Connection Mode) : 두 기기 사이의 데이터 전송이 이루어지는 상태

03 WPAN(Wireless Personal Area Network)을 위한 전송 기술이 아닌 것은? 10년 3회

① Zigbee
② Bluetooth
③ UWB
④ PLC

04 근거리 무선통신 규격(IEEE 802.15.4)을 기반으로 하여 블루투스의 저속 버전이라고도 불리며, 대규모 센서 네트워크를 구성할 수 있는 무선통신 기술은? 18년 1회, 13년 1회

① RFID
② Wi-Fi
③ WLAN
④ ZigBee

05 RFID 기술의 기본구성이 아닌 것은? 10년 3회

① Tag
② Reader
③ Antenna
④ IPTV

06 RFID 관련 기술에 대한 설명으로 틀린 것은? 19년 3회

① 리더기는 태그의 정보를 읽거나 기록할 수 있다.
② LFID는 120~150MHz 전파를 사용한다.
③ 주파수에 따라 LFID, HFID, UHFID로 구분할 수 있다.
④ 미들웨어의 종류로 센서를 통해 정보를 인식한다.

다음 중 멀티미디어 기술의 발전을 뒷받침할 수 있는 배경과 거리가 먼 것은?   02년 12월

① 데이터 압축 기술의 발전
② 아날로그 데이터 기술의 발전
③ 인터넷 기술의 발전
④ 하드웨어 기술의 발전

|정답| ②

한 줄 요약

멀티미디어(Multimedia)는 텍스트, 이미지, 음악, 비디오, 애니메이션, 3D 모델, 가상 현실(VR) 등 다양한 형태의 미디어 요소를 결합하여 정보를 전달하거나 표현하는 기술이다.

족집게 과외

1. 멀티미디어의 등장 배경

❶ 하드웨어 기술의 발전

하드웨어 성능 향상과 저장 매체의 발전으로 이미지, 음성, 비디오 데이터를 처리하고 표현하는 것이 가능해졌다.

❷ 그래픽스 기술의 발전

그래픽스 소프트웨어의 발전으로 고화질 이미지 및 3D 그래픽을 생성하고 표현하는 것이 가능해졌다.

❸ 통신 기술의 발전

인터넷을 통해 다양한 형태의 멀티미디어 콘텐츠를 공유하고 전송할 수 있게 되었다.

❹ 데이터 압축 기술의 발전

대용량의 이미지, 음성 및 비디오 파일을 빠르게 전송하고 저장할 수 있게 되었다.

❺ 사용자 수요와 산업 요구

엔터테인먼트, 교육, 비즈니스, 의료 등 다양한 분야에서 멀티미디어 기술이 적용되었다.

2. 멀티미디어의 특징

❶ 디지털화(Digitalization)

정보와 데이터를 디지털 형태로 변환하여 저장, 전송, 가공, 편집, 처리 등 효율적인 관리와 검색, 공유할 수 있게 하는 표준화(Standardization) 프로세스이다.

❷ 통합성(Integration)

텍스트, 이미지, 음성, 비디오 등 다양한 미디어 형식을 통합하여 사용자는 하나의 인터페이스에서 접근할 수 있다.

❸ 상호작용성(Interactivity)

사용자는 정보에 대한 피드백을 제공하거나 정보를 조작, 제어하고 반응을 받는 쌍방향성을 가진다.

❹ 연결성(Connectivity)

다양한 디바이스와 네트워크를 통해 연결되어 언제 어디서나 접근과 공유가 가능하다.

❺ 사용자 정의 가능성(Customization)

사용자의 요구사항과 선호도에 맞게 조정하거나 변경할 수 있다.

01 다음 중 멀티미디어의 특징으로 볼 수 없는 것은?

06년 1회, 03년 3회, 02년 12월

① 통합성(Integrity)
② 상호작용성(Interactivity)
③ 연결성(Connectivity)
④ 독립성(Independence)

02 다음 멀티미디어 특징 중 디지털 정보에 대한 설명으로 옳지 않은 것은?

05년 1회

① 정보의 검색이 용이하다.
② 가공과 편집이 용이하다.
③ 전송이나 출력에 의한 정보의 질적 저하가 있다.
④ 상호작용성을 부여할 수 있어 상호대화 형태의 조작이 가능하다.

03 멀티미디어 정보를 디지털화하는 이유 중 거리가 먼 것은?

08년 1회

① 디지털화된 정보는 정보의 검색이 쉽기 때문이다.
② 디지털 정보는 가공과 편집이 쉽기 때문이다.
③ 디지털화된 정보는 전송이나 출력에서 열화현상이 적다.
④ 디지털화된 정보가 아날로그 정보보다 질적으로 우수하기 때문이다.

해설

④ 디지털화된 정보와 아날로그 정보는 각각의 사용용도에 따라 적절한 장단점을 가지고 있다.
③ 열화현상(Data Corruption, 데이터 손상)은 데이터의 전송이나 저장, 출력 과정에서 발생하는 정보 손실 또는 변형을 뜻한다.

04 멀티미디어의 데이터 구성 요소 중 텍스트 표현 방식에 따른 분류에 속하지 않는 것은?

13년 1회, 10년 3회

① 패턴 매칭   ② ASCII
③ 구조적 텍스트   ④ 마크업 텍스트

해설

① 패턴 매칭(Pattern Matching)은 텍스트 처리 기술로 텍스트 검색에 사용한다.
② ASCII(American Standard Code for Information Interchange, 아스키 코드)는 문자를 숫자 코드로 표현하는 데 사용하는 텍스트 표현 방식이다.
③ 구조적 텍스트(Structured Text)는 텍스트 데이터를 일정한 형식에 맞게 구성한 것으로 웹에서 사용하는 HTML, 데이터 교환에 사용하는 XML, 프로그래밍 코드(Code) 등이 있다.
④ 마크업 텍스트(Markup Text)는 구조적 텍스트의 한 형식으로 대표적인 마크업 텍스트에는 HTML(Hypertext Markup Language)이 있다.

05 다양한 형식의 멀티미디어 데이터를 공유하고 호환하기 위해 필요한 방법은?

10년 1회

① 표준화
② 최소화
③ 정교화
④ 암호화

06 최근 멀티미디어 기술 동향이 아닌 것은?

08년 3회

① 하드웨어 장치의 소형화
② 하드웨어 성능의 고속화
③ 멀티미디어 시스템의 고가격화
④ 멀티미디어 정보의 표준화

컴퓨터 그래픽 기술과 시뮬레이션 기능을 이용하여 만들어내는 것으로 실제와 유사하지만 실제가 아닌 특정한 상황을 만들어내는 것을 무엇이라고 하는가? 19년 3회

① 오버레이
② 가상 현실
③ 액티브 엑스
④ 홀로그램

|정답| ②

한 줄 요약

가상 현실(Virtual Reality, VR)은 컴퓨터 그래픽 기술과 시뮬레이션 기능을 이용하여, 실제로는 존재하지 않지만 마치 존재하는 것처럼 현실 세계와 유사하도록 표현하는 기술이다.

족집게 과외

1. VR 구성 요소

❶ 몰입감(Immersion)

사용자를 실제 환경에 몰입시키는 것을 목표로 한다.

❷ 상호작용(Interactivity)

사용자는 환경 내에서 물체를 조작하거나 상호작용할 수 있다.

❸ 자율성(Autonomy)

사용자는 가상환경 내에서 자유롭게 움직이고 탐색할 수 있다.

❹ 현실감(Presence)

실제 가상환경에 존재하는 것처럼 느끼게 한다.

❺ 가상 캐릭터(Virtual Character)

가상환경 내에서 상호작용할 수 있는 캐릭터로 사용자를 대신하여 활동한다.

더 알아보기

아바타[Avatar, 분신(焚身)]
사용자를 나타내는 대표 이미지나 캐릭터

2. VR 표준언어

❶ VRML(Virtual Reality Modeling Language, 가상 현실 모델링 언어)

▶ 3D 모델링을 사용하여 가상 현실 환경을 구현한다.

▶ 1990년대 중반부터 2000년대 초반까지 널리 사용되었으나 현재는 서비스 지원이 중단되었다.

▶ 다양한 노드와 필드를 조합하여 VRML 파일을 생성한다.

〈노드(Node)의 주요 유형〉
노드(Node)는 3D 공간에서의 모든 객체를 이르는 말로 각 노드는 고유한 속성과 변환 정보를 통해 모양, 크기, 위치, 회전 등을 조절한다.

㉠ Shape 노드(모양 노드) : 3D 객체의 모양을 정의하는 노드로 상자, 육면체, 원뿔, 구, 원통 등과 같은 입체 도형들을 만든다.

㉡ Transformation 노드(변환 노드) : 3D 객체의 위치, 회전, 크기를 조절한다.

㉢ Appearance 노드(외관 노드) : Shape 노드에 적용되는 노드로 색상, 텍스처, 광택과 같은 시각적 속성을 설정한다.

㉣ Sensor 노드(센서 노드) : 사용자의 동작, 터치, 근접, 소리 등과 같은 입력 이벤트를 감지하고 처리한다.

〈필드〉

필드(Field)는 노드의 속성값을 저장하고 전달한다.

❷ X3D(Extensible 3D, 확장성 3D)

VRML의 후속 버전으로, 3D 모델링과 가상 현실을
위한 개방형 표준이다.

더 알아보기

• 개방형 표준(Open Standard)은 누구나 라이선스
비용 없이 공개적으로 사용할 수 있는 문서화된 기
술 표준으로 오픈소스와 혼동이 될 수 있다.
• 오픈소스(Open Source)는 공개된 소스 코드로 누
구나 사용할 수 있을 뿐만 아니라 수정, 배포할 수
있다.

❸ OpenGL(Open Graphics Library, 오픈 그래픽 라이
브러리)

OpenGL은 3D 그래픽 프로그래밍을 위한 API이다.

더 알아보기

API(Application Programming Interface)는 개발자들
이 쉽게 응용 프로그램을 개발할 수 있도록 코드 작
성 시 필요한 프로토콜, 함수, 클래스들을 모아놓은
도구이다.

❹ WebGL(Web Based Graphics Library, 웹 기반 그래
픽스 라이브러리)

OpenGL ES 2.0을 기반으로 하며, 웹 브라우저에서
3D 그래픽을 렌더링하기 위한 JavaScript API이다.

❺ Unity 3D Engine(유니티 3D 엔진)

3D 애니메이션과 가상 현실(VR) 등의 콘텐츠 제작을
위한 통합 제작 도구이다.

❻ Unreal Engine(언리얼 엔진)

미국의 SW 개발과 유통 회사인 에픽게임즈(Epic
Games, Inc.)에서 개발한 3차원 게임 엔진이다.

01 다음 중 가상 현실(Virtual Reality)을 가장 올바르게 설명한 것은?　08년 3회, 05년 3회

① 2차원의 복잡한 데이터를 단순화하여 컴퓨터 화면에 나타내는 기술이다.
② 컴퓨터가 만들어 낸 영상을 다양한 감각과 다양한 구도를 이용해 현실 세계와 유사하도록 컴퓨터 그래픽을 통해 표현하는 기술이다.
③ 2차원 그래픽을 컴퓨터에 나타내는 기술이다.
④ 가상 현실을 구현해주는 대표적 3차원 그래픽 프로그램인 페인트샵을 사용한다.

02 다음 중 가상 현실을 구성하는 요소와 거리가 먼 것은?　18년 1회, 08년 3회, 05년 3회

① 몰입감
② 정체감
③ 상호작용
④ 자율성

03 가상 현실(VR ; Virtual Reality)의 몰입감을 위한 기계장치로 볼 수 없는 것은?　22년 1회, 19년 1회

① Avatar
② HMD
③ Data Glove
④ Haptic Device

해설
② HMD(Helmet-Mounted Display ; 헬멧 장착 디스플레이) : 사용자의 머리에 착용되는 디스플레이 장치
③ Data Glove(데이터 글러브) : 손과 손가락 움직임을 감지하고 추적하는 장치
④ Haptic Device(햅틱 장치) : 사용자에게 터치나 운동을 통해 힘과 진동을 전달하는 장치

04 컴퓨터에 의해서 만들어진 사람 형상을 한 모델의 한 종류로 가상환경 내의 참여자를 의미하며, 가상환경에서 사용자를 대신해서 활동하는 개체로 '분신'을 의미하는 것은?
　09년 3회, 06년 3회, 05년 1회

① 아바타
② 사이버스페이스
③ 채팅
④ 오브젝트

05 육면체, 원뿔, 구 등의 기본적인 입체 도형들을 정의하고 있고, 3차원 세계를 모델링하고 상호작용을 지원하여 가상 현실의 구현을 가능케 해주는 언어는?　06년 3회

① HTML(Hypertext Markup Language)
② XML(eXtensible Markup Language)
③ SGML(Standard Generalized Markup Language)
④ VRML(Virtual Reality Modeling Language)

06 다음 중 VRML의 센서노드를 설명하고 있는 것은?
　10년 3회, 05년 1회

① 물체에 색을 입히거나 질감을 표현한다.
② 물체의 표면에 텍스처라 불리는 2차원 이미지를 감싸는 데 쓰인다.
③ 사용자가 물체를 만지거나 어떠한 영역을 통과할 때 특정한 시간에 근거하여 작동하는 기능을 가지고 있다.
④ 무대 위의 조명과 같은 효과를 나타낼 때 사용한다.

가상세계에 카메라로 포착된 물건, 사람 등과 같은 현실 이미지를 더해 가상환경과 실시간으로 상호 작용할
수 있는 기술은? 　　　　　　　　　　　　　　　　　　　　　　　　　　　　　　　17년 2회

① 표면웹　　　　　　　　　　　　　　　　　② 로보어드바이저
③ 브레드크럼즈　　　　　　　　　　　　　　④ 증강 가상

| 정답 | ④

한 줄 요약

증강 현실(Augmented Reality ; AR)은 가상세계에 현실 이미지를 추가하여 현실과 가상 현실을 결합한 기술로 가상환경과 실
시간으로 상호 작용할 수 있다.

족집게 과외

1. AR 사용자 인터페이스의 주요 특징

❶ 실시간 맥락 인식

　▶ AR 시스템은 주변 환경을 실시간으로 감지하여 사
　　용자의 위치를 정확하게 파악한다.

　▶ 자세, 동작, 시선 등 사용자의 움직임과 환경의 변
　　화를 추적하고 인식한다.

❷ 다중 플랫폼 호환성

　모바일 플랫폼에서 많이 사용되고 있으며, 다양한 디
　바이스와 안드로이드, iOS 등의 운영체제에 호환된다.

❸ 직관적 사용자 인터페이스 증강

　사용자 인터페이스를 더 직관적이고 효과적으로 만들
　기 위해 추가적인 기능과 기술을 적용한다.

❹ 콘텍스트(Context, 문맥) 제공

　사용자에게 현재 AR 환경에 맞는 콘텍스트 정보를
　제공하여 어떤 정보가 필요한지 이해시킨다.

2. AR 주요 기술

❶ 이미지 인식

　실제 세계의 주변 환경을 실시간으로 분석하여 인식
　한다.

❷ 동작 인식

　카메라 및 센서를 통해 사용자의 동작을 감지하여 상
　호작용을 부각시키고 제어를 가능하게 한다.

❸ 위치 추적

　GPS(Global Positioning System)와 같은 위치 추적
　기술을 기반으로 가상 객체를 특정 위치에 배치할 수
　있다.

❹ 헤드업 디스플레이(Head Up Display ; HUD)

　HUD는 투명한 화면에 정보를 투사하는 시스템으로
　시야를 가릴 필요 없이 정보에 쉽게 액세스할 수 있다.

❺ 가상 객체 생성

　▶ 3D 모델링 기술을 사용하여 현실과 통합되는 가상
　　객체를 만들고 영상을 정합한다.

　▶ 영상 정합(Image Registration)은 두 개 이상의
　　영상을 정확하게 정렬하거나 맞추는 프로세스이다.

〈실사 이미지 위에 정합된 Pokemon Go(포켓몬 고) 게임 영상〉

01 증강 현실(Augmented Reality)의 상황을 설명하는 것은?　　　　　　　　　　　20년 1·2회

① 전자상거래 시스템과 연결하여 온라인 쇼핑을 한다.
② 3D로 제작된 모델 하우스에서 벽지를 골라 인테리어 한다.
③ 구글 글래스(Google Glass)와 같은 안경을 쓰고 거리를 걸으면서 교통표지판을 번역하여 본다.
④ 도로에서 실제 운전하기 전에 실내 운전 연습 시뮬레이터로 주행 연습을 한다.

해설
가상 현실(VR)은 주변 환경을 완전히 차단하여 가상 현실만을 보게 되고, 증강 현실(AR)은 현실 환경에 가상 요소가 겹쳐서 보인다.
예 가상 현실 : VR 헤드셋을 사용하는 슈팅게임
　　증강 현실 : 포켓몬 고

02 맥락 인식 모바일 증강 현실 환경의 사용자 인터페이스의 특징 중 가장 거리가 먼 것은?
　　　　　　　　　　　16년 2회, 10년 1회

① 모바일 플랫폼
② 맥락 인식
③ 직관적인 사용자 인터페이스 증강
④ 깊이 인지

03 다음 중 시각기반 증강 현실에서 사용되는 주요 기술로 가장 거리가 먼 것은?　　10년 1회

① 상호작용
② 추 적
③ 영상 정합
④ 사용자 프로파일

04 다음이 설명하는 증강 현실 구현 프로그래밍 언어는?　　　　　　　　　　　20년 3회

> 구글의 키홀 마크업 언어를 기반으로, 가상 객체를 표시하기 위한 확장성 마크업 언어와 가상 객체 속성을 연결하기 위해 ECMAscript 등으로 구성되어진다.

① DHTML
② SAML
③ ARML
④ XMLSheet

해설
• 마크업 언어(Markup Language)는 텍스트 기반의 문서를 구조화하는 데 사용되는 언어로 대표적인 마크업 언어에는 HTML(Hypertext Markup Language)이 있다.
• 키홀 마크업 언어(KHML ; Keyhole Markup Language)는 구글 지도(Google Maps)에서 지리적 정보를 표현하기 위해 사용되는 언어이다.
• ECMAScript(ES)는 JavaScript(자바스크립트)의 표준화 버전이다.
• ARML(Augmented Reality Markup Language)는 개발자가 AR 애플리케이션을 만들 때 가상 객체의 위치, 크기, 모양, 동작 등을 만드는 데 사용된다.

05 다음과 같은 특성으로 휘어지는 디스플레이, 투명 디스플레이, 웨어러블 컴퓨터에 적용할 수 있는 차세대 소재는?   15년 3회

> • 두께가 0.2mm로 얇음
> • 상온에서 구리보다 100배 많은 전류 전달 가능
> • 기계적 강도와 신축성이 좋음
> • 탄소원자로 구성된 원자크기의 벌집형태 구조

① 그래핀
② 폴리케톤
③ 크레이프
④ 슬 립

해설

그래핀(Graphene)

〈그래핀의 구조〉

• 뛰어난 전도성(Conductive)과 가벼움, 강한 기계적 강도, 유연성 등의 특성이 있으며 투명한 소재로도 사용할 수 있어 웨어러블 컴퓨터와 헤드업 디스플레이(HUD)의 소재로 사용된다.
• 꿈의 신소재로 불리며 전자, 에너지 저장 및 변환, 나노물질 연구, 의료 분야 등에서 다양한 연구와 개발이 진행 중이다.

분산 시스템에서 대용량 데이터 처리의 분석을 지원하는 오픈소스를 구현한 기술은?   21년 1회

① Key Value Store
② Hadoop
③ Mash
④ Opinion Mining

| 정답 | ②

족집게 과외

1. 4차산업과 미디어의 관계

❶ **빅데이터(Big Data)**

▶ 대량의 데이터를 수집, 저장, 분석하고 활용하는 기술이다.

▶ 빅데이터 분석을 통해 미디어 콘텐츠의 성과를 측정하고 향상시킬 수 있다.

〈빅데이터 주요 프레임워크(Framework)〉

㉠ Hadoop(하둡) *hadoop*
  • 아파치 소프트웨어 재단(Apache Software Foundation, ASF)에서 개발한 오픈소스이다.
  • 대용량 데이터 처리와 분석을 위한 가장 널리 사용되는 분산 시스템이다.
  • 하둡 분산 파일 시스템(Hadoop Distributed File System, HDFS)과 데이터 처리 모델인 맵리듀스(MapReduce)를 기반으로 한다.

㉡ Spark(스파크) *Spark*
  • 아파치 소프트웨어 재단(Apache Software Foundation ; ASF)에서 개발한 오픈소스이다.
  • Hadoop보다 빠르고 사용하기 쉬운 고성능 분산 시스템으로 다양한 언어로 개발할 수 있으며 스트리밍과 그래프 처리가 가능하다.

㉢ Python(파이썬)
  데이터 분석 및 시각화에 매우 인기 있는 언어이다.

㉣ TensorFlow 및 PyTorch(텐서플로 및 파이토치) 딥 러닝(Deep Learning) 및 머신 러닝(Machine Learning) 프레임워크로 모델 훈련 및 예측에 사용된다.

❷ **클라우드 컴퓨팅(Cloud Computing)**

▶ 데이터와 컴퓨팅 리소스(Computing Resources)를 인터넷을 통해 저장하고 제어하는 분산형 기술이다.

▶ 여러 사용자나 조직이 원격 서버에 데이터를 저장하고 필요한 컴퓨팅 리소스를 웹을 통해 액세스(Access)한다.

▶ 클라우드를 활용하여 대용량 미디어 콘텐츠를 저장, 스트리밍하고 공유할 수 있다.

〈클라우드 컴퓨팅의 유형〉

㉠ Fabric Computing(패브릭 컴퓨팅)

- 대규모 데이터센터에서 사용된다.
- 컴퓨터시스템을 필요한 만큼 독립적으로 구성하여 유연하게 확대하거나 축소할 수 있는 아키텍처(Architecture, 구조)이다.
- 유연성과 확장성은 클라우드 컴퓨팅 환경에서 중요한 요소로, Fabric Computing은 이러한 요구사항에 맞춰 설계되었다.

㉡ Edge Computing(엣지 컴퓨팅)

- IoT(Internet of Things) 기기 및 자율주행 자동차 등에서 사용된다.
- 중앙 데이터센터에서 멀리 떨어진 디바이스 및 사용자에게 빠른 응답과 효율적인 데이터 처리를 제공하기 위한 기술이다.
- 중앙 데이터센터 대신 가장 가까운 Edge Server(엣지 서버, 네트워크의 가장자리 서버, 끝단 서버)에서 데이터를 처리한다.

㉢ Serverless Computing(서버리스 컴퓨팅)

- 개발자가 서버의 관리나 운영에 대한 걱정 없이 프로그램을 개발할 수 있는 기술이다.
- 개발자는 개발 코드를 업로드하고, 클라우드 서비스 제공 업체는 코드 실행을 처리하고 비용을 청구한다.

㉣ Hybrid Cloud Computing(하이브리드 클라우드 컴퓨팅)

- 공개 클라우드(Public Cloud, 공용 클라우드)와 비공개 클라우드(Private Cloud, 사설 클라우드, 기업 전용 클라우드)를 결합하여 사용하는 형식이다.
- 두 클라우드 모델의 장점을 활용하는 동시에 단점을 최소화할 수 있어 기업에서 선호된다.

㉤ OpenStack(오픈스택)

2010년 미국의 클라우드 컴퓨팅 기업인 Rackspace(랙스페이스)와 NASA(National Aeronautics and Space Administration, 미국 항공 우주국)가 공동으로 개발한 오픈소스 클라우드 컴퓨팅 플랫폼이다.

❸ M2M(Machine to Machine, 기계 간 통신)

㉠ 기계 또는 장치 간의 자동화된 통신 기술이다.

㉡ 미디어 콘텐츠의 전송 및 스트리밍을 관리하는 데 사용된다.

❹ IoT(Internet of Things, 사물인터넷)

▶ 사람과 사물, 사물과 사물이 인터넷에 연결되어 데이터를 주고받는 기술이다.

▶ IoT 기기를 사용하여 미디어 콘텐츠를 검색하거나 재생할 수 있다.

〈주요 IoT 표준화 기구〉

㉠ Thread Group(쓰레드 그룹) **ᕐHREAD**

저전력 무선 네트워크 프로토콜인 Thread의 개발과 지원을 촉진하는 컨소시엄(Consortium, 협회)이다.

㉡ IEEE P2413(사물인터넷 구조 프레임워크)

IEEE(Institute of Electrical and Electronics Engineers)에서 제정한 표준 중 하나로 IoT 아키텍처(Architecture, 구조)에 대한 국제 표준화 기구이다.

㉢ OIC(Open Interconnect Consortium, 오픈 인터커넥트 컨소시엄)

IoT 표준화와 상호 운용성을 촉진하기 위해 설립된 기구이다.

㉣ OCF(Open Connectivity Foundation)

IoT 기기 간의 상호 연결성 및 상호운용성을 촉진하기 위해 설립된 국제기구이다.

㉤ oneM2M

M2M(Machine-to-Machine) 분야의 글로벌 표준화 협력 기구로, IoT와 관련된 국제표준을 개발하고 있다.

❺ IoE(Internet of Everything, 만물인터넷)

▶ IoT의 진화된 형태로, 모든 사물이 인터넷에 연결되어 데이터를 주고받는 기술이다.

▶ 다양한 미디어 콘텐츠에 접근하고 상호작용할 수 있다.

❻ AI(Artificial Intelligence, 인공지능)

미디어 콘텐츠의 생성, 편집, 분석, 음성 및 이미지 인식, 사용자 맞춤형 정보 추천 등에 사용한다.

〈AI 주요 기술〉

㉠ 기계 학습(Machine Learning, 머신 러닝)
데이터를 분석하고 패턴을 학습하여 데이터의 의미를 추출하고 지식을 표현한다.

㉡ 자연어 처리(Natural Language Processing, NLP)
텍스트 및 음성 데이터 처리, 자동 번역, 챗봇, 텍스트 요약 및 감정 분석에 적용한다.

㉢ 컴퓨터 비전(Computer Vision)
이미지 및 비디오 인식, 얼굴 인식 등의 시각적 정보를 처리하고 해석한다.

㉣ 강화 학습(Reinforcement Learning)
환경과 상호 작용하면서 학습하는 방식으로 게임, 자율 주행 자동차, 로봇 제어 등에 적용된다.

㉤ 지식 그래프 데이터베이스(Knowledge Graph Database)
지식을 그래프 형태로 표현하며 Semantic Web에서 중요한 역할을 한다.

더 알아보기

Semantic Web(시맨틱 웹, 의미론적 웹)
• 데이터를 의미론적으로 연결하여 정보를 이해하기 쉽게 만드는 차세대 웹 기술이다.
• 정보와 데이터에 의미를 부여하여 기계와 사람 모두가 쉽게 이해할 수 있도록 한다.
• 컴퓨터가 사람을 대신하여 정보를 읽고 이해하고 가공하여 새로운 정보를 만들어낸다.

❼ 4D 프린팅(Fourth Dimension Printing)

▶ 미리 설계된 시간이나 임의 환경조건이 충족되면 스스로 모양을 변경 또는 제조하여 새로운 형태로 바뀌는 제품(Object)을 3D 프린팅하는 기술이다.

▶ 3D 프린팅된 물질이 외부 자극에 반응하여 스스로 형태를 만드는 것으로 자동차, 의료기기, 의류, 건축 등 다양한 산업 분야에서 응용한다.

▶ 특수한 효과나 인터랙티브 미디어(Interactive Media)를 제작하는 데 사용한다.

더 알아보기

4D 프린팅의 의료기기 적용 사례 – 석고 깁스를 대체한 4D 프린팅 기술
① 깁스를 할 환자 신체의 디자인을 3D 프린터로 전송한다.
② 고온에서 잘 늘어나는 TPU(열가소성 폴리우레탄) 소재를 사용하여 그물망 구조의 원통 모양으로 3D 프린팅을 한다.
③ 마름모 구조의 원통 모양으로 3D 프린팅한 깁스를 뜨거운 물에 담가 사이즈가 늘어나게 한다.
④ 사이즈가 늘어난 깁스를 신체에 끼운다.
⑤ 시간이 지남에 따라 깁스가 원래 크기로 변형되면서 신체에 맞는 사이즈로 수축된다.
⑥ 가벼운 소재로 만든 얇은 그물망 구조로 통기성이 좋고 위생적이며, 제거가 용이하다.

01 프로그램 솔루션으로 피그와 하이브가 있고, 구성요소로 분산파일 시스템과 맵리듀스 이외에 다양한 기능을 구성하는 시스템으로 구성되어 있으며, 대규모 데이터 처리가 필수적인 구글, 야후 등 대용량의 데이터 처리를 위해 개발된 오픈소스 소프트웨어는?　18년 2회, 15년 1회

① Hadoop
② CCL
③ SGML
④ XML

해설

피그(Pig)와 하이브(Hive)는 Hadoop의 데이터 처리와 쿼리(Query, 질문) 작성을 돕는 도구이다.

02 컴퓨터 시스템을 구성하는 자원(프로세서, 메모리, I/O)을 필요한 만큼 독립적으로 구성하여 시스템을 유연하게 확대 · 축소할 수 있기 때문에 클라우드 컴퓨팅 환경에 적합한 시스템은?　18년 2회, 14년 3회

① S-Index
② RIMM
③ M-Safer
④ Fabric Computing

해설

컴퓨터 시스템을 구성하는 자원(프로세서, 메모리, I/O)은 컴퓨팅 리소스(Computing Resources)의 한 부분이다.

03 클라우드의 중앙 데이터센터 대신 거리상 가까이 위치한 끝단에서 데이터를 분석하고 이용하는 분산형 클라우드 컴퓨팅 방식은?　18년 1회

① Process Automation
② Edge Computing
③ Gopher Service
④ Meltdown

04 사물에 센서와 통신 기능을 내장하여 인터넷에 연결하는 기술을 의미하는 IoT(Internet of Things)의 표준화와 가장 거리가 먼 것은?　20년 3회, 18년 2회

① SPICE
② Thread Group
③ IEEE P2413
④ Open Connectivity Foundation

05 사물인터넷이 진화하여 새로운 가치와 경험을 창출해 내는 미래 인터넷으로 존재하는 모든 사람과 프로세스, 데이터까지 모바일, 클라우드 등이 서로 결합된 네트워크를 말하는 것은?　19년 1회, 15년 2회

① IoE　　　② CEP
③ Paas　　　④ UML

06 컴퓨터가 사람을 대신하여 정보를 읽고 이해하고 가공하여 새로운 정보를 만들어 낼 수 있도록 이해하기 쉬운 의미를 가진 차세대 지능형 웹은?　19년 1회, 16년 2회

① N Screen　　　② Smart Grid Web
③ Semantic Web　　④ Topic Web

인터넷의 시초가 되는 최초의 네트워크는?

07년 3회

① ARPANET
② MILNET
③ NSFNET
④ CSNET

| 정답 | ①

족집게 과외

1. 인터넷의 진화 과정

❶ **ARPANET과 초기 네트워크(1960년대 중반~1970년대 초반)**

▶ 세계 최초의 네트워크 시스템인 ARPANET(Advanced Research Projects Agency Network, 알파넷)을 시초로 인터넷이 발전하였다.

▶ ARPANET은 미국 국방부(United States Department of Defense, DoD)의 고등연구계획국(ARPA, 현 DARPA)이 주도한 연구프로젝트로 탄생한 컴퓨터 네트워크이다.

❷ **TCP/IP 프로토콜의 등장(1970년대 후반)**

데이터의 안정적인 전송과 네트워크 간의 통신이 가능해졌다.

❸ **상용 인터넷의 등장(1990년대 초반)**

월드 와이드 웹(World Wide Web)의 발명으로 인터넷이 급성장하였다.

〈웹의 진화 과정〉

㉠ Web 1.0(1990년대 초반~2000년대 초반)

• 정보 전달 수단으로 사용된 시대이다.

• HTML과 CSS를 사용하여 정적인 웹 페이지를 보여주었다.

㉡ Web 2.0(2000년대 초반~2000년대 중반)

• 사용자가 콘텐츠를 생성하고 공유할 수 있는 동적인 웹 애플리케이션과 소셜 미디어 플랫폼의 시대이다.

• 웹 애플리케이션, 소셜 네트워크 서비스, 팟캐스팅, 블로그, 포럼, 위키피디아(Wikipedia)와 같은 온라인 협업 도구들이 등장했다.

㉢ Web 3.0(Semantic Web, 2010년대 초반~)

• 컴퓨터와 인간 간의 상호작용이 가능하게 되었다.

• 웹 콘텐츠에 의미를 부여하여 웹을 지능적으로 이해하고 활용할 수 있게 되었다.

❹ **모바일 및 무선 인터넷의 발전(2000년대 이후)**

스마트폰의 등장과 모바일 앱의 등장으로 언제 어디서나 인터넷에 접속할 수 있게 되었다.

2. 인터넷의 주요 구성요소

❶ **Web Server(웹 서버)**

웹 페이지 호스팅 및 클라이언트 요청 처리를 담당하는 역할을 한다.

❷ **DNS(Domain Name System, 도메인 이름 시스템)**

사용자가 입력한 도메인 네임(Domain Name)을 숫자로 된 IP 주소로 변환하여 웹 브라우저가 웹 서버에 연결할 수 있도록 한다.

〈도메인 명의 종류〉

㉠ 국가 코드 최상위 도메인(ccTLD, Country Code Top-Level Domain)

• 국가마다 고유한 도메인 명이 있다.

• .kr(대한민국), .us(미국), .cn(중국), .jp(일본) 등의 국가 도메인이 있다.

ⓒ 일반 최상위 도메인(gTLD, Generic Top-Level Domain)

국가에 상관없이 기관, 회사, 개인 또는 주제와 관련된 다양한 종류의 웹 사이트 식별에 사용된다.

gTLD	용도	gTLD	용도
.com	상업적인 웹 사이트 및 비즈니스 관련	.or	기관, 단체
.org	비영리 단체 및 조직	.biz	비즈니스 관련
.net	네트워크와 관련된 서비스	.name	개인의 이름
.edu	교육 기관	.museum	박물관과 문화 기관
.ac	전문대학 이상의 교육 관련 기관	.travel	여행 및 관련 업종
.gov, .go	정부 기관	.info	정보와 관련된 웹 사이트

ⓒ 제네릭 최상위 도메인(new gTLD, Generic Top-Level Domain)

최근에 추가된 도메인 명으로, .app, .blog, .guru 등이 있다.

❸ IP 주소(Internet Protocol Address)

인터넷에서 컴퓨터, 서버, 네트워크 장치 등을 식별하고 위치를 결정하는 주소 체계로 데이터가 어디로 전송되어야 하는지를 결정한다.

〈IP 주소의 유형〉

㉠ IPv4(Internet Protocol version 4) : 32비트 주소 체계를 사용한다.

㉡ IPv6(Internet Protocol version 6) : 128비트 주소 체계를 사용한다.

❹ URL(Uniform Resource Locator, 파일식별자)

웹 페이지, 이미지, 비디오, 문서 등과 같은 인터넷상의 리소스(Resource, 자원)를 식별하고 위치를 찾을 수 있는 주소를 나타내는 문자열이다.

〈URL의 구성요소〉

㉠ 프로토콜(Protocol)

- 리소스 접근에 사용되는 통신 규약으로, URL은 필요한 리소스에 접근하기 위한 적절한 프로토콜을 사용한다.
- HTTP(HyperText Transfer Protocol, 웹 프로토콜), FTP(File Transfer Protocol, 파일 전송 프로토콜), Telnet(원격 접속 프로토콜) 등이 있다.

㉡ 호스트(Host)

리소스를 호스팅하는 서버의 도메인 이름 또는 IP 주소이다.

㉢ 포트 번호(Port Number)

- 웹 서버와 통신할 때 사용하는 포트를 지정한다.
- HTTP의 기본 포트는 80이고, HTTPS의 기본 포트는 443이다.
- 포트 번호가 URL에 명시되지 않은 경우는 기본값을 사용한다.

  예 프로토콜→ http, 호스트→ 60kim.com, 포트 번호→ 60을 사용한 예제 URL

  http://60kim.com:60/
  프로토콜   호스트   포트번호

㉣ 경로와 파일 이름(Path)

리소스의 위치를 지정한다.

예 https://www.example.com/images/pic.jpg

㉤ 질의 문자열(Query String)

'?'로 시작하며 여러 개의 매개변수와 값을 포함할 수 있다.

예 https://www.example.com/search?q=query&lang=en

㉥ 프래그먼트 식별자(Fragment Identifier, FI)

웹 페이지의 특정 부분을 가리킬 때 사용한다.

예 https://www.example.com/page·section2

❺ Web Browser(웹 브라우저)

웹 페이지를 검색하고 표시하는 데 사용되는 응용 프로그램이다.

〈웹 브라우저의 확장 요소〉

㉠ 플러그인(Plug-in)
- 웹 브라우저의 기능을 확장하기 위해 외부에서 제공되는 프로그램이다.
- 애니메이션, 비디오 등 멀티미디어 콘텐츠를 재생하거나, 웹 페이지에 추가 기능을 제공하는 데 사용한다.

㉡ 쿠키(Cookie)
- 웹 사이트에서 사용자를 식별하는 데 사용되는 작은 데이터 조각으로 로그인 정보, 사용자 환경 설정 등을 저장한다.
- 방문한 웹 사이트의 방문 기록을 남겨 다음 접속 시 빠르게 연결할 수 있도록 사용자의 인터넷 접속을 돕는다.

더 알아보기

쿠키의 주요 종류
- 세션 쿠키(Session Cookies) : 웹 브라우저가 열려 있는 동안만 유지되며 브라우저가 닫히면 자동으로 삭제된다.
- 프라이버시 쿠키(Privacy Cookies) : 사용자의 개인정보 보호 강화를 위한 쿠키로 사용자의 동의를 받지 않으면 데이터를 수집하지 않는다.
- 슈퍼쿠키(Super Cookies) : 탐지가 쉽지 않아 삭제가 어렵고, 사용자가 브라우저 캐시를 지우더라도 재생성될 수 있어 통제가 어려운 새로운 형태의 쿠키이다.
- 해시 쿠키(Hash Cookies) : 사용자의 브라우저 정보를 해시화(Hashing, 데이터를 고정된 길이의 문자열로 변환하는 과정)하여 개인정보를 저장하지 않고 식별자로만 사용한다.
- 제로 쿠키(Zero Cookies) : 브라우저의 설정에 따라 사용자를 식별하는 방식으로 일반적인 쿠키보다 개인정보 보호에 유리하다.

㉢ 캐시(Cache)
- 이전에 방문한 웹 페이지의 일부 또는 전체 데이터를 저장하여 이전에 방문한 웹 페이지를 더 빨리 로드(Road)할 수 있도록 한다.

01 다음 중 사용자가 입력한 도메인 네임(Domain Name)을 숫자로 된 IP 주소로 변환하는 역할을 하는 것은?

05년 3회

① DNS
② INTERNIC
③ HTTP
④ URL

02 다음 중 정부기관을 나타내는 도메인 명으로 옳은 것은?

07년 1회

① com
② go
③ co
④ pe

03 다음 중 웹 2.0 서비스에 해당하지 않는 것은?

18년 1회

① 페덱스(FedEx)
② 위키피디아(Wikipedia)
③ 팟캐스팅(PodCasting)
④ 소셜 네트워크 서비스(Social Network Service)

04 다음 URL의 구성 요소 중 거리가 가장 먼 것은?

10년 3회, 06년 3회

① 프로토콜과 포트 번호
② 인터넷 사용자 이름과 암호
③ CGI 프로그램을 위한 질의 문자열
④ 서버에서 객체를 지정하는 경로와 파일 이름

05 웹을 통해 제공되는 데이터 중 일부 동적 데이터 (애니메이션, 비디오)를 보려면 기본적인 웹브라우저로 화면에 표시해주지 못해 특정 소프트웨어가 브라우저상에서 연동되어야 하는데, 이러한 기능을 가진 프로그램을 의미하는 것은?

08년 3회, 05년 1회

① 필터링(Filtering)
② 키 프레임(Key Frame)
③ 모핑(Morphing)
④ 플러그인(Plug-in)

06 일반 인터넷 쿠키(Cookies) 정보를 근거로 사용자의 온라인 이용 형태를 추적할 수 있는 동시에 이용자들이 탐지해 내기가 쉽지 않아 통제가 어려운 새로운 형태의 쿠키는?

13년 1회

① 프라이버시쿠키
② 슈퍼쿠키
③ 해쉬쿠키
④ 제로쿠키

IP 멀티캐스팅을 위한 클래스이며, 전체 주소가 멀티캐스팅을 위해 사용되는 것은?

15년 2회, 12년 1회, 10년 1회

① Class A
② Class B
③ Class C
④ Class D

| 정답 | ④

한 줄 요약

IPv4(Internet Protocol version 4, 아이피 버전 4)는 인터넷 IP 주소 체계 중 하나로 32Bit(비트) 주소 체계를 사용한다.

족집게 과외

1. IPv4

❶ IPv4의 구조

㉠ 4개의 8Bit 숫자로 이루어져 있으며 각 숫자는 0부터 255까지의 값을 가진다.

㉡ 4개의 숫자는 점(.)으로 구분하여 표시한다.

㉢ IPv4의 주소는 0.0.0.0 ~ 255.255.255.255의 범위를 가진다.

32Bit	□.□.□.□.□.□.□.□	□.□.□.□.□.□.□.□	□.□.□.□.□.□.□.□	□.□.□.□.□.□.□.□
	└─ 8Bit ─┘	└─ 8Bit ─┘	└─ 8Bit ─┘	└─ 8Bit ─┘
십진수 변환	$2^8 = 256$ (0 ~ 255)	$2^8 = 256$ (0 ~ 255)	$2^8 = 256$ (0 ~ 255)	$2^8 = 256$ (0 ~ 255)

❷ IPv4 Address Class

클래스	용 도		범 위
A Class	네트워크용	대규모 네트워크에 할당	0.0.0.0 ~ 127.255.255.255
B Class		중규모 네트워크에 할당	128.0.0.0 ~ 191.255.255.255
C Class		소규모 네트워크에 할당	192.0.0.0 ~ 223.255.255.255
D Class	멀티캐스트용		224.0.0.0 ~ 239.255.255.255
E Class	연구용, 일반 네트워크에는 사용하지 않음		240.0.0.0 ~ 255.255.255.255

2. 서브넷 마스크

서브넷 마스크(Subnet Mask)는 네트워크를 효율적으로 관리하고 유한한 주소공간을 효율적으로 할당하기 위해 IPv4 주소를 네트워크 부분과 호스트 부분으로 구분하는 역할을 한다(32Bit IPv4 주소의 개수 : 2^{32} = 4,294,967,296개).

▶ 네트워크 ID와 호스트 ID의 구분(D 클래스와 E 클래스는 서브넷 마스크를 사용하지 않는다.)

클래스	네트워크 ID , 호스트 ID
A Class	******** . ******** . ******** . ********
B Class	******** . ******** . ******** . ********
C Class	******** . ******** . ******** . ********

▶ 기본 서브넷 마스크 값(네트워크 ID 값을 1로 하여 십진수로 변환한다.)

클래스	네트워크 ID 값 변환	기본 서브넷 마스크
A Class	11111111 . 0 . 0 . 0	255 . 0 . 0 . 0
B Class	11111111 . 11111111 . 0 . 0	255 . 255 . 0 . 0
C Class	1111111 . 11111111 . 11111111 . 0	255 . 255 . 255 . 0

더 알아보기

이진수를 십진수로 변환하는 방법
- 각 비트(0 또는 1)를 해당 위치의 2의 거듭제곱으로 곱한 다음 모두 더한다.
- 십진수 변환 예 Ⅰ – 11010101
  8개 자리이므로 2^7부터 2^0까지 8번을 차례로 각 자릿수에 곱한 다음 모두 더한다.
  $(1\times2^7) + (1\times2^6) + (0\times2^5) + (1\times2^4) + (0\times2^3) + (1\times2^2) + (0\times2^1) + (1\times2^0)$
  $= 128 + 64 + 0 + 16 + 0 + 4 + 0 + 1 = 213$
- 십진수 변환 예 Ⅱ – 11111111
  $(1\times2^0) + (1\times2^1) + (1\times2^2) + (1\times2^3) + (1\times2^4) + (1\times2^5) + (1\times2^6) + (1\times2^7) = 255$

더 알아보기

십진수를 이진수로 변환하는 방법
- 주어진 숫자를 계속해서 2로 나누고 나머지를 기록한 뒤, 나눈 값으로 다시 나눈다.
- 이진수 변환 예 – 222

> 222 ÷ 2 = 111 → 나머지 0
> 111 ÷ 2 = 55 → 나머지 1
> 55 ÷ 2 = 27 → 나머지 1
> 27 ÷ 2 = 13 → 나머지 1
> 13 ÷ 2 = 6 → 나머지 1
> 6 ÷ 2 = 3 → 나머지 0
> 3 ÷ 2 = 1 → 나머지 1
> 1 ÷ 2 = 0 → 나머지 1

↓

> 나머지 값을 거꾸로 쓴다.

↓

> 11011110

더 알아보기

네트워크 주소 계산
- 서브넷 마스크 계산하기
  서브넷 마스크의 예로 '/28'은 32비트 IPv4 주소 중 처음 28비트는 네트워크 주소로 사용하고 나머지 4비트는 호스트 주소로 사용한다는 의미이다.
  - 네트워크 ID 값에 1을 주고 나머지 비트는 0을 준다 : 11111111.11111111.11111111.11110000
  - 10진수로 변환한다 : 11111111.11111111.11111111.11110000 → 255.255.255.240
- IP 주소와 서브넷 마스크를 2진수로 변환하여 비트 단위로 AND 연산한다.
  - AND 연산은 주어진 값이 1일 때만 1이 되고, 그 외의 경우에는 모두 0이 된다.
  - IP 주소 : 192.168.1.222 → 11000000.10101000.00000001.11011110
  - 서브넷 마스크 : 255.255.255.240 → 11111111.11111111.11111111.11110000
  - AND 연산 수행 → 11000000.10101000.00000001.11010000
  - 십진수 변환 → 192.168.1.208(네트워크 주소)

3. 브로드캐스트 주소

브로드캐스트 주소(Broadcast Address)는 네트워크 안에 연결되어 있는 모든 장치에 데이터를 동시에 보낼 수 있는 주소이다.

〈브로드캐스트 주소의 종류〉

㉠ 제한된 브로드캐스트 주소(Limited Broadcast Address)

로컬 네트워크 내의 모든 호스트에게 메시지를 브로드캐스트(Broadcast, 방송하다)하기 위해 사용되는 주소이다.

㉡ 직접 브로드캐스트 주소(Directed Broadcast Address)

- 특정 네트워크 내의 모든 호스트에게 메시지를 브로드캐스트하기 위해 사용되는 주소이다.
- IPv4 주소 중 마지막 4개 숫자의 모든 Bit가 1로 설정된 형태(255)를 가진다.

더 알아보기

브로드캐스트 주소 계산

- 브로드캐스트 주소는 네트워크 안에 연결되어 있는 모든 장치에 데이터를 동시에 보낼 수 있는 주소이다.
- 네트워크 주소에서 15를 더하는 공식을 적용한다.
  네트워크 주소 → 192.168.1.208
  브로드캐스트 주소 = 192.168.1.208 + 15 = 192.168.1.223(브로드캐스트 주소)

01 IP 주소 126.3.2.129는 어느 클래스에 속하는가?

18년 2회

① A 클래스
② B 클래스
③ C 클래스
④ D 클래스

02 IP 주소체계에서 192.1.2.3이 속하는 클래스는?

22년 1회, 13년 1회, 08년 3회, 06년 3회, 03년 3회

① 클래스 A
② 클래스 B
③ 클래스 C
④ 클래스 D

03 IP(Internet Protocol) 주소 241.1.2.3에 대한 설명으로 맞는 것은?

17년 1회, 14년 2회, 07년 1회, 05년 1회

① Netid는 241이다.
② 클래스(Class)는 E이다.
③ Hostid는 1.2.3이다.
④ 서브넷 마스크는 0.0.0.0이다.

해설

Netid = 네트워크 아이디(Network ID)

04 IP 주소가 190.0.46.201의 기본 마스크는?

17년 3회, 14년 3회, 06년 1회, 04년 3회

① 255.0.0.0
② 255.255.0.0
③ 255.255.255.0
④ 255.255.255.255

해설

① 255.0.0.0 : A Class의 기본 마스크 주소
③ 255.255.255.0 : C Class의 기본 마스크 주소
④ 255.255.255.255 : 기본 마스크 주소가 아닌 브로드 캐스트 주소로 사용된다.

05 192.168.1.222/28 IP 주소가 소속되어 있는 네트워크 주소와 브로드캐스트 주소를 잘 짝지어 놓은 것은?

19년 3회

① 192.168.1.224, 192.168.1.239
② 192.168.1.208, 192.168.1.223
③ 192.168.1.192, 192.168.1.255
④ 192.168.1.96, 192.168.1.127

06 IP(Inter Protocol) 주소 169.5.255.255는 어느 주소에 속하는가?

22년 1회, 12년 3회, 10년 3회

① 호스트IP 주소
② 직접 브로드캐스트 주소
③ 제한된 브로드캐스트 주소
④ 네트워크 주소

IPv6의 주소 체계는 몇 Bit인가?　　　　　　　　　　　　　　20년 3회, 15년 3회

① 32Bit

② 64Bit

③ 128Bit

④ 256Bit

| 정답 | ③

한 줄 요약

IPv6(Internet Protocol version 6, 아이피 버전 6)는 128Bit(비트)를 사용하는 인터넷 IP 주소 체계로 IPv4 주소의 고갈 문제를 해결하기 위해 개발되었다.

족집게 과외

1. IPv6의 구조

❶ 16Bit씩 8개 부분으로 16진수(0부터 15까지의 숫자) 또는 16진수와 알파벳으로 표시한다.

❷ 앞자리의 0은 생략할 수 있다.

❸ 각 블록은 콜론(:)으로 구분한다.

　예 2001:0db8:85a3:0000:0000:8a2e:0370:7334

2. IPv6의 주요 특징

❶ 확장 주소 공간

▶ 128Bit의 약 340억 개의 주소를 지원하여 IPv4의 주소 고갈 문제를 해결하였다.

▶ 많은 기기의 등장으로 인한 IPv4의 주소 공간의 부족 문제를 해결하기 위하여, 새로운 기술이나 응용 분야에서 요구되는 프로토콜의 확장을 허용하도록 설계하였다.

▶ 스마트폰, 태블릿, IoT 장치, 센서 등과 같은 유비쿼터스 통신 장치(Ubiquitous Communication Device)들이 인터넷에 연결되어 상호 통신할 수 있는 주소 공간을 제공한다.

❷ 헤더 형식

IPv4의 헤더 필드 중 일부를 삭제하거나 선택영역으로 변경하여 보다 간소화되었다.

㉠ 기본 헤더(IPv6 Header)

　모든 IPv6 패킷에는 기본 헤더가 있으며 패킷의 기본 정보를 담고 있다.

㉡ 확장 헤더(Extension Header)

　• 패킷의 기능을 확장하고 다양한 기능을 제공하기 위해 사용된다.

　• 헤더의 크기가 고정되어 있는 IPv4와는 달리 기본 헤더와 확장 헤더가 분리되어 있어 유연한 구조를 가진다.

더 알아보기

헤더는 데이터 패킷(Data Packet, 네트워크 정보 전송 기본 단위)의 일부이다.

패킷의 주요 구성 요소

• 헤더(Header, 머리말) : 패킷의 출발지 및 목적지 주소, 전송제어 정보, 패킷 수명 등의 정보를 가지고 있다.

• 페이로드(Payload), 데이터(Date) : 전송하려는 정보가 담겨 있는 패킷의 핵심 데이터이다.

• 트레일러(Trailer, 꼬리말) : 오류 검출을 위한 검사 비트(Checksum, 체크섬)를 가지고 있다.

❸ 보안 기능

IPsec(Internet Protocol Security, IP 보안 프로토콜)를 함께 사용하여 IPv4보다 향상된 데이터 보안과 패킷의 신뢰성, 무결성 등을 제공한다.

〈보안 기능의 종류〉

ⓐ 패킷의 출처 인증(Authentication of Packet Source) : 패킷이 어디서 왔는지 확인하고 보안을 강화한다.

ⓑ 데이터 무결성 보장(Data Integrity Assurance) : 패킷의 내용이 변경되지 않고 원래의 데이터와 일치하는지 확인한다.

ⓒ 비밀 보장(Confidentiality Assurance) : 패킷의 내용을 암호화하여 중간에 노출되지 않도록 보호한다.

❹ 자동 주소 설정 (Autoconfiguration)

▶ DHCP(Dynamic Host Configuration Protocol, 동적 호스트 설정 통신 규약)를 사용하지 않고도 기기가 스스로 주소를 설정할 수 있다.

▶ 비디오 서비스, 온라인 게임, 대용량 파일 공유 등 대역폭 집약적 응용 프로그램(High Bandwidth Applications : Bandwidth-데이터 전송률)에서도 데이터의 처리가 무리 없이 이루어지도록 대역폭을 확보할 수 있게 지원한다.

❺ 멀티캐스트와 애니캐스트 지원

멀티캐스트와 애니캐스트를 향상시켜 더 효율적인 데이터 전송을 지원한다.

〈IPv6의 주소 유형〉

IPv6의 주소 유형은 해당 주소가 네트워크에서 어떻게 라우팅(Routing, 경로설정)되는지에 따라 구분된다.

ⓐ 유니캐스트 주소(Unicast Address) : 하나의 송신자와 하나의 수신자 간의 1:1 통신을 나타내는 방식으로, 가장 일반적인 주소 유형으로 특정 대상에게 데이터를 직접 보내는 데 사용한다.

ⓑ 애니캐스트 주소(Anycast Address) : 여러 수신지 중 가장 가까운 수신지로 데이터를 전송하는 방식으로, 서비스 가용성(Service Availability, 지속적 이용 가능 상태) 및 부하 분산(Load Balancing, 트래픽 균등 분산)을 위해 사용한다.

ⓒ 멀티캐스트 주소(Multicast Address) : 하나의 송신자가 특정한 다수의 수신자에게 데이터를 전송하는 방식으로, IPTV, 온라인 비디오 스트리밍, 그룹 채팅 등에 사용한다.

ⓓ 링크 로컬 주소(Link Local Address) : 로컬 네트워크 내에서만 사용 가능한 주소로, 자동 구성에 사용한다.

01 IPv6에 대한 설명으로 거리가 먼 것은?

21년 1회, 13년 3회

① IPv6 주소는 64비트, IPv4 주소는 32비트 길이이다.
② IPv6는 옵션들이 기본 헤더로부터 분리된다.
③ IPv6는 부가적 기능을 허용하는 새로운 옵션을 가진다.
④ IPv6는 프로토콜의 확장을 허용하도록 설계되었다.

02 IPv6에 대한 설명으로 틀린 것은?

17년 1회, 12년 3회, 10년 3회

① 네트워크의 고속화와 그래픽과 비디오 등의 혼합된 미디어 전송 요구에 부합되도록 설계되었다.
② 128비트의 IP 주소 크기를 가지고 있다.
③ 암호화와 인증 옵션들은 패킷의 신뢰성과 무결성을 제공한다.
④ 다섯 개의 클래스로 구성된 2레벨 주소 구조로 되어 있다.

03 다음 IPv6에 대한 설명으로 거리가 가장 먼 내용은?

09년 3회, 05년 3회, 03년 3회

① IP 주소를 IPv4의 32비트 길이에서 64비트로 확장하였다.
② IPv4의 헤더 필드 중 일부를 삭제하거나 선택 영역으로 변경하였다.
③ 각기 다른 대역폭에서도 비디오 데이터의 처리가 무리 없이 이루어지도록 대역폭을 확보할 수 있게 지원한다.
④ 보안과 관련하여 안전한 통신, 메시지의 발신지 확인, 암호화 기능 등을 제공한다.

해설
IPv4 – 32Bit, IPv6 – 128Bit

04 IPv6에 대한 설명으로 거리가 가장 먼 것은?

17년 2회, 11년 3회

① 주소를 표현하기 위해 16Byte를 사용한다.
② 새로운 기술이나 응용 분야에 의해 요구되는 프로토콜의 확장을 허용하도록 설계되었다.
③ 암호화와 인증 옵션들은 패킷의 신뢰성과 무결성을 제공한다.
④ 주소를 보다 읽기 쉽게 하기 위해 8진수 콜론 표기로 규정한다.

해설
④ IPv6는 16진수 콜론 표기로 규정한다.
① 1Byte = 8Bit → 16Byte = 128Bit

05 IPv6에 대한 설명으로 거리가 가장 먼 것은?

10년 1회, 07년 1회, 05년 1회

① 새로운 기술이나 응용분야에 의해 요구되는 프로토콜의 확장을 허용하도록 설계되었다.
② IPv6는 3개의 주소 유형 즉, 유니캐스트, 애니캐스트, 멀티캐스트로 구성되어 있다.
③ IPv6는 헤더가 확장되어, 패킷의 출처 인증, 데이터 무결성의 보장 및 비밀의 보장 등을 위한 메커니즘을 지정할 수 있다.
④ IPv6에서는 64비트로 표현되어 264개의 주소가 가능하다.

06 IPv6는 주소별 라우팅 특성에 따라 3개의 범주로 구분하는데 이에 해당하지 않는 것은?

18년 3회, 12년 1회

① 유니캐스트 주소
② 라우팅 주소
③ 멀티캐스트 주소
④ 애니캐스트 주소

다음 중 TCP/IP와 같은 인터넷 운영 프로토콜의 표준을 정의하는 기구는?　　22년 1회, 09년 3회

① ITU
② ISO
③ IETF
④ TTA

| 정답 | ③

한 줄 묘약

인터넷 표준기구는 다양한 인터넷 프로토콜과 관련 표준을 개발하고 유지하는 국제적인 조직 또는 그룹이다.

족집게 과외

1. 인터넷 표준화 단체

❶ IETF(Internet Engineering Task Force)

인터넷 프로토콜 및 기술 표준을 개발하고 유지 관리한다.

❷ IAB(Internet Architecture Board, 인터넷 아키텍처 위원회)

IETF와 IRTF의 상위 조직으로 인터넷 아키텍처 및 정책의 방향성을 결정하고 관리한다.

❸ IANA(Internet Assigned Numbers Authority, 인터넷 주소 할당 기관)

도메인 이름, IP 주소, 프로토콜 매개변수를 할당하고 관리한다.

❹ ISOC(Internet Society, 인터넷 협회)

IETF 및 IAB의 활동을 지원하고, 인터넷의 이용과 기술에 관한 국제적인 협력을 목적으로 한다.

❺ W3C(World Wide Web Consortium)

서버 기술, HTML, CSS 및 웹 애플리케이션을 포함한 웹 관련 표준을 개발한다.

❻ ITU(International Telecommunication Union, 국제 전기통신 연합)

통신 및 정보통신 기술 표준을 개발한다.

2. 국가별 인터넷 표준화 기구

❶ ETSI(European Telecommunications Standards Institute, 유럽전기통신표준협회)

유럽연합 내에서 통신, 방송, 교통, 의료전자 등 다양한 ICT 분야의 표준을 개발한다.

❷ ENISA(European Union Agency for Cybersecurity, 유럽연합 정보보안)

유럽연합 내에서 네트워크 및 정보보안 표준을 제공하고 지원한다.

❸ ARIN(American Registry for Internet Numbers, 아메리카 인터넷 협회)

미국, 캐나다 및 일부 카리브해 지역의 IP 주소 할당을 관리한다.

❹ APNIC(Asia-Pacific Network Information Centre, 아시아 태평양 네트워크 정보 센터)

아시아 태평양 지역의 IP 주소 할당을 관리한다.

❺ CNNIC(China Internet Network Information Center, 중국 인터넷 네트워크 정보 센터)

중국 내에서 도메인 이름 및 IP 주소 할당을 관리한다.

❻ NIC.br(Brazilian Network Information Center, 브라질 인터넷 협회)

브라질 내에서 IP 주소, 도메인, 국내 인터넷 표준화를 관리한다.

3. 산업 표준화 단체

❶ EIA(Electronic Industries Association, 미국전자공업협회)

미국 전자 산업 표준 개발 단체로 전기적인 접속 표준과 장치 간 데이터 통신의 물리적 전송 표준을 개발하였으나, 2011년에 TIA(Telecommunications Industry Association, 미국전기통신공업협회)의 부문 중 하나로 통합되었다.

❷ ISO(International Organization for Standardization, 국제표준화기구)

전 세계의 다양한 산업 분야 표준을 개발한다.

❸ ANSI(American National Standards Institute, 미국표준협회)

미국을 대표하는 ISO 회원 기구로 미국의 산업과 기술 표준을 개발한다.

❹ IEC(International Electrotechnical Commission, 국제전기기술위원회)

전기, 전자, 정보 기술, 통신 기술 분야의 표준을 개발한다.

❺ BSI(British Standards Institution, 영국규격협회)

영국의 산업 표준을 관리한다.

01 전기통신의 개선과 합리적 이용, 전기통신 업무의 이용증대와 효율적 운용, 그리고 세계 전기통신의 균형 있는 발전을 위해 국제 간 협력 증진 등 공동 노력을 추구할 목적으로 설립한 기구는?

10년 1회, 08년 3회, 07년 1회

① BSI(British Standards Institution)
② ITU(International Telecommunication Union)
③ ISO(International Organization for Standardization)
④ CEN(Committee European de Normalisation)

해설
② ITU : 국제 전기통신협회
① BSI : 영국규격협회
③ ISO : 국제표준화기구
④ CEN : 유럽 표준화 기구

02 인터넷 아키텍처와 관련된 문제들을 협의하고 조정하는 국제기구로 IETF와 IRTF를 산하기구로 두고 있는 기관은?

11년 3회

① IAB(Internet Architecture Board)
② ISOC(Internet Society)
③ NIC(National Information Center)
④ ITU(International Telecommunication Union)

해설
IRTF(Internet Research Task Force, 인터넷 연구 태스크 포스)는 IETF의 자매 조직으로 인터넷과 관련된 연구 및 개발을 수행하기 위해 설립된 그룹이다.

03 다음 중 인터넷 관련 기구와 그 역할을 바르게 연결한 것은?

10년 3회

① IANA - 새롭게 개발되는 월드 와이드 웹에 대한 표준을 제안하는 국제기구
② IRTF - 인터넷 표준안 제정 및 RFC의 실제 출판을 담당하는 국제기구
③ ISOC - 인터넷의 번영과 발전을 도모하고, 인터넷의 이용과 기술에 관한 국제적인 협력을 목적으로 설립된 기구
④ W3C - 인터넷 주소 등록 서비스와 주요 정보 서비스를 제공하는 국제기구

04 다음 중 인터넷 표준화 단체와는 가장 관계가 먼 것은?

19년 1회

① W3C
② IETF
③ K/OPEN
④ IAB

해설
③ K/OPEN은 한국의 오픈소스 기술 개발을 촉진하기 위한 기구로 인터넷 표준화와는 직접적인 관련이 없다.

05 다음 중 전기적인 접속 표준과 장치 간에 데이터의 물리적 전송 표준을 개발하는 기구는?

07년 3회, 04년 3회

① EIA(Electronic Industries Association)
② ANSI(American National Standards Institute)
③ ISO(International Organization for Standardization)
④ ITU-T(International Telecommunications Union Telecommunication)

해설

① EIA : 미국전자공업협회
② ANSI : 미국표준협회
③ ISO : 국제표준화기구
④ ITU-T : ITU의 하위 섹션 중 하나로 ITU는 전반적인 국제 전기 통신에 대한 정책과 규제를 다루는 기구이며, ITU-T는 이 중에서도 전기 통신의 국제 표준화를 담당하는 섹션이다.

06 EIA의 표준화에서 나온 일반적인 인터페이스 표준으로 컴퓨터 및 대부분의 통신기기에 부착되는 직렬 전송 방식은?

14년 1회

① RS-232C
② ISO1177
③ X.27
④ V.28

해설

〈RS-232 케이블〉

LAN(Local Area Network)의 보안 및 암호키 관리와 관련된 IEEE 802 위원회의 표준안은?

19년 3회, 14년 2회

① IEEE 802.6
② IEEE 802.8
③ IEEE 802.10
④ IEEE 802.12

| 정답 | ③

한 줄 묘약

IEEE 802는 IEEE(Institute of Electrical and Electronics Engineers, 전기전자기술자협회, 아이트리플이)의 하위 위원회로 다양한 LAN(Local Area Network) 및 MAN(Metropolitan Area Network) 표준을 정의하며, 무선 및 유선 네트워킹 기술을 다룬다.

족집게 과외

1. IEEE 802 표준의 종류

IEEE 802 표준	역 할
IEEE 802.10	LAN(Local Area Network) 및 WAN(Wide Area Network)의 데이터 보안 및 암호키 관리 등 네트워크 보안 관련 표준
IEEE 802.1Q	VLAN(가상 LAN) 표준
IEEE 802.11	WLAN(Wireless LAN, 무선 네트워크)을 위한 표준
IEEE 802.12	이더넷 100VG-AnyLAN 버전을 위한 표준
IEEE 802.15.1	짧은 범위 무선 통신 Bluetooth(블루투스)를 위한 표준
IEEE 802.15.4	저전력 무선 통신 Zigbee(지그비)를 위한 표준
IEEE 802.16	WMAN(Wireless Metropolitan Area Network, 무선 도시권 통신망)을 위한 표준
IEEE 802.22	WRAN(Wireless Regional Area Network, 무선 지역 통신망)을 위한 표준
IEEE 802.24	LR-WPAN(저속 단거리 무선망)을 위한 표준
IEEE 802.3	Ethernet(이더넷)을 위한 표준
IEEE 802.3u	Fast Ethernet(고속 이더넷)을 위한 표준
IEEE 802.4	Token Bus(토큰 버스, 컴퓨터가 일렬로 연결되어 있는 구조) 네트워크를 위한 표준
IEEE 802.5	Token Ring(토큰 링, 컴퓨터가 링 형태로 연결되어 있는 구조) 네트워크를 위한 표준
IEEE 802.6	MAN(Metropolitan Area Network, 도시권 통신망)을 위한 표준
IEEE 802.8	광섬유 통신을 위한 표준
IEEE 802.9	미디어 액세스 제어 프로토콜 및 서비스 품질 관리를 위한 표준

2. IEEE 802 표준의 매체 접속방식

❶ MAC(Media Access Control) 방식

MAC(Media Access Control, 물리적 주소)을 사용하여 네트워크에서 장치 간 충돌을 방지한다.

㉠ CSMA/CD(Carrier Sense Multiple Access with Collision Detection, 반송파 감지 다중 접속/충돌 탐지) 이더넷에서 사용되는 방식으로 데이터 충돌이 발생하면 다시 시도한다.

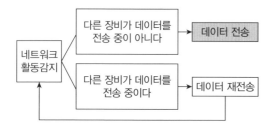

㉡ CSMA/CA(Carrier Sense Multiple Access with Collision Avoidance, 반송파 감지 다중 접속/충돌 회피)

무선 네트워크에서 사용되는 방식으로 데이터를 전송하기 전에 먼저 채널의 상태를 확인하고 다른 기기들에게 경고신호를 보내 충돌을 피한다.

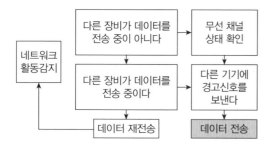

MAC 접속방식	IEEE 802 표준
CSMA/CD	IEEE 802.3, IEEE 802.3u 등
CSMA/CA	IEEE 802.11, IEEE 802.15.4, IEEE 802.16, IEEE 802.22, IEEE 802.15 등

❷ TDMA(Time Division Multiple Access, 시분할 다중 접속)

무선 통신 시스템에서 시간을 나누어 여러 장치가 동일한 매체를 공유하는 방식으로 각 장치는 정해진 시간 슬롯에 데이터가 전송되도록 예약된다.

❸ OFDMA(Orthogonal Frequency Division Multiple Access, 직교 주파수 분할 다중 접속)

무선 통신 시스템에서 다수의 사용자가 동시에 데이터를 전송하고 수신하는 방식으로 주파수를 분할하여 각 사용자는 독립적인 하위 채널에서 데이터를 전송한다.

01 다음 중 무선 네트워크를 위한 국제표준은?

15년 1회

① IEEE 802.8
② IEEE 802.9
③ IEEE 802.10
④ IEEE 802.11

02 다음의 LAN 관련 프로토콜 중 무선 LAN(Wireless LAN)에 대한 프로토콜은 무엇인가?

11년 1회

① IEEE 802.9
② IEEE 802.10
③ IEEE 802.11
④ IEEE 802.12

03 IEEE 802.16에서 사물지능통신(M2M)을 지원하기 위해 개발된 표준은?

17년 1회

① IEEE 802.16c
② IEEE 802.16k
③ IEEE 802.16x
④ IEEE 802.16p

해설
- IEEE 802.16은 WMAN(Wireless MAN, Wireless Metropolitan Area Network, 무선 도시권 통신망)을 위한 표준으로 WMAN은 도시나 도시 근교 지역과 같은 광대한 지역을 커버하는 무선 통신 네트워크이다.
- IEEE 802.16x 시리즈
  - IEEE 802.16a : WiMAX(Worldwide Interoperability for Microwave Access, 와이맥스)에 대한 표준으로 현재는 IEEE 802.16e와 IEEE 802.16m으로 대체되었다.
  - IEEE 802.16e : Mobile WiMAX에 대한 표준이다.
  - IEEE 802.16m : IEEE 802.16a의 진화된 버전으로 WiMAX2라고도 불린다.
  - IEEE 802.16k : 기존의 WiMAX 표준인 IEEE 802.16-2004와 IEEE 802.16e-2005에 대한 개선안으로 QoS(Quality of Service, 서비스 품질)의 기능 향상에 중점을 두었다.

- IEEE 802.16p : V2V(Vehicle-to-Vehicle, 차량 간 통신) 및 V2I(Vehicle-to-Infrastructure, 차량과 기지국 간 통신) 지원을 포함하는 표준으로 M2M (Machine to Machine, 기계 간 통신)과 관계가 있다.
※ ① IEEE 802.16c는 존재하지 않는 버전이다.

04 IEEE 802.11 무선 LAN의 매체접속제어(MAC) 방식은?

22년 1회, 19년 1회, 15년 1회, 12년 1회

① CSMA/CA
② CSMA/CD
③ Token Bus
④ Token Ring

05 LAN 관련 프로토콜 중 CSMA/CD에 대한 프로토콜은?

18년 1회, 14년 3회

① IEEE 802.9
② IEEE 802.5
③ IEEE 802.6
④ IEEE 802.3

06 IEEE에서 제정한 802 표준안 프로토콜에 대한 설명으로 거리가 먼 것은?

16년 1회

① 802.5 : 요구 우선순위기반 애니LAN
② 802.3 : CSMA / CD 이더넷 표준
③ 802.3u : CSMA / CD 고속이더넷 표준
④ 802.4 : 토큰 패싱 버스 표준

해설
- 토큰 패싱(Token Passing)은 모든 컴퓨터가 하나의 중앙 케이블에 연결되어 데이터 전송을 위해 토큰(Token, 통신 허용 권한)을 사용하는 방식이다.
- 토큰 패싱 네트워크에서는 한 번에 하나의 장치만 토큰을 소유하게 되고 토큰을 가진 장치만이 데이터를 전송하게 하여 데이터 충돌을 방지한다.

데이터를 송수신하기 위한 일련의 규칙이나 규약과 포맷의 집합을 의미하는 말은?   08년 1회, 05년 1회

① 프로토콜(Protocol)
② 블루투스(Bluetooth)
③ 이더넷(Ethernet)
④ 패킷(Packet)

| 정답 | ①

한 줄 요약

프로토콜(Protocol, 통신규약)은 컴퓨터 네트워크와 통신 시스템에서 데이터를 송수신하기 위한 규칙, 규정, 포맷(Format)의 집합으로 OSI(Open Systems Interconnection)모델과 TCP/IP(Transmission Control Protocol/Internet Protocol)모델의 다양한 계층에서 사용되며, 각 계층은 특정 기능과 역할을 담당한다.

족집게 과외

1. 프로토콜의 3요소

❶ **구문(Syntax)**
데이터의 인코딩 방식, 필드 및 데이터의 구성 등 데이터의 형식과 구조를 정의한다.

❷ **순서(Timing)**
데이터를 언제 어떤 순서로 전송하여야 하는지를 규정한다.

❸ **의미(Semantics)**
데이터를 어떤 목적으로 사용하는지, 특정 데이터 값을 어떻게 해석해야 하는지, 특정 조건에서 어떤 동작을 수행해야 하는지 등을 정의한다.

2. 프로토콜의 주요 기능

❶ **단편화(Fragmentation)**
네트워크에서 전송하기 적합하도록 큰 데이터를 작은 패킷으로 분할하는 과정이다.

❷ **재합성(Reassembly)**
단편화된 작은 패킷들을 수신 측에서 원래의 큰 데이터로 다시 조립하는 과정이다.

❸ **암호화(Encryption)**
데이터의 기밀성과 보안을 유지하기 위해 사용한다.

❹ **캡슐화(Encapsulation)**
데이터에 필요한 제어 정보를 부과하는 패킷 래핑 행위이다.

더 알아보기

패킷 래핑(Packet Wrapping) 과정
데이터 분할 → 헤더 추가 → 트레일러 추가

❺ **에러제어(Error Control)**
데이터가 전송 중에 손실되거나 손상되는 것을 감지하고 복구한다.

❻ **흐름제어(Flow Control)**
데이터 전송 속도를 조절하여 송신 측과 수신 측 간의 데이터 전송 속도 불균형을 방지한다.

❼ **연결제어(Connection Control)**
데이터를 주고받기 전에 연결을 설정하고, 통신이 완료되면 연결을 해제하는 프로세스를 관리한다.

3. OSI 7계층

❶ 국제표준화기구(ISO)에서 네트워크 간의 호환을 위해 만든 표준 네트워크 모델이다.

❷ 네트워크 통신 과정을 7개의 계층으로 모듈화하여 통신이 일어나는 과정을 단계별로 알 수 있고 오류가 생기면 그 단계만 수정할 수 있다.

❸ OSI 7계층의 기능

　㉠ 1계층 – 물리계층(Physical Layer)
　　물리적인 매체(하드웨어)를 통하여 비트스트림을 전송하는 데 필요한 기능을 제공한다.

　㉡ 2계층 – 데이터링크계층(Data Link Layer)
　　물리 주소(Mac 주소)를 지정하여 장치 간 신호를 전달한다.

　㉢ 3계층 – 네트워크계층(Network Layer)
　　패킷을 목적지로 라우팅하고 최적 경로를 선택한다.

　㉣ 4계층 – 전송계층(Transport Layer)
　　데이터 전송을 관리하고 흐름 제어와 오류 복구를 처리한다.

　㉤ 5계층 – 세션계층(Session Layer)
　　대화 구성(세션 설정, 관리, 해제), 데이터 교환, 데이터 동기화를 처리한다.

　㉥ 6계층 – 표현계층(Presentation Layer)
　　데이터 압축 및 암호화를 수행한다.

　㉦ 7계층 – 응용계층(Application Layer)
　　사용자와 가장 가까운 계층으로 사용자 애플리케이션과 통신서비스를 제공한다.

4. TCP/IP

❶ Transmission Control Protocol(전송제어 프로토콜) / Internet Protocol(인터넷 프로토콜)의 약자이다.

❷ 인터넷에서 가장 널리 사용되는 표준 네트워크 모델이다.

5. OSI 7계층과 TCP/IP의 구조

OSI 7계층		TCP/IP	
7계층	응용계층 (Application Layer)	응용계층 (Application Layer)	4계층
6계층	표현계층 (Presentation Layer)		
5계층	세션계층 (Session Layer)		
4계층	전송계층 (Transport Layer)	전송계층 (Transport Layer)	3계층
3계층	네트워크계층 (Network Layer)	네트워크계층 (Network Layer)	2계층
2계층	데이터링크계층 (Data Link Layer)	데이터링크계층 (Data Link Layer)	1계층
1계층	물리계층 (Physical Layer)		

더 알아보기

TCP/IP는 현대의 인터넷에서 주로 사용되며, OSI 7계층 모델은 교육과 이론적인 목적으로 사용된다.

01 프로토콜의 세 가지 요소가 아닌 것은? _{11년 3회}

① 구문(Syntax)
② 순서(Timing)
③ 통제(Control)
④ 의미(Semantics)

02 프로토콜(protocol)의 기능과 거리가 가장 먼 것은? _{07년 3회, 05년 3회}

① 삭제(Remove)
② 단편화(Fragmentation)
③ 재합성(Reassembly)
④ 캡슐화(Encapsulation)

03 다음 중 통신 프로토콜의 기능이 아닌 것은? _{11년 1회}

① 병합제어
② 에러제어
③ 흐름제어
④ 연결제어

04 OSI 상위 계층에서 하위 계층으로 데이터를 전달할 때, 데이터에 필요한 제어 정보를 부과하는 행위를 무엇이라 하는가? _{09년 3회}

① 재합성
② 암호화
③ 캡슐화
④ 단편화

05 OSI 7계층의 기능 설명 중 틀린 것은? _{10년 3회, 05년 1회}

① 데이터링크계층은 물리 주소를 지정한다.
② 물리계층은 물리적인 매체를 통하여 비트스트림을 전송하는 데 필요한 기능을 제공하다.
③ 전송계층은 전자우편의 전달과 저장을 제공한다.
④ 세션계층은 대화를 구성하고 동기를 취하며, 데이터 교환을 관리한다.

06 다음 중 TCP/IP 통신 프로토콜의 통신 계층에 포함되지 않는 것은? _{09년 1회}

① 응용계층
② 세션계층
③ 물리계층
④ 데이터링크계층

해설
OSI 7계층과 TCP/IP 네트워크 표준모델 구조를 역할 기반으로 분류하면
• 정보처리(응용계층)
• 통신처리(표현, 세션, 전송계층)
• 네트워크(네트워크계층)
• 기본처리(데이터링크, 물리계층)
으로 나뉘며, 정보처리와 통신처리를 묶어 통신계층이라고도 한다.

OSI 7 layer 최상위 계층에 속하는 것은? 14년 2회

① 데이터링크계층
② 응용계층
③ 네트워크계층
④ 물리계층

| 정답 | ②

한 줄 묘약

OSI 모델의 응용계층(Application Layer, 애플리케이션 계층)은 사용자와 가장 가까운 최상위 계층으로 사용자 애플리케이션과 통신서비스를 제공한다.

족집게 과외

1. 응용계층 프로토콜의 종류

❶ 웹 브라우징 프로토콜

㉠ HTTP(Hypertext Transfer Protocol, 하이퍼텍스트 전송 규약)

웹 브라우징에서 가장 일반적으로 사용되는 프로토콜로 보안성이 없어 데이터가 암호화되지 않는다.

㉡ HTTPS(HTTP Secure, 하이퍼텍스트 보안 전송 프로토콜)

• HTTPS는 HTTP의 보안 버전으로, HTTP와 전송계층의 보안 프로토콜 SSL(Secure Socket Layer, 보안 소켓 계층) 또는 SSL의 후속 프로토콜인 TLS(Transport Layer Security, 전송 계층 보안)가 합쳐진 형태이다.

• 개인정보, 로그인 정보, 결제 정보 등 데이터를 암호화하여 안전한 전송을 보장한다.

❷ 파일 전송 프로토콜

㉠ FTP(File Transfer Protocol, 파일 전송 규약)

보안 기능을 제공하는 표준 파일 전송 프로토콜이다.

㉡ TFTP(Trivial File Transfer Protocol, 간이 파일 전송 규약)

• FTP보다 단순한 경량의 파일 전송 프로토콜로 속도가 빠르다.

• 보안 기능이 없어 인증 및 암호화를 제공하지 않기 때문에 신뢰성이 부족하다.

• 경량성과 간단한 설치로 임베디드 시스템(Embedded System)의 부팅 프로세스(Boot Process)에 적합하여 운영체제 업로드(Operating System Load)에서 주로 사용한다.

더 알아보기

파일 전송 프로토콜의 데이터 전송 모드

• 스트림 모드(Stream Mode) : 데이터를 순차적으로 전송하는 모드로 데이터를 작은 조각으로 나누지 않고 연속적으로 전송한다.

• 블록 모드(Block Mode) : 데이터를 블록 단위로 전송하는 모드로 데이터를 작은 블록으로 나누어 전송한다.

• 압축 모드(Compression Mode) : 데이터를 전송하기 전에 데이터를 압축하여 전송하는 모드로 전송 대역폭을 줄이고 전송 시간을 단축한다.

❸ 전자메일 통신 프로토콜

  ⊙ SMTP(Simple Mail Transfer Protocol, 간이 전자 우편 전송 프로토콜)

    전자메일 전송 표준 프로토콜이다.

  ⓛ POP3(Post Office Protocol version 3, 전자 우편 규약 버전 3, 팝3)

    전자메일 수신 프로토콜이다.

  ⓒ IMAP(Internet Message Access Protocol, 인터넷 메시지 접속 프로토콜)

    전자메일을 서버에서 관리하고 여러 장치 간에 이메일을 동기화하는 프로토콜이다.

❹ 네트워크 통신 프로토콜

  ⊙ SNMP(Simple Network Management Protocol, 간이 망 관리 프로토콜)

    네트워크 장치 및 시스템을 관리하기 위한 프로토콜로 네트워크 모니터링 및 관리에 사용한다.

  ⓛ DNS(Domain Name System)

    도메인 이름과 IP 주소 간의 변환을 관리하는 프로토콜로 사용자가 도메인 이름을 입력하면 해당 도메인의 IP 주소를 찾아준다.

  ⓒ Telnet(텔넷)

    원격 로그인 및 원격 컴퓨터접속 프로토콜이다.

❺ 메시징 프로토콜 MQTT(Message Queuing Telemetry Transport, 엠큐티티)

  ▶ 제한된 대역폭 및 자원을 가진 장치 간에 데이터를 효율적으로 교환하기 위해 설계된 경량 메시징 프로토콜이다.

  ▶ IoT(Internet of Things, 사물인터넷) 및 M2M(Machine to Machine, 사물통신)에 사용한다.

2. 포트번호

포트번호(Port Number)는 네트워크에서 프로그램을 식별하기 위한 번호로 16Bit 숫자로 표현되며 0부터 65535까지의 범위에서 할당된다.

응용계층 프로토콜 포트번호					
웹 브라우징 프로토콜	HTTP	Port 80	파일 통신 프로토콜	FTP	Port 21
메시징 프로토콜	MQTT	Port 1883		TFTP	Port 69
전자메일 통신 프로토콜	SMTP	Port 25	네트워크 통신 프로토콜	SNMP	Port 161
	POP3	Port 110		DNS	Port 53
	IMAP	Port 143		Telnet	Port 23

01 Client와 Server 간에 FTP 프로토콜을 이용하여, 파일을 교환하고자 할 때에 사용하는 데이터 전송모드가 아닌 것은? 18년 1회

① 패킷모드
② 스트림모드
③ 블록모드
④ 압축모드

02 FTP에 관한 설명이 아닌 것은? 14년 3회

① Anonymous FTP는 계정이 없어도 접속이 가능하다.
② File Transfer Protocol의 약자이다.
③ 컴퓨터 간의 파일 송/수신이 가능하다.
④ FTP의 기본 포트번호는 23번이다.

해설
④ FTP의 기본 포트번호는 21번이다.
① Anonymous FTP(익명 FTP, 어나니머스 FTP)는 익명으로 접속하여 파일을 다운로드하거나 업로드할 수 있는 방식이다.

03 TFTP(Trivial File Transfer Protocol)에 대한 설명으로 틀린 것은? 18년 3회

① TCP를 사용하는 연결형 파일 전송 프로토콜이다.
② 신뢰성이 부족하다.
③ 별도 인증이 없어 속도가 빠르다.
④ 파일 송수신 기능을 수행하도록 설계되었다.

04 이메일(E-Mail)과 관련된 프로토콜로 적당하지 않는 것은? 21년 3회

① SMTP
② POP3
③ TFTP
④ IMAP

05 인터넷에서 네트워크의 관리정보를 교환하는 데 사용되는 프로토콜은? 14년 1회

① IGMP(Internet Group Management Protocol)
② ICMP(Internet Control Message Protocol)
③ SMTP(Simple Mail Transfer Protocol)
④ SNMP(Simple Network Management Protocol)

06 TCP/IP 계층에서 사용되는 프로토콜 중 응용계층에 해당하는 프로토콜이 아닌 것은? 20년 3회, 18년 2회

① TELNET
② TCP
③ HTTP
④ FTP

07 OSI-7 Layer에서 응용계층에 포함되는 프로토콜은? 18년 3회

① TCP
② TFTP
③ ARP
④ UDP

09 다음 중 일반적으로 사용하는 네트워크 서비스와 포트번호가 잘못 연결된 것은? 11년 3회

① DNS : 53
② Telnet : 23
③ TFTP : 69
④ SMTP : 53

해설
SMTP의 포트 번호는 25이다.

08 인터넷과 관련된 통신 프로토콜 중 잘못 연결된 것은? 16년 2회, 05년 1회

① TCP/IP : 인터넷 환경에서 정보의 전송과 제어를 위한 프로토콜
② HTTP : 웹 문서를 송수신하기 위한 프로토콜
③ SMTP : 전자우편 서비스를 위한 프로토콜
④ PPP : 파일 전송 프로토콜

해설
파일 전송 프로토콜은 FTP와 TFTP가 있으며, PPP(Point-to-Point Protocol, 점대점 프로토콜)는 데이터 링크 계층(Data Link Layer)에 속하는 프로토콜이다.

10 사물통신, 사물인터넷과 같이 대역폭이 제한된 통신 환경에 최적화하여 개발된 푸시 기술 기간의 경량 메시지 전송 프로토콜은? 21년 1회, 17년 2회, 16년 2회

① MICS
② MTBF
③ HTTP
④ MQTT

OSI 7계층 모델 중 보안을 위한 암호화/ 해독과 효율적인 전송을 위한 정보 압축 등의 기능을 수행하는 계층은?

19년 1회, 15년 3회

① 응용계층
② 표현계층
③ 전달계층
④ 네트워크계층

| 정답 | ②

---

1. 표현계층, 세션계층, 전송계층

❶ 표현계층

▶ OSI 모델의 표현계층(Presentation Layer, 프레젠테이션 계층)은 데이터의 표현(형식 설정), 데이터의 인코딩(Encoding, 코드 변환) 및 데이터 보안을 위한 암호화, 복호화(암호 해독)를 담당하는 계층이다.

▶ 응용계층의 데이터를 인코딩하고 암호화하여 하위계층에 전달하거나, 하위계층의 데이터 암호를 해독하고 디코딩(Dncoding, 코드 복원)하여 응용계층에 전달한다.

〈표현계층 인코딩 형식(Encoding Format)의 예〉
㉠ ASCII(American Standard Code for Information Interchange, 아스키 코드)
㉡ EBCDIC(Extended Binary Coded Decimal Interchange Code, 확장 2진화 10진 부호)
㉢ JPEG(Joint Photographic Experts Group)
㉣ MPEG(Moving Picture Experts Group)

❷ 세션계층

▶ OSI 모델의 세션계층(Session Layer)은 사용자 간의 세션의 설정, 유지, 종료 및 데이터의 동기화, 오류 복구 등을 담당하는 계층이다.

▶ 상위계층인 응용계층과 하위계층인 전송계층의 연결을 관리하며, 세션계층 자체에는 특정한 프로토콜은 없다.

❸ 전송계층

OSI 모델의 전송계층(Transport Layer)은 데이터의 신뢰성(Reliability) 있는 전송과 데이터 송신 측(Origin, Source)에서 수신 측(End-Point, 종착)으로 전달되는 종단 대 종단 통신(end-to-end communication, 끝 간 통신)을 제공하는 계층이다.

〈전송계층의 기능〉
㉠ 흐름제어(Flow Control) : 송신 측과 수신 측 사이의 데이터 전송 속도를 조절하여 네트워크 혼잡을 방지하고 관리한다.
㉡ 오류제어(Error Control) : 데이터가 손상되거나 유실되었을 때 오류를 검출하고 복구하여 데이터의 무결성(Integrity)과 신뢰성(Reliability)을 보장한다.
㉢ 연결제어(Connection Control) : 두 개의 응용 프로세스 사이의 대화를 담당하는 기능으로 데이터 송수신을 위한 연결 설정, 유지, 해제를 제어한다.
㉣ 메시지의 분할과 재조립(Segmentation and Reassembly) : 데이터를 전송 가능한 작은 조각(Segment, 세그먼트)으로 분할하고, 수신 측에서 다시 원래대로 조립한다.

01 OSI 7계층에서 표현계층의 주요 기능은?

12년 1회, 10년 1회

① 정보의 형식 설정과 코드 변환, 암호화, 판독
② 교환 및 중계 기능, 경로제어, 흐름제어 기능
③ 응용 프로세스 간의 송수신제어 및 동기제어
④ 응용 프로세스 간의 정보 교환 및 이용자 간의 통신, 전자 사서함, 파일 전송

02 TCP/IP 프로토콜 계층구조에 속하지 않는 것은?

14년 1회

① 응용계층
② 인터넷계층
③ 세션계층
④ 전송계층

03 OSI 계층모델에서 종착(End-Point) 간 전송메시지의 오류제어(Error Control)와 흐름제어(Flow Control)를 통해 데이터의 신뢰성을 보장하는 계층은?

21년 3회

① 물리계층
② 전송계층
③ 응용계층
④ 표현계층

04 OSI 7계층에서 전달계층의 기능에 해당되지 않는 것은?

11년 1회

① 종단 대 종단에 대해 흐름제어와 오류제어 수행
② 응용 프로세스 간의 대화 단위 및 대화방식 결정
③ 연결제어 수행
④ 메시지의 분할과 재조립

05 TCP/IP(Transmission Control Protocol Internet Protocol) 프로토콜의 계층 중에서 발신지에 목적지까지 오류제어와 흐름제어를 제공하면서 전체 메시지가 올바른 순서대로 도착하는 것을 보장하는 것은 어느 것인가?

08년 2회

① 물리계층
② 전송계층
③ 데이터링크계층
④ 네트워크계층

06 OSI 7계층에서 전송계층(Transport Layer)의 주요 기능이 아닌 것은?

15년 2회

① 분할과 재조립
② 종단 간 흐름제어
③ 디렉터리 서비스
④ 서비스 지점 주소 지정

전송계층에서 데이터를 세그먼트 단위로 나누어 전송하고 오류 제어 및 흐름 제어를 제공하는 프로토콜은?

21년 3회, 16년 1회, 12년 3회

① TCP
② UDP
③ ICMP
④ SMTP

|정답| ①

족집게 과외

1. 전송계층의 프로토콜

❶ TCP(Transmission Control Protocol, 전송제어 프로토콜)

▶ 연결 지향적 신뢰성 있는 프로토콜로 데이터의 전송 순서와 오류를 복구한다.

▶ 연결 지향적(Connection Oriented) 통신은 데이터를 전송하기 전에 먼저 연결을 설정하고, 데이터를 전송한 후 연결을 해제하는 방식이다.

▶ 웹 브라우징, 이메일, 파일 전송 등과 같은 애플리케이션에서 사용한다.

〈TCP 통신 과정〉

㉠ 연결 설정(3-Way Handshake, 3번의 악수)
  • 클라이언트(Client)가 서버(Server)에 연결을 요청하기 위해 SYN(Synchronize, 싱크로나이즈) 패킷을 전송
  • 서버는 SYN을 수신하고 클라이언트에게 연결을 수락하는 SYN+ACK(응답) 패킷 회신
  • 클라이언트는 서버의 SYN+ACK에 대한 확인 ACK를 서버에게 전송
  예 연결해도 될까요? → 네~ 연결하세요 → 알겠습니다!

㉡ 데이터 전송 : 여러 개의 TCP 세그먼트(Segment, 전송 가능한 작은 데이터 조각)로 나누어 전송한다.

㉢ 에러 처리와 재전송 : 데이터가 손실되거나 손상되면 서버는 재전송을 요청한다.

㉣ 연결 종료(4-Way Handshake)
  • 종료를 위해 클라이언트는 FIN(종료 요청) 패킷 전송
  • 서버는 FIN을 수신하고 종료에 동의하기 위해 ACK 회신을 보내고, 더 이상 보낼 데이터가 없다는 의미의 FIN 전송
  • 클라이언트는 서버의 FIN을 수신하고 종료를 확인하기 위해 ACK를 회신
  • 서버는 클라이언트의 ACK를 수신한 뒤 연결 종료

❷ UDP(User Datagram Protocol, 사용자 데이터그램 프로토콜)

▶ 비연결 지향적 비신뢰성 프로토콜로 속도가 빠르고 간결하다.

▶ 비연결 지향적(Connectionless Oriented) 통신은 연결을 유지하지 않고 각각의 요청을 독립적으로 처리하는 방식으로 데이터그램의 순서가 변경될 수 있다.

▶ 멀티미디어, 온라인 게임에서 사용한다.

❸ SCTP(Stream Control Transmission Protocol, 스트림 제어 전송 프로토콜)

▶ TCP의 신뢰성과 UDP의 효율성을 조합하여 데이터의 신뢰성과 효율성이 개선된 프로토콜이다.

▶ 텔레콤, VoIP(음성 통화) 프로그램에서 사용한다.

❹ DCCP(Datagram Congestion Control Protocol, 데이
터그램 혼잡 제어 프로토콜)

▶ UDP와 유사하지만 통신 혼잡을 관리한다.

▶ 멀티미디어 스트리밍에서 사용한다.

❺ RTP(Real-time Transport Protocol, 실시간 전송 프
로토콜)

▶ 실시간 멀티미디어 데이터의 신뢰성 있는 전송을
위해 설계되었으며 네트워크계층의 IP(Internet
Protocol)와 함께 사용한다.

▶ 오디오 및 비디오와 같은 실시간 데이터 전송과 동
기화를 지원한다.

❻ RMP(Reliable Multicast Protocol, 신뢰성 멀티캐스트
전송 프로토콜)

▶ 멀티캐스트 그룹 내의 다중 수신자가 동일한 데이
터를 안정적으로 수신할 수 있도록 신뢰성 있는 전
송을 한다.

▶ 그룹 내의 모든 수신자가 동일한 데이터를 동일한
순서로 수신할 수 있도록 논리적인 링 형태의 제어
구조를 사용한다.

더 알아보기

논리적인 링 형태의 제어구조(while Loop, 와일 루프)
조건이 참인 동안 코드를 반복 실행하며, 조건이 거짓
이 되면 반복을 중단하는 제어구조이다.

❼ SSL(Secure Socket Layer, 보안 소켓 계층, 포트번호
443)

미국의 넷스케이프(Netscape)사에서 개발한 보안 프
로토콜로 응용계층의 HTTPS와 함께 사용한다.

01 인터넷을 통해 데이터를 전송할 때 데이터를 패킷 단위로 나누어 전송하고 오류제어 및 흐름제어를 제공하는 프로토콜은? 11년 3회, 06년 3회

① POP
② TCP
③ ICMP
④ SMTP

02 신뢰성 있는 통신을 위해 최초 접속 시 3-Way Handshake를 수행하여 syn, syn+ack, ack 신호를 통한 정확성 있는 통신에 이용되는 프로토콜은? 19년 1·3회, 17년 3회, 16년 2회, 14년 1회

① UDP
② TCP
③ IP
④ HTTP

03 비연결 지향 전송계층 프로토콜은? 19년 1회, 15년 1회

① UDP
② TCP
③ ICMP
④ SMTP

04 UDP 프로토콜에 대한 설명으로 틀린 것은? 21년 1회

① 신뢰성 있는 데이터 전송 보장
② 비연결형 데이터 전달 서비스 제공
③ UDP 데이터그램의 순서가 변경될 수 있음
④ 오류제어와 흐름제어를 하지 않음

05 OSI 7계층 중 전송계층에서 사용하는 프로토콜은? 17년 2회

① FTP
② SMTP
③ HTTP
④ UDP

06 TCP/IP의 전송계층에서 비연결 지향 파일 전송으로 신뢰할 수 없는 통신서비스를 제공하는 프로토콜은? 20년 1·2회

① ATP
② TCP
③ UDP
④ HTTP

07 IP 멀티캐스트와 같은 비신뢰성 데이터그램 서비스를 기반으로 논리적 링의 형태로 제어구조를 만들어 패킷의 도착 순서를 그룹 전체에 일치시킬 수 있도록 해주고 전송 신뢰성을 제공해주는 프로토콜은? 　　　21년 1회

① VTSP
② RMP
③ CRTP
④ MCP

해설
RMP(Reliable Multicast Protocol, 신뢰성 멀티캐스트 전송 프로토콜)는 신뢰성 있는 멀티캐스트 통신을 제공하는 프로토콜로 멀티캐스트와 같은 비신뢰성 데이터그램 서비스를 기반으로 하지만 이를 향상시켜 전송 신뢰성을 제공한다.

08 포트번호가 443이며, 넷스케이프사에서 개발한 보안 프로토콜은? 　　　18년 1회, 14년 2회

① IPsec(Internet Protocol Security)
② SSL(Secure Socket Layer)
③ RDP(Remote Desktop Protocol)
④ L2TP(Layer 2 Tunneling Protocol)

09 40비트와 128비트의 키를 가진 암호화 통신을 할 수 있게 해주는 SSL(Secure Socket Layer)의 서비스 포트번호는? 　　　17년 1회, 13년 1회

① 443
② 80
③ 25
④ 3389

해설
② 80 : HTTP(Hypertext Transfer Protocol) 웹 브라우징 프로토콜
③ 25 : SMTP(Simple Mail Transfer Protocol) 이메일 전송 프로토콜
④ 3389 : RDP(Remote Desktop Protocol) 원격 데스크톱 연결 프로토콜

10 TCP/IP 통신에서 HTTPS에 사용되는 프로토콜은? 　　　17년 1회

① IPsec
② SSL
③ L2TP
④ PPTP

해설
HTTPS → HTTP + SSL

OSI 7계층 중 경로설정(Routing) 기능을 담당하는 계층은?   22년 1회

① Physical Layer
② Session Layer
③ Network Layer
④ Transport Layer

| 정답 | ③

한 줄 요약

OSI 모델의 네트워크계층(Network Layer)은 데이터가 올바른 경로를 선택할 수 있도록 경로설정(Routing, 라우팅)을 담당하는 계층이다.

족집게 과외

1. 네트워크계층의 프로토콜

❶ IP(Internet Protocol, 인터넷 프로토콜)

▶ 인터넷에서 컴퓨터, 서버, 네트워크 장치 등을 식별하고 위치를 결정하는 주소 체계로 데이터가 어디로 전송되어야 하는지를 결정한다.

▶ 주요 IP 버전으로 IPv4와 IPv6가 있다.

〈IP 주소 할당 방식〉

㉠ 정적 IP 주소 할당(Static IP Address Allocation)
  • 네트워크 관리자에 의해 IP 주소를 수동으로 할당한다.
  • 각 장치에 고정된 IP 주소를 할당한다.
  • 네트워크 구성이 안정적이고 예측 가능한 경우에 사용되며 주로 서버, 공유 프린터, 네트워크 장비 등에 적용한다.

㉡ 동적 IP 주소 할당(Dynamic IP Address Allocation)
  • DHCP 서버를 통해 IP 주소를 자동으로 할당한다.
  • 장치가 네트워크에 연결될 때 자동으로 IP 주소를 할당하고 장치가 네트워크를 떠나면 반환된다.
  • 네트워크 관리를 단순화하고 IP 주소를 효율적으로 관리하기 위한 방식으로 일반적인 컴퓨터 및 네트워크 장치에 사용한다.

더 알아보기

DHCP(Dynamic Host Configuration Protocol, 동적 호스트 설정 통신 규약)
IP 주소 할당을 자동화하기 위한 도구로 네트워크 내에 할당된 IP 주소를 관리하고, 동일한 네트워크에 연결된 노드(Network Node, 네트워크 장치, 네트워크 지점)들에게 새로운 IP 주소를 할당하거나 회수하는 역할을 한다.

❷ ICMP(Internet Control Message Protocol, 인터넷 제어 메시지 프로토콜)

▶ IP 프로토콜의 약점을 보완하기 위해 설계되었다.

▶ 오류 및 제어 메시지를 전송하는 데 사용되는 프로토콜로 네트워크의 상태 및 연결성을 검사하는 데 사용한다.

〈ICMP의 특징〉

㉠ ICMP 메시지는 고정 크기의 8Byte 헤더와 메시지 유형에 따라 가변 길이의 데이터 영역으로 분리된다.

㉡ ICMP 메시지는 IP 데이터그램의 일부로 포함되며, 하위 계층으로 가기 전에 IP 프로토콜 데이터그램 내에서 캡슐화된다.

㉢ Traceroute(트레이라우트) 또는 Tracert(트레서트)와 같은 경로추적 도구는 ICMP를 사용하여 라우터 경로를 추적한다.

❸ ARP(Address Resolution Protocol, 주소 결정 프로토콜)

▶ IP 주소를 물리적 MAC 주소로 변환하는 데 사용한다.

▶ RARP(Reverse ARP) 서버는 네트워크 장치가 자신의 MAC 주소를 사용하여 IP 주소를 얻을 수 있도록 돕는 서버로 이더넷과 같은 로컬 네트워크 환경에서 사용한다.

❹ IPsec(Internet Protocol Security, IP 보안 프로토콜)

네트워크 통신의 보안을 위해 사용한다.

〈IPsec의 주요 기능〉

㉠ 기밀성 보장(Confidentiality)

데이터를 암호화하여 외부에서 데이터를 읽을 수 없도록 보호한다.

㉡ 무결성(Integrity)

• 데이터가 전송 중에 변경되거나 조작되지 않도록 보장한다.

• 데이터의 무결성을 위해 HMAC(Hash-based Message Authentication Code, 해시 기반 메시지 인증 코드) 등의 기술을 사용한다.

㉢ 인증(Authentication)

데이터를 주고받는 컴퓨터 간의 신뢰성을 확인하는 과정으로 중간자 공격과 같은 위협을 방지한다.

㉣ 접근 제어(Access Control)

암호화된 통신 채널을 설정하여 특정 데이터에 접근할 수 있는 사용자를 제어한다.

〈IPsec의 주요 구성 요소〉

㉠ AH(Authentication Header, 인증 헤더)

패킷이 변경되지 않았고 패킷의 송신자임을 확인할 수 있는 패킷의 무결성과 인증을 제공한다.

㉡ ESP(Encapsulating Security Payload, 보안 페이로드 캡슐화)

데이터의 기밀성과 무결성을 제공하는 프로토콜로 데이터를 암호화하여 안전하게 전송하고 무결성을 확인하여 데이터가 변경되지 않았음을 보장한다.

㉢ IKE(Internet Key Exchange, 인터넷 키 교환)

IPsec 터널(Tunnel, 암호화된 통신 경로)을 설정하고 관리하기 위한 프로토콜이다.

㉣ SA(Security Association, 보안 연관) : 암호화 및 인증 알고리즘, 키, 수명 등 IPsec 연결의 매개변수를 정의한다.

❺ RIP(Routing Information Protocol, 라우팅 정보 프로토콜)

소규모 네트워크에서 사용되며 라우터들 간의 거리 (Metric, 메트릭) 정보를 교환하여 최적의 경로를 결정한다.

❻ OSPF(Open Shortest Path First, 최단 경로 우선 프로토콜)

대규모 네트워크에서 사용되며 라우터들 간의 연결 (Link, 링크) 상태 정보를 교환하여 최적의 경로를 결정한다.

❼ BGP(Border Gateway Protocol, 경계 경로 프로토콜)

인터넷의 경계 라우터(Border Router) 간의 라우팅을 관리한다.

01 OSI 7계층에서 데이터가 올바른 경로를 선택할 수 있도록 지원하는 계층은? 14년 3회

① 응용계층
② 표현계층
③ 세션계층
④ 네트워크계층

02 다음은 무엇에 대한 설명인가? 21년 3회

> 서버가 네트워크 내 부여되어진 IP 주소를 관리하고 동일한 네트워크에 참여한 노드들에게 새로운 IP 주소를 부여하거나 회수하는 등의 일을 수행하는 서비스이다.

① POP
② DHCP
③ S/MIME
④ SMTP

03 인터넷 제어 메시지 프로토콜(ICMP)에 대한 설명으로 틀린 것은? 20년 1 · 2회

① IP 프로토콜의 약점을 보완하기 위해 설계
② 응용계층 프로토콜
③ ICMP 메시지 형식은 8바이트의 헤더와 가변 길이의 데이터 영역으로 분리
④ ICMP 메시지는 하위 계층으로 가기 전에 IP 프로토콜 데이터그램 내에 캡슐화

04 네트워크를 통한 데이터 전송 시 데이터의 전송 경로를 파악하기 위해 사용하는 유닉스계열 운영체제의 Traceroute, Windows 운영체제의 Tracert 등은 공통적으로 어느 프로토콜을 기반하여 동작하는가? 17년 3회

① HTTP
② ICMP
③ IMAP
④ X25

05 IP 논리 주소를 MAC 물리 주소로 변환시켜주는 프로토콜은? 20년 1 · 2회, 19년 3회, 15년 1회, 11년 1회

① FTP
② ARP
③ SMTP
④ UDP

06 물리적인 주소(MAC)를 IP 주소로 변환하는 서비스를 제공하는 서버는? 07년 3회

① DHCP Server
② DNS Server
③ ARP Server
④ RARP Server

07 IPSec에서 제공되는 기능으로 거리가 먼 것은?

16년 1회, 12년 3회

① 기밀성 보장
② 인 증
③ 접속 제어
④ 오류보고

08 IPSec(Internet Protocol Security)에서 기밀성 서비스를 기반으로 선택적인 무결성 서비스를 제공하는 프로토콜은?

20년 3회, 13년 1회

① AH(Authentication Header)
② PAA(Policy Approval Authorities)
③ ESP(Encapsulating Security Payload)
④ IKE(Internet Key Exchange)

해설
① AH(인증 헤더)는 IPsec의 구성 요소로 패킷의 무결성을 인증한다.
② PAA(Policy Approval Authorities)는 공인인증서에 대한 정책을 결정하는 기관으로 대한민국의 PAA는 과학기술정보통신부이다.
④ IKE(인터넷 키 교환)는 IPsec의 구성 요소로 IPsec의 통신 경로를 설정하고 관리한다.

09 TCP/IP 프로토콜에서 네트워크 계층 프로토콜이 아닌 것은?

19년 3회, 13년 3회

① IP
② ICMP
③ DNS
④ ARP

10 다음 프로토콜들 중 그 성격이 다른 하나는?

06년 3회

① BGP(Border Gateway Protocol)
② OSPE(Open Shortest Path First)
③ RIP(Routing Information Protocol)
④ DHCP(Dynamic Host Configuration Protocol)

OSI-7계층에서 인접한 두 노드를 이어주는 전송링크상에서 패킷을 안전하게 전송하는 것을 목적으로 하는 계층은?

21년 1회

① 응용계층
② 프레젠테이션계층
③ 데이터링크계층
④ 물리계층

| 정답 | ③

족집게 과외

1. 데이터링크계층의 주요 기능

OSI 모델의 데이터링크계층(Data Link Layer)은 인접한 두 노드 간의 데이터 전송을 관리하고 효율적인 통신 제어를 담당하는 계층이다.

❶ 프레임 구성
- ▶ 상위 계층으로부터 전달받은 데이터를 프레임(Frame)으로 분할하여 물리적인 매체(케이블, 무선링크 등)를 통해 전송한다.
- ▶ 프레임은 주소 정보, 제어 정보, 데이터, 오류 검출을 위한 검사 비트(CRC)로 구성된다.
- ▶ CRC(Cyclic Redundancy Check, 순환 중복검사)는 데이터링크계층에서의 오류 검사를 수행한다.

❷ 오류제어(Error Control)
데이터의 무결성을 보장하기 위해 오류가 발생하면 해당 프레임을 재전송하거나 수정한다.

❸ 흐름제어(Flow Control)
송신 측과 수신 측 사이의 데이터 전송 속도를 조절하여 네트워크 혼잡을 방지하고 데이터 손실을 최소화한다.

❹ 주소 지정 및 패킷 전달
네트워크 내에서 각 장치에 고유한 MAC 주소(Media Access Control, 물리적 주소)를 할당하고 라우팅을 통해 데이터를 목적지로 전송한다.

❺ 충돌 감지 및 처리(Collision Detection and Handling)
충돌이 발생하는 경우 충돌을 감지하고 충돌된 프레임을 재전송하거나 다른 방식으로 처리한다.

〈데이터링크계층의 주요 프로토콜〉
- ㉠ 이더넷(Ethernet) : 가장 널리 사용되는 데이터링크계층 프로토콜 중 하나로, 유선 네트워크에서 사용한다.
- ㉡ 와이파이(Wi-Fi) : 무선 네트워크에서 사용하며 IEEE 802.11 표준을 기반으로 한다.
- ㉢ PPP(Point-to-Point Protocol, 점대점 프로토콜) : 인터넷 연결 설정을 위해 사용한다.
- ㉣ 프레임 릴레이(Frame Relay, 프레임 중계) : 원격 네트워크 간의 연결을 지원하는 통신 프로토콜이다.
- ㉤ HDLC(High-Level Data Link Control) : 네트워크 장비 간의 통신을 위해 사용하며 PPP와 프레임 릴레이 등 다른 프로토콜들의 기반이다.

2. 물리계층의 특징

OSI 모델의 물리계층(Physical Layer)은 하드웨어 및 전기적 신호를 다루는 계층으로 데이터를 전자기적 신호나 광신호로 변환하여 네트워크 노드 사이의 물리적 매체를 통해 전달한다.

❶ 하드웨어 관리
실제 데이터 전송에 관련된 물리적인 하드웨어 요소들을 다룬다.

❷ 신호 변환

데이터를 디지털 또는 아날로그 신호로 변환하여 물
리적인 전송을 가능하게 한다.

❸ 물리적 전송 매체

데이터를 논리적으로 나타내는 것이 아니라 구리 케
이블, 광섬유 케이블, 무선링크 등의 매체를 통해 물
리적으로 전달한다.

❹ 비트 전송

비트(Bit) 단위의 데이터를 전송한다.

❺ 신호 강도 및 속도

신호의 강도, 주파수, 전력, 속도 등을 조절하여 안정
적으로 데이터를 전송한다.

01 데이터링크계층에서 수행하는 기능이 아닌 것은?

17년 3회

① 프레임 구성
② 오류제어
③ 흐름제어
④ 연결제어

02 OSI 7계층에서 이더넷과 PPP를 지원하는 계층은?

17년 1회

① 표현계층
② 응용계층
③ 세션계층
④ 데이터링크계층

03 OSI(Open Systems Interconnection, 개방형 시스템 간 상호접속) 7 Layer의 1계층에서 수행하는 역할로 옳은 것은?

13년 1회

① 회선제어, 동기제어, 착오제어와 같은 전송제어 수행
② 상위계층에서 Virtual Circuit 또는 Datagram 서비스 제공
③ 실제의 물리적인 전송 매체를 통해 비트스트림을 전송
④ 두 개의 응용 프로세스 사이의 대화 기능을 담당하는 기능을 제공

해설
① 전송제어를 수행하는 계층은 데이터링크계층이다.
② Virtual Circuit(가상회선)과 Datagram(데이터그램) 서비스를 제공하는 계층은 전송계층이다.
④ 두 개의 응용 프로세스 사이의 대화를 담당하는 기능은 전송계층의 연결제어 기능이다.

04 "OSI 모델의 각 계층 중 물리계층은 (   )단위의 정보를 노드 사이의 물리적 매체를 통하여 전자기적 신호나 광신호로 전달하는 역할을 한다." (   ) 안에 들어갈 적당한 단어는?

07년 3회, 06년 3회, 06년 1회

① 비 트
② 프로그램
③ 프레임
④ 패 킷

05 (   ) 안에 들어갈 적절한 단어는?

08년 3회, 04년 3회

> OSI 7 Layer 중 물리계층은 물리적인 매체를 통한 (   )를(을) 전송하는 데 필요한 기능을 제공한다.

① 프로토콜
② 프로그램
③ 비 트
④ 대화제어

기출유형 01 ▶ 인터넷 보안

다음 중 정보보안의 기본 목표가 아닌 것은?   19년 1회, 15년 2회

① 가용성

② 통합성

③ 기밀성

④ 무결성

|정답|②

족집게 과외

1. CIA 삼각형

CIA 삼각형(CIA Triangle)은 정보보안에 대한 3가지 원칙이다.

❶ 기밀성(Confidentiality, 비밀성)

▶ 무단 접근 방지

▶ 데이터를 암호화하여 권한이 없는 사용자나 시스템에게 노출되는 것을 방지한다.

❷ 무결성(Integrity)

▶ 무단 변경으로부터 보호

▶ 데이터가 손상되거나 변조되는 것을 방지하여 정보가 정확하고 수정되지 않은 상태로 유지되도록 한다.

❸ 가용성(Availability)

▶ 필요할 때 언제나 사용할 수 있도록 보호

▶ 정보 시스템은 적절한 방법으로 항상 사용 가능하고 중단되지 않도록 정보 서비스를 제공해야 한다.

2. 인터넷 보안 프로토콜

❶ S-HTTP(Secure HyperText Transfer Protocol)

서버와 클라이언트 간의 통신을 암호화하고 보안을 강화하기 위한 데이터 통신보안 프로토콜로 현재는 HTTPS로 대체되어 사용하지 않는다.

❷ SET(Secure Electronic Transaction, 안전한 전자 거래)

▶ RSA 암호화 기술 기반 전자상거래 지불(Payment) 프로토콜로 온라인 신용카드 거래에서 사용했었다.

▶ 현재는 SSL/TLS(Secure Sockets Layer/Transport Layer Security), HTTPS 등으로 대체되어 사용하지 않는다.

❸ SSL/TLS(Secure Sockets Layer/Transport Layer Security, 보안소켓계층/전송계층보안)

데이터 통신을 암호화하고 인증하기 위한 프로토콜로 웹 브라우징과 전자메일에서 사용한다.

❹ SSH(Secure Shell)

▶ SSH는 원격 접속 프로토콜로 인증과 데이터 암호화를 제공한다.

▶ 리눅스와 유닉스 기반 시스템에서 원격 관리 및 파일 전송에 사용한다.

❺ VPN(Virtual Private Network, 가상사설망)

공개 네트워크를 통해 안전한 연결을 만들어 주는 기술로 다양한 프로토콜과 암호화 기술을 사용한다.

❻ WEP(Wired Equivalent Privacy, 유선급 보호)

▶ IEEE 802.11b 표준에 정의된 무선 랜(Wireless Local Area Network, WLAN) 보안 프로토콜이다.

▶ 무선 단말기과 액세스 포인트가 통신할 때 사용하는 암호키로 동일한 WEP 키를 공유한다.

▶ 보안 취약점이 많고 보안 수준이 매우 낮아 현재는 사용하지 않는다.

❼ WPA(Wi-Fi Protected Access)

WEP의 보안 문제를 개선한 프로토콜로 WPA2와 WPA3로 업그레이드되었다.

❽ WPA2(Wi-Fi Protected Access 2)

현재까지 널리 사용하는 무선 네트워크 보안 프로토콜로 강력한 암호화 및 보안 기능을 제공한다.

❾ WPA3(Wi-Fi Protected Access 3)

WPA2의 보안 취약점을 보완하고 개선한 최신 버전 무선 랜 보안 프로토콜이다.

❿ 802.1X(Extensible Authentication Protocol)

사용자가 무선 또는 유선 네트워크에 연결할 때 사용하는 표준 인증 프로토콜이다.

01 다음 중 보안의 3대 요소에 해당하지 않는 것은?

21년 1회

① 기밀성
② 무결성
③ 가용성
④ 휘발성

02 정보 보호를 통해 달성하려고 하는 목표로 거리가 먼 것은?

20년 1 · 2회, 11년 3회

① 비밀성
② 무결성
③ 책임성
④ 가용성

03 "정보 시스템은 적절한 방법으로 주어진 사용자에게 정보 서비스를 제공해야 한다."는 정보의 속성 중 무엇을 정의한 것인가?

10년 1회

① 무결성
② 비밀성
③ 가용성
④ 부인방지

04 웹 보안 프로토콜 중 RSA 암호화 기술을 기반으로 전송되는 정보를 보호하여 인터넷에서 안전하게 상거래를 할 수 있도록 지원해주는 지불(Payment) 프로토콜은?

17년 3회

① SET
② FTP
③ SEA
④ RS530

05 WEP(Wired Equivalent Privacy) 보안에 대한 설명이 아닌 것은?

20년 3회, 15년 2회

① IEEE 802.11b 표준에 정의된 WLAN에 대한 보안 프로토콜이다.
② 무선 단말과 액세스 포인트가 동일한 WEP 키를 공유한다.
③ 사용자 인증과 부인방지를 지원한다.
④ 24비트 초기화 벡터를 이용하여 키 스트림을 반복해서 생성한다.

해설

초기화 벡터(Initialization Vector, IV)는 데이터 블록을 암호화할 때 사용하는 암호화 요소로, 동일한 키로 여러 블록을 암호화할 때 키 스트림(Key Stream)을 반복 생성하기 위해 사용한다.

06 인터넷 보안 프로토콜과 가장 관련이 적은 것은?

07년 3회

① S-HTTP(Secure HyperText Transfer Protocol)
② SSL(Secure Sockets Layer)
③ SGML(Standard Generalized Markup Language)
④ S/MIME(Security Services for Multipurpose Internet Mail Extension)

해설

③ SGML은 문서를 구조화하고 표시하는 데 사용되는 마크업 언어이다.
④ S/MIME는 다목적 인터넷 전자우편 보안 프로토콜이다.

정보보호를 위한 암호화에 대한 설명으로 거리가 먼 것은? 19년 1회, 15년 1회, 08년 3회

① 평문 – 암호화되기 전의 원본 메시지
② 암호문 – 암호화가 적용된 메시지
③ 키(Key) – 적절한 암호화를 위하여 사용하는 값
④ 복호화 – 평문을 암호문으로 바꾸는 작업

|정답| ④

한 줄 요약

암호화(Encryption, 인크립션)는 정보나 데이터를 해독하기 어렵게 만드는 과정이다.

족집게 과외

1. 암호화 관련 용어

❶ **평문(Plain Text)** : 암호화되기 전의 원본 메시지

❷ **암호문** : 암호화가 적용된 메시지

❸ **키(Key)** : 적절한 암호화를 위하여 사용하는 값

❹ **공개키(Public Key)** : 비대칭 암호화에서 사용되는 다른 사용자에게 공개되는 키

❺ **개인키(Private Key)** : 비대칭 암호화에서 사용되는 비밀로 보호되는 키

❻ **암호화 키 교환(Key Exchange)** : 암호화된 통신에서 안전한 키 교환

❼ **암호화 알고리즘(Encryption Algorithm)** : 평문을 암호문으로 변환하는 수학적 절차

❽ **복호화(Decryption, 디크립션)** : 암호문을 평문으로 다시 변환

❾ **대칭 암호화(Symmetric Encryption)** : 같은 키를 암호화와 복호화에 모두 사용하는 암호화 방식

❿ **비대칭 암호화(Asymmetric Encryption)** : 공개키로 암호화하면 개인키로 복호화하고, 개인키로 암호화하면 공개키로 복호화하는 암호화 방식

2. 암호화 시스템의 핵심 요소

❶ **키(Key)**
암호화와 복호화를 수행하는 요소로, 키가 없으면 암호문을 해독할 수 없다.

❷ **키의 길이(Length)**
보안 수준을 결정하는 요소로 길이가 짧으면 취약성이 높고 길이가 길면 더 강력한 보안을 제공한다.

❸ **키 교환과 관리**
키의 안전한 생성, 저장, 교환, 관리는 암호화 시스템의 보안을 유지하기 위한 중요한 요소이다.

❹ **알고리즘(Algorithm)**
암호화 알고리즘의 선택은 시스템의 보안과 성능에 영향을 미친다.

❺ **초기화 벡터(Initialization Vector, IV)**
▶ 데이터 블록을 암호화할 때 사용하는 요소이다.
▶ 동일한 키로 여러 블록을 암호화할 때 암호문의 예측 불가능성을 높이는 역할을 한다.
▶ 키 스트림(Key Stream)을 생성하기 위해 사용한다.

3. 암호화 방식의 분류

❶ 단방향 암호화(One-Way Encryption, Hashing)

▶ Hash(해시) 함수를 이용하여 암호화한다.

▶ 평문을 암호문으로 암호화하는 것은 가능하지만, 암호문을 평문으로 복호화하는 것은 불가능하다.

〈해시 함수(Hash Function)〉

• 고정된 출력 길이
  - 임의 길이의 메시지를 일정 길이의 이진수로 출력한다.
  - 입력 데이터가 같다면 항상 동일한 해시 출력을 생성한다.

• 무결성
  - 메시지의 오류나 변조를 탐지할 수 있는 무결성을 제공한다.
  - 메시지의 정확성을 중시하는 보안 업무와 사용자 인증을 사용하는 전자서명에 사용한다.

더 알아보기

해시 함수의 비트 크기

길 이	해시 함수	길 이	해시 함수
32Bit	CRC32	160Bit	SHA-1, HAS-160
64Bit	MurmurHash64, CityHash	256Bit	SHA-256
128Bit	MD5	512Bit	SHA-512

❷ 양방향 암호화(Two-Way Encryption. Symmetric Encryption)

㉠ 대칭키 암호화[Symmetric Key Encryption, 비밀키 암호화(Secret Key Encryption)]

동일한 대칭키(비밀키)로 암호화와 복호화에 모두 사용하는 암호화 방식이다.

• 키분배 알고리즘(Key Distribution Algorithm)
  암호화 키를 안전하게 공유하고 관리하기 위한 암호화 방식이다.

• 블록 암호 알고리즘(Block Cipher Algorithm)
  평문을 일정한 크기의 블록 단위로 나누어 변환하는 암호화 방식이다.

• 스트림 암호 알고리즘(Stream Cipher Algorithm)
  암호학(Cryptography, 크립토그래피)에서 사용하는 알고리즘으로 키 스트림(Key Stream)을 생성하는 암호화 방식이다.

㉡ 비대칭키 암호화[Asymmetric Encryption, 공개키 암호화(Public Key Encryption)]

공개키로 암호화하면 개인키로 복호화하고, 개인키로 암호화하면 공개키로 복호화하는 암호화 방식이다.

01 암호화 시스템의 핵심 요소로 거리가 먼 것은?

20년 1 · 2회, 14년 2회

① 키
② 횟 수
③ 알고리즘
④ 키의 길이

02 데이터의 무결성을 검증하는 보안 알고리즘은?

20년 3회, 15년 3회

① Hash Function
② UH
③ SXL
④ MEM

03 해시(Hash) 함수에 대한 설명으로 틀린 것은?

17년 1회, 14년 3회

① 임의 길이의 메시지를 일정길이(120비트, 160비트 등)로 출력하는 함수이다.
② 함수가 양방향인 경우를 메시지 다이제스트라고 한다.
③ 메시지의 정확성이나 무결성을 중시하는 보안 업무에 사용한다.
④ 메시지의 무결성이나 사용자 인증을 사용하는 전자서명에 유효하다.

04 인터넷 전자서명에서 사용되는 해시(Hash) 함수에 대한 설명으로 틀린 것은?

18년 3회

① 해시 함수는 키를 사용하지 않으므로 같은 입력에 대해서는 동일한 출력이 나온다.
② HAS-160는 국내에서 개발한 대표적인 해시 함수다.
③ 메시지의 오류나 변조를 탐지할 수 있는 무결성을 제공한다.
④ 해시 함수는 양방향성을 갖는다.

> **해설**
> ④ 해시 함수는 단방향성을 갖는다.

05 다음 암호화 기술 중 평문의 크기가 블록 단위로 고정된 후 암호화되는 대칭키 암호 알고리즘은 어느 것인가?

09년 3회

① 블록 암호 알고리즘
② 스트림 암호 알고리즘
③ 공개키 암호 알고리즘
④ 해시 암호 알고리즘

대칭키 암호방식에 근거한 키분배 알고리즘은? 19년 1회, 14년 1회

① PKI
② RSA
③ Kerberos
④ DSS

해설

대칭 암호화(비밀키 암호화)	키분배 알고리즘	Kerberos
	블록 암호화 알고리즘	DES, 3DES, IDEA, AES, SEED, Blowfish
비대칭 암호화(공개키 암호화)	RSA, DSA, ECC, DH, ElGamal	

| 정답 | ③

족집게 과외

1. 대칭키 암호화, 비밀키 암호화

❶ 키분배 알고리즘

네트워크 보안 프로토콜로 티켓(Ticket)을 기반으로
동작하는 대칭키 키분배 알고리즘이다.

〈Kerberos 작동방식〉

1. 사용자는 네트워크 접속을 위해 Kerberos 인증
   서버(Kerberos Authentication Server, AS)에게
   인증을 요청한다.
2. 인증 서버는 사용자의 신원을 확인한다.
3. 사용자 인증에 성공하면 인증티켓(Ticket
   Granting Ticket ; TGT)을 발급한다.
4. 서비스 티켓을 요청하기 위해 티켓발급 서버
   (Ticket Granting Server ; TGS)에게 인증티켓
   을 제출한다.
5. 티켓 발급 서버는 서비스 티켓을 발급하고 사용
   자는 서비스 티켓으로 네트워크에 접속한다.

❷ 블록 암호화 알고리즘

㉠ DES(Data Encryption Standard, 데이터 암호화
   표준)
   • 초기에 널리 사용했던 대칭키 블록 암호화 알고
     리즘으로 56Bit의 키 길이를 사용하며 64Bit 블
     록 단위로 암호화한다.
   • 보안 취약점이 많고 보안 수준이 매우 낮아 현재
     는 사용하지 않는다.
㉡ 3DES(Triple Data Encryption Standard, 삼중
   데이터 암호화 표준)
   DES의 보안을 향상시키기 위해 개발된 대칭키 블
   록 암호화 알고리즘으로 168Bit의 키 길이를 사용
   하며 DES를 세 번 반복하여 암호화한다.
㉢ IDEA(International Data Encryption
   Algorithm, 국제 데이터 암호화 알고리즘)
   DES와 유사한 방식의 대칭키 블록 암호화 알고리
   즘으로 블록 크기는 64Bit이며 키 길이는 128Bit
   이다.
㉣ AES(Advanced Encryption Standard, 고급 암
   호화 표준)
   • 레인달 알고리즘을 기반으로 개발된 대칭키 블
     록 암호화 알고리즘으로 128Bit, 192Bit,
     256Bit의 키 길이를 사용한다.

- 빠른 암호화 속도와 강력한 보안을 제공하여 현재 가장 널리 사용한다.
- 1997년 NIST(미국 국립표준기술연구소)에 의해 개발되어 ISO/IEC 18033-3 국제표준으로 제정되었다.

더 알아보기

레인달(Rijndael) 알고리즘
- 1998년에 벨기에의 암호학자인 요안 다먼(Joan Daemen)과 빈센트 레이먼(Vincent Rijmen)에 의해 개발되었다.
- 다양한 블록 크기와 128Bit, 192Bit, 256Bit의 키 길이를 사용한다.

ⓜ SEED(시드)
- 한국인터넷진흥원(KISA)에서 개발한 대칭키 블록 암호화 알고리즘으로 128Bit, 192Bit, 256Bit의 키 길이를 사용한다.
- TTA(Telecommunications Technology Association, 한국정보통신기술협회) 표준과 ISO/IEC 18033-3 국제표준으로 제정되었다.
- 금융 기관, 은행, 보험회사 등의 금융 거래 및 전자상거래의 개인 정보 보호를 위해 사용한다.

ⓗ Blowfish(블로피시)
1993년 미국의 암호학자 브루스 슈나이어(Bruce Schneier)가 개발한 대칭키 블록 암호화 알고리즘으로 32Bit에서 448Bit까지 다양한 키 길이를 사용한다.

2. 비대칭키 암호화, 공개키 암호화

❶ RSA(Rivest Shamir Adleman)
  ▶ 1978년에 MIT 공과 대학의 리베스트(Rivest), 새미어(Shamir), 에이델먼(Adelman) 3인이 공동 개발한 대표적인 비대칭키 암호화 알고리즘이다.
  ▶ 데이터의 기밀성 및 인증에 사용한다.

❷ DSA(Digital Signature Algorithm, 전자서명 알고리즘)
전자서명 생성과 검증에 사용되는 비대칭 암호화 알고리즘이다.

❸ ECC(Elliptic Curve Cryptography, 타원 곡선 암호화)
  ▶ 타원 곡선(Elliptic Curve, 평면상에 그려지는 수학적인 곡선) 이론을 기반으로 하는 비대칭 암호화 알고리즘이다.
  ▶ RSA보다 작은 키 길이로도 높은 효율성의 강력한 보안을 제공한다.
  ▶ 모바일 기기, IoT 등에서 사용한다.

❹ DH(Diffie-Hellman, 디피-헬만 알고리즘)
  ▶ 1976년 미국의 암호학자 휫필드 디피(Whitfield Diffie)와 마틴 헬만(Martin Hellman)이 개발한 비대칭키 암호화 알고리즘이다.
  ▶ 인터넷 환경에서 안전한 키 교환을 위해 사용한다.

01 커버로스에 대한 설명으로 옳은 것은? 16년 1회

① 공개키 암호 방식 사용
② 패스워드 추측 공격에 강함
③ 티켓 기반 보안 시스템
④ 시스템을 통해 패스워드는 평문 형태로 전송

02 다음에 해당하는 암호화 기법은? 21년 3회

- 1997년 NIST에 의해 제정
- 미 정부가 채택
- ISO/IEC 18033-3 표준
- 대칭키 알고리즘 방식
- 레인달(Rijndeal)에 기반한 암호화 방식

---

① AES
② RSA
③ MD-5
④ Diffie-Hellman

03 대칭키 암호 시스템 중 블록 암호 방식이 아닌 것은? 18년 2회, 15년 2회

① DES
② RSA
③ SEED
④ IDEA

04 입출력 처리 기본 단위가 128비트인 국내의 표준 대칭키 알고리즘으로 1999년 TTA(한국정보통신기술협회)에서 표준으로 제정한 블록 암호 알고리즘은? 21년 1회

① SEED
② HAS-160
③ KCDSA
④ DSS

05 국내 전자상거래 및 금융 등에서 전송되는 중요한 정보를 보호하기 위해 국내 기술로 개발한 블록 암호 알고리즘은? 19년 3회, 18년 2회

① DES
② RSA
③ SEED
④ RCA

06 대칭키 암호 시스템이 아닌 것은? 21년 1회

① DES
② RSA
③ SEED
④ IDEA

07 비밀키 암호기법이 아닌 것은?   17년 2회

① AES
② ESS
③ DES
④ Blowfish

08 공개키로 사용하는 알고리즘을 대표하는 것은?   20년 3회, 13년 3회

① DES
② AES
③ RC5
④ RSA

09 데이터 암호를 위한 공개 Key 알고리즘에 속하는 것은?   18년 1회, 14년 3회

① DES
② SEED
③ RSA
④ RCA

10 다음 암호화 방식 중 비대칭 암호화 방식은?   19년 3회, 15년 3회, 12년 1회

① AES
② KIDEA
③ RSA
④ DES

컴퓨터 바이러스의 설명으로 틀린 것은?   15년 2회

① 복제(증식)기능, 은폐기능, 파괴기능과 같은 특징이 있다.
② 감염부위에 따라 부트 바이러스, 파일 바이러스, 부트/파일 바이러스 등으로 분류한다.
③ 매크로 바이러스는 감염대상이 실행파일이다.
④ 감염경로는 불법 복사, 인터넷 등이 있다.

|정답| ③

한 줄 요약

컴퓨터 바이러스(Viruses)는 컴퓨터 시스템에 해를 가하거나 데이터를 손상시킬 목적으로 만들어진 악의적인 프로그램이다.

족집게 과외

1. 컴퓨터 바이러스의 특징과 분류

❶ 컴퓨터 바이러스의 특징

㉠ 복제(증식)기능 : 자신을 복제하여 다른 파일이나 시스템에 감염시키는 능력이 있다.
㉡ 은폐기능 : 자신의 존재를 숨기기 위해 파일 이름 변경, 파일 크기를 조정, 암호화 등을 사용한다.
㉢ 파괴기능 : 감염된 시스템에서 데이터를 삭제, 파일 손상, 시스템 마비 등을 할 수 있다.

❷ 컴퓨터 바이러스의 분류

㉠ 부트 바이러스(Boot Virus)
• 컴퓨터의 부트 섹터(Boot Sector) 또는 마스터 부트 레코드(Master Boot Record, MBR)를 감염시키는 바이러스이다.
• 컴퓨터를 부팅할 때 실행되며, 시스템이 부팅할 때마다 활성화된다.
• 부팅 가능한 디스크, USB 드라이브 등을 통해 전파된다.
㉡ 파일 바이러스(File Virus)
• 실행 가능한 프로그램 파일을 감염시키는 바이러스이다.
• 해당 파일을 실행할 때 활성화된다.
• 다운로드한 파일, 프로그램 파일, 이메일 첨부 파일 등을 통해 전파된다.

㉢ 부트/파일 바이러스(Boot/File Virus)
• 부트 바이러스와 파일 바이러스의 특성을 모두 가지고 있는 바이러스이다.
• 시스템에 심각한 손상을 줄 수 있으며, 시스템의 제어권을 탈취하거나 중요 데이터를 손상시킨다.

❸ 바이러스의 주요 종류

㉠ 웜(Worms)
• 스스로 자신을 복제해서 인터넷 또는 네트워크를 통해 다른 컴퓨터로 퍼지는 악성 프로그램이다.
• 이메일 첨부 파일, USB 드라이브, 악의적인 웹사이트 등을 통해 전파된다.
㉡ 랜섬웨어(Ransomware)
• 인터넷을 통해 시스템을 잠그거나 사용자의 파일을 암호화하고 해독 키를 요구하는 형태의 악성 프로그램이다.
• 해독 키를 얻으려면 보통 금전을 요구하여 사용자를 압박한다.
㉢ 스파이웨어(Spyware)
사용자의 컴퓨터 활동을 추적하고 개인정보를 수집하는 악성 프로그램이다.

2. 컴퓨터 시스템 관리

❶ 신뢰할 수 있는 보안 소프트웨어 사용

　㉠ 안티바이러스 소프트웨어

　　신뢰할 수 있는 안티바이러스 소프트웨어를 설치하고 실시간 검사와 주기적 업데이트를 한다.

　㉡ 방화벽 사용

　　방화벽(FireWall, 파이어월)은 인터넷의 보안 문제로부터 특정 네트워크를 격리시키는 데 사용하는 시스템으로 네트워크 출입로를 단절시켜 악의적인 트래픽(Traffic)을 차단하고 네트워크 보안을 강화한다.

〈방화벽의 주요 기능〉

- 보안 강화(Increased Security) : 외부로부터의 불법적인 액세스와 공격을 방어하고 내부 네트워크 및 위협에 취약한 서비스에 대한 보호를 제공한다.
- 보안 로깅(Security Logging) : 네트워크 활동에 대한 로그를 생성하여 보안 사건을 추적하고 통계자료를 제공한다.
- 액세스 제어(Access Control) : 호스트 시스템(Host System, 네트워크에 연결된 컴퓨터)에 대한 액세스를 허용하거나 차단하여 네트워크 리소스를 제어한다.
- 응용계층(Application Layer, 애플리케이션 레이어) 필터링 : 응용계층에서 트래픽을 분석하며 악성 애플리케이션(Application, 응용프로그램)을 차단할 수 있다.
- VPN(Virtual Private Network, 가상 사설망) 지원 : VPN 연결을 지원하여 외부 사용자가 안전하게 네트워크에 연결할 수 있다.

❷ 강력한 암호 사용

컴퓨터에 접근하기 위해 복잡하고 긴 암호를 사용하여 보안을 강화한다.

❸ 2단계 인증(2FA, Two Factor Authentication)

온라인 계정의 보안을 강화하기 위해 두 단계 인증을 사용한다.

❹ 정기적인 소프트웨어 업데이트

운영 체제, 웹 브라우저, 보안 소프트웨어 등의 프로그램을 최신 상태로 유지한다.

❺ 백업(Back Up)

중요한 파일을 정기적으로 백업하여 데이터 손실을 방지한다.

01 악성코드(프로그램) 중 인터넷 또는 네트워크를 통해서 컴퓨터에서 컴퓨터로 전파되는 프로그램으로 다른 컴퓨터의 취약점을 이용하여 스스로 자신을 복제해서 전파되거나 메일로 전파되는 것은?

14년 3회

① 디도스
② 웜
③ 백도어
④ 트로이 목마

해설
①, ③, ④는 해킹기법이다.

02 인터넷 망을 통해 시스템을 잠그거나 데이터를 암호화하여 사용할 수 없도록 하고 이를 인질로 금전을 요구하는 악성 프로그램의 종류와 가장 거리가 먼 것은?

19년 3회

① 워너크라이(WannaCry)
② 어나니머스(Anonymous)
③ 록키(Locky)
④ 테슬라크립트(TeslaCrypt)

해설
① 워너크라이(WannaCry) : 2017년에 전 세계적으로 윈도우 시스템을 감염시킨 랜섬웨어로 윈도우를 암호화하여 데이터를 복구할 수 없게 만들었다.
③ 록키(Locky) : 2016년에 등장한 랜섬웨어로 전자메일을 통해 사용자의 컴퓨터로 전파되었다.
④ 테슬라크립트(TeslaCrypt) : 2015년부터 2016년까지 활발하게 사용된 랜섬웨어로 테슬라크립트의 제작자가 해제하는 방법을 제공하여 복구할 수 있게 되었다.

03 다음 중 바이러스나 해킹에 대비하여 컴퓨터 시스템을 관리하는 방법으로 거리가 가장 먼 것은?

08년 1회

① 윈도우즈 보안 패치를 주기적으로 실행한다.
② 최신 버전의 백신 프로그램으로 점검한다.
③ 알기 쉽거나 NULL 패스워드를 피한다.
④ 가능한 한 방화벽은 사용하지 말아야 한다.

해설
NULL(널)은 공백을 의미한다.

04 개인 PC 보안을 위한 방법으로 적합하지 않은 것은?

17년 2회, 13년 1회

① 개인 방화벽을 설정한다.
② 특수문자와 숫자를 포함한 8자 이상의 암호를 사용한다.
③ 보안 패치 관리를 위해 자동 업데이트를 설정한다.
④ Guest 계정을 활성화한다.

05 인터넷의 보안 문제로부터 특정 네트워크를 격리시키는 데 사용되는 시스템으로, 네트워크 출입로를 단절시키고 보안관리 범위를 정하여 제어를 효과적으로 할 수 있는 시스템은?

08년 1회

① SSL
② FireWall
③ Pop Server
④ Proxy Server

해설
① SSL : 보안 프로토콜
③ Pop Server : 전자메일 수신 서버
④ Proxy Server: Proxy(프록시)는 '대리'라는 의미로 컴퓨터 사용자와 서버 간의 중계역할을 하며 보안강화에 사용된다.

06 다음 중 방화벽의 장점에 대한 설명으로 가장 거리가 먼 것은?

10년 2회

① 보안 관리가 분산된다.
② 호스트 시스템에 대한 액세스를 제어한다.
③ 위협에 취약한 서비스에 대한 보호를 제공한다.
④ 네트워크 사용에 대한 로깅과 통계자료를 제공한다.

컴퓨터와 온라인의 보안 취약점을 연구해 해킹을 방어하거나 퇴치하는 민·관에서 활동하는 보안전문가는?

22년 1회, 15년 3회

① 화이트 해커
② 블랙 해커
③ 크래커
④ 그리드

| 정답 | ①

한 줄 요약

해킹(Hacking)은 컴퓨터 시스템, 네트워크, 소프트웨어 등에 무단으로 접근하여 정보를 훔치는 행위이다.

족집게 과외

1. 해킹 관련 용어

❶ 해 커

- ㉠ 화이트 해커(White Hat Hacker)

  컴퓨터와 온라인의 보안 취약점을 합법적으로 연구해 해킹을 방어하거나 퇴치하는 보안전문가이다.

- ㉡ 블랙 해커(Black Hat Hacker)

  부정한 목적을 가지고 시스템에 침입, 데이터 도용, 데이터 파괴 등을 하는 불법 해커이다.

- ㉢ 해커 레벨

  - Netbie(뉴비)

    해킹 경험이 없는 초보자이다.

  - Script Kiddie(스크립트 키디)

    해킹의 기본적인 지식을 가지고 있지만 다른 사람이 개발한 해킹 도구를 사용하여 공격을 시도한다.

  - Scripter(스크립터)

    스크립트를 직접 개발하여 공격을 실행한다.

  - Nemesis(네메시스)

    최고 레벨의 해커로 고급 기술과 광범위한 지식을 갖추었으며 네트워크 보안 침투 및 복잡한 공격에 능숙하다.

- ㉣ 해킹 그룹(Hacking Group)

  - Anonymous(어나니머스) : 익명의 해커 그룹으로 다양한 정부와 기업에 대한 공격으로 유명하다.

  - Lizard Squad(리자드 스쿼드, 도마뱀 팀) : DDoS 공격을 주로 수행하는 그룹으로 온라인 게임 서비스 및 기업을 타겟으로 한다.

  - DarkTequila(다크데킬라) : 금융기관을 대상으로 하는 해킹 공격으로 유명하다.

  - LulzSec(룰즈섹) : 2011년에 활동한 그룹으로 소니(Sony Pictures), 닌텐도(Nintendo), 미국 공영방송 PBS, 미국 연방수사국(FBI) 애틀랜타 지부 등을 해킹하고 데이터를 유출한 사건으로 유명하다.

❷ Foot Printing(풋 프린팅)

해킹 시도 대상의 관련 정보를 수집하는 사전작업이다.

❸ Cracking(크래킹)

- ㉠ 소프트웨어 크래킹

  무료로 소프트웨어를 사용하거나 불법으로 등록된 소프트웨어를 정식으로 사용하는 것이다.

- ㉡ 암호 크래킹(Cryptography Cracking, 암호 해독)

  보안 시스템의 취약성을 악용하여 암호화된 데이터를 해독하는 것이다.

❹ 피싱(Phishing)

▶ 피해자로 하여금 개인의 인증번호나 신용카드번호, 계좌 정보 등을 제공하도록 유도하는 사기 수법이다.

▶ 사기 수법 묘사를 위해 Fishing(낚시)과 비슷한 발음의 피싱이라고 이름 붙여졌다.

❺ 백도어(Backdoor)

시스템에 침입한 해커가 다시 침입을 쉽게 하기 위해 만들어 놓은 불법 출입 기능이다.

01 해커의 분류에 있어서 최고 단계의 해커로 스스로 새로운 취약점을 발견하고, 이에 대한 해킹 코드를 스스로 작성할 수 있는 해커 레벨은?

21년 1회, 15년 1회

① Netbie
② Kids
③ Nemesis
④ Scripter

02 해킹 시도 대상의 관련 정보를 수집하는 사전작업을 무엇이라 하는가?

22년 1회, 14년 2회

① Confusion
② Anomaly Detection
③ Access Control
④ Foot Printing

03 금융기관 등의 웹사이트에서 보내온 메일로 위장하여 개인의 인증번호나 신용카드번호, 계좌 정보 등을 빼내 이를 불법적으로 이용하는 사기 수법은?

13년 3회

① 피 싱
② 서비스 거부 공격
③ 스머핑
④ 트로이목마

04 "회원님의 신용카드와 계좌 정보에 문제가 발생하여 수정이 필요하다고 이메일 등을 통하여 속인 뒤, 금융기관을 모방한 웹사이트로 유인하여 개인정보를 빼냄"과 같은 보안 사고를 지칭하는 용어는?

10년 3회

① 피 싱
② 스니핑
③ 스파이웨어
④ 백도어

05 다음 용어 중 시스템에 침입한 해커가 다시 침입을 쉽게 하기 위해 만들어 놓은 불법 출입 기능을 무엇이라 하는가?

20년 1 · 2회, 08년 3회

① 방화벽
② 스파이웨어
③ 백도어
④ 크래킹

06 정보보안 분야에서 신뢰할 수 있는 사람으로 속여 다른 사람들로 하여금 자신의 목적을 위해 행동하도록 만드는 기술은?

10년 1회

① 사회공학
② 해 킹
③ 크래킹
④ 방화벽

해설

사회공학(Social Engineering)은 인간 심리 및 사회적 상호작용을 이용하여 정보를 획득하거나 특정 행동을 유도하는 기술로 사람들의 신뢰를 기반으로 엔지니어링 기술을 이용하여 사용자의 실수나 경솔한 행동을 유도한다. 대표적인 사회공학 공격으로는 피싱이 있다.

DNS 스푸핑을 이용하여 공격대상의 신용정보 및 금융정보를 획득하는 사회공학적 해킹 방법은?

21년 1회, 17년 3회, 14년 3회, 11년 3회

① 프레임 어택
② 디도스
③ 파 밍
④ 백도어

| 정답 | ③

족집게 과외

1. 공격 목적에 따른 분류

❶ 정보 유출

㉠ Trojan Attack(트로이목마 공격)
소프트웨어나 파일에 악성 코드를 숨기는 해킹 수법으로 전자메일이나 인터넷에서 다운받는 프로그램을 통해 전파된다.

㉡ Pharming(파밍)
DNS 스푸핑(Domain Name System Spoofing)을 이용하여 공격대상의 신용정보 및 금융정보를 획득하는 해킹 수법이다.

더 알아보기

파밍 과정
1. 합법적으로 소유하고 있는 도메인을 악의적인 목적으로 사용하려는 공격자가 탈취한다.
2. 이 공격자는 해당 도메인의 DNS 정보를 교묘하게 조작하거나 속임수를 사용하여 사용자들을 혼동시켜 실제 사이트로 오인하도록 유도한다.
3. 사용자들이 오인하여 악성 사이트에 접속하면 공격자는 그 사이트를 통해 사용자들의 개인정보를 훔친다.

❷ 서비스 거부

㉠ DoS(Denial of Service)
- 대량의 데이터를 한꺼번에 보내서 해당 서버가 마비되도록 하는 해킹 수법이다.
- 메시지 과잉, 서비스 과부하, 접속 방해 등의 공격 방법을 사용한다.

〈DoS 기법〉
- Smurf Attack(스머프 어택) : ICMP(인터넷 제어 메시지 프로토콜)를 이용하여 공격한다.

더 알아보기

Smurf Attack 과정
1. 공격자는 다수의 ICMP 요청 메시지를 IP Spoofing(IP 위장)을 통해 다른 사람의 IP 주소로 보낸다.
2. 요청 메시지는 네트워크상의 브로드캐스트 주소로 전송되어 연결된 모든 호스트에게 전파된다.
3. 다수의 호스트에서 동시에 응답을 보내면 공격 대상 호스트는 응답 메시지로 인해 과부하가 걸린다.

- Fraggle Attack(프래글 어택) : Smurf Attack과 유사하지만 UDP(사용자 데이터그램 프로토콜)를 이용하여 공격한다.
- Land Attack : TCP/IP 스택(Stack, 데이터 관리 자료구조)에서 패킷 처리 방식의 취약점을 악용한 공격이다.

Land Attack 과정

1. 공격자는 소스 IP 주소와 목적지 IP 주소가 동일하게 설정된 패킷을 생성하여 대상 시스템에 보낸다.
2. 대상 시스템은 공격 패킷을 수신하면 이 패킷이 자신에게 온 것으로 인식하고 TCP/IP 스택에서 처리한다.
3. 대상 시스템은 공격 패킷을 처리하려고 시도하는 과정에서 자원을 소모하게 된다.
4. 공격자는 이 과정을 반복하여 대상 시스템의 과부하를 유발한다.

- SYN Flooding(SYN 플로딩) : TCP 세션 설정 과정인 쓰리웨이 핸드쉐이킹(Three Way Handshaking)의 취약점을 악용한 공격으로, SYN 요청을 과도하게 보내 공격 대상 서버의 자원을 소진시켜 서비스를 접근 불가능하게 만든다.
- Ping of Death : Ping을 이용하여 매우 큰 크기의 ICMP 패킷을 목표 시스템에 보내 시스템의 버퍼 오버플로우(Overflow)를 발생시켜 시스템이 다운되게 한다.

Ping은 컴퓨터나 장치가 동작하고 있는지를 확인하는 프로토콜이다.

ⓛ DDoS(Distributed Denial of Service, 분산도스)
한 공격자가 여러 시스템을 동시에 사용하여 DoS 공격하는 해킹 수법이다.

01 Dos(Denial of Service) 공격 방법이 아닌 것은?

19년 3회, 14년 1회

① 메시지 과잉
② 서비스 과부하
③ 접속 방해
④ 패킷 필터링

02 패킷을 전송할 때 소스 IP 주소와 목적지 주소 값을 똑같이 만들어서 공격 대상에게 보내는 서비스 거부 공격은?

18년 2회, 15년 3회

① Targa Attack
② Trinoo Attack
③ Smurf Attack
④ Land Attack

03 다음 중 ICMP 패킷을 사용하는 서비스 거부 공격은?

22년 1회, 11년 3회

① SYN Flooding
② Land
③ Ping of Death
④ Teardrop

04 TCP/IP 프로토콜을 사용하는 응용프로그램으로 특정한 호스트에 IP 데이터그램이 도착할 수 있는지를 검사하는 데 사용하는 서비스는?

20년 3회

① Ping
② Rlogin
③ Telnet
④ Ftp

05 TCP의 연결과정에서 사용되는 "3-way handshake"의 취약점을 이용한 공격은?

21년 3회

① Storm
② SYN Flooding
③ Multi-level Queue
④ Exec

06 한 공격자가 여러 시스템을 동시에 사용하여 한 대상을 공격하는 공격의 종류는?

18년 1회, 13년 3회

① 스푸핑(SPOOFING)
② 스니핑(SNIFFING)
③ 세션 하이재킹(SESSION HIJACKING)
④ 분산도스(DDoS)

미국에서 진짜 와이파이(Wi-Fi)망을 복사한 가짜 망을 만들어, 접속한 사용자들의 신상 정보를 가로채는 인터넷 해킹 수법은?

19년 3회, 15년 3회

① 교착상태
② 와레즈(Warez)
③ 에블 트윈(Evil Twins)
④ 디도스(DDoS)

| 정답 | ③

족집게 과외

1. 기술에 따른 분류

❶ 악성 코드(Malware, 멀웨어)

악성 소프트웨어를 이용하여 시스템에 침입하거나 정보를 탈취한다.

ⓐ 에블 트윈(Evil Twins, 악의적 쌍둥이)

합법적인 무선 네트워크 이름을 복제하여 공인된 무선 접속 장치인 것처럼 속여 접속한 사용자들의 정보를 가로채는 해킹 수법이다.

ⓑ 스푸핑(Spoofing, 위장)

승인받은 정당한 사용자로 위장하여 시스템에 침투하는 방법이다.

〈스푸핑의 종류〉

• IP 스푸핑 : IP 주소를 조작하여 자신의 IP 주소를 다른 사람의 IP 주소로 속이는 공격이다.

• DNS(Domain Name Service) 스푸핑 : 악의적인 목적으로 DNS(Domain Name System) 서버의 동작을 속이는 공격으로, 실제 DNS 서버보다 빨리 공격 대상에게 DNS Response(응답) 패킷을 보내 공격 대상이 잘못된 IP 주소로 접속하도록 유도한다.

• ARP 스푸핑 : MAC 주소를 속이는 공격으로, 공격자는 자신의 MAC 주소를 특정 IP 주소와 연결하여 공격 대상의 트래픽을 가로채거나 변조한다.

ⓒ 스틱스넷(Stuxnet)

• 2010년에 발견된 고급 악성 코드로 이란의 핵 프로그램 파괴에 사용했다.

• USB 드라이브를 통해 컴퓨터를 감염시켜 다른 시스템으로 확산시킨다.

• 고도의 기술력을 가진 국가 또는 단체가 개발한 것으로 추정되며 사이버 전쟁의 새로운 패러다임을 제시하였다.

❷ 네트워크 공격(Network Attacks)

네트워크 트래픽(Traffic)을 이용하여 시스템에 침입하거나 취약점을 공격한다.

ⓐ War Driving(워 드라이빙)

• 무선 네트워크(WLAN)의 보안 취약점을 악용한 공격으로 무선 네트워크 해킹 초기 단계에 사용한다.

• 해커는 차량을 주행하면서 무선 장치로 주위의 AP(Access Point, 무선 액세스 포인트)를 스캔하고 정보를 수집한다.

ⓑ 스니핑(Sniffing)

네트워크 트래픽을 도청하거나 감시하는 기술로 네트워크상의 데이터를 가로챈다.

〈스니핑 공격 방법〉

• 패킷 스니핑 프로그램 사용 : 스니퍼(Sniffer)라고 불리는 패킷 스니핑(Packet Sniffing) 프로그램을 사용하여 네트워크 트래픽을 모니터링하고 패킷을 가로챈다.

스니퍼 탐지 방법

• ARP Watch을 이용한 방법 : ARP(Address Resolution Protocol, 주소 결정 프로토콜) Watch 프로그램으로 ARP 요청 및 응답을 모니터링하여 스니퍼 활동을 탐지한다.

〈Windows OS용 무료 ARP Watch 프로그램 'ARP MONITOR'〉

• Ping을 이용한 방법 : 대상 호스트에 Ping을 보내 스니퍼가 응답을 하지 않으면 이는 스니퍼의 활동을 탐지할 수 있는 신호가 된다.
• DNS를 이용한 방법 : DNS 쿼리(Querie)를 감시하고 비정상적인 동작을 감지하는 프로그램을 사용하여 스니퍼의 활동을 탐지한다.
• Promiscuous Mode(프로미스큐어스 모드) 탐지 : 시스템의 네트워크 인터페이스 설정이 Promiscuous Mode로 변경된 경우 스니퍼의 활동을 탐지할 수 있는 신호가 된다.
• MAC 주소 모니터링 : 네트워크 장비의 MAC 주소를 모니터링하여 MAC 주소가 예상치와 다를 경우 스니퍼의 활동을 탐지한다.
• Decoy를 이용한 방법
  – Decoy(디코이, 미끼)는 가짜 또는 속이기 위해 사용되는 것을 가리키는 용어로 미끼 호스트로 사용한다.
  – 네트워크에 가짜 ID와 패스워드를 뿌려 이 ID와 패스워드로 접속을 시도하는 스니퍼의 활동을 탐지한다.

• Promiscuous Mode 이용 : LAN(근거리 네트워크) 카드를 Promiscuous Mode(프로미스큐어스 모드)로 설정하여 모든 네트워크 트래픽을 도청한다. Promiscuous Mode는 네트워크 트래픽을 모니터링하거나 네트워크 보안분석 작업을 수행할 때 사용되는 모드로 LAN 카드가 정상적으로 동작하는 경우에는 볼 수 없는 네트워크 트래픽을 수신하도록 한다.
• 스위치 포트 미러링 이용 : 스위치 포트 미러링(Switch Port Mirroring)은 SPAN(Switched Port Analyzer, 스위치 포트 분석기)이라고도 한다. 네트워크 트래픽을 복사하고 모니터링할 수 있는 스니핑 공격 수단이다.

ⓒ 브루트 포스(Brute Force, 무차별적인 힘)

조합 가능한 모든 경우의 수를 모두 대입하여 암호 해독을 시도하는 공격이다.

❸ 사회공학(Social Engineering)

인간 심리 및 사회적 상호작용을 이용하여 정보를 획득하거나 특정 행동을 유도하는 기술로 사람들의 신뢰를 기반으로 엔지니어링 기술을 이용하여 사용자의 실수나 경솔한 행동을 유도한다.

㉠ 워터링 홀(Watering Hole Attack)

• 워터링 홀(Watering Hole)은 동물이 물을 얻기 위해 자주 찾는 곳을 가리킨다.
• 특정 그룹이나 조직을 타깃으로 하는 공격 유형으로 표적으로 삼은 특정 집단이 주로 방문하는 사이트를 미리 감염시켜 해당 사이트에 방문할 때까지 기다린다.

㉡ 피싱(Phishing)

피해자로 하여금 개인의 인증번호나 신용카드번호, 계좌 정보 등을 제공하도록 유도하는 사기 수법이다.

01 스푸핑(Spoofing)에 대한 설명으로 틀린 것은?

17년 1회, 13년 3회

① 정당한 사용자로 위장하여 시스템에 침투하는 방법이다.
② DNS 스푸핑은 실제 DNS 서버보다 빨리 공격 대상에게 DNS Response 패킷을 보내 공격 대상이 잘못된 IP 주소로 웹 접속을 하도록 유도한다.
③ ARP 스푸핑은 MAC 주소를 속이는 것이다.
④ Land처럼 ICMP 패킷을 이용한다.

해설
ICMP 패킷을 이용하는 공격 방법은 Smurf Attack이다.

02 스푸핑(Spoofing)의 종류가 아닌 것은?

17년 3회, 14년 1회

① RPC Spoofing
② IP Spoofing
③ ARP Spoofing
④ DNS Spoofing

03 다음 중 LAN에 있는 공격 대상에게 MAC 주소를 속여 클라이언트에서 서버로 패킷이나 서버에서 클라이언트로 가는 패킷을 중간에 가로채는 공격은?

12년 3회

① DNS 스푸핑
② ARP 스푸핑
③ DoS
④ Brute force

04 핵 시설이나 국가의 산업 기반 시설 등을 관리하는 시스템에 해커가 USB를 이용하여 침투하고 공격하는 군사적 사이버 무기 수준의 해킹기법은?

18년 3회

① 매크로
② 스파이웨어
③ 스턱스넷
④ 메일폭탄

05 해커가 무선 네트워크를 찾기 위해 무선장치를 가지고 주위의 AP(Access Point)를 찾는 과정을 말하며 무선 랜 해킹과정의 초기단계에 사용하는 방법은?

18년 1회, 15년 1회

① Spoofing
② Sniffing
③ War Driving
④ Analog Dialing

06 LAN 카드의 "Promiscuous Mode"를 이용하여 모든 트래픽을 도청하는 행위를 무엇이라 하는가?

16년 1회, 13년 1회

① 부트파일 바이러스
② 디도스
③ 스니핑
④ 백도어

07 네트워크상의 데이터를 도청하는 행위를 무엇이라고 하는가?

20년 1 · 2회

① Pushing
② Sniffing
③ Cracking
④ Phishing

09 Brute-Force 공격에 해당하는 설명으로 맞는 것은?

17년 2회, 14년 3회

① 통신망 중간에서 인증 정보를 얻어내는 방법이다.
② 모든 경우의 수를 대입하여 암호 해독을 시도한다.
③ 서버가 처리할 수 있는 용량 이상의 패킷을 보내 서비스를 마비시킨다.
④ 바이러스를 통해 해당 시스템에서 원하는 정보를 습득한다.

08 스니퍼(Sniffer)를 탐지하는 방법 중 가짜 아이디와 패스워드를 네트워크에 상주하게 하고, 이 아이디와 패스워드를 이용하여 접속을 시도하는 공격자 시스템에 대한 탐지 방법은?

22년 1회, 14년 2회, 11년 3회

① ARP Watch를 이용한 방법
② Decoy를 이용한 방법
③ Ping을 이용한 방법
④ DNS를 이용한 방법

10 표적으로 삼은 특정 집단이 주로 방문하는 웹 사이트를 미리 감염시키고 피해 대상이 해당 웹 사이트를 방문할 때까지 기다리는 웹 기반 공격은?

16년 1회

① 워터링 홀
② 디도스
③ 트로이목마
④ 패스워드 스니핑

전자메일시스템을 구성하는 요소로 거리가 먼 것은?   15년 1회

① MUA(Mail User Agent)

② MDA(Mail Delivery Agent)

③ MTA(Mail Transfer Agent)

④ MSA(Mail Server Agent)

┃정답┃④

족집게 과외

1. 이메일 시스템의 구성

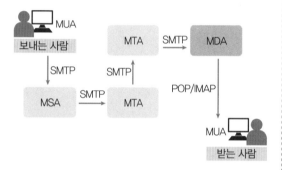

❶ **MUA(Mail User Agent, 메일 사용자 에이전트)**

▶ 사용자 인터페이스를 제공하고 메일 읽기 · 전송 · 삭제 등을 관리한다.

▶ Outlook, Apple Mail, Gmail, Naver Mail 등이 있다.

❷ **MDA(Mail Delivery Agent, 메일 배달 에이전트)**

▶ 메시지를 수신하고 사용자 메일함에 배달한다.

▶ POP3(Post Office Protocol 3, 포스트 오피스 프로토콜 버전3)와 IMAP(Internet Message Access Protocol, 인터넷 메시지 접속 프로토콜) 프로토콜을 사용한다.

❸ **MTA(Mail Transfer Agent, 메일 전송 에이전트)**

▶ 메시지를 다른 이메일 서버로 전송하여 수신자에게 전달한다.

▶ SMTP(Simple Mail Transfer Protocol, 간이 전자 우편 전송 프로토콜) 프로토콜을 사용한다.

2. 이메일 표준 프로토콜

❶ **MIME(Multipurpose Internet Mail Extensions, 다목적 인터넷 메일 확장)**

▶ 인터넷 메일 표준으로 이메일 메시지에 멀티미디어 콘텐츠를 포함시킬 수 있게 해주는 표준이다.

▶ 다국어 문자 집합과 인코딩 방식을 지원하여 텍스트나 ASCII 코드 이외의 데이터도 송신될 수 있도록 한다.

▶ 텍스트 이메일 이외에도 이미지, 오디오, 비디오 등과 같은 다양한 형식의 파일을 이메일에 첨부하고 전송하는 데 사용한다.

❷ **DKIM(DomainKeys Identified Mail, 도메인키 식별 메일)**

▶ 이메일 보안 강화 표준으로 이메일의 발신자가 실제로 발신자임을 확인한다.

▶ 이메일의 발신자가 실제로 발신자임을 확인하도록 이메일 메시지에 전자서명을 추가한다.

❸ **DMARC(Domain Based Message Authentication, Reporting, and Conformance, 도메인 기반 메시지 인증, 보고 및 규정 준수)**

이메일 위조를 방지하는 표준으로 이메일 도메인 소유자가 이메일의 인증 방법을 설정하여 위조를 방지한다.

01 다음 중 인터넷으로 전송되는 데이터를 식별하고 데이터의 종류를 구분하기 위해 정의한 표준화된 파일명 확장리스트로서 다양한 파일의 확장명과 타입, 용도에 대한 정의를 포함하는 것은?

17년 2회, 06년 3회

① Plug-In
② MIME
③ Cookie
④ URL

02 다음 중 MIME 프로토콜에 대한 설명으로 옳은 것은?

07년 1회

① MIME의 원문 표기는 Macro Internet Mail Extensions이다.
② SMTP를 통하여 데이터가 송신될 수 있도록 허용하는 부가적인 프로토콜이다.
③ 인터넷을 감시하고 유지보수하기 위한 기본적인 동작들의 조합을 제공한다.
④ 인터넷에서 장치들을 관리하기 위한 프로토콜이다.

03 다음 중 멀티미디어 전자우편을 주고받기 위한 인터넷 메일 표준으로 텍스트나 아스키(ASCII)가 아닌 데이터가 송신될 수 있도록 허용하는 것은?

05년 3회

① POP3
② SNMP
③ MIME
④ MUD

04 한글을 표현할 때 사용되며, 8비트 크기의 옥테트(Octet) 4개로 표현하는 MIME형 코드는?

14년 3회

① ASCII
② Unicode
③ KSC 5601
④ EBCDIC

해설

② Unicode(유니코드, Universal Coded Character Set, 유니버설 문자 세트) : 다양한 언어와 문자를 2바이트에서 4바이트로 표현하는 국제표준 문자 인코딩 방식이다.
① ASCII(아스키코드, American Standard Code for Information Interchange, 미국 정보 교환 표준 부호) : 7비트 이진 코드로 알파벳, 숫자, 특수문자 등을 표현한다.
③ KSC 5601(Korean Standard Code, 한국 표준 한글 부호 체계) : 16비트로 한글 음절과 알파벳, 숫자, 특수문자 등을 표현한다.
④ EBCDIC(에브시딕코드, Extended Binary Coded Decimal Interchange Code) : 다양한 문자와 기호를 포함하는 인코딩 방식으로 8비트 이진 코드로 표현한다.

05 다음 중 인터넷 메일의 표준화 규격인 MIME에서 JPEG 화상을 전자우편으로 송신할 때의 데이터 유형으로 적절한 것은?

09년 1회

① Multipart
② Video
③ Message
④ Image

06 다음 중에서 전자메일의 수신을 목적으로 하는 서비스는?

08년 1회

① HTTP(Hyper Text Transport Protocol)
② POP(Post Office Protocol)
③ SMTP(Simple Mail Transfer Protocol)
④ Proxy

이메일 보안 기술 중의 하나인 PGP(Pretty Good Privacy)에 대한 설명이 아닌 것은?

20년 3회, 18년 1회, 14년 3회

① 개인이 개발한 보안 기술이다.
② 전자우편의 수신 부인 방지 및 메시지 부인 방지를 지원한다.
③ 기밀성과 무결성 등을 지원한다.
④ RSA와 IDEA 등의 암호화 알고리즘을 사용한다.

| 정답 | ②

족집게 과외

1. 이메일 보안 프로토콜

❶ PGP(Pretty Good Privacy)
- ▶ 1991년 미국의 소프트웨어 개발자 필 짐머만(Phil Zimmermann)이 개발하였다.
- ▶ 개인정보 및 데이터 보호를 위한 암호화와 전자서명을 제공한다.
- ▶ 기밀성과 무결성, 송신 부인 방지 등을 지원하며 수신 부인 방지는 지원하지 않는다.

〈PGP 암호화 알고리즘〉
- ㉠ 개인정보 암호화 : IDEA(International Data Encryption Algorithm, 국제 데이터 암호화 알고리즘), 3DES(Triple Data Encryption Standard, 삼중 데이터 암호화 표준), AES(Advanced Encryption Standard, 고급 암호화 표준)
- ㉡ 디지털서명 암호화 : RSA(Rivest Shamir Adleman), DSA(Digital Signature Algorithm, 디지털서명 알고리즘)

❷ PEM(Privacy Enhanced Mail, 프라이버시 향상 전자우편)
- ▶ 1990년대 초반 미국 국립표준기술연구소(NIST)와 IETF(Internet Engineering Task Force)에 의해 개발되었다.
- ▶ 전자우편 통신에서 보안 및 프라이버시를 강화하기 위한 IETF(Internet Engineering Task Force, 국제인터넷표준화기구) 국제표준이다.
- ▶ 높은 보안성으로 이메일 시스템의 기밀성과 무결성을 지원한다.
- ▶ 프로세스 구현이 복잡하여 현재는 S/MIME을 많이 사용한다.

❸ S/MIME(Secure/Multipurpose Internet Mail Extensions, 안전/다목적 인터넷 전자우편)
- ▶ 이메일 메시지를 암호화하고 전자서명하는 데 사용하는 표준 기술이다.
- ▶ MIME에 디지털서명과 암호화를 추가한 프로토콜로 PEM의 구현 복잡성과 PGP의 낮은 보안성을 보완하기 위해 개발되었다.
- ▶ 이메일 메시지의 기밀성, 무결성, 사용자 인증, 송신 부인 방지 등의 기능을 제공한다.

〈S/MIME 암호화 알고리즘〉
- ㉠ 메시지 암호화 : SHA-1(Secure Hash Algorithm-1, 안전한 해시 알고리즘-1), MD5(Message Digest 5 Algorithm, 메시지 다이제스트 알고리즘 5), AES(Advanced Encryption Standard, 고급 암호화 표준)

ⓛ 디지털서명 암호화 : RSA(Rivest Shamir Adleman), DSA(Digital Signature Algorithm, 디지털서명 알고리즘)

❹ ElGamal(엘가말)

▶ 1985년 이집트의 암호학자 타헤르 엘가말(Taher Elgamal)이 개발하였다.

▶ 디지털서명 생성과 공개키 교환에 사용한다.

▶ 메시지를 암호화할 때마다 새로운 랜덤한 값으로 암호문을 생성하여 암호문의 길이가 배로 늘어난다.

▶ 이메일 메시지가 전송되는 동안 중간에서 도청되더라도 메시지의 내용을 안전하게 지킨다.

01 다음은 무엇에 대한 설명인가?   15년 3회

> 인터넷에서 전달하는 전자우편을 다른 사람이 받아 볼 수 없도록 암호화하고 받은 전자우편의 암호를 해석해주는 프로그램을 말한다.

① POP
② PGP
③ S/MIME
④ SMTP

02 PEM(Privacy Enhanced Mail)에 대한 설명으로 틀린 것은?   21년 1회, 18년 3회

① IETF에서 인터넷 표준안으로 채택
② 높은 보안성을 지원
③ 구현의 복잡성으로 널리 사용되지 않음
④ 미국 RSA 데이터 시큐리티사에서 개발

03 다음 중 전자우편 보안 기술이 아닌 것은?   12년 3회

① S/MIME
② PGP
③ SSL
④ PEM

04 전자우편 시스템인 S/MIME에서 사용되는 암호 알고리즘으로 가장 거리가 먼 것은?   15년 3회, 12년 1회

① SHA-1(Secure Hash Algorithm-1)
② MD5(Message Digest 5 Algorithm)
③ RSA(Rivest, Shamir, Adleman Algorithm)
④ IDEA(International Data Encryption Algorithm)

05 동일한 메시지라도 암호화가 이루어질 때마다 암호문이 변경되고 암호문의 길이가 배로 늘어나는 특징을 지닌 암호 시스템은?   17년 3회

① ElGamal
② RSA
③ SSL
④ DES

06 FTP 취약점을 이용하는 공격방법으로 FTP 바운스 공격을 이용하여 어느 지점에서 보내는지 인지할 수 없도록 전자 메일을 보내는 공격방법은?   20년 1·2회, 14년 1회

① Bomb Mail
② Fack Mail
③ Spam Mail
④ Group Mail

해설

Fack Mail(페이크 메일)은 가짜 이메일을 나타내는 용어이다. FTP 바운스 공격(FTP Bounce Attack)은 FTP(File Transfer Protocol)의 취약점을 공격하는 해킹 기술로 해커가 자신의 IP 주소를 숨겨 어느 지점에서 보내는지 공격의 원천을 추적하기 어렵게 만든다.

정보화촉진기본법상 정보화시책의 기본 원칙과 거리가 가장 먼 것은?

07년 1회

① 환경변화에 능동적으로 대응하는 제도의 수립, 시행
② 정보통신기반에 대한 자유로운 접근과 활용
③ 공공투자의 확대보장
④ 개인의 사생활 및 지적 소유권의 보호

| 정답 | ③

한 줄 묘약

정보화촉진기본법은 대한민국의 정보화 정책을 관리하고 조정하는 법률로 정보화촉진기본법에 따르는 정보화 시책은 대한민국 정부가 정보화 분야에서 추진하고자 하는 정책과 전략을 나타낸다.

족집게 과외

1. 정보화 시책의 주요 기본 원칙

❶ 전략적 방향성(Strategic Direction, 스트래티직 디렉션)

국가 정보화 정책을 수립할 때 전략적 방향성을 제시해야 한다.

❷ 공공이익(Public Interest, 퍼블릭 인터레스트)

개인의 사생활과 지적 소유권을 보호하면서도 국가와 국민의 공공이익을 우선 고려해야 한다.

❸ 개방성(Openness, 오픈니스)

정보의 개방성과 공유를 촉진하기 위해 정보통신 기반에 대한 자유로운 접근과 활용을 증진해야 한다.

❹ 혁신(Innovation, 이노베이션)

기술 혁신을 촉진하고 새로운 기술과 서비스의 개발을 지원하여 정보통신 기술 분야에서의 경쟁력을 강화한다.

❺ 지속가능성(Sustainability, 서스테인어빌리티)

정보화 정책도 환경친화적이며 지속 가능한 발전을 고려해야 하며 환경변화에 능동적으로 대응하기 위한 정책 및 제도의 개발과 실행이 필요하다.

2. 디지털 콘텐츠 저작권 보호 기술

❶ DRM 시스템

〈DRM(Digital Rights Management, 디지털 권리 관리) 시스템의 구성요소〉

㉠ 콘텐츠 제공자(Content Provider)
- 디지털 콘텐츠를 생산하거나 제공하는 역할을 한다.
- 콘텐츠 라이선스 정의, 사용자 권한 설정, 콘텐츠 암호화, 전자서명을 적용하는 역할을 한다.

㉡ 콘텐츠 소비자(Content Consumer)
- 디지털 콘텐츠를 구매하거나 이용하는 사용자이다.
- 콘텐츠 제공자로부터 라이선스를 받아 콘텐츠를 열람하거나 재생한다.

㉢ DRM 클라이언트(DRM Client)
콘텐츠를 사용자에게 제공하고, 콘텐츠 암호화 및 해독을 수행하는 소프트웨어이다.

㉣ DRM 서버(DRM Server)
- 사용자의 라이선스 및 권한 정보를 관리하는 중앙 시스템이다.
- 라이선스 생성, 관리, 배포 등을 수행하며 콘텐츠 암호화 및 해독을 관리한다.

㉤ 클리어링 하우스(Clearing House)
콘텐츠 제공자와 콘텐츠 소비자 간의 중계자로서 콘텐츠의 라이선스 관리, 결제 처리, 액세스 권한 부여 등을 중재하고 관리한다.

❷ 워터마크 인식 표시

〈워크마크의 종류〉

㉠ 강성 워터마크(Hard Watermark)
- 이미지나 문서의 일부로 직접 표시되는 물리적인 식별자이다.
- 문서나 이미지의 소유권 또는 무결성을 표시하기 위해 사용한다.

㉡ 연성 워터마크(Soft Watermark)
- 이미지나 문서에 디지털적으로 삽입되는 숨겨진 식별자이다.
- 시각적으로 눈에 띄지 않지만 특별한 도구나 소프트웨어를 사용하여 감지한다.

㉢ 스테가노그래피(Steganography)
- Steganos(숨겨진)와 Graphos(글 · 문서)의 합성어로 숨겨진 글이라는 뜻의 그리스어이다.
- 제3자의 의심을 사지 않고 수신자만 내용을 알아볼 수 있도록 이미지나 미디어 파일에 데이터를 숨기는 기술이다.
- 2001년 9 · 11 테러 당시 알카에다의 지도자 오사마 빈라덴은 모나리자 사진에 비행기 도면을 숨겨 알카에다에 메일로 전송하였다.

더 알아보기

스테가노그래피의 종류
- 이미지 스테가노그래피 : 이미지 파일의 색상 정보에 메시지를 숨겨 인코딩한다.
- 텍스트 스테가노그래피 : 텍스트 문서 내에 특정 글자 간격을 조절하거나 무의미한 공백을 활용하여 숨겨진 정보를 삽입한다.
- 오디오 스테가노그래피 : 오디오 파일의 무음 부분이나 노이즈를 활용하여 정보를 숨긴다.
- 비디오 스테가노그래피 : 비디오 파일의 영상 편집 기술과 음향 처리를 활용하여 정보를 숨긴다.

---

❸ 저작권 검색 및 추적 서비스

㉠ Copyright Office(저작권청)
국가에서 공식적인 저작권 등록 및 관리를 위한 서비스를 제공하는 곳으로 각 국가에 해당하는 공식 저작권 등록청이 있다.

㉡ Google 이미지 검색
이미지의 원본과 관련된 웹 페이지를 찾아주는 간단하고 유용한 도구로 이미지 소유자를 확인할 수 있다.

㉢ TinEye
이미지 역검색 서비스로, tineye.com에서 특정 이미지를 업로드하거나 이미지 URL을 입력하여 어디에서 사용되고 있는지 확인할 수 있다.

㉣ 크리에이티브 커먼즈 검색

〈크리에이티브 커먼즈 로고〉

- 크리에이티브 커먼즈(Creative Commons, CC)는 2001년에 설립된 비영리 단체로 CCL(Creative Commons License, 크리에이티브 커먼즈 라이선스)를 만들었다.
- CCL를 따르는 대표적인 프로젝트에는 위키백과가 있다.

㉤ YouTube Content ID
YouTube에서 동영상 콘텐츠의 소유자가 저작권 침해를 감지하고 관리할 수 있는 Content ID 시스템을 제공한다.

01 음악이나 동영상과 같은 디지털 콘텐츠의 저작권을 보호하기 위한 기술 및 서비스로 옳은 것은?

19년 3회, 08년 1회

① SSL
② PGP
③ DRM
④ IDS

02 DRM(Digital Rights Management) 구성 요소로 거리가 먼 것은?

20년 3회

① 형상통제
② 콘텐츠 제공자
③ 클리어링 하우스
④ 콘텐츠 소비자

03 다음 중 웹을 통해 유통되는 디지털 콘텐츠의 불법복제 방지를 위한 보호 방식은 어느 것인가?

09년 1회

① DRM
② DVM
③ DCM
④ PCM

04 저작권 보호 또는 문서의 증빙을 위해 문서 또는 파일에 특별한 인식표시를 하는 기술은?

12년 3회, 11년 1회

① PGP
② S/MIME
③ WaterMark
④ PEM

05 다음 중 디지털 서명이 유효하기 위하여 만족시켜야 하는 요구 사항이 아닌 것은?

10년 3회

① 위조불가
② 접근제어
③ 변경불가
④ 사용자인증

해설
접근제어는 서명을 생성하거나 확인하는 과정과 관련이 있지만, 서명 자체의 유효성에는 직접적으로 영향을 미치지 않는다.

01 다음이 설명하는 것은? 20년 1·2회, 15년 1회

> - 2012년 영국의 학교 재단에서 기초 컴퓨터 과학 교육을 증진시키기 위해 만든 싱글보드 컴퓨터
> - 가격이 25~35달러로 저렴
> - 리눅스 기반 운영체제 이식 가능

① 비 글
② 라즈베리파이
③ 비틀즈
④ NEC

해설

〈라즈베리파이 4B〉

02 운영체제에서 PCB(Process Control Block)가 갖고 있는 정보가 아닌 것은? 21년 1회

① 프로세스의 현재 상태
② 프로세스 고유 식별자
③ 할당되지 않은 주변장치의 상태 정보
④ 스케줄링 및 프로세스의 우선순위

03 큐에 있는 프로세스 중 실행 시간이 가장 짧은 프로세스에게 먼저 CPU를 할당하는 스케줄링 기법은? 21년 1회

① SJF
② HRN
③ FCFS
④ ROUND ROBIN

04 윈도우 XP에서 지원하지 않는 파일시스템은? 15년 3회

① FAT
② FAT32
③ EXT2
④ NTFS

05 UNIX 파일시스템에서 I Node에 저장되는 정보로 거리가 가장 먼 것은? 22년 1회

① 파일 타입
② 파일소유자의 사용번호
③ 파일 링크 수
④ 파일 저장 횟수

06 리눅스 운영체제에서 입력받은 명령어를 실행하는 명령어 해석기는? 21년 1회

① Register
② Commit
③ Shell
④ Interface

07 스마트폰 디지털카메라의 경우 실제 셔터는 없으나 셔터 효과음으로 카메라의 셔터를 대신하는데 이와 같이 사용자 경험을 모방하여 디자인하는 것을 의미하는 것은? 17년 1회

① 일루미름
② 스큐어모프
③ 아두이노
④ 데이터 캡

해설
스큐어모프(Skeuomorph)는 도구를 의미하는 그리스어 스큐어(Skeuos)와 모양을 뜻하는 모프(Morph)의 합성어로, 기능과 무관하게 이전에 나온 디자인을 모방하는 것을 뜻한다.

08 플러그 앤 플레이(Plug and Play ; PnP) 기능을 가장 올바르게 설명한 것은?
09년 3회, 05년 3회

① 전자우편의 전달과 저장을 제공한다.
② 운영체제에 의해 지원되는 기능으로 PC에 설치되는 장치 드라이버를 손쉽게 설치할 수 있도록 하는 기능이다.
③ 윈도우 98에서 지원하는 기능으로서 데이터를 고속으로 전송하며, 처리할 수 있는 기능이다.
④ CD-ROM에서 autorun.inf 파일을 자동으로 검색하여 이 파일이 존재한다면, 운영체제에 의하여 자동으로 실행하도록 한다.

해설
플러그 앤 플레이(Plug and Play ; PnP)는 컴퓨터 하드웨어나 소프트웨어가 자동으로 인식되어 설치 및 구성되는 기술이다.

09 미국 버클리대학에서 개발한 센서 네트워크를 위해 디자인된 컴포넌트 기반 내장형 운영체제로 이벤트 기반 멀티태스킹을 지원하는 것은?
21년 1회, 18년 1회, 14년 3회

① Tiny OS
② NES C
③ Net OS
④ OS2

해설

Tiny OS(타이니 오에스)는 2000년대 초반 미국 버클리대학(University of California, Berkeley)에서 개발되었으며, 저전력 무선 센서 네트워크(Wireless Sensor Network ; WSN)를 위한 컴포넌트 기반 내장형 운영체제(Embedded System, 임베디드 시스템)이다.

10 DVD(Digital Video Disk)에서 적용되는 음성 및 영상 압축 방식이 올바르게 짝지어진 것은?

20년 1 · 2회

① AC-3 : MPEG-2
② MP3 : AVI
③ QCELP : MPEG-4
④ EVRC : JPEG

11 DV(Digital Video)에 대한 설명으로 틀린 것은?

22년 1회

① 아날로그 비디오의 단점을 개선하고자 시작된 가정용 디지털 비디오 방식이다.
② DV 영상신호는 흑백신호와 두 개의 색신호를 분리하여 광대역으로 기록한다.
③ DV 방식에서 오디오는 16비트 2채널, 12비트 2채널의 2가지 모드를 지원한다.
④ 디지털 입출력을 지원하므로 촬영, 편집에서 화질의 열화가 낮다.

해설

DV(Digital Video, 디지털 비디오)는 디지털 비디오 방식 중 하나로 6.35mm(1/4인치)폭의 테이프에 비디오와 오디오를 기록한다.
• DV 오디오 : 16Bit 48kHz 모드2채널과 12Bit 32kHz 모드4채널을 지원한다.
• DV 테이프 속도 : 25Mbps
• DV 해상도 : 720×480(480i)
※ 해상도 i는 인터레이스(Interlace, 비월주사 방식) 방식의 영상을 뜻한다. 인터레이스 방식은 영상을 구성하는 화면의 절반씩 번갈아 보여주는 영상의 표시 방식으로 아날로그 TV 영상에서 사용된다.

12 다음 중 픽셀(Pixel)에 대한 설명으로 잘못된 것은?

05년 1회, 03년 3회

① 컴퓨터 모니터 화면에 나타나는 각각의 점을 뜻하기도 한다.
② Picture Element의 합성어로 화면을 구성하는 기본 단위이다.
③ 픽셀에 할당된 비트수와 이미지 컬러와는 상관이 없다.
④ 픽셀 단위로 저장되는 이미지를 비트맵방식이라 한다.

13 통계적 부호화 방식의 일종으로 빈번히 발생하는 데이터의 코드는 적은 비트로 표현하고 빈번히 발생하지 않는 데이터는 많은 비트를 사용하여 부호화하는 압축기법은?

14년 2회, 05년 1회

① 객체부호화 기법
② 색참조 기법
③ 길이 압축 기법
④ 허프만 코딩 기법

14 음성의 파형을 직접 양자화하지 않고 파형을 분석하여 유성음, 무성음으로 구분항 기본주기, 성도의 계수 등 특성만을 추출하여 전송하는 방식은?

11년 3회

① ARS(Audio Response System)
② VRS(Video Response System)
③ 보코딩(Vocoding) 방식
④ MHS(Message Handling System)

15 다음 디지털 사운드 압축방식 중 사람과 사람이 대화할 때 단어 사이의 공백은 디지털 데이터로 전송할 필요가 없다는 것을 활용하여 음성의 실시간 전송을 위해 만들어진 방식은 무엇인가?

08년 3회, 05년 1회

① A-Law
② MP3
③ ADPCM
④ TrueSpeech

해설
- TrueSpeech(트루스피치)는 미국의 통신기술 개발회사 DSP 그룹이 개발한 ADPCM(Adaptive Differential Pulse Code Modulation) 방식을 기반으로 한 음성 및 오디오 압축 기술이다.
- TrueSpeech(트루스피치)는 음성 신호의 변화를 예측하고 그 차이를 저장하는 방식으로 낮은 데이터 전송률에서도 음성을 전송하거나 저장할 수 있어 PC 통화 프로그램 등에서 사용되었으나 Windows Vista 이후 더 이상 지원되지 않는다.

16 컬러 정지화상인 JPEG 표준에 사용되는 압축 기법은?

19년 3회

① LZW 기법
② A-Law 기법
③ 웨이블렛 기법
④ 예측보간 기법

17 다음 중 정보검색을 위한 내용 표현을 목표로 개발된 영상 압축 표준은?

08년 1회, 05년 3회, 04년 3회

① MPEG-1
② MPEG-2
③ MPEG-4
④ MPEG-7

18 디지털 네트워크상에서 멀티미디어에 관련된 종합적인 프레임워크를 제공하는 기술은?

18년 1회, 14년 2회

① MPEG-3
② MPEG-10
③ MPEG-5
④ MPEG-21

19 방송국 등의 정보 제공처에서 사용자의 요구를 미리 파악하고 있다가 해당되는 정보를 넣어 주는 기술은?

12년 1회, 10년 3회

① 스트리밍
② 푸 시
③ 쿠 키
④ 다중화

해설
푸시(Push)는 인터넷 정보 전달 방식 중 하나로 사용자가 정보를 요청하지 않아도 서버가 자동으로 보내는 방식이다.

20 디지털 신호의 전달 과정에서 일어나는 시간축상의 오차, 즉 신호가 지연되어 전달되지 못해 발생하는 신호의 왜곡은?

16년 1회, 13년 3회

① 클리핑(Clipping)
② 지터(Jitter)
③ 디더링(Dithering)
④ 노이즈(Noise)

21 다음 중 인터넷에 연결된 사람들과 문자로 실시간 대화할 수 있는 서비스 기능으로 최근에는 인터넷폰과 비디오폰이 실용화되면서 음성이나 실시간 영상까지 제공하는 인터넷 기능에 해당하는 것은? 　　　　　　14년 1회, 03년 3회

① E-mail
② FTP
③ IRC
④ VR

해설
IRC(Internet Relay Chat)는 1988년 핀란드의 프로그래머 자코 오이카리넨(Jarkko Oikarinen)이 개발한 채팅 프로토콜로 초기에는 주로 텍스트 기반의 실시간 대화 서비스로 사용되었으며, 최근 몇 년 동안 인터넷 통신 기술의 발전으로 인해 음성이나 실시간 영상 통화와 같은 확장 기능이 추가되었다.

22 근거리 무선 통신 규격(IEEE802.15.4)을 기반으로 하여 블루투스의 저속 버전이라고도 불리며, 저소비 전력과 저비용의 장점을 가지고 있는 무선통신기술은? 　　　　　　11년 1회

① RFID
② Wi-Fi
③ WLAN
④ ZigBee

23 홈 네트워킹에서 사용되는 홈 게이트웨이 기술이 아닌 것은? 　　　　　　16년 1회, 10년 3회

① HAVi
② UPnP
③ Jini
④ SNMP

해설
• 홈 게이트웨이 기술(Home Gateway Technology)은 가정 내에서 다양한 디지털 기기와 네트워크 간의 연결을 관리하기 위한 기술이다.
• SNMP(Simple Network Management Protocol, 간이망 관리 프로토콜)는 네트워크 장비 및 시스템 관리를 위한 표준 프로토콜이다.

24 웹과 인터넷 등의 가상세계가 현실세계에 흡수된 형태이며, 가상세계 서비스로 "세컨드라이프" 등이 대표적으로 기존의 가상현실(VR)보다 진보된 개념은? 　　　　　　21년 3회, 18년 2회, 15년 1회

① AaaS
② Grid
③ Metaverse
④ Splogger

해설

〈세컨드라이프〉
• 가상세계 서비스(Virtual World Service)는 현실세계와 가상세계를 연결하고 사용자가 가상세계에서 활동하는 것으로 가상현실(VR)과는 다른 개념이다.
• 메타버스(Metaverse)는 현실과 가상세계를 결합한 디지털 환경을 가리키는 용어로 가상현실(Virtual Reality ; VR), 증강현실(Augmented Reality ; AR), 게임, 소셜미디어, 인터넷, 블록체인 등 다양한 기술을 포괄할 수 있는 진보적인 개념이다.

25 사람과 사물, 사물과 사물 간에 지능통신을 할 수 있는 M2M(Machine to Machine)의 개념을 인터넷으로 확장하여 사물은 물론 현실과 가상 세계의 모든 정보와 상호 작용하는 개념은?

18년 1회, 15년 3회

① IoT
② RFID
③ VRML
④ xHTML

26 차세대 웹으로 불리는 Semantic Web의 핵심 기술과 가장 거리가 먼 것은? 20년 3회

① Explicit Metadata
② Ontologies
③ Logical Reasoning
④ Zigbee

해설

Semantic Web(시맨틱 웹)의 핵심 기술
- RDF(Resource Description Framework, 자원 기술 프레임 워크) : 데이터와 메타데이터의 기본 형식으로 주어, 동사, 목적어로 이루어진 삼중(T-triple) 데이터로 표현한다.
- SPARQL(Simple Protocol and RDF Query Language, 스파클) : RDF 데이터를 검색하는 데 사용되는 질의 언어(Query Language)이다.
- Explicit Metadata(명시적 메타데이터) : 데이터의 구조와 속성을 나타내는 데이터로 데이터 관리, 검색, 정렬 등에 사용한다.
- Ontologies(온톨로지) : 지식 그래프를 위한 개념적 구조로 정보 구조화, 데이터 통합, 검색, 분류 등에 사용한다.
- Logical Reasoning(논리적 추론) : 데이터와 정보 사이의 논리적 관계를 탐색하고 새로운 정보를 유추하는 데 사용한다.
- Linked Data(링크드 데이터) : 데이터를 연결하는 표준 원칙이다.

27 구글에서 2016년 5월에 발표한 데이터 분석 및 인공지능에 특화된 딥 러닝용 하드웨어는?

18년 1회

① GPU(Graphic Processing Unit)
② TPU(Tensor Processing Unit)
③ Nand Flash Memory
④ Blockchain

해설

TPU와 알파고(AlphaGo)

〈TPU(Tensor Processing Unit, 텐서 처리 장치)〉
- 알파고는 구글 딥마인드(DeepMind) 연구소에서 개발한 인공지능 기반 바둑 프로그램으로, 이세돌 9단과 대결한 알파고 1.0 이후 알고리즘을 개선한 알파고 2.0으로 커제 9단과 대결하였다.
- 알파고 2.0은 TPU(Tensor Processing Unit)를 사용해 알파고 1.0보다 빠르게 학습할 수 있다고 알려져 있다.

28 웹브라우저에서 직접 보여주지 못하는 사운드나 동영상 파일들을 웹상에서 구현할 수 있도록 브라우저의 기능을 확장시켜주는 프로그램은 무엇인가? 07년 3회, 04년 3회

① Cookie
② FTP
③ HTML
④ Plug-in

29 인터넷 웹사이트의 방문기록을 남겨 사용자와 웹사이트 사이를 연결해 주는 정보는? 11년 3회

① 스파이웨어
② 해 커
③ 쿠 키
④ 백도어

30 다음 중 B 클래스에 속하는 IP 주소는?

15년 3회, 11년 3회

① 200.200.200.1
② 192.200.190.1
③ 168.126.63.1
④ 244.221.5.1

31 IPv4(Internet Protocol ver.4)의 주소 부족 문제를 해결하기 위해 도입한 IPv6는 몇 비트 주소체계를 가지는가? 07년 3회

① 32
② 64
③ 128
④ 256

32 미국의 애플 컴퓨터에서 제창한 개인용 컴퓨터 및 디지털 오디오, 디지털 비디오용 시리얼 버스 표준규격 인터페이스는? 12년 1회, 09년 3회

① IEEE 1394
② USB
③ SATA
④ SDI

해설

〈IEEE 1394 케이블〉

• IEEE 1394(Institue of Electrical and Eletronics Engineers 1394)는 고성능 직렬 버스(High Performance Serial Bus ; HPSB)의 표준으로 IEEE HPSB 또는 FireWire(파이어와이어), i.Link(아이링크) 등으로도 불린다.
• IEEE 1394는 컴퓨터 주변 장치뿐만 아니라 비디오 카메라, 비디오 카세트 녹화기(VCR), 디지털캠코더 등의 가전 기기를 컴퓨터에 연결하여 영상 데이터를 전송할 수 있는 직렬 방식의 인터페이스로 개발되었다.
• IEEE 1394 케이블은 100Mbps, 200Mbps, 400Mbps, 800Mbps의 고속 데이터 전송을 지원하며, 최대 63개의 장비를 PC에 연결할 수 있다.

33 OSI-7 Layer에서 응용계층 프로토콜이 아닌 것은?

21년 3회, 16년 1회

① ICMP
② FTP
③ HTTP
④ TELNET

34 다음 중 전자우편에 사용되는 프로토콜은 무엇 인가? 07년 1회, 05년 1회

① HTTP
② FTP
③ SMTP
④ Telnet

35 TCP/IP 프로토콜 중에서 단 대 단(Point to Point) 연결, 데이터 전송 및 흐름제어 등 서비스를 제 공하는 프로토콜은? 19년 1회

① HTTP
② FTP
③ IP
④ TCP

해설
• 단 대 단(Point to Point) 통신은 두 지점 간의 직접 통 신이다.
• TCP는 데이터를 안정적으로 전송하기 위한 연결 지향 적 프로토콜로 송신 측과 수신 측을 직접 연결한다.

36 IP 헤더의 필드로 라우팅 도중에 데이터그램이 무한 루프에 들어가는 것을 방지하기 위해 인터 넷에 머물 수 있는 최대 시간을 지정하는 필드는? 21년 3회, 16년 2회

① IHL
② VER
③ TTL
④ FLAG

해설
③ TTL(Time to Live, 생존시간) : 데이터그램이 무한 루 프에 빠지는 것을 방지하기 위한 시간제한
① IHL(Internet Header Length, 인터넷 헤더길이) : IP 헤더의 길이
② VER(Version) : IP 프로토콜의 버전
④ FLAG(깃발) : IP 패킷 제어 정보로 3개의 플래그 비 트가 있음
• DF(Don't Fragment) : 데이터그램을 나누지 말라
• MF(More Fragments) : 데이터그램이 여러 조각으 로 나뉘어 전송되는 경우
• Reserved : 예약된 비트로 현재는 사용되지 않음

37 다음은 무엇에 대한 설명인가? 18년 1회

> 네트워크의 각 노드에 유일한 IP 주소를 자 동으로 할당하고 관리하는 서비스이다.

① POP
② DHCP
③ S/MIME
④ SMTP

38 감염 대상이 마이크로소프트사의 엑셀과 워드에서 사용하는 문서 파일을 읽을 때 감염되는 바이러스는? 12년 3회

① 부트 바이러스
② 트로이목마 바이러스
③ 도스 바이러스
④ 매크로 바이러스

해설

매크로 바이러스(Macro Virus ; MV)는 엑셀(Excel)이나 워드(Word) 등의 매크로 기능을 악용한 바이러스이다.

40 수많은 사적 거래 정보를 개별적 데이터 블록으로 만들고, 이를 체인처럼 연결하는 블록체인 기술은? 19년 1회

① 시민해킹
② 피에스-엘티이
③ 버퍼블로트기술
④ 분산원장기술

해설

• 블록체인은 데이터를 체인(연속된 블록)으로 묶어 분산된 노드들에 저장하여 원장을 관리하는 기술로 암호화폐 거래에 사용한다.
• 분산원장기술(Distributed Ledger Technology ; DLT)은 데이터를 분산된 네트워크에 저장하고 관리하는 기술로 블록체인 기술은 분산원장기술의 한 형식이다.
• 원장(Ledger, 계정장부)은 기록이나 거래 정보를 저장하는 분산된 데이터베이스이다.

39 서비스거부공격(Denial of Service)과 관련이 가장 적은 것은? 17년 2회

① Fraggle Attack
② Smurf Attack
③ Land Attack
④ Trojan Attack

2과목

멀티미디어 기획 및 디자인

01 기획 및 구성

01 콘텐츠 기획

기출유형 01 ▶ 마케팅의 기본 원리

현재 또는 잠재적인 소비자의 욕구를 충족시켜주는 제품 및 서비스에 대해 계획하고, 가격을 결정하며, 판촉 활동을 하고 배포하도록 계획된 경영 활동의 전반적인 체계를 무엇이라 하는가? 17년 2회, 08년 3회

① 시장조사 ② 리서치
③ 기 획 ④ 마케팅

|정답| ④

족집게 과외

1. 마케팅의 개념

▶ 마케팅(Marketing)이란 제품이나 서비스를 소비자에게 홍보하고 판매하는 과정 전반을 위한 종합적인 전략과 실행 계획이다.

▶ 소비자에게 제품이나 서비스를 효율적으로 제공하기 위하여 제품 및 서비스의 개념 정립, 가격 결정, 촉진 및 유통경로에 대한 계획을 수립하고 실천하는 마케팅 과정을 통하여 소비자의 요구를 충족시키고 기업의 목표를 달성할 수 있다.

2. 마케팅 프로세스

시장분석 → 시장 상황을 분석	목표설정 → 마케팅 목표를 설정	전략수립 → 마케팅 전략을 개발 · 분석	전략수정 → 전략성과 평가	마케팅 실행

❶ **시장분석 (Market Analysis)**

▶ 목적 : 현재 시장 상태 및 동향을 이해하고 기회와 위험을 식별한다.

▶ 활동 : 경쟁사, 소비자 행동, 시장 크기 등에 대한 정보를 수집하고 분석한다.

❷ **목표설정**

▶ 목적 : 기업이 달성하고자 하는 목표를 설정한다.

▶ 활동 : 구체적이고 달성 가능한 현실적인 목표를 설정한다.

❸ **전략수립**

▶ 목적 : 설정된 목표를 달성하기 위한 전략을 계획한다.

▶ 활동 : 시장 세분화, 타깃팅, 포지셔닝, 마케팅 믹스 전략을 수립한다.

❹ 전략수정
- ▶ 목적 : 시장 환경이나 기업의 상황에 따라 전략을 수정하고 최적화한다.
- ▶ 활동 : 설정한 목표를 기반으로 마케팅 전략의 성과를 평가한다.
- ▶ 경쟁 환경 감지 : 경쟁사의 움직임이나 시장 동향을 지속적으로 모니터링한다.

❺ 마케팅 실행
- ▶ 목적 : 계획한 전략을 실행하고 마케팅 활동을 실제로 구현한다.
- ▶ 활동 : 광고, 홍보 캠페인, 제품 출시, 제품 유통

3. 멀티미디어 마케팅의 특징

❶ 다양한 미디어 활용

다양한 미디어 채널과 텍스트, 이미지, 오디오, 비디오 등 여러 형식을 활용한다.

❷ 대중의 다양성
- ▶ 소비자들은 다양한 선호도와 특성을 가지고 있으므로 여러 요소를 고려하여 다양한 미디어를 통해 대중에게 접근한다.
- ▶ 텔레비전, 라디오, 인쇄 매체 등의 기존 형식과 웹사이트, 소셜 미디어, 모바일 앱, 이메일 마케팅, 유튜브, 팟캐스트 등의 디지털 채널은 소비자 집단과의 다양한 접점이 된다.

❸ 감각적 경험 제공

시각과 청각 감각을 자극하여 소비자에게 풍부한 경험을 제공한다.

❹ 상호작용 촉진

소비자와의 상호작용을 촉진하며, 소셜 미디어를 통한 참여를 유도한다.

❺ 콘텐츠의 재사용성과 효율성

생성된 멀티미디어 콘텐츠는 여러 플랫폼에서 활용 가능하며, 효율적인 마케팅 전략을 구성한다.

01 마케팅의 기본 원리와 가장 거리가 먼 내용은?

07년 1회, 03년 3회

① 소비자의 욕구를 파악한다.
② 회사의 세무관계를 조사한다.
③ 좋은 디자인은 훌륭한 판매자의 역할을 한다.
④ 소비자의 행동을 파악한다.

해설
② 세무관계는 회계 및 재무 부서와 관련되어 있으며, 마케팅은 제품 홍보, 판매 촉진, 소비자 인식과 관련된 활동에 중점을 둔다.

03 멀티미디어 마케팅에 대한 설명으로 틀린 것은?

17년 1회

① 마케팅의 목적과 소비자 집단을 명확하게 규명한다.
② 성공적인 판매를 위해서는 유통 판매점 방문 및 통신판매, 강습회 등의 기회를 마련한다.
③ 소비자 집단의 특성에 따라 홍보와 판매장소 방법을 선택한다.
④ 무조건 다수의 사람들에게 홍보 및 판매 전략을 적용해야 한다.

해설
④ 다양한 소비자 그룹에 맞춘 전략을 채택하여 특정 타깃 마케팅을 진행하는 것이 효과적이다.
① 마케팅의 목적과 대상 소비자 집단을 명확하게 규정하여 적절한 콘텐츠를 제작하고 전략을 수립한다.
② 온라인 및 오프라인의 다양한 채널을 활용하여 제품이나 서비스 판매의 기회를 창출한다.
③ 소비자의 특성을 고려하여 홍보 및 판매 전략을 선택하는 것은 효과적인 마케팅의 핵심이다.

02 "개인 및 조직의 목표를 충족시키는 교환을 창조하기 위해 아이디어, 제품 및 서비스의 개념 정립, 가격 결정, 촉진 및 유통경로에 대한 계획 수립 및 이를 실천하는 과정"이 의미하는 것은?

06년 1회, 05년 3회

① 디자인정책
② 디자인관리
③ 마케팅
④ 상표동일화

해설
• 상표는 제품 또는 서비스를 구별하고 식별하는 기호, 단어, 문구, 디자인 등으로 소비자가 특정 회사 또는 브랜드를 구별할 수 있도록 한다.
• 상표동일화란 식별력을 높여 소비자들이 혼동하지 않도록 상표를 일치시키는 것으로 특정 상표를 다른 기업의 상표와 구별하고 고유성을 보장한다.

"소비자 특성 분석, 판매 분석, 지역별 판매량 배분 분석, 소비자의 태도와 동기 조사"와 관련된 마케팅 조사 영역은?

09년 3회

① 시장 조사
② 제품 조사
③ 유통 경로 조사
④ 가격 조사

| 정답 | ①

한 줄 요약

마케팅에서 시장분석의 목적은 시장 환경, 대상 소비자 집단 및 경쟁 구도에 대한 이해이다. 신뢰할 수 있는 최신 정보를 기반한 시장분석은 효과적인 마케팅 전략의 개발과 수립을 돕는다.

족집게 과외

1. 시장조사의 유형

❶ 양적 조사

ㄱ 대규모의 샘플을 대상으로 통계적 기법을 사용하여 데이터를 수집한다.

ㄴ 양적 조사 방법 : 전화면접, 개별면접, 우편질문지 조사

❷ 질적 조사

ㄱ 소규모 표본을 대상으로 데이터를 수집한다.

ㄴ 질적 조사 방법 : 심층면접, 그룹토론

2. 시장분석 도구 포지셔닝 맵

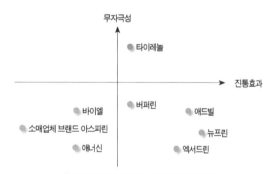

〈진통제 브랜드로 보는 포지셔닝 맵 예시〉

01 마케팅에서 자사 제품과 경쟁 제품의 위치를 2차원 공간에 작성한 지도로 경쟁 제품과의 비교분석, 방향성 등에 대한 것을 한눈에 알 수 있는 것은?

21년 1회

① 포지셔닝 맵
② 트랜드 맵
③ 셰어 맵
④ 시장 세분화

02 마케팅 믹스를 통하여 소비자들에게 자사 제품의 정확한 위치를 인식시키기 위하여 자사 제품과 경쟁 제품의 위치를 2, 3차원 공간에 작성한 지도는?

19년 3회

① 크레이즈 맵
② 포지셔닝 맵
③ 버츄얼 맵
④ 커뮤니케이션 맵

03 마케팅조사 방법에서 실사방법이 아닌 것은?

03년 3회

① 우편조사법
② 전화면접법
③ 개인면접법
④ 비디오미터법

04 시장조사 방법에서 질적 조사 방법에 해당하는 것은?

03년 3회

① 전화면접법
② 개별면접방법
③ 우편질문지법
④ 심층면접방법

05 웹 기획에서 고객의 의사가 잘 반영되었는지의 여부를 알기 위하여 시장조사를 실시한다. 이러한 시장조사 시에 주의할 점으로 옳은 것은?

09년 1회

① 개별적인 인터넷 비즈니스 업체의 성과보고서에 의존하여야 한다.
② 국내 시장 환경을 끊임없이 주시하고 분석하여야 한다.
③ 한 가지 시장조사 방법을 노하우로 사용하여야 한다.
④ 외국에서 성공한 사례들을 반드시 받아들여야 한다.

마케팅 믹스란 마케팅 효과를 극대화시키기 위한 작업이다. 다음 중 마케팅 믹스의 구성 요소가 아닌 것은?

08년 1회, 05년 1회

① 제품(Product)
② 가격(Price)
③ 촉진(Promotion)
④ 서비스(Service)

| 정답 | ④

한 줄 요약

마케팅 믹스는 마케팅 4P라고 하며 마케팅 전략을 구성하는 네 가지 핵심 요소를 말한다. 4P를 효과적으로 관리함으로써 기업은 고객의 요구와 선호도에 맞는 마케팅 믹스를 생성하여 성공적인 마케팅 전략을 수립할 수 있다.

족집게 과외

1. 마케팅 믹스 4P

❶ 제품(Product)

▶ 기업이 목표 시장에 제공하는 유형 또는 무형의 제품을 말하며, 제품과 관련된 서비스 등의 요소를 포함한다.

〈제품의 수명 주기(Product Life Cycle ; PLC)〉

제품이 시장에 도입된 후 시간이 경과함에 따라 매출액이 변화해가는 과정을 단계로 나눈 것이다.

도입기 (Introduction Stage)	새로운 제품이 시장에 처음 도입되는 시기로 고객은 대개 혁신층이며 고가 정책을 쓸 수 있다.
성장기 (Growth Stage)	소비자의 인지도가 증가하여 생산수요가 급격히 증가하는 단계로 시장은 점차 커지고 경쟁자가 생긴다.
성숙기 (Maturity Stage)	• 제품의 판매량이 정체하는 시기로 판매량이 줄지도 늘지도 않게 된다. • 경쟁자의 포화상태로 경쟁이 극심해져 많은 마케팅 비용이 지출되고 다른 경쟁자와의 차별화에 집중한다.
쇠퇴기 (Decline Stage)	제품의 판매량이 급감하는 시기이다.

❷ 가격(Price)

고객이 제품이나 서비스에 지불하는 금액으로, 적절한 가격 결정은 생산 비용, 경쟁, 시장 수요 및 고객이 인지하는 가치 등의 요소를 고려한다.

❸ 유통(Place)

유통 채널, 물류 수송, 재고 관리 등을 통해 고객이 적절한 장소와 시간에 제품을 사용할 수 있도록 하는데 목적이 있다.

❹ 촉진(Promotion)

제품의 인지도를 높이고 관심을 불러일으키기 위해 수행되는 활동으로 광고, 판촉, 홍보 및 기타 판촉 전략을 포함한다.

01 마케팅 믹스(Marketing Mix)의 구성 요소가 아닌 것은?

21년 1회

① 제품(Product)
② 가격(Price)
③ 촉진(Promotion)
④ 서비스(Service)

02 다음 중 마케팅 믹스(Marketing Mix)의 요소가 아닌 것은?

05년 3회

① 판매(Sale)
② 제품(Product)
③ 유통(Place)
④ 가격(Price)

03 제품 수명 주기에 따른 시장 규모와 마케팅 전략에서 고객은 대개 혁신층이며 고가 정책을 쓸 수 있는 시기는?

22년 1회

① 도입기
② 성장기
③ 성숙기
④ 쇠퇴기

04 제품의 라이프 사이클(Product Life Cycle)은 제품이 시장에 도입된 후 시간이 경과함에 따라 매출액이 변화해가는 과정을 단계로 나눈 것이다. 다음 중 소비자의 인지도가 증가하여 생산수요가 급격히 증가하는 단계는?

18년 3회, 09년 3회

① 성장기
② 성숙기
③ 경쟁기
④ 도입기

05 다음 내용은 제품 수명 주기의 단계에서 어느 시기인가?

20년 3회, 18년 2회, 09년 1회

> 제품이 중간 다수층에게 수용됨으로써 매출 성장률이 둔화하는 시기로 판매량이 줄지도, 늘지도 않는 시기이다. 이 단계에서는 경쟁에 대응하여 많은 마케팅의 비용이 지출되고 제품의 가격을 낮추기 때문에 이익이 정지 또는 감소하기 시작되어 경쟁은 극심해지고 경쟁자는 일부 감소된다.

① 도입기(Introduction Stage)
② 성장기(Growth Stage)
③ 성숙기(Maturity Stage)
④ 쇠퇴기(Decline Stage)

인터넷 마케팅의 4C에 해당되지 않는 것은?　　　　　　　　　　20년 3회, 05년 1회, 02년 12월

① 상거래(Commerce)　　　　　　　　　　② 공동체(Community)

③ 고객(Customer)　　　　　　　　　　　④ 커뮤니케이션(Communication)

|정답| ③

한 줄 요약

- 전통적인 마케팅 4P 개념으로는 현대의 소비자를 설득하기 어렵다는 관점에서 새로운 패러다임인 마케팅 4C가 등장하였다.
- 마케팅 4P가 기업 중심적 관점이라면, 마케팅 4C는 고객의 요구 사항과 선호도를 충족하는 데 중점을 둔 고객 중심적 관점에서의 마케팅 전략이다.

족집게 과외

1. 마케팅 4C

❶ 소비자(Consumer)

제품을 구매하는 개인이나 그룹으로, 소비자의 욕구와 필요를 이해하는 데 중점을 둔다.

❷ 비용(Cost)

소비자가 제품이나 서비스를 이용하기 위해 지불해야 하는 전체적인 비용으로, 소비자가 받아들일 수 있는 비용을 이해하고 최소화하는 것이 중요하다.

❸ 편의성(Convenience)

구매에 편리함을 느끼도록 서비스를 강화하는 전략이다.

❹ 소통(Communication)

제품이나 서비스에 대한 정보를 소비자에게 효과적으로 전달하기 위한 기업과 개인의 양방향 소통을 뜻한다.

2. 인터넷 마케팅 4C

인터넷 마케팅에서 사용되는 4C 모델은 기존의 마케팅 4C와는 약간 다른 요소를 포함하고 있다.

❶ 콘텐츠(Contents)

인터넷에서 생성되고 공유되는 디지털화된 정보와 리소스 및 미디어이다.

❷ 소통(Communication)

광고, 홍보, 소셜 미디어, 직접적인 고객 관계 등 다양한 방식으로 이루어질 수 있다.

❸ 공동체(Community)

공통 관심사를 공유하고 참여하며 브랜드와 상호 작용하는 개인의 네트워크이다.

❹ 상거래(Commerce)

웹 사이트, 모바일 앱 또는 기타 디지털 채널을 통한 상품 판매 관련 거래이다.

더 알아보기

인터넷 비즈니스 모델

C to C	C2C, Customer to Customer, 소비자 간 전자상거래
C to B	C2B, Customer to Business, 소비자와 기업 간 전자상거래
B to B	B2B, Business to Business, 기업 간 전자상거래
B to G	B2G, Business to Government, 기업과 정부기관 간 전자상거래
O to O	O2O, Online to Offline, 온라인과 오프라인을 연결하는 방식

01 인터넷 비즈니스 모델의 구성 요소 중 일부이다. 올바른 설명이 아닌 것은? _18년 1회_

① Contents : 웹 사이트가 가지고 있는 디지털화된 정보
② Customization : 개별 사용자를 위한 맞춤화 서비스
③ Commerce : 웹상에서 이뤄지는 상품 판매 관련 거래
④ Communication : 자신들의 공통 관심사에 대하여 의견과 정보를 교환하는 사용자 간의 비공식적인 공동체

03 인터넷 비즈니스 모델 중 C to B를 가장 올바르게 표현한 것은? _05년 3회_

① Commerce to Business
② Customer to Business
③ Commerce to Buy
④ Customer to Buy

02 E-Commerce 모델에 대한 설명으로 적합하지 않은 것은? _18년 2회_

① E-mail을 무료로 주어 회원을 대상으로 하는 모델이다.
② 전자상거래 방식의 기본 모델형이라고 볼 수 있다.
③ 인터넷 비즈니스와 함께 주로 사용되는 형태이다.
④ 그 종류로는 B to B, B to C, C to C와 같은 모델이 있다.

해설
E-Commerce는 전자상거래, 온라인 상거래를 뜻한다.

04 온라인과 오프라인 소비채널을 융합한 마케팅을 통해 소비자의 구매를 촉진하는 새로운 비즈니스 모델은? _18년 1회_

① O2O(Online to Offline)
② Open Market
③ Closed Market
④ Complex Market

TV 광고의 장점으로 가장 적절하지 않은 것은?

19년 3회

① 시각과 청각을 결합하여 동적으로 제시할 수 있다.
② 타 매체에 비해 수용자의 규모가 커서 광고의 효과가 높다.
③ 시청자의 특성을 반영한 광고 집행이 가능하다.
④ 다른 매체에 비해 광고제작비와 광고료가 저렴하여 광고주의 부담이 적다.

| 정답 | ④

족집게 과외

1. 광고매체의 특성

❶ TV 광고

▶ TV는 대중적인 매체로서 타 매체에 비해 수용자에게 많은 광고를 노출할 수 있어 광고 효과가 높다.

▶ 시각적 요소와 오디오 요소를 결합한 동적인 정보를 제시하여 시각과 청각을 통해 효과적으로 전달할 수 있으며, 다양한 광고 형식을 통해 대상 시청자의 특성에 맞게 가장 적합한 광고의 집행이 가능하다.

▶ TV 광고는 고비용이지만 시청자들이 TV 광고를 보는 동안 다른 일을 하거나, 채널을 바꿀 수도 있기 때문에 비싼 비용에 비해 광고 효과가 떨어질 수 있다.

TV 광고의 분류	
프로그램 광고	프로그램 전, 후에 하는 광고
스팟(Spot) 광고	프로그램 중간에 넣는 짧은 광고
특집광고	특정한 주제나 이벤트를 위해 만들어진 광고
자막광고	프로그램 중간에 자막을 넣어 하는 광고
로컬광고	특정 지역을 대상으로 하는 광고

❷ 신문 광고

▶ 오디오 요소가 결합되어 동적인 정보를 제시하는 TV와는 달리 신문은 시각적 효과만을 전달하는 정적인 정보매체이다.

▶ 신문 광고는 기간이 제한된 TV 광고보다 수명이 긴 경향이 있어서 통계자료를 이용하는 등 자세한 내용을 알릴 수 있고 정보로서의 신뢰도가 높다.

▶ 전국지, 지방지, 경제지, 스포츠지 등 신문유형이 다양하고, 거의 매일 발행되기 때문에 광고주의 매체 선택이 용이하며, 광고주의 요구에 따라 즉각적인 광고가 가능하다.

▶ 규격이 다양하므로 적은 예산으로 효율적인 광고를 할 수 있으며 직업, 소득, 연령층에 관계없이 여러 독자층에게 어필할 수 있다.

❸ 잡지 광고

▶ 신문에 비해 구독률은 낮으나 잡지별 독자층이 뚜렷하게 구분되어 명확한 독자층을 선택할 수 있다.

▶ 고품질의 인쇄가 가능하여 독자들에게 고급스러운 이미지와 세련된 브랜드 이미지를 줄 수 있다.

▶ 잡지는 장기간 보관하는 경향이 있어 신문에 비해 유통 기한이 더 길어 구매 주기가 긴 브랜드에 유리하다.

01 TV 광고 중 프로그램 중간에 삽입되는 광고는?

18년 3회

① 로컬(Local) 광고
② 네트워크(Network) 광고
③ 프로그램(Program) 광고
④ 스팟(Spot) 광고

해설
스팟(Spot) 광고
라디오나 텔레비전 방송에서, 프로그램 사이 또는 프로그램 진행 중에 하는 짧은 광고

03 신문 광고에 관한 설명으로 틀린 것은?

18년 3회

① 시간과 공간을 극복하여 새로운 소식을 전달하는 인쇄 매체로서 특정한 독자층을 형성할 수 있어 정보의 생명력이 매우 길다.
② 정보로서의 신뢰도가 높고 상품에 대한 통계자료를 이용하여 자세한 내용을 알릴 수 있다.
③ 대부분의 신문은 매일 발간되기 때문에 광고주의 요구에 따라 즉각적인 광고가 가능하다.
④ 직업, 소득, 연령층에 관계없이 여러 독자층에게 어필할 수 있으며 매체의 도달 범위가 매우 넓다.

02 다음 중 우리나라 텔레비전 광고의 유형이 아닌 것은?

19년 3회, 17년 2회

① 프로그램 광고
② 스팟(Spot) 광고
③ 특집광고
④ 네온사인 광고

04 신문 광고와 비교하여 잡지 광고가 가지는 특성으로 가장 적절한 것은?

20년 1 · 2회

① 자료보관이 어렵고 회람률이 낮다.
② 매일매일의 시리즈 광고에 적합하다.
③ 관심분야에 따른 독자층을 선택할 수 있다.
④ 구독률이 매우 높아 광고의 안정성이 높다.

소비자의 생활 유형(Life Style)에서 소비자 행동에 영향을 미치는 요인이 아닌 것은?   05년 1회, 02년 12월

① 문화적 요인
② 활동적 요인
③ 심리적 요인
④ 사회적 요인

해설
소비자 행동이란 제품이나 서비스의 구매 등과 관련된 소비자 의사결정 과정에서 나타나는 행동을 말한다.

| 정답 | ②

족집게 과외

1. 소비자 행동

❶ 소비자 행동에 영향을 미치는 요인

ㄱ 심리적 요인 : 소비자의 태도, 동기, 욕구 등
ㄴ 사회적 요인 : 준거집단, 가족 등
ㄷ 문화적 요인 : 지역사회에서 행동하는 방식
ㄹ 개인적 요인 : 연령 및 수명주기 단계, 직업 등
ㅁ 경제적 요인 : 소비자의 소득 수준 등

❷ 소비자 의사 결정 과정

ㄱ 문제의식 : 제품이나 서비스에 대한 필요성이나 욕구를 인식한다.
ㄴ 정보탐색 : 웹검색을 하거나 상점을 방문하는 등 제품이나 서비스에 대한 정보를 수집한다.
ㄷ 대안평가 : 정보탐색을 통해 얻어진 정보를 기반으로 어떤 것을 선택할지 평가한다.
ㄹ 구매결정
ㅁ 구매 후 행동 : 제품에 대해 만족한 경우 긍정적 입소문을 내거나 재구매로 이어지고, 불만족한 경우 불평 행동이 나타나거나 다른 브랜드로 전환할 수 있다.

❸ 소비자 구매 과정

소비자 구매 과정이란 제품을 구매할 때 거치는 심리적인 과정을 말한다.
ㄱ 주의 : 특정 제품이나 브랜드에 주의가 환기된다.
ㄴ 흥미 : 관심이 유발된다.
ㄷ 욕망 : 제품에 대한 욕구 또는 강한 성향을 갖게 된다.
ㄹ 기억 : 욕망을 갖게 된 후 지속적으로 기억된다.
ㅁ 행동 : 구매결정과 구매 후 행동

01 다음은 소비자 의사결정의 각 단계별 항목이다. 순서대로 바르게 나열된 것은? *17년 3회*

> ㉠ 대안평가
> ㉡ 구매결정
> ㉢ 문제인식
> ㉣ 정보탐색
> ㉤ 구매 후 행동

① ㉢ → ㉠ → ㉣ → ㉡ → ㉤
② ㉣ → ㉠ → ㉢ → ㉡ → ㉤
③ ㉢ → ㉣ → ㉠ → ㉡ → ㉤
④ ㉣ → ㉢ → ㉠ → ㉡ → ㉤

02 소비자 구매 과정을 바르게 나열한 것은? *20년 1 · 2회*

① 주의 → 흥미 → 욕망 → 기억 → 행동
② 흥미 → 욕망 → 기억 → 행동 → 주의
③ 주의 → 욕망 → 기억 → 흥미 → 행동
④ 욕망 → 흥미 → 행동 → 주의 → 기억

03 사용자의 일정한 액션에 대해 즉각적으로 반응하는 것을 무엇이라 하는가? *09년 1회*

① 보 상
② 피드백
③ 성 취
④ 흥 미

04 유행성을 설명하는 용어로 경향이나 동향, 추세 또는 단기간 지속되는 변화나 현상을 의미하는 것은? *20년 1 · 2회*

① 트렌드(Trend)
② 세그먼트(Segment)
③ 크레이즈(Craze)
④ 마케팅(Marketing)

05 다음 중 기업의 제품이 시장에서 차지하고 있는 시장점유율을 뜻하는 것은? *05년 3회*

① 광고 점유율
② 제품 점유율
③ 마켓 셰어(Market share)
④ 마인드 셰어(Mind share)

아이디어 발상에 대한 설명으로 적합하지 않은 것은? 22년 1회, 17년 2회

① 생각하거나 미루어 짐작하는 것
② 사실을 전제로 새로운 사실을 만드는 것
③ 궁극적인 효과를 제시하고 분석하는 것
④ 체계적인 사고방법에 의해 훈련되는 것

| 정답 | ③

한 줄 요약

아이디어 발상이란 자유로운 상상력을 발휘하여 새롭고 창의적인 아이디어를 창출하는 것이다. 아이디어 정립은 체계적인 사고방법에 의해 훈련되고 향상되지만, 자유롭고 창의적인 사고와 균형을 맞추는 것이 중요하다.

족집게 과외

1. 아이디어 발상법

❶ 브레인스토밍(Brainstorming)

- ▶ 알렉스 오스본(Alex F. Osborn)이 창시하여 '오스본법'이라고도 한다.
- ▶ 5~7명의 소수 집단이 참여하며 고정관념을 배제하고 떠오르는 아이디어를 자유롭게 공유하고 기록한다.
- ▶ 초기에는 질보다는 양에 중점을 두며 아이디어에 대한 비판과 평가는 하지 않는다.
- ▶ 자신의 생각과 아이디어를 편안하게 표현할 수 있는 협력적이고 비제한적인 환경이 중요하다.

❷ KJ법

- ▶ 일본의 카와키타 지로(Kawakita Jiro)가 창시한 아이디어 발상법으로 창시자의 앞글자를 따서 KJ법으로 부른다.
- ▶ 주제에 따른 정보를 카드나 포스트잇에 적어서 직감적으로 관계가 있다고 생각되는 것들을 그룹핑하여 표제화하는 방법으로 아이디어를 체계적으로 구조화한다.
- ▶ 아이디어들의 상호관계성이 뚜렷해지는 과정 중에서 새로운 아이디어를 발견하게 되는 가설 발견 방법이다.

❸ 시네틱스(Synetics)법

- ▶ 1944년 윌리엄 고든(William J.J. Gordon)이 창시한 아이디어 발상법이다.
- ▶ 시네틱스(Synetics)란 그리스어 Synectikos에서 파생된 단어로 'syn-'은 '함께'를 의미하고, 'ectikos'는 '결합'을 의미한다.
- ▶ 서로 관련성이 없는 2개 이상의 요소를 결합하거나 유추하는 합성 과정을 통해 창의적으로 문제를 해결한다.

❹ 고든법

- ▶ 브레인스토밍과 유사한 방법이지만 명확한 주제가 아닌 컨셉이나 키워드만을 제시하여 자유로운 토론과 기발한 아이디어를 유도한다.
- ▶ 사회자 외에는 아무도 주제를 모르는 상태로 자유롭게 토론하고 회의를 진행하는 사회자의 역할이 중요하다.

더 알아보기

고든법을 창시한 고든이 시네틱스법을 창시한 윌리엄 고든과 동일인이기 때문에 혼동될 수 있으나, 시네틱스법은 서로 관련 없는 두 요소를 비교하여 새로운 아이디어를 발상하는 방법이고, 고든법은 문제 해결을 위해 다양한 관점에서 원인을 찾아내는 방법으로 시네틱스법과 고든법은 다른 개념이다.

01 대표적인 아이디어 발상기법의 하나로 5~7명의 집단이 최적이며, 일정한 규칙을 지켜가며 전원이 자유롭게 의견을 내는 기법은?

18년 2회, 09년 1회, 05년 1회

① 자유연상법
② 유비법
③ 브레인스토밍
④ 전문가시스템

02 브레인스토밍에 대한 설명으로 옳은 것은?

21년 1회

① 아이디어의 양보다는 질을 중시한다.
② 민주적인 형식으로 자유롭게 아이디어를 제시할 수 있다.
③ 구성원들이 제한된 범위에서만 의견을 개진할 수 있다.
④ 다른 사람의 아이디어를 비판하여 새로운 아이디어를 도출시킨다.

03 브레인스토밍법에 대한 설명으로 가장 적절한 것은?

19년 1회

① 2개 이상의 것을 결합하여 합성한다는 의미이다.
② 고정관념을 배제하고 수용적인 분위기에서 많은 아이디어를 찾아내기 위한 방식이다.
③ 사전적으로 '끝장을 보는 회의'라는 뜻으로 GE의 잭웰치(John Frances Welch Jr.) 전 회장이 기업 문화 혁신을 위한 수단으로 주창했다.
④ 개개의 사실이나 정보를 직관적으로 연계하는 것이다.

04 아이디어 발상기법 중 브레인스토밍에 대한 설명으로 거리가 가장 먼 것은?

09년 3회

① 집단 기법으로 5~7명이 적당하다.
② 자유롭게 발언하며, 모든 것을 기록한다.
③ 자유로운 발상을 위해 리더는 필요 없다.
④ 내용의 평가는 독자성과 실현 가능성 또는 아이디어끼리의 결합에 중점을 둔다.

05 디자인을 위한 아이디어 발상법과 그 내용이 잘못된 것은?

17년 3회

① 브레인스토밍은 거침없이 생각하여 말을 하도록 하는 방법으로 폭넓은 사고를 통하여 우수한 아이디어를 얻도록 하는 것이다.
② 고든법이란 가장 구체적으로 문제를 설명하여 주고 자유로운 토론을 유도하는 방법이다.
③ 시네틱스법(Synetics)이란 서로 관련이 없어 보이는 것들을 조합하여 2개 이상의 것을 결합하거나 합성하는 방법으로 Idea를 발상하는 방법이다.
④ KJ법이란 가설 발견의 방법으로 사실이나 정보를 듣고 직감적으로 관계가 있다고 느끼는 것을 말하는 것이다.

아이디어 발상 단계에서 행하는 스케치 표현 방법 중 가장 초보적인 단계로, 구상된 아이디어나 이미지를 간략하게 그리며, 컬러링이나 세부적인 묘사는 생략하고 이미지나 구성을 중심으로 그리는 방법은 무엇인가?

04년 3회

① 스크래치 스케치
② 러프 스케치
③ 스타일 스케치
④ 렌더링

| 정답 | ①

한 줄 요약

• 아이디어 스케치란 도출된 아이디어를 효율적으로 전달하는 것으로 대략적인 초기 스케치를 반복적으로 개선하는 과정을 통해 다듬고 발전시켜간다.
• 아이디어 스케치는 매우 유연하고 창의적인 작업으로 스케치 순서는 특정 요구 사항과 선호도에 따라 단계가 달라질 수 있다.

족집게 과외

1. 아이디어 스케치의 종류

❶ 스크래치 스케치(Scratch Sketch)

▶ Scratch는 '갈겨 쓰다'라는 의미로 아이디어 발상 초기의 스케치를 말한다.
▶ 세부적인 묘사는 생략하고 이미지나 구성을 중심으로 간략하게 그리는 스케치이다.

❷ 썸네일 스케치(Thumbnail Sketch)

아이디어를 신속하고 간략하게 그리는 스케치로 아이디어나 개념을 단순화된 형태로 포착하기 위해 쓰인다.

❸ 러프 스케치(Rough Sketch)

▶ 레이아웃과 형태를 나타내기 위한 스케치로 선그리기, 음영, 질감, 색상 등을 대략적으로 표현한다.
▶ 선으로 형태를 표현하고 간단한 질감 표현을 병행하여 효과적인 입체표현을 할 수 있다.

❹ 스타일 스케치(Style Sketch)

아이디어 스케치 중 가장 섬세하고 정밀한 스케치로 형태, 질감, 패턴, 색상 등 여러 각도의 정확한 스케치가 필요하다.

01 아이디어 발상 초기 단계의 스케치를 말하며 정확도가 요구되지 않는 가장 불완전한 스케치를 무엇이라 하는가? 19년 1회

① 스타일 스케치
② 스크래치 스케치
③ 렌더링 스케치
④ 프로토타입 스케치

해설

• 프로토타입 스케치(Prototype Sketch)는 제품 디자인, 산업 디자인 및 엔지니어링과 같은 분야에서 자주 사용되는 스케치로 프로토타입(Prototype, 서비스의 테스트를 위한 최종 시뮬레이션, 시제품)의 개념과 기능을 시각적으로 전달한다.
• 프로토타입 스케치는 전반적인 디자인 방향을 명확히 하는 데 도움이 되며 추가 개발 및 개선을 위해 사용한다.

02 썸네일 스케치(Thumbnail Sketch)에 대한 설명으로 옳은 것은? 20년 1 · 2회

① 표현대상의 특징과 성질 등을 사진처럼 세밀하게 그리는 스케치
② 아이디어를 간략하고 신속하게 그리는 과정으로 전체의 구상이나 이미지를 포착하기 위하여 프리핸드(Free Hand)로 그리는 스케치
③ 최종 결과물을 보여주는 자세한 스케치
④ 형상, 재질, 패턴, 색채 등을 정확하게 그리는 스케치

03 디자인 전개 과정 중 각 디자인의 요소 및 크기나 배치 관계를 나타내기 위해, 일반적으로 선 그리기, 간단한 음영, 재질 표현을 같이 사용하여 대략적으로 표현하는 것은? 14년 3회

① 스토리 보드
② 러프 스케치
③ 레이아웃
④ 스타일 스케치

04 다음 중 스케치의 종류 중 러프 스케치(Rough Sketch)에 대한 설명으로 틀린 것은? 10년 1회, 02년 12월

① 일반적으로 대략적인 스케치를 말한다.
② 전체 및 부분에 대한 형태, 색상, 질감 등의 정확한 스케치를 요구한다.
③ 선에 의한 표현 및 간단한 재료표현을 병행함으로써 효과적인 입체표현을 한다.
④ 조형적인 부분과 구상에 대한 아이디어를 비교 및 검토하기 위한 스케치이다.

05 스케치 중 가장 정밀한 스케치로 외관의 형태, 컬러, 질감 등을 표현한 것은? 16년 2회

① 스타일 스케치
② 스크래치 스케치
③ 러프 스케치
④ 아이디어 스케치

현실이나 상상 속에서 제안되거나 계획된 일련의 사건들에 대한 개략적인 줄거리를 일컫는 말로, 스토리 보드를 작성하는 데 토대가 되는 것은? 18년 3회

① 시나리오
② 플로우차트
③ 가상현실
④ 디지털 스토리텔링

해설
- 시나리오(Scenario)를 작성하는 목적은 콘텐츠를 효과적으로 전달하는 동시에 콘텐츠 제작자를 위한 로드맵 역할을 하기 위해서이다.
- 시나리오 작성에는 특정한 형식이 필요하며 창의성, 세부 사항에 대한 관심, 다양한 관점에서 생각하는 능력이 필요하다.

| 정답 | ①

족집게 과외

1. 시나리오

❶ 시나리오의 전개 과정
㉠ 발단(Exposition)
배경 설정, 상황 소개, 등장인물 관계 설정
㉡ 전개(Complication)
사건이 발전하면서 복잡해지고 인물 간 갈등 발생
㉢ 위기(Crisis)
갈등이 증폭되면서 위기와 불안 고조
㉣ 절정(Climax)
갈등과 대립이 최고조에 달함, 반전 포함
㉤ 결말(Ending)
갈등 해소, 시나리오의 주제가 분명하게 드러나는 단계

❷ 시나리오의 구성 형식
㉠ 직선식 구성(선형 구성)
- 일련의 사건들이 시간의 순서대로 순차적으로 구성되는 형식이다.
- 처음 사건이 다음 사건의 원인이 되고, 다시 두 번째 사건이 다음 사건의 원인이 된다.
- 주로 드라마나 영화에서 사용한다.

㉡ 순환식 구성
일반적인 시나리오의 전개 과정을 따르지 않고 사건의 시작과 끝이 서로 연결되어 원형(Circle)의 고리를 이루는 형식이다.
㉢ 나열식 구성
- 서로 연관이 없는 독립된 사건들이 다른 구성의 사건과 연결되어 나란히 전개되는 형식이다.
- 주로 역사극이나 역사 다큐멘터리에서 사용한다.
㉣ 결승식 구성
- 사건의 과거와 현재를 교차시키면서 병행 전개하는 복합적 구성이다.
- 처음 사건이 진행되는 도중 세 번째 사건이 전개되거나, 세 번째 사건 도중에 다시 처음 사건이 끼어드는 형식이다.
- 주로 추리극이나 싸이코 드라마에서 사용한다.

❸ 시나리오의 구성 요소
㉠ 인서트(Insert) : 삽입장면
㉡ 모티브(Motive) : 사건 발생의 동기
㉢ 에필로그(Epilogue) : 영화의 본 내용 뒤에 보여지는 해설
㉣ 프롤로그(Prologue) : 영화의 내용을 소개하는 도입 부분
㉤ 내러티브(Narrative) : 스토리의 구성
㉥ 내레이션(Narration) : 줄거리나 감정 등을 설명하는 대사

01 작품의 주제, 사건, 장면, 대사 등을 일정한 영화적 구성하에 써 놓은 것은?　10년 1회

① 프로그래밍 차트
② 그래픽 인터페이스
③ 시나리오
④ 기획서

02 시나리오 평가에 있어서 검토해야 할 항목으로 거리가 가장 먼 것은?　07년 1회

① 시장성　　② 독창성
③ 모호성　　④ 기획성

03 시나리오 구성 요소와 설명이 바르게 연결된 것은?　21년 3회, 18년 1회

① 모티브(Motive) – 삽입장면
② 프롤로그(Prologue) – 영화의 본 내용 뒤에 보여지는 해설
③ 내러티브(Narrative) – 스토리의 구성
④ 내레이션(Narration) – 영화의 내용을 소개하는 도입 부분

04 시나리오의 구성 형식 중 직선식 구성에 대한 설명으로 가장 올바른 것은?　08년 3회, 05년 3회

① 주로 추리극이나 싸이코 드라마에서 볼 수 있는 구성이다.
② 이야기의 전개가 처음 사건이 다음 사건의 원인이 되고, 다시 두 번째 사건이 다음 사건의 원인이 되는 형식으로 이루어진다.
③ 첫 번째 이야기의 전개 중 세 번째 이야기가 나오고, 다시 세 번째 이야기의 전개 중 첫 번째 이야기가 나오는 구성을 보인다.
④ 이야기 구성이 순서가 정해져 있지 않고 즉흥적으로 이루어진다.

05 이야기가 순서대로 전개되지 않는 방식으로 추리극이나 싸이코 드라마에 주로 사용되는 시나리오의 구성 형식은?　05년 1회, 02년 12월

① 직선식 구성
② 나열식 구성
③ 선형 구성
④ 결승식 구성

06 멀티미디어 시나리오 테마 결정 시 구성되는 표현 중 가장 거리가 먼 것은?　08년 3회, 06년 1회, 02년 12월

① 표현의 간결성
② 표현의 친밀성
③ 표현의 주체성
④ 표현의 추상성

해설
멀티미디어 시나리오 테마란 멀티미디어 시나리오에서 다루는 주제와 관련된 표현을 뜻한다. 이는 멀티미디어 요소들을 조합을 통해 시나리오의 주제를 정의하고 전달하는 데에 목적이 있다.

기획서 작성에 대한 설명으로 틀린 것은?

17년 3회

① 표지는 기획서를 읽는 사람이 기획서와 처음 접하는 페이지로서 컬러와 디자인 감각을 적극 도입한다.

② 플로차트(Flowchart)는 기획된 내용들을 각 모듈과 모듈별, 개념과 개념의 상관관계, 내용구성의 로직을 한 눈에 볼 수 있도록 작성한다.

③ 안건에 대한 개선이나 문제점을 해결하기 위해 방향성을 제시하면서 개선안에 대한 구체적인 방안을 모색하여 방법을 제시한다.

④ 스토리보드는 전체구성도로서 기입에는 코드명 형식을 사용한다.

| 정답 | ④

족집게 과외

1. 기획서와 제안서

구 분	기획서	제안서
목 적	대상을 설득하여 프로젝트가 채택되게 하는 것	
정 의	프로젝트를 어떻게 진행할 것인가에 대한 계획을 정리한 자료	새로운 프로젝트 개발 제안을 정리한 자료
주요 대상	조직 내부	외부 고객
규 격	정해진 서식	자유로운 형식
특 징	문제 해결 중심	설득 중심

2. 기획서 작성 시 유의사항

❶ 요점 강조

요점을 명확히 강조하여 읽는 이가 핵심 내용을 파악할 수 있도록 하며 서술은 간결하고 명료하게 표현한다.

❷ 목적 및 목표 작성

프로젝트의 목적과 목표를 명확하게 제시한다.

❸ 그림 및 일러스트 활용

그림과 일러스트레이션은 복잡한 개념을 보다 쉽게 이해시킬 수 있는 강력한 도구이다.

❹ 명료한 문장 구성

기술 용어나 전문 용어는 적절한 설명하는 등 문장의 의미를 명료하게 전달한다.

3. 제안서의 구조

❶ 제안의 내용

프로젝트의 목적, 필요성, 범위, 기대 결과, 일정, 예산, 리스크 등에 대한 정보를 제공한다.

❷ 개발 조작과 역할

프로젝트를 수행할 구성원의 역할, 업무 분담, 협업 방식, 소통 계획 등에 대한 세부 내용을 제공한다.

❸ 회사 소개

제안한 프로젝트를 수행할 조직이나 업체에 대한 소개를 한다.

❹ 비용 및 예산

프로젝트를 수행하는 데 필요한 전체 비용을 세부적으로 제시한다.

❺ 일정 계획

프로젝트의 일정을 명시하여 언제 어떤 작업이 이루어질지를 상세하게 설명한다.

❻ 프로젝트 관리 방안

프로젝트를 어떻게 관리할 것인지에 대한 방안을 소개한다.

❼ 협력사 및 제휴사 소개

협력사 또는 제휴사의 역할과 기여에 대해 설명한다.

❽ 결론 및 제안서 수락 방안

제안서를 읽은 이해관계자가 어떻게 제안을 수락할 수 있는지에 대한 절차와 방법을 기술한다.

01 다음 중 기획서 작성 시 유의사항과 거리가 먼 것은?

07년 3회

① 요점을 알 수 있도록 쓰기보다 서술형으로 기록한다.
② 기획의 목적, 목표를 명확하게 작성한다.
③ 그림, 일러스트레이션을 효과적으로 사용한다.
④ 문장의 의미를 명료하게 쓰도록 한다.

02 멀티미디어 프로젝트 참여를 위한 기획서를 제작할 때 가장 주의할 점은?

08년 3회, 05년 3회

① 고객 요구사항 파악
② 기획서 파일 종류
③ 새로운 기술 제시
④ 계약 기간

03 제안서 작성에 포함되어야 할 내용으로 거리가 먼 것은?

22년 1회

① 개발 완료 보고서
② 제안의 내용
③ 개발 조작과 역할
④ 회사 소개

04 제작하려는 콘텐츠의 사용자 요구의 수용, 제작 목표의 반영 등이 적절히 이루어질 수 있는지 등 각종 기획방향을 의사결정권자에게 확인하는 절차는?

21년 3회

① 프레젠테이션
② 내용제작
③ 정보디자인
④ 인터렉션 디자인

해설

프레젠테이션은 발표자가 주제에 대해 설명하고 시각적인 자료를 활용하여 의사결정권자에게 전달하는 것이다. 프레젠테이션은 주로 강의나 세미나에서 사용되며, 준비 과정에서 발표 내용과 시각적인 자료를 함께 고려해야 한다.

05 디자인 시안을 클라이언트에게 설명하는 프레젠테이션 문서를 작성할 때 주의할 사항으로 옳지 않은 것은?

19년 1회

① 지나친 멀티미디어 요소는 피한다.
② 문서의 가독성을 고려한다.
③ 설명에 대한 글은 반드시 슬라이드로 보여주는 것이 좋다.
④ 발표 내용과 연관된 그래픽 이미지, 사운드, 영상 등의 자료를 활용한다.

다음 중 콘텐츠 제작과정이 아닌 것은?

21년 1회, 17년 3회

① 프로덕션(Production)
② 프리 프로덕션(Pre-Production)
③ 포스트 프로덕션(Post-Production)
④ 애프터 프로덕션(After-Production)

∥정답∥ ④

족집게 과외

1. 콘텐츠 제작과정

❶ 프리 프로덕션(Pre-Production)

▶ 사전작업으로 불리며 제작 초기 단계에서 영상에 필요한 계획을 하고 준비하는 과정이다.

▶ 시나리오 및 스토리보드 작성, 예산 및 일정계획, 캐스팅, 촬영 장소섭외, 스태프와 장비 확보 등을 한다.

❷ 프로덕션(Production)

▶ 촬영을 하는 과정이다.

▶ 실내촬영, 세트촬영 등으로 나뉘며 일반적으로 제작, 연출, 촬영, 미술, 녹음 등의 스태프들을 동원한다.

❸ 포스트 프로덕션(Post-Production)

▶ 후반작업으로 불리며 촬영된 결과를 바탕으로 사운드와 영상을 편집, 합성하는 과정이다.

▶ CG, 특수효과, 음향 녹음, 색 보정 등을 진행한다.

❹ 애프터 프로덕션(After-Production)

Post-Production 이후의 추가적인 작업 과정이다.

더 알아보기

Post-Production은 촬영 후 편집하는 모든 단계를 포함하며 Post-Production 이후 필요한 경우에 After-Production을 진행한다.

01 Post Production의 제작과정이 아닌 것은?

17년 3회

① 채 색
② 특수효과
③ 녹 음
④ 프린트

기출유형 01 ▶ 웹 디자인

웹 디자인 과정에서 고려해야 할 사항으로 틀린 것은? 　　　　　21년 1회

① 클라이언트의 요구와 기획을 바탕으로 한다.
② 웹 사이트 목적과 상관없이 최신 유행하는 인터페이스를 적용한다.
③ 사이트 맵을 통해 구조를 파악할 수 있도록 한다.
④ 기획서와 조사된 자료들을 숙지한 상태에서 디자인한다.

|정답|②

족집게 과외

1. 웹 디자인의 조건

❶ 기획서를 숙지하고 클라이언트의 요구와 기획을 바탕으로 디자인되어야 한다.

❷ 웹 사이트의 목적을 충분히 전달할 수 있도록 디자인보다 콘텐츠가 부각되어야 한다.

❸ 사용편리성을 갖춰야 하며 사이트 맵(웹 페이지간의 계층 구조)을 통해 구조를 파악할 수 있어야 한다.

❹ 디자인과 색상에 대한 이해를 바탕으로 디자인의 종합적 활용과 기술적인 요소를 알아야 한다.

2. 웹 페이지의 시각적 구성 요소

❶ **색 상**
  ▶ 배경, 레이아웃, 아이콘, 헤더 등에서 일관된 색채를 사용하여 시각적 혼란을 방지한다.
  ▶ 웹 페이지의 내용과 연관성이 있는 색을 선택한다.

❷ **로 고**
  브랜드나 조직을 나타내는 심볼 또는 기호이다.

❸ **로고타입**
  브랜드나 조직 이름의 타이포그래피로 처리한 것이다.

❹ **아이콘**
  사용자가 쉽게 이해할 수 있도록 의미를 단순화한 시각적 표현 또는 이미지이다.

❺ **이미지 메뉴**
  텍스트 메뉴에 비해 용량이 크고, 텍스트 메뉴보다 로딩 시간이 더 소요된다.

01 웹 페이지를 구축할 때 가장 먼저 해야 할 과정은?

08년 1회

① 내용의 구성
② 주제와 대상의 결정
③ 프로그래밍
④ 웹 페이지 작성 준비

02 웹 디자인 시 고려하여야 할 사항들에 대한 설명으로 가장 옳은 것은?

19년 3회, 17년 1회

① 웹 페이지에 가능한 한 많은 정보를 제공한다.
② 각각의 페이지마다 독창성을 살려 컬러나 전체적인 이미지 톤, 레이아웃 등에 변화를 주어야 한다.
③ 웹 디자인이 중심이 되기보다 콘텐츠를 부각시킬 수 있는 디자인이 되어야 한다.
④ 웹 페이지의 다운로드 속도를 빠르게 하기 위해 메뉴나 이미지 속의 타이포그래피도 웹 브라우저에 디폴트로 지정된 폰트를 활용하는 것이 좋다.

03 멀티미디어 디자인에서 웹 페이지의 시각적 요소들에 대한 설명이다. 틀린 것은?

18년 2회, 09년 1회, 05년 1회

① 배경, 레이아웃, 아이콘, 헤더 등에서 이미지와 색채를 일관성 있게 사용해야 한다.
② 텍스트 사용에서 브라우저상에서 표현할 수 있는 글자체에는 한계가 있기 때문에 모든 텍스트를 그래픽 문자로 사용하는 것이 바람직하다.
③ 웹 페이지에서 색은 그 페이지의 전체적인 분위기를 좌우하는 만큼 그 페이지의 주제나 내용과 연관성 있는 색을 선택한다.
④ 사용자의 연상이나 경험과 관련된 시각 메타포를 사용하여 이해도를 높인다.

04 다음 중 웹 페이지의 이미지 구성 요소로 잘못된 것은?

21년 1회, 18년 1회

① 로 고
② 아이콘
③ 메 뉴
④ 사이트맵

05 좋은 웹 사이트의 조건과 가장 거리가 먼 것은?

19년 3회

① 사이트의 목적에 맞게 구현되어야 한다.
② 디자인과 내용 측면에서 신선한 것이 좋다.
③ 사용자에게 흥미를 유발시키기 위해 움직임이 있는 그림이 많아야 한다.
④ 한눈에 훑어볼 수 있도록 시선의 동선을 생각해야 한다.

06 로고타입(Logotype)의 기능이 아닌 것은?

19년 1회, 16년 2회, 10년 3회

① 독자성
② 상징성
③ 가독성
④ 신비성

멀티미디어 디자인의 조건으로 적합하지 않은 것은? 19년 3회, 08년 1회

① 정보의 제어가 가능하다.
② 다수의 미디어를 동시에 포함한다.
③ 상호 작용성을 부여한다.
④ 아날로그 신호를 주로 이용한다.

|정답| ④

한 줄 묘약

멀티미디어(MultiMedia)란 다수(Multiple)와 매체(Media)의 합성어로 텍스트, 사운드, 영상 등의 구성 요소가 두 가지 이상 동시에 제공되는 것을 말한다.

족집게 과외

1. 멀티미디어의 구성 요소

❶ 텍스트(Text)

다양한 서체와 스타일을 통해 시각적인 다양성을 제공한다.

❷ 이미지(Image)

비트맵 또는 벡터 형식으로 저장된 시각적인 그림이나 사진으로 색상, 형태, 패턴 등 시각적인 정보를 전달한다.

❸ 사운드(Sound)

소리, 음악, 음성 등 오디오 형태의 정보로 감정 전달, 분위기 조성, 정보 전달 등에 사용된다.

❹ 애니메이션(Animation)

정지된 이미지보다 동적이고 생동감 있는 표현이 가능하다.

❺ 동영상(Video)

연속된 이미지 프레임의 집합으로 시간에 따른 정보 전달이 가능하다.

2. 멀티미디어 디자인의 특징

❶ 접근성(Accessibility)

다양한 디바이스, 브라우저, 환경에서 멀티미디어에 쉽게 접근할 수 있다.

❷ 쌍방향성(Interactivity)

사용자가 정보를 제어하고 시스템과 양방향으로 상호 작용(Interactivity)할 수 있다.

❸ 다중 표현성(Multimodality)

최소 2개 이상 다양한 멀티미디어 요소를 결합하여 다양하게 표현한다.

❹ 디지털화(Digitalization)

디지털 데이터로 생성, 저장, 처리된다.

01 멀티미디어를 구성하는 요소가 아닌 것은?

05년 1회

① 효 과
② 텍스트
③ 사운드
④ 비디오

02 멀티미디어 시스템의 구성 요소가 아닌 것은?

20년 3회

① 그래픽
② 프로듀서
③ 사운드
④ 텍스트

03 다음 중 멀티미디어 디자인을 구성하는 기본요소 중 이미지(Image)에 대한 설명으로 거리가 가장 먼 것은?

05년 3회

① 이미지의 크기를 줄이기 위해서 하나의 픽셀에 표현할 수 있는 색상의 수를 제한할 수 있다.
② 그림, 그래프 등은 많은 정보를 함축적으로 표현할 수 있고 시각적인 효과가 크다.
③ 이미지는 텍스트(Text)보다 메모리를 적게 차지하는 장점이 있다.
④ 이미지는 저장되는 방식에 따라 비트맵방식과 벡터방식으로 나누어진다.

04 멀티미디어 디자인에서 사용자의 주의를 집중시키기 위해 주로 사용하는 방법이 아닌 것은?

18년 3회, 08년 1회, 05년 1회

① 다른 색상이나 소리 첨가
② 일관성 유지를 위해 동일한 크기의 폰트 사용
③ 동화상(Moving Image)을 통한 움직임 사용
④ 애니메이션 사용

해설
② 동일한 크기의 폰트 사용보다 다양한 크기의 폰트를 사용하면 사용자의 주의를 더 집중시킬 수 있다.

05 멀티미디어 콘텐츠가 갖는 특징 중 해당되지 않은 것은?

06년 3회

① 쌍방향으로 제공
② 시공간의 제약이 비교적 없음
③ 전통적인 미디어로 제공된 콘텐츠
④ 총체적인 미디어를 활용하여 재창출시킨 콘텐츠

06 다음 중 멀티미디어 특징으로 거리가 먼 것은?

05년 1회

① 쌍방향성(Interactive)
② 선형성(Linear)
③ 통합성(Integration)
④ 디지털화(Digitalization)

기출유형 03 ▶ 인터랙션 디자인

다음 중 인터랙션 디자인(Interaction Design)의 중요 요소와 거리가 먼 것은? 16년 2회, 08년 1회, 06년 3회

① 내비게이션
② 정보 접근의 유형
③ 화려함
④ 상호작용을 위한 사용성 용이

| 정답 | ③

한 줄 요약

- 인터랙션 디자인(Interaction Design, IxD)은 사용자와 디지털 제품 또는, 사용자와 시스템 간의 상호작용을 용이하게 하는 디자인 분야이다.
- 직관적이고 효율적으로 사용할 수 있도록 고려한 사용자 중심의 디자인으로 사용자의 만족도와 적극적인 참여를 촉진하여 즐거운 사용자 경험을 만드는 데에 중점을 두어야 한다.

족집게 과외

1. 인터랙션 디자인 요소

❶ **상호작용을 위한 사용성의 용이**
- ▶ '사용성 용이'는 사용자 친화적인 인터페이스와 인터랙션(Interaction, 상호작용)을 만드는 데 중요한 디자인 요소이다.
- ▶ 사용자가 작업을 수행하는 데 필요한 노력을 최소화하고 만족도와 생산성을 극대화하는 것을 목표로 한다.

❷ **내비게이션**
- ▶ 내비게이션은 사용자가 디지털 인터페이스 내에서 다른 화면이나 페이지를 통해 이동하는 방법을 나타낸다.
- ▶ 효과적인 화면 탐색을 통해 현재 위치를 찾고 혼란을 겪거나 포기하지 않고 원하는 목적지로 이동할 수 있다.

❸ **정보 접근의 유형**

다양한 정보 접근 유형에 따라 사용이 쉬운 인터페이스를 제공함으로써 사용자는 작업을 효율적으로 수행할 수 있다.
- ㉠ 직접 접근(Direct Access) : 사용자가 키워드를 입력하여 특정 정보를 직접 검색하여 접근
- ㉡ 계층적 접근(Hierarchical Access) : 탐색 메뉴나 카테고리를 사용하여 접근
- ㉢ 순차적 접근(Sequential Access) : 일련의 화면 또는 페이지를 통해 앞뒤로 이동하여 정보에 접근
- ㉣ 하이퍼텍스트 접근(Hypertext Access) : 하이퍼링크를 클릭하여 관련 정보에 접근
- ㉤ 패싯 접근(Faceted Access) : 가격, 날짜, 카테고리와 같은 특정 속성에 따라 필터링하는 방법으로 주로 전자 상거래에서 사용

01 "조직된 내용이 어떻게 동작하게 할 것인가를 규정한다."에 해당하는 것은?   06년 3회

① 인터랙션 디자인
② 컬러 디자인
③ 그래픽 디자인
④ 타이포그래피 디자인

02 인터랙션(Interaction)의 설명 중 올바른 것은?
05년 1회

① 사용자들은 인터랙션 추가로 컴퓨터 앞에서 수동적 입장으로 바뀐다.
② 인터페이스에 대한 전반적 사항을 포함하여 사용자가 단순히 정보를 찾아보는 것에서 그친다.
③ 인터랙션 디자인은 많은 정보전략을 위해 메뉴를 최대한 세분화해준다.
④ 컴퓨터와 사용자 간의 대화, 상호작용을 의미한다.

03 상호작용(Interaction)에 관한 내용 중 옳지 않은 것은?   17년 2회

① 상호작용의 정도가 클수록 프로그래밍의 역할이 중요해진다.
② 상호작용의 인터페이스에는 주로 이미지, 텍스트 등을 사용한다.
③ 게임 연출의 경우에는 상호작용 디자인이 게임의 재미를 결정하는 가장 핵심 요소이다.
④ 게임의 경우 상호작용은 중요한 반면 웹의 경우 실시간 상호작용은 적은 편이다.

04 다음 중 효과적인 인터랙션(Interaction) 디자인을 위한 조건이 아닌 것은?   05년 1회

① 사용자의 참여를 적극 유도하여야 한다.
② 철저하고 치밀한 연출이 필요하다.
③ 개발자 중심의 인터페이스 디자인이 필요하다.
④ 대화구조를 강화하고 도전의식을 도취시킨다.

05 인터랙션 디자인의 제작 기획 단계에서 고려해야 할 요소가 아닌 것은?   21년 3회

① 메타포
② 탐색항해
③ 스토리보드
④ 프로그래밍

해설

인터랙션 디자인의 제작 기획 단계에서 고려해야 할 요소로는 사용자의 목표와 요구사항, 사용자의 행동 패턴, 사용자의 인터페이스 경험(Navigation, 탐색항해), 인터랙션 디자인의 요소, 시나리오 및 스토리보드 등이 있다.

메뉴 버튼이나 메뉴 바, 이동 아이콘, 검색창 및 링크를 포함한 각종 요소들을 활용하여, 사용자가 가고자 하는 목적지까지 사용자를 유도하는 것을 무엇이라 하는가?   19년 3회

① 스토리보드
② 시나리오
③ 내비게이션 디자인
④ 익스플로러

|정답| ③

한 줄 요약

내비게이션(Navigation)은 웹 콘텐츠를 분류하고 체계화시켜 웹 페이지의 구조와 내용을 사용자에게 보여주고, 사용자가 필요한 정보나 기능에 쉽게 접근할 수 있도록 하는 요소이다.

족집게 과외

1. 내비게이션의 특징

❶ 체계화

웹 콘텐츠를 분류하고 체계화하여 사용자가 쉽게 찾고 이용할 수 있다.

❷ 일관성

일관성 있는 디자인과 시각적 요소를 사용하여 필요한 정보를 쉽게 얻을 수 있다.

❸ 유연성

다양한 디바이스 및 화면 크기에 적응할 수 있는 유연한 디자인을 채택하여 사용자 경험을 향상 시킨다.

❹ 효율성

최소한의 클릭으로 목적지에 도달할 수 있도록 간결하고 효율적인 내비게이션 구조를 구축한다.

❺ 가시성

중요한 링크와 콘텐츠를 명확하게 표시하여 사용자가 핵심 정보에 쉽게 접근할 수 있게 한다.

2. 좋은 내비게이션의 조건

❶ 사이트의 목적에 적합해야 한다.

❷ 사용자의 목적과 행동에 맞춰진다.

❸ 간결하고 단순하여 쉽게 익힐 수 있어야 한다.

❹ 명확하고 일관된 시각적 메시지를 제공해야 한다.

3. 내비게이션의 유형

❶ 헤더(Header) 내비게이션

웹사이트 상단에 위치하며 일반적으로 사이트의 메인 메뉴가 위치한다.

❷ 푸터(Footer) 내비게이션

웹사이트 하단에 위치하며 추가 정보, 연락처, 사이트 맵 등을 담고 있다.

❸ 측면(Sidebar) 내비게이션

웹 페이지의 측면에 위치한 내비게이션으로 서브 메뉴, 카테고리 등을 담고 있다.

❹ 스크롤(Scroll) 내비게이션

스크롤에 따라 메뉴 항목이 변경되거나 나타난다.

❺ 탭(Tab) 내비게이션

웹 페이지 상단에 탭 형태로 배치된 내비게이션이다.

❻ 드롭다운 메뉴(Dropdown Menu)

헤더 내비게이션에 사용되며 커서를 가져가면 하위 메뉴가 나타난다.

❼ 메가 메뉴(Mega Menu)

다양한 카테고리와 서브 메뉴를 포함한 확장된 형태로 대규모 웹사이트에서 사용된다.

01 웹 디자인에서 내비게이션에 대한 설명으로 거리가 먼 것은?
17년 2회, 09년 1회

① 웹 콘텐츠를 분류하고 체계화시킨 후 이들을 연결시켜 방문자로 하여금 웹 사이트를 이용할 수 있게 하는 체계를 말한다.

② 일관성 있는 아이콘과 그래픽을 사용하여 사용자가 홈페이지 어디서라도 길을 잃지 않고 필요한 정보를 쉽게 얻을 수 있도록 하는 것이다.

③ 웹 사이트의 전체적인 분위기를 결정하고 개인의 홍보나 회사의 홍보, 또 사용자 간의 자발적 참여와 커뮤니티를 형성한다.

④ 사이트의 이동경로나 이동방법, 이동을 돕는 구조와 인터페이스를 모두 포함하는 개념이다.

해설
내비게이션은 메뉴 버튼, 메뉴 바, 드롭다운, 슬라이더, 더 보기 등의 이동 경로와 구조, 인터페이스를 구성하고 표현하는 정보 디자인과 검색 채팅. 하이퍼링크 등의 인터랙션 디자인 개념을 모두 포함한다.

02 좋은 웹 내비게이션 설계 시 고려해야 할 사항으로 적절하지 않은 것은?
07년 3회, 05년 1회

① 쉽게 익힐 수 있어야 한다.

② 사이트의 목적에 적합해야 한다.

③ 사용자가 잘못된 명령을 내려도 옳은 명령을 내릴 때까지 기다려야 한다.

④ 명확한 시각적 메시지를 제공해야 한다.

03 좋은 웹 내비게이션의 조건으로 거리가 가장 먼 것은?
07년 1회

① 쉽게 학습할 수 있다.

② 일관성이 있다.

③ 사이트 목적에 부합된다.

④ 반드시 선형적인 구조를 가져야 한다.

04 다음은 무엇에 관한 설명인가?
16년 2회

• 내용의 구조와 서로 간의 유기적인 관계를 다이어그램 형태로 나타내준다.
• 카테고리, 단계, 링크의 특성을 식별할 수 있게 해준다.

① 플로차트

② 스토리보드

③ 레이아웃

④ 그리드 시스템

해설
플로차트(Flow Chart)는 도형과 화살표로 프로세스의 흐름을 시각화하여 구성 요소 간의 유기적인 관계를 간결하게 연결한다.

Hypertext의 대표적인 구성 요소가 아닌 것은?   21년 1회, 05년 3회

① 노드(Node)

② 앵커(Achor)

③ 링크(Link)

④ 해상도(Resolution)

|정답|④

족집게 과외

1. 하이퍼텍스트(Hypertext)

❶ 하이퍼텍스트는 정보 디자인에서 일반적으로 사용되는 개념으로 정보의 접근성, 검색 가능성 및 유용성을 향상시킨다.

❷ 텍스트에 하이퍼링크를 연결하여 정보를 즉시 볼 수 있도록 구성하고 표시하는 비선형 텍스트 구조로 이루어져 있으며, 정보와 사용자 간의 동적인 상호작용이 가능하다.

❸ 하이퍼미디어(Hypermedia)는 디지털 환경 내에서 서로 다른 미디어 형식을 완벽하게 통합할 수 있는 시스템 또는 접근 방식을 말하며 텍스트 외에 이미지, 동영상, 오디오, 인터랙티브 요소 등 다양한 미디어 형식이 통합된 하이퍼텍스트의 확장 개념이다.

❹ 하이퍼시스템은 하이퍼텍스트나 하이퍼미디어에 비해 더 높은 수준의 복잡하고 진보된 복합 시스템으로 컴퓨터 과학, 컴퓨터 공학, 사회 과학과 같은 다양한 영역에 적용되는 광범위한 용어이다.

2. 하이퍼시스템의 구성 요소

❶ 노드(Node)

▶ 시스템 정보를 저장하는 기본 단위이다.

▶ 정보를 포함하는 개별 지점 또는 위치로 문서를 뜻한다.

❷ 링크(Link)

▶ 노드 간의 연결관계를 형성한다.

▶ 문서 참조를 위한 연결 기능이다.

▶ 링크는 참조 링크, 조직 링크, 키워드 링크로 분류될 수 있다.

❸ 앵커(Anchor)

▶ 문서 전체 중 특정 위치를 찾아주는 기능이다.

▶ 노드 내에서 원하는 항목을 더 쉽게 탐색할 수 있다.

01 비선형적 그래프 구조를 가지며, 각 노드들이 텍스트의 작은 덩어리로 연결되는 것은?

13년 3회, 09년 3회

① 마크업 텍스트
② ISO 문자 집합
③ 하이퍼텍스트
④ 구조적 텍스트

02 하이퍼미디어 시스템의 정보를 저장하는 기본적인 단위는?

08년 3회, 05년 3회

① 프레임(Frame)
② 해상도(Resolution)
③ 픽셀(Pixel)
④ 노드(Node)

03 하이퍼시스템의 구성 요소인 링크에 대한 설명으로 틀린 것은?

18년 1회, 10년 1회

① 노드 간의 연결 관계를 형성하는 역할을 한다.
② 문서 참조를 위한 연결기능을 담당한다.
③ 표, 그림 등의 항목들을 관련정보와 연결한다.
④ 주제를 표현하기 위한 기본 단위이며, 정보의 저장 단위이다.

04 하이퍼텍스트 시스템의 구성 요소인 링크의 종류로 거리가 가장 먼 것은?

10년 3회, 08년 3회

① 참조링크(Referential Link)
② 조직링크(Organization Link)
③ 키워드 링크(Keyword Link)
④ 탐색 링크(Navigation Link)

05 하이퍼텍스트 문서는 무엇을 통해 링크되는가?

11년 1회, 07년 3회, 06년 1회

① DNS
② TELNET
③ 포인터
④ 홈페이지

해설
링크된 하이퍼텍스트 위에 마우스 포인터를 가져가면 손 모양으로 바뀐다.

06 다음 (   ) 안에 적절한 용어를 순서대로 나열한 것은?

09년 3회, 05년 1회

> 하이퍼미디어 정보는 (㉠)와 (㉡)로 구성되어 있다. (㉠)는 일반적으로 정보 내용을 의미하며, (㉡)는 (㉠)들을 연결하여 탐색이 가능토록 하는 구성 요소이다. (㉢)란 (㉡)의 출발점(Source)과 도착점(Destination)을 의미한다.

① ㉠ 앵커 ㉡ 링크 ㉢ 노드
② ㉠ 앵커 ㉡ 노드 ㉢ 링크
③ ㉠ 노드 ㉡ 앵커 ㉢ 링크
④ ㉠ 노드 ㉡ 링크 ㉢ 앵커

다음 스토리보드에 관한 설명으로 거리가 먼 것은?   09년 1회

① 인화된 사진으로만 제작하여야 한다.
② 시나리오 이상의 중요한 요소가 된다.
③ 영화에 있어서는 촬영대본과 같다.
④ 작품의 설계도라고 할 수 있다.

| 정답 | ①

족집게 **과외**

1. 스토리보드(Story board)

〈스토리보드 예 : 영화 기생충의 스토리보드〉

❶ 스토리보드란 시나리오를 토대로 만들어진 일종의 설계도로 프로젝트의 흐름과 구성을 시각적으로 표시한 최종 청사진이다.

❷ 스토리보드는 프레임(Frame) 단위로 표현되며 실제 제작 전에 시간과 리소스를 절약할 수 있도록 하는 역할을 한다.

❸ 스토리보드에서 사용되는 용어
　㉠ F.I(Fade In) : 화면이 밝아지며 점점 나타남
　㉡ F.O(Fade Out) : 화면이 어두워지며 점점 사라짐
　㉢ BGM(Back Ground Music) : 배경음악
　㉣ SE(Sound Effect) : 효과음
　㉤ F.S(Full Song) : 광고 전체에 사용하기 위해 만들어진 광고음악
　㉥ N.A(Narration) : 해설
　㉦ Dialogue : 대사
　㉧ AN(Announcement) : 멘트

❹ 스토리보드의 구성
　㉠ 화면 구성(Layout) : 개략적인 구성
　㉡ 내레이션 내용 : 글을 자세하게 기술
　㉢ 이미지(스케치)
　　• 각 장면들을 미리 확인할 수 있도록 그린 이미지
　　• 각 요소들의 역할을 명시하고 개략적인 윤곽과 배치를 그림

01 그래픽 작업을 할 수 있도록 각 화면의 개략적인 구성과 글을 자세하게 기술하는 것을 말하는 것은?

07년 3회, 05년 1회

① 사운드 소스(Sound Source)
② 그래픽 이미지(Graphic Image)
③ 텍스트(Text)
④ 스토리보드(Story Board)

02 스토리보드의 표현 단위는? 08년 3회, 05년 1회

① 타임라인(Timeline)
② 픽셀(Pixel)
③ 파이카(Pica)
④ 프레임(Frame)

03 다음 중 스토리보드에 사용되는 용어의 약자가 바르지 못한 것은? 09년 1회, 06년 1회

① 배경음악 : BGM(Back Ground Music)
② 효과음 : SE(Special Effect)
③ 해설 : ST(Story)
④ 대사 : M(Ment)

04 스토리보드에 들어가게 될 내용이라 볼 수 없는 것은?

09년 3회

① 해당 페이지의 제목, 번호
② 제작에 필요한 사용 장비와 활용할 프로그램들
③ 해당 페이지의 전체적인 구성(Layout)
④ 수정 및 편집 등이 행해진 일정별 날짜

05 스토리보드에 관한 설명으로 가장 적당한 것은?

08년 1회

① 플로우차트(Flow Chart)와 같이 정보디자인을 위해 정보 리스트를 나열하는 것이다.
② 정보의 전체적인 제어 흐름만을 명시한다.
③ 각 요소들의 역할과 각 페이지의 내용구성 및 장면의 내용 등을 나타낸다.
④ 인화된 사진으로만 제작하여야 한다.

06 스토리보드에 대한 서술 중 거리가 가장 먼 것은?

07년 1회

① 개략적인 윤곽과 배치를 그리는 것을 말한다.
② 웹 사이트의 목적을 충분히 전달할 수 있어야 한다.
③ 스토리보드 없이 웹 디자인에 착수하면 기획이 부실해질 수 있다.
④ 마케팅적인 요소만을 스토리보드에 서술한다.

복잡한 문자 명령어를 익히지 않아도 키보드나 마우스를 사용하여 메뉴나 아이콘 선택으로 수행되는 사용자 인터페이스 방식은?

18년 2회

① Mapping
② Hypermedia
③ Format
④ GUI

|정답| ④

족집게 과외

1. 사용자 인터페이스의 종류

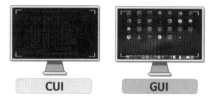

❶ CUI(Character based User Interface, 문자 사용자 인터페이스)

▶ 키보드를 사용하여 명령을 입력한다.
▶ 대표적인 예로는 MS–DOS와 Windows 명령 프롬프트 등이 있다.

❷ GUI(Graphical User Interface, 그래픽 사용자 인터페이스)

▶ 가장 흔한 형태의 인터페이스로 아이콘이나 심볼, 그림 등을 마우스로 선택하여 명령을 입력한다.
▶ 대표적인 예로는 Windows, macOS, Android, iOS 등이 있다.

❸ NUI(Natural User Interface, 사용자 동작 인식 인터페이스)

▶ 사람의 말이나 행동으로 조작하는 인터페이스이다.
▶ 대표적인 예로는 음성 인식 기술을 이용한 Siri, Google Assistant, Alexa 등이 있다.

01 프로그램 흐름을 아이콘을 이용하여 흐름도 형태로 표현하는 것은?   06년 1회

① 스크립트 방식
② 아이콘 방식
③ 카드 방식
④ 프레임 방식

02 동작이나 목록이 메뉴나 아이콘으로 표현되며, 키보드나 마우스를 사용하여 진행되는 방식의 직관적인 사용자 인터페이스를 무엇이라 하는가?   16년 1회

① GUI
② CBUI
③ HSV
④ CMYK

03 다음 중 그래픽 심볼을 조합 사용해서 키보드 또는 마우스의 동작만으로 간단하게 명령을 수행하게 하는 방식을 나타내는 것으로 사용자는 복잡한 문자 명령어를 익히지 않아도 쉽게 사용할 수 있는 방식은?   09년 3회

① Anchor
② GUI
③ Hypermedia
④ Mapping

04 사용자가 그래픽을 통해 컴퓨터와 정보를 교환하는 작업 환경을 말하는 것으로 키보드를 이용한 명령어 입력 대신 마우스 등을 이용하여 화면의 메뉴 중에서 하나를 선택하여 작업하는 방식은?   17년 1회

① Anchor
② GUI
③ Hypermedia
④ Mapping

05 전통적인 사용자 인터페이스로 키보드에 의해 입력하고 결과를 보여주는 방식의 명령어 체계는 다음 중 무엇인가?   17년 2회

① Web Contents
② Visual Composition
③ Character-Based UI
④ Graphic UI

06 프로그램, 문서, 웹 사이트 등에서 사용자의 탐색경로를 시각적으로 제공해주는 사용자 인터페이스는?   18년 3회

① 용도 자유대역
② 브레드크럼즈
③ 디지털 트윈
④ 엠엔지

해설
브레드크럼즈(Breadcrumbs)는 빵부스러기라는 뜻으로 헨젤과 그레텔 동화에서 길을 찾기 위해 빵부스러기를 흘렸던 것처럼 프로그램, 문서, 웹 사이트 등에서 이동경로를 표시해 주는 인터페이스이다. 일반적으로 페이지 또는 화면 상단 근처에 표시되며 클릭 가능한 링크를 가로로 보여준다.
예 홈 > 제품 > 범주 > 하위 범주 > 제품

GUI(Graphic User Interface) 구성 요소 중에서 정보의 종류나 기능을 의미하는 상징적인 그림을 무엇이라 하는가?

05년 3회

① 윈도우
② 메 뉴
③ 포인터
④ 아이콘

|정답|④

족집게 과외

1. GUI 구성 요소

❶ 아이콘(ICON)
▶ 특정 의미를 전달하기 위한 단순화된 시각적 표현 또는 이미지이다.
▶ 의도한 메시지를 빠르고 보편적으로 전달하기 위해 시각적으로 쉽게 인식되는 형태를 가진다.

❷ 심볼(Symbol)
▶ 추상적이고 개념적인 아이디어를 나타내는 이미지나 기호이다.
▶ 보는 사람의 문화적, 사회적 또는 개인적 맥락에 따라 다르게 해석될 수 있다.

❸ 픽토그램(Pictogram)
▶ 특정 아이디어나 행동을 묘사하는 단순화된 이미지이다.
▶ 다양한 문화의 다른 언어를 사용하는 사람 누구라도 쉽게 인식하고 이해할 수 있다.

〈1964년 도쿄 올림픽 픽토그램〉

01 인터페이스 디자인 중 아이콘이나 사인(Sign) 디자인에 대한 설명 중 거리가 먼 것은?

08년 1회, 06년 3회

① 아이콘의 형태는 가능하면 단순, 명료하게 하여 시각적으로 쉽게 인식할 수 있어야 한다.
② 실생활에서의 관례나 행동양식, 형태 등을 비유적으로 이용한 아이콘은 사용자들의 반응을 쉽게 유도할 수 있다.
③ 비슷한 역할을 하는 기능들은 가능한 동일한 그룹으로 묶는 것이 사용자를 편안하게 한다.
④ 사인(Sign)의 경우 비표준형을 사용하며 개성 있고, 특색 있는 인터페이스가 되도록 한다.

해설
사인(Sign)은 단어 또는 기호를 통해 직접적이고 명시적인 메시지를 전달한다. 대표적인 사인으로는 표지판이 있다.

02 심벌(Symbol)에 대한 설명으로 적합하지 않는 것은?

12년 1회, 09년 3회

① 실루엣이나 윤곽선으로 그려진 표현은 시각적인 메시지를 창조하는 데 사용될 수 있다.
② 심벌은 기하학적 모양으로만 존재한다.
③ 언어의 한계를 넘어 인간의 커뮤니케이션을 용이하게 만든다.
④ 사실적 표현, 추상적 표현, 또는 추상적 상징으로 분류할 수 있다.

03 웹 가상 커뮤니티에서 개인을 상징하는 대표적인 심벌로 원래 분신, 화신을 뜻하는 말은?

18년 1회, 06년 1회

① 사인(Sign)
② 아이콘(Icon)
③ 블릿(Bullet)
④ 아바타(Avatar)

해설
블릿(Bullet)이란 목록이나 메뉴의 항목을 구별하기 위해 사용되는 작은 기호 또는 원형이나 사각형 모양의 그래픽 표식이다.

04 픽토그램(Pictogram) 디자인에 대한 설명으로 옳은 것은?

16년 2회

① 항상 가까운 거리에서 판독하는 것을 전제로 한다.
② 문자정보의 보조역할로 디자인한다.
③ 기본적으로 디자인의 명료성과 단순화가 요구된다.
④ 문화와 언어 관습의 차이를 반영한다.

05 다음 중 픽토그램에 대한 설명으로 옳은 것은?

08년 1회

① 기업이 상품을 생산하여 판매하고자 할 때 그 상품에 사용하는 마크를 말한다.
② 기업, 회사의 명칭이나 이름을 상징성 있게 디자인한 것을 말한다.
③ 행사, 캠페인 등의 상징성 있는 휘장을 말한다.
④ 세계 공통으로 사용할 수 있는 그림 문자로서 표시의 기능을 갖는다.

06 특정 대상인 기업, 회사, 단체, 제품, 행사 등을 특징 있게 나타낼 수 있는 시각적인 상징물은?

21년 3회, 18년 2회, 09년 1회

① 카툰(Cartoon)
② 캐릭터(Character)
③ 캐리커쳐(Caricature)
④ 컷(Cut)

디자인 요소들의 상태, 수행 가능한 동작, 이미 수행된 동작의 결과 등을 분명하게 표시함으로써 사용성을 개선하는 사용자 인터페이스 원칙은?

21년 3회

① 가시성
② 투명성
③ 무결성
④ 일관성

|정답| ①

족집게 과외

1. 인터페이스 디자인 원칙

❶ **사용자 중심성(User-Centeredness)**

사용자의 요구, 목표 및 선호도를 우선한다.

❷ **가시성(Visibility)**

▶ 디자인 요소들의 상태, 수행 가능한 동작, 이미 수행된 동작의 결과 등을 표시하여 한눈에 파악할 수 있도록 한다.

▶ 사용자 친화적이고 사용자 경험을 향상시키는 데 중요한 요소가 된다.

❸ **투명성(Transparency)**

▶ 세부 정보와 피드백을 직관적인 방식으로 제시하여 사용자가 명확하게 이해할 수 있도록 한다.

▶ 인터페이스 디자인의 투명성은 사용자 신뢰도를 높인다.

❹ **일관성(Consistency)**

▶ 각 화면들의 요소와 상호작용이 예측 가능하게 하여 혼란을 줄이고 익숙하게 사용할 수 있도록 한다.

▶ 시각적 일관성, 레이아웃의 일관성, 상호작용의 일관성, 용어의 일관성, 기능의 일관성 등이 필요하다.

❺ **효율성(Efficiency, 사용편의성)**

▶ 직관적이고 효율적으로 사용할 수 있어야 한다.

▶ 간결한 언어를 사용하고 탐색 기능을 제공하는 등 최소한의 노력으로 편리하게 사용할 수 있도록 한다.

❻ **유연성(Flexibility)**

▶ 다양한 사용자 요구사항과 상황을 수용할 수 있도록 확장성을 제공해야 한다.

▶ 반응형 화면, 사용자 지정 옵션, 개인화 페이지 등 다양한 요구와 선호도에 맞는 인터페이스를 제공한다.

❼ **단순성(Simplicity)**

▶ 단순한 인터페이스를 통해 사용자는 목적을 빠르게 파악하고 혼란 없이 사용할 수 있다.

▶ 불필요한 시각적 혼란을 제거하고 직관적인 내비게이션을 제공한다.

❽ **창의성(Creativity)**

시각적으로 매력적이고 고유한 인터페이스는 기억에 남는 사용자 경험을 제공한다.

01 다음 중 사용자 인터페이스에서 정보의 가시화와 관련이 먼 것은? 　　09년 1회

① 가시성
② 투명성
③ 무결성
④ 일관성

02 인터페이스 디자인에 있어서 크게 고려할 사항이 아닌 것은? 　　08년 1회

① 창의성
② 일관성
③ 독립성
④ 사용편의성

03 다음 중 멀티미디어 인터페이스 디자인 시 고려해야 할 사항으로 옳은 것은? 　　07년 1회

① 시각적인 효과만을 표현하여 사용자의 관심을 유도한다.
② 커뮤니케이션 매체로서의 속성보다는 사회 문화적인 요소로서 작용된다.
③ 사용의 편리성과 기능성을 충분히 고려하여 개발한다.
④ 정보디자인과 인터랙션 디자인은 인터페이스 디자인과는 별도로 디자인한다.

04 다음 중 인터페이스 디자인의 원리에 대한 내용과 거리가 먼 것은? 　　05년 1회

① 사용자의 철저한 분석이 전제되어야 한다.
② 인간의 인지구조에 대한 기본적 이해가 반영되어야 한다.
③ 시스템에 대한 친숙도, 컴퓨터 사용능력 등 교육수준과 지식 분석은 제외되어야 한다.
④ 대상이 되는 사용자를 파악한 후 사용자의 다양성을 고려해야 한다.

05 사용자 인터페이스 디자인에 대한 설명으로 옳은 것은? 　　09년 1회

① 사용자와 대상물 사이의 상호작용을 규정한다.
② 인터페이스 디자인이 확정되면 모듈별 프로그래밍이나 저작 작업이 가능하다.
③ 사용자의 반응에 부응하여 움직이는 방식과 같은 인체공학적 이슈를 지칭하며, 심리적인 부분은 포함하지 않는다.
④ 개별적 그래픽 디자인이 완성된 후에 인터페이스 디자인이 이루어진다.

06 사용자 인터페이스 디자인 설계 시 고려사항이 아닌 것은? 　　08년 1회

① 사용자에게 시스템에 대한 통제력을 느낄 수 있도록 한다.
② 설계자는 인간의 인지구조에 대한 기본적인 이해와 함께 이를 반영해야 한다.
③ 독특한 활자체를 사용하고 전문화를 위한 특수 용어를 많이 사용하며 사용자에게 한 번에 최대한 많은 수의 선택을 할 수 있도록 설계한다.
④ 사용자가 어떤 부분이든지 항상 접근할 수 있도록 기능들을 설정하며 그 기능들을 같은 장소에 같은 방식으로 재연될 수 있도록 한다.

은유의 의미를 내포하는 단어로 사용자가 접근하려는 인터페이스 환경을 쉽게 이해하도록 익숙한 개념적 모델을 제공하기 위해 이용되는 것은?

18년 2회, 15년 2회, 12년 3회, 06년 3회

① 그리드
② 가이드
③ 레이아웃
④ 메타포

|정답| ④

족집게 과외

1. 메타포

메타포(Metaphor)란 원래 문학 용어로 원래의 의미는 숨긴 채 다른 것에 비유하여 설명하거나 묘사하는 은유를 의미한다. 사용자 인터페이스 디자인에서의 메타포는 사용자가 기존 지식과 경험을 활용하여 인터페이스를 보다 직관적이고 쉽게 이해할 수 있도록 하기 위한 대표적인 인터페이스 디자인 기법이다.

❶ **사전적 의미** : 행동, 개념, 물체 등이 지닌 특성을 그것과는 다르거나 상관없는 말로 대체하여, 간접적이며 암시적으로 나타내는 일을 의미한다.

❷ **문학에서의 메타포** : 비유법의 하나로, 행동, 개념, 물체 등을 그와 유사한 성질을 지닌 다른 말로 대체하는 일을 의미한다.

2. 인터페이스 메타포 디자인 사례

❶ **폴더 아이콘과 휴지통 아이콘**
전통적인 사무환경을 인터페이스에 적용한 사례

❷ **페이지 넘기기와 책갈피**
책을 읽은 경험을 전자책 리더기나 디지털 문서 뷰어에 적용한 사례

❸ **장바구니**
물리적 쇼핑 경험을 온라인 쇼핑에 적용한 사례

01 "인터페이스 디자인의 대표적인 기법으로 그 단어가 갖는 원래 의미는 숨긴 채 비유하는 형상만 드러내어 표현하려는 대상을 설명하거나 그 특징을 묘사한 것"에 해당하는 용어는?

10년 1회, 07년 1회, 05년 3회

① 그리드(Grid)
② 메타포(Metaphor)
③ 핫스폿(Hotspot)
④ 하이퍼미디어(Hyper media)

02 "원래 문학이나 철학에서 많이 사용하는 용어로, 은유를 뜻한다. 사용자 인터페이스 디자인에 이것을 잘 이용하게 되면 전달하고자 하는 내용을 보다 친숙하고 쉽게 전달할 수 있으며, 사용자에게 예측 가능한 행동을 유도할 수 있다."에 해당하는 용어는?

06년 1회

① 아이콘(Icon)
② 그래픽 유저 인터페이스(GUI)
③ 내비게이션(Navigation)
④ 메타포(Metaphor)

03 웹 디자인에서 메타포의 활용에 대한 설명으로 틀린 것은?

20년 3회

① 아이콘이나 내비게이션 디자인 등에 부분적으로 활용할 수 있다.
② 무조건 메타포를 활용해야 좋은 디자인을 할 수 있다.
③ 콘셉트 전체를 이끌어 가는 수단으로 활용할 수 있다.
④ 개성 있고 창의적인 웹 사이트를 만들고자 하는 데 있어 매우 좋은 방법이다.

04 인터페이스 디자인에서 중요한 정보를 돋보이게 하는 방법으로 적절하지 않은 것은?

10년 1회, 08년 3회

① 깜박임(Flashing)
② 애니메이션(Animation)
③ 밑줄(Underlining)
④ 흐리게 하기(Blur)

05 사용자들이 인터페이스(Interface)를 인지하는 순서로 적합한 것은?

03년 3회

① 형태와 색 – 정보아이콘 – 텍스트
② 텍스트 – 정보아이콘 – 형태와 색
③ 형태와 색 – 텍스트 – 정보아이콘
④ 정보아이콘 – 텍스트 – 형태와 색

01 디자인 일반

기출유형 01 ▶ 미술사조

미술사조에 나타난 색채의 특징 중 틀린 것은?   17년 1회

① 큐비즘(Cubism) : 입체파라고 불리며 화려하고도 어두운 톤과 강한 명암대비를 사용하였다.

② 데스틸(De Stile) : 순수한 원색으로 제한되어 있으며 강한 원색대비가 특징이다.

③ 아방가르드(Avant Garde) : 급진적 변화와 폭넓은 색채를 사용하였다.

④ 아르데코(Art Deco) : 부드러운 색상과 독특한 패턴을 사용하였다.

| 정답 | ④

한 줄 요약

미술사조(The Trend of Art)란 특정한 시기나 장소에서 발생한 예술적 경향을 나타내는 용어로, 미술이 지닌 사상의 시대적 흐름과 동향을 일컫는 말이다. 미술은 시대적 상황에 따라 영향을 받았고, 시대에 따라 미술이 가지고 있는 사상도 함께 변화되었다.

족집게 과외

1. 미술사조의 시대

❶ 중세미술(약 5~15C)

종교 중심의 미술

❷ 르네상스시대(약 14~17C)

㉠ 인간 중심의 사실 표현 미술

㉡ 대표 화가 : 레오나르도 다빈치, 미켈란젤로

❸ 16~18C 미술사조

㉠ 왕권 중심의 사회, 실용 과학의 대두

㉡ 바로크 사조

• 절대왕권을 표현한 화려한 미술

• 대표 화가 : 렘브란트

❹ 19C 미술사조

산업의 발달과 함께 다양한 미술사조들이 등장한 시기이며, 기계가 담을 수 없는 인간만의 감성을 회화에 표현

㉠ 낭만주의(Romanticism)

개인의 상상력과 감성을 강조

㉡ 사실주의(Realism)

• 평범한 일상과 사회를 정확하고 사실적으로 묘사

• 눈에 보이는 대로 그림으로써 회화를 문학과 종교에서 해방시켜 사실주의의 기반을 닦음

• "나는 천사를 본 적이 없으므로 그리지 않는다."
  – 사실주의의 대표적인 화가 쿠르베의 명언

㉢ 인상주의(Impressionism)

• 순간적으로 변화하는 빛과 분위기의 특성을 객관적으로 묘사하는 데 집중

• 대표 화가 : 클로드 모네, 빈센트 반 고흐, 폴 고갱

ⓔ 기능주의(Functionalism)
- 19세기 후반의 미술사조로 디자인의 아름다움보다 기능의 편리함을 우선시
- 대표 디자이너 : 빅터 파파넥(독일의 디자이너이자 교육자로 형태와 기능을 분리하여 생각하던 전통적인 사고방식에서 벗어나 형태와 기능의 조화를 포괄하는 디자인 복합기능을 정의)

더 알아보기

빅터 파파넥의 디자인 복합기능 6가지
- 방법(Method)
  - 재료와 도구, 공정작용의 상호작용이 잘되었는지 판단하는 기능이다.
  - 디자인에 필요한 재료와 도구는 적절하고 타당하게 사용해야 한다.
- 용도(Use)
  - 디자인이 사용자의 요구와 목적에 부합하고, 편리하고, 안전하고, 내구성이 있는지 평가하는 기능이다.
  - 기능과 실용성을 바탕으로 용도의 목적에 부합해야 한다.
- 필요성(Need)
  디자인은 사회적, 문화적, 경제적, 심리적, 정신적, 기술적, 지적 요구에 의해 전개되어야 하는 필요성이 있다.
- 목표지향성(Telesis, 텔레시스)
  디자인의 특수한 목적을 달성하기 위해 계획적이고 의도적으로 이용하는 것을 말한다.
- 연상(Association)
  - 디자인이 사용자에게 어떤 이미지나 감정, 메시지를 전달하고, 인식과 기억에 영향을 미치는 것을 의미한다.
  - 연상적 가치는 보편적인 것으로 인간의 마음 속 깊이 자리 잡고 있는 충동과 욕망에 관계된다.
- 미학(Aesthetics)
  디자인을 통해 아름다움과 즐거움을 제공하는 기능이다.

ⓜ 아르누보(Art Nouveau, 새로운 예술)

〈아르누보 장식의 계단〉

- 19세기 말에서 20세기 초에 성행했던 유럽의 미술사조로 꽃이나 식물 덩굴에서 영감을 받은 장식적인 곡선 요소을 즐겨 사용했던 장식 예술이다.
- 19세기 말은 산업화가 본격적으로 시작되었던 시기로 생산방식이 기계화, 대량화되면서 질 낮은 공산품들로 인해 사물의 가치가 급격히 저하되었지만, 이는 수공업이 가지고 있는 가치와 아름다움을 새롭게 부각시켰고 '미술공예운동'으로 발전하는 계기가 되었다.

❺ **20C 미술사조**
ⓖ 아르데코(Arts Décoratifs, 장식 미술)

〈아르데코 양식의 건축을 대표하는 뉴욕 엠파이어 스테이트 빌딩〉

- 현대적이고 세련된 파리 중심의 1920년대 장식 미술
- 기능적이고 고전적인 직선미를 추구
- 기계적인 기본적인 형태의 반복, 직선, 지그재그, 삼각형, 동심원(물방울 무늬) 등의 기하학적 패턴을 사용

ⓛ 모더니즘(Modernism)
- 제1차 세계대전 등 시대적, 정치적 상황의 변화를 겪으며 전통적인 예술의 제약에서 벗어나 새로운 형식을 만들고자 노력
- 모더니즘에는 다다이즘, 상징주의, 초현실주의, 큐비즘(입체파), 야수파, 추상주의 등이 포함

ⓒ 큐비즘(CUBISM)
- 입체파라고 불리며 화려하고 어두운 톤과 강한 명암대비를 사용
- 물체를 다양한 각도에서 관찰하여 대상을 원추, 원통, 구 등의 기하학적 형태로 분해한 후 다시 조합하는 방식으로 작품을 만듦

ⓔ 추상주의(Abstractionism)
- 선, 형, 색채만으로 직관적인 감정을 표현
- 대표 화가 : 칸딘스키

ⓜ 다다이즘(Dadaism)
- 제1차 세계대전 중에 발생한 반 문명, 반합리주의 예술사조
- 모든 문화적, 전통적 가치와 질서를 부정하고 기존 형식의 파괴를 주장
- 설치미술 등장의 배경

ⓗ 아방가르드(Avant-garde)

〈아방가르드의 대표작 르네 마그리트의 집단적 발명〉
- 다다이즘에서 시작되어 큐비즘과 표현주의, 초현실주의 등으로 이어지면서 일어난 미술사조
- 전통적인 예술적 규범을 거부하고 급진적 변화와 폭넓은 색채를 사용

ⓢ 신조형주의
- 개인의 주관적 정서와 개성을 배제한 보편적이고 집단적인 미학을 지칭
- 기하학적인 형태와 빨강, 파랑, 노랑, 백색, 검정색, 회색 등의 색상을 사용하여 작품을 만듦

ⓞ 포스트모더니즘(Postmodernism)
- 20세기 후반에 일어난 인간의 정서적, 유희적 본성을 중시하는 디자인 사조
- 기능주의에 입각한 모던디자인의 전통을 거부하고 역사와 전통을 중시한 과거로의 복귀를 주장
- 포스트모더니즘에는 팝아트, 옵아트, 미니멀리즘, 개념미술, 설치미술, 포토리얼리즘 등이 포함

ⓩ 옵아트

- 옵티컬 아트(Optical Art, 광학 미술)의 약자로 망막의 미술(Retinal Art)이라고도 불림
- 팝아트의 지나친 상업성에 반발해 일어난 순수한 추상미술의 한 경향
- 기하학적 패턴과 대비되는 색상을 사용 등 착시 효과를 불러일으킴

❻ 21C 미술사조
▶ 디지털 기술의 발달과 예술의 다양화
▶ 과거 예술과 현대 미술의 융합

01 빅터 파파넥(Victor Papanek)이 주장한 디자인의 복합기능에 대한 설명으로 거리가 먼 것은?

19년 1회, 16년 1회, 13년 1회

① 텔레시스 : 보편적인 것이며, 인간의 마음속 깊이 자리 잡고 있는 충동과 욕망의 관계
② 방법 : 재료와 도구를 타당성 있게 사용하는 것
③ 필요성 : 경제적, 심리적, 정신적, 기술적, 지적 요구에 의해 전개되는 것
④ 용도 : 기능과 실용성을 바탕으로 하며 목적에 부합되는 것

02 피에트 몬드리안이 속하는 미술사조로 개인적인 자의성을 배제한 보편적이고 집단적인 미학을 지칭하는 것은?

14년 1회

① 구성주의
② 절대주의
③ 신조형주의
④ 초현실주의

03 기능주의에 입각한 모던디자인의 전통에 반대하여 20세기 후반에 일어난 인간의 정서적, 유희적 본성을 중시하는 디자인 사조로서 역사와 전통의 중요성을 재인식하고 적극 도입하여 과거로의 복귀와 디자인에서의 의미를 추구한 경향은?

17년 3회, 14년 3회, 13년 1회

① 모더니즘
② 합리주의
③ 팝아트
④ 포스트모더니즘

04 기본적인 형태의 반복, 동심원 등의 기하학적인 문양직선미를 추구한 파리 중심의 1920년대 장식 미술은?

15년 3회

① 아르누보
② 아르데코
③ 구성주의
④ 옵아트

해설

기하학적인 문양직선미란 기하학적 패턴을 의미한다. 패턴은 대칭되고 반복적인 형태를 가진다.

05 지역색의 개념을 제시하고 지역색 이미지를 부각시키는 데 중요한 역할을 한 사람은?

22년 1회, 14년 1회

① 고 흐
② 칸딘스키
③ 장 필립 랑클로
④ 몬드리안

해설

• 프랑스의 색채 디자이너 장 필립 랑클로(Jean Phiilippe Lenclos)는 색상 지리학(Geography of Color) 이론을 정립하였다.
• 색상 지리학이란 색과 지리 사이의 관계를 탐구하는 이론으로 전 세계의 여러 지역이 기후와 지형, 문화적 영향 등과 같은 고유한 특성을 가지고 있어 해당 지역의 지역색 색상 팔레트를 형성한다는 개념을 기반으로 한다.
• 장 필립 랑클로는 우리나라의 서울 동작역 철교 기둥, 힐스테이트 아파트 외관, 제주도 더럭분교장 등의 색채 디자인을 하였다.

근대 디자인 운동인 시세션(Secession)에 대한 설명으로 거리가 먼 것은?

14년 3회

① 과거 모든 양식으로부터 분리를 주장했다.
② 중심인물은 반데벨레와 존러스킨이다.
③ 기계공법의 합리적 미학을 입증했다.
④ 오스트리아에서 일어난 운동이다.

| 정답 | ②

족집게 과외

1. 예술 개혁운동

❶ 시세션(Secession, 분리파) 운동
   ㉠ 아르누보에 영향을 받아 1897년 오스트리아에서 시작된 예술 운동이다.
   ㉡ 과거의 모든 예술로부터의 분리를 주장하였고, 기계공법의 합리적 미학을 입증하였다.
   ㉢ 초기에는 아르누보 스타일의 곡선으로 제작되었으나 점차 직선적이고, 기하학적 양식으로 바뀌었다.

❷ 미술공예운동(Arts and Crafts Movement)
   ㉠ 아르누보에 영향을 받은 19세기 후반 영국의 윌리엄 모리스(William Morris)가 주장한 공예개량운동이다.
   ㉡ 장인정신을 중요시하였으며 중세적 직인제도의 원리에 따른 공예개혁을 시도하였다.

더 알아보기

직인제도
공인된 인감을 사용하여 서류나 계약서 등에 자신의 신분을 증명하는 제도

더 알아보기

벨기에 '사회주의 정당' 건물(Maison du Peuple)

아르누보 양식의 건축을 대표하는 벨기에 건축가 빅토르 오르타(Victor Pierre Horta, 1861~1947)의 건축 작품이다. 건물은 1965년 철거되었다.

❸ 독일공작연맹(Deutscher Werkbund)
   ㉠ 1907년 뮌헨에서 창설된 최초의 예술가 조직으로 독일의 건축가 헤르만 무테지우스가 결성하였다.
   ㉡ 미술공예운동을 주장한 윌리엄 모리스로부터 영향을 받아 그의 생각을 기계생산품까지 확대시켰으며 기계생산품의 미적규격화, 재료와 디자인의 표준화 등을 주장하였다.

④ 바우하우스(Bauhaus)

〈바우하우스〉

ⓐ 독일공작연맹의 이념을 계승하여 설립된 독일의 국립 조형학교이다.

ⓑ 건축을 목표로 설립되었으며 비대칭의 육면형태, 철골구조방식과 전면 유리를 사용하였다.

ⓒ 도제, 직인, 준 마이스터의 과정으로 예비과정부터 건축 전공까지 가르쳤다.

ⓓ 교육이념 : 새로운 조형의 실험, 예술과 기술의 결합, 새로운 재료의 활용

⑤ 데 스틸(De Stijl) 운동

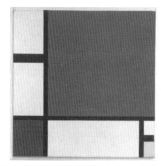

〈피에트 몬드리안의 '빨강, 파랑, 노랑의 구성'(1930)〉

ⓐ 데 스틸(De Stijl)은 네델란드어로 '스타일(Style)', '양식'을 뜻한다.

ⓑ 큐비즘의 영향을 받아 신조형주의 화가 몬드리안이 전개한 운동이다.

ⓒ 개성을 배제한 주지주의적 손상 미술 운동이다.

ⓓ 인간의 정신 속에서 영감을 찾는 순수 조형이론이다.

ⓔ 색면 구성을 강조하여 구성에 있어 질서와 배분이 중요하다.

ⓕ 순수한 원색으로 제한되어 있으며 강한 원색대비가 특징이다.

01 미술공예운동에 대한 설명으로 옳은 것은?

16년 1회

① 기계생산의 질을 향상시키려는 정책을 세웠다.
② 수공업이 가지고 있는 아름다움을 회복시키려고 중세적 직인제도의 원리에 따른 공예 개혁을 시도하였다.
③ 전통적인 유럽역사양식으로부터 탈피하고자 하였다.
④ 형태를 기하학적으로 정리하여 기계생산이 가능하게 하였다.

02 디자인의 역사 중에 공예개량운동인 미술공예운동을 전개한 사람은?

17년 1회, 14년 3회

① 윌리엄 모리스
② 설리번
③ 브뤼셀
④ 에밀 갈레

03 19세기 후반 영국의 윌리엄 모리스가 주장했던 것은?

15년 3회, 13년 1회, 10년 3회

① 구성주의
② 기능주의
③ 미술공예운동
④ 분리파

04 바우하우스(Bauhaus)의 교육이념과 거리가 먼 것은?

22년 1회, 14년 1회, 10년 3회

① 새로운 조형의 실험
② 예술과 기술의 결합
③ 순수 예술의 추구
④ 새로운 재료의 활용

05 큐비즘에 영향을 받은 몬드리안이 전개한 운동은?

20년 3회, 15년 1회

① 큐비즘 운동
② 팝아트 운동
③ 데 스틸 운동
④ 미술공예 운동

06 데 스틸에 관한 설명으로 거리가 먼 것은?

15년 3회, 13년 1회

① 개성을 배제한 주지주의적 손상 미술 운동이다.
② 인간의 정신 속에서 영감을 찾는 순수 조형이론이다.
③ 녹색, 주황 등의 강한 색조를 주로 사용하였다.
④ 색면 구성을 강조하여 구성에 있어 질서와 배분이 중요하다.

Design은 라틴어의 Designare의 어원으로 하고 있는데 가장 적당한 뜻은?   10년 3회

① 계획하다
② 실용성
③ 창의성
④ 호기심

|정답|①

족집게 과외

1. 디자인의 개념

❶ 디자인의 어원

▶ 디자인(Design)은 '계획하다', '설계하다', '만들다'라는 뜻이다.

▶ 디자인의 어원은 라틴어 '데지그라네(Designare)'로 고대 프랑스어 '데생(desseign)'에서 파생되었다.

더 알아보기

'Designare'는 'De-(영어의 out과 같은 의미)'와 'signare'(표시하다)가 결합된 형태로 '지시하다', '지정하다', '정의하다'라는 뜻이며 '스케치하다' 또는 '소묘(Dessin, Drawing)'를 가리키는 의미로도 쓰인다.

❷ 디자인 분야

㉠ 시각 디자인

• 시각적인 매체를 통해 정보나 아이디어를 전달하고 표현하는 디자인 분야이다.

• 그래픽 디자인, 웹 디자인, 일러스트레이션 등이 포함된다.

㉡ 산업 디자인

• 제품의 형태와 기능을 개선하고 사용자 경험을 고려하여 디자인하는 분야이다.

• 제품 디자인, 자동차 디자인, 가구 디자인, 패션 디자인 등이 포함된다.

㉢ 공간 디자인

• 건물 내부와 외부의 공간을 조성하고 꾸미는 디자인 분야이다.

• 실내 디자인, 건축 디자인, 조경 디자인, 도시계획 등이 포함된다.

㉣ 생태 디자인(Ecology Design)

• 인간과 자연과의 조화를 위한 디자인을 뜻한다.

• 자원 보존, 생태계 보호 등을 강조하며 인간과 환경 간의 재생 가능한 지속성을 추구하는 친환경 디자인 개념이다.

㉤ 미디어 디자인

영상 및 애니메이션 디자인, 게임 디자인, 디지털 미디어 디자인 등이 있다.

01 Design의 어원인 라틴어 Designare의 뜻으로 옳은 것은?   14년 1회

① 지시하다.
② 그리다.
③ 만들다.
④ 상상하다.

02 다음 중 디자인 개념에 대한 설명으로 거리가 먼 것은?   07년 1회

① 프랑스어의 데생(Dessein)과 관련 있다.
② 라틴어의 스케치하다, 소묘를 뜻하는 데지그라네(Designare)에서 나온 용어이다.
③ 주위에 있는 어떤 대상의 이미지를 구체화, 시각화시키는 작업이다.
④ 디자인 조건으로 점, 선, 면이 있다.

해설
④ 점, 선, 면은 디자인의 요소이며, 디자인의 조건에는 합목적성, 심미성, 경제성, 독창성, 질서성 등이 있다.

03 인간 생활의 환경적인 부분을 조형적으로 구성하는 활동으로 모든 디자인 분야를 포괄적으로 포함하는 상위개념의 디자인은?   21년 1회

① 시각 디자인
② 환경 디자인
③ 옥외 디자인
④ 실내 디자인

04 디자인은 생태학적으로 건강하고 유기적 전체에 통합하는 인간 환경의 구축을 궁극적 목표로 설정되는 디자인 요건은?   11년 3회

① 친환경성
② 사용자 인터페이스
③ 합리성
④ 문화성

05 Ecology Design이란 말의 뜻은?   20년 3회, 12년 3회, 10년 3회

① 인간만을 위한 디자인
② 인간과 기계와의 조화를 위한 디자인
③ 자연과 사회와의 조화를 위한 디자인
④ 인간과 자연과의 조화를 위한 디자인

다음 중 디자인의 조건이 아닌 것은?　　　　　　　　　　　　　17년 3회, 10년 3회

① 합목적성
② 경제성
③ 주관성
④ 심미성

|정답| ③

족집게 과외

1. 디자인의 조건

❶ 합목적성

　㉠ 실용성 : 디자인이 사용자 목적에 부합해야 한다.

　㉡ 기능성 : 사용자가 원하는 기능을 수행하도록 만들어져야 한다.

　㉢ 합리성 : 합리적이고 명확한 설계 프로세스를 제시해야 한다.

❷ 심미성

　▶ 디자인은 아름답고 매력적이어야 한다는 미의식이 있어야 한다.

　▶ 합목적성과 대립되는 조건이다.

❸ 독창성

창의적이고 새로운 디자인이어야 한다.

❹ 경제성

　▶ 최소한의 시간과 비용, 노력으로 최대한의 효과를 얻어야 한다.

　▶ 최소한의 재료와 노동력으로 최대의 기능을 발휘하는 것이어야 한다.

❺ 질서성

합목적성, 심미성, 독창성, 경제성을 종합적으로 원활히 조절하여, 관계를 유지하고 융화시킨다.

더 알아보기

굿 디자인(Good Design) 제도

영국에서 처음 시작된 Good Design 제도는 산업 디자인진흥법에 의거하여 상품의 외관, 기능, 재료, 경제성 등을 종합적으로 심사하여 디자인의 우수성이 인정된 상품에 GOOD DESIGN 마크를 부여하는 제도이다.

01 굿 디자인(Good Design) 조건으로 틀린 것은?

20년 3회

① 가독성
② 경제성
③ 독창성
④ 합목적성

02 디자인의 기본 조건으로 거리가 가장 먼 것은?

08년 3회, 06년 1회

① 경제성
② 심미성
③ 일관성
④ 합목적성

03 실용성 및 기능성과 관련되는 디자인의 조건은?

22년 1회, 11년 3회

① 심미성
② 독창성
③ 합목적성
④ 경제성

04 디자인의 조건 중 최소의 재료와 노력에 의해 최대의 효과를 얻고자 하는 원리는?

18년 1회, 15년 2회

① 합목적성
② 질서성
③ 경제성
④ 독창성

05 디자인 요소들 간의 관계 조절을 원활하게 유지하기 위하여 적용되는 디자인 조건은?

17년 2회, 09년 1회, 07년 1회, 04년 3회

① 질서성
② 심미성
③ 합목적성
④ 경제성

06 디자인의 4대 조건으로 합목적성, 심미성, 독창성, 경제성을 말한다. 이를 종합적으로 유지하고 구성하는 데 가장 중요한 디자인 요소로 맞는 것은?

12년 1회

① 질서성
② 합리성과 비합리성
③ 친자연성
④ 문화성

구성형식에 의한 디자인 분류 중 평면 디자인(2차원적)에 속하지 않는 것은? 21년 1회, 10년 1회

① 일러스트레이션
② 편집 디자인
③ 포장지 디자인
④ 타이포그래피

|정답| ③

족집게 과외

1. 디자인 분류

구성에 따른 분류 / 목적에 따른 분류		2차원 평면 디자인	3차원 입체 디자인	4차원
산업 디자인	시각 디자인	• 그래픽 디자인(Sign, Symbol, Illustration 등) • 문자 디자인(Typography, Lettering 등) • 편집 디자인[잡지, 광고물, 포장지(Package) 디자인 등] • 포스터 디자인, 포토 디자인 등	POP 디자인	• 애니메이션 • 영상 디자인 • CF 디자인 등
	제품 디자인	• 섬유(Textile) 디자인 • 벽지 디자인 등	• 의류(Apparel) 디자인 • 가구 디자인 • 액세서리 디자인 • 엔지니어링 디자인 등	–
	환경 디자인	–	• 인테리어 디자인 • 조경 · 도시환경 디자인 등	–

❶ **목적에 따른 디자인의 분류**

시각 디자인, 제품 디자인, 환경 디자인으로 분류하고 이것들은 모두 산업 디자인에 속한다.

❷ **구성에 따른 디자인의 분류**

㉠ 2차원 디자인

평면적인 공간에서 색채, 형태, 선, 질감, 배치 등의 요소를 조합하여 시각적인 효과를 내는 디자인이다.

㉡ 3차원 디자인

입체와 공간을 대상으로 한 디자인이다.

㉢ 4차원 디자인

시간과 공간을 모두 갖춘 디자인이다.

01 평면 디자인 영역에 속하지 않는 것은?

03년 3회

① 텍스타일 디자인
② 편집 디자인
③ 커뮤니티 디자인
④ 그래픽 디자인

04 다음의 디자인 분류에서 3차원 디자인에 포함될 수 있는 것은?

12년 1회

① 타이포그래피
② 포장 디자인
③ 편집 디자인
④ 영상 디자인

02 시각 디자인(Visual Design)과 가장 관계가 깊은 것은?

18년 3회

① 엔지니어링 디자인
② 도자기 디자인
③ 건축 디자인
④ 포스터 디자인

05 디자인 영역 분류 중 대표적인 4차원 영역은?

15년 1회

① 영상 디자인
② POP 디자인
③ 어패럴 디자인
④ 사인 디자인

해설

POP(Point Of Purchase Advertising) 디자인은 소비자로 하여금 특정 제품을 구매하도록 유도하거나 정보를 제공하는 광고 디자인으로 현수막, 간판, 배너, 알림보드 등이 있다.

03 디자인의 분류 중 2차원 디자인이 아닌 것은?

17년 2회, 14년 1회

① 텍스타일 디자인
② 벽지 디자인
③ 액세서리 디자인
④ 포토 디자인

06 시각 디자인 중 공간(4차원)디자인에 포함되는 것은?

06년 1회, 04년 3회

① 애니메이션
② 일러스트레이션
③ 포토 디자인
④ 타이포그래피

편집 디자인의 요소와 거리가 먼 것은?　　　　　　　　　　　　　　　18년 3회

① 옥외광고
② 타이포그래피
③ 일러스트레이션
④ 레이아웃

∥정답∥ ①

한 줄 요약

시각 디자인(Visual Design)이란 시각(Visual Sensation)으로 정보를 전달하는 디자인이다. 대표적인 시각 디자인의 종류에는 그래픽 디자인과 문자 디자인, 편집 디자인 등이 있다.

족집게 과외

1. 시각 디자인의 요소

❶ 색 상

시각적인 감각을 나타내는 데 사용되는 색 또는 색의 조합

❷ 형 태

물체나 디자인의 형상 또는 외형

❸ 이미지

시각적 정보를 나타내는 그래픽이나 그림

❹ 사 진

카메라를 사용하여 찍은 정적인 이미지

❺ 문자(Typography)

글자와 텍스트를 통해 전달되는 정보

❻ 사인(Sign)

일반적으로 특정한 목적이나 메시지를 나타내는 표지판 또는 표시물

❼ 심볼(Symbol)

특정한 의미나 개념을 상징적으로 나타내는 기호

❽ 일러스트레이션(illustration)

그림이나 그래픽으로 이루어진 표현

❾ 레이아웃(Layout)

디자인 요소들을 배치하여 전체 디자인의 구조를 결정하는 방법

2. 시각 디자인의 주요 범주

❶ 그래픽 디자인

포스터, 제품 포장, 판촉물, 로고 등과 같은 이미지를 다루는 디자인 분야

❷ 일러스트레이션

그림, 삽화, 그래픽 등의 시각적인 작품을 통해 메시지를 전달하는 디자인 분야

❸ 폰트 디자인

글꼴의 디자인과 타이포그래피에 관련된 분야

❹ 편집 디자인

책, 잡지, 광고물, 신문 등에서 읽기 쉽고 시각적으로 매력적인 디자인을 만드는 분야

❺ 포토그래피

사진을 통해 메시지나 감정을 전달하는 디자인 분야

❻ 웹 디자인

웹사이트의 외관과 사용자 경험을 디자인하는 분야

01 편집 디자인의 디자인 요소가 아닌 것은?

21년 3회

① 트레이드오프
② 타이포그래피
③ 일러스트레이션
④ 레이아웃

해설

트레이드오프(Trade-off)
• 하나가 증가하면 다른 하나는 무조건 감소한다는 뜻이다.
• 예 시
 - 로고 디자인의 단순성과 독창성 트레이드오프 : 로고를 단순하게 만들면 기억하고 인식하기 쉽지만, 독창성이 떨어져 다른 로고와 구분이 어렵다.
 - 웹디자인의 속도와 품질 트레이드오프 : 로딩 속도를 높이기 위해서는 이미지나 동영상 등의 화질을 낮춰야 한다.

02 편집 디자인과 거리가 가장 먼 것은?

15년 1회, 13년 1회

① 사 진
② 애니메이션
③ 일러스트레이션
④ 타이포그래피

03 다음 중 편집 디자인에 대한 설명으로 틀린 것은?

05년 1회

① 미국에서는 퍼블리케이션 디자인(Publication Design)이라고 한다.
② 전달하고자 하는 내용을 지면이나 천에 알아볼 수 있도록 표현하는 선전 도구와 광고 매체이다.
③ 잡지, 신문, 책 그리고 책자 형식의 소형 인쇄물을 시각적으로 구성하는 그래픽 디자인의 한 분야이다.
④ 대중 잡지 편집 디자인은 1930년에 포춘(Fortune)지에서 실시한 시각 개념과 편집 디자인의 통합으로 시작되었다.

04 포스터 디자인에 관한 설명으로 틀린 것은?

20년 1·2회

① 선전이나 광고매체라고도 한다.
② 영상 이미지가 가장 중요한 표현 요소이다.
③ 일정한 지면 위에 그림, 사진, 문안 등을 통하여 한눈에 볼 수 있도록 메시지를 전달한다.
④ 포스터라는 명칭은 원래 기둥이나 벽보를 의미한다.

해설

포스터(Poster)는 '붙이다', '게시하다'라는 뜻의 프랑스어 'poster(포스테)'에서 유래된 단어로 공공장소의 벽이나 기둥에 붙이는 벽보를 의미하며, 19세기 후반부터 특별한 이벤트, 연극, 음악회, 군사적인 목적 등을 홍보하기 위해 활용되었다.

05 포장 디자인에 나타나는 시각적 요소(Visual Element)가 아닌 것은?

20년 1·2회, 04년 3회

① Color
② Layout
③ Concept
④ Typography

06 잡지 광고 디자인에 대한 설명으로 거리가 가장 먼 것은?

18년 2회

① 특정한 독자층을 갖고, 회람률이 높아 발행 부수 몇 배의 독자를 갖는다.
② 광고의 메시지를 오래 기억하며, 자세한 내용을 전달할 수 있어 후광효과를 기대할 수 있다.
③ 반복률과 보존율이 높아 매체로서의 생명이 길고 컬러 인쇄 효과가 좋아 소구력이 강하다.
④ 영상과 음향의 복합전달에 유용하며 일련의 움직임이나 흐름을 구체적으로 표현할 수 있다.

다음 내용이 설명하는 디자인 기법은? 16년 1회, 12년 1회

> 어원은 마찰이라는 의미의 프랑스어이다. 나무판이나 잎, 천 따위의 면이 올록볼록한 것 위에 종이를 대고, 연필 등으로 문지르면 피사물의 무늬가 베껴지는데, 그때의 효과를 조형에 응용하는 기법

① 몽타주
② 프로타주
③ 꼴라주
④ 마블링

|정답|②

족집게 과외

1. 디자인 기법

❶ 프로타주(Frottage)
- ▶ 프로타주의 어원은 프랑스어 '프로테(Frotter)'로 '마찰', '문지르기'라는 의미이다.
- ▶ 재질감이 있는 면이 올록볼록한 것 위에 종이를 대고, 연필이나 크레용 등으로 문질러 피사물의 무늬를 베껴 질감 효과를 얻는 기법이다.

❷ 콜라주(Collage)
여러 가지 물건을 여러 조각으로 잘라 붙여서 구성하는 기법이다.

❸ 그라타주(Grattage)
프랑스어로 '긁기', '긁어 지우기'라는 뜻으로 유화 물감을 두껍게 바른 후 칼로 긁어내어 작업하는 기법이다.

❹ 데칼코마니(Décalcomanie)
종이 위에 물감을 칠하고 반으로 접거나 다른 종이를 덮어 찍어서 대칭적인 무늬를 만드는 기법이다.

❺ 슈퍼 그래픽(Super Graphic)
- ▶ 대담한 색채와 단순한 기하학적, 활자적 디자인으로 된 대형 그래픽을 제작하는 기법이다.
- ▶ 대표적인 슈퍼 그래픽으로는 건물의 외벽 전체를 장식하는 대형벽화가 있다.

01 요철이 있는 표면을 문질러 피사물의 질감을 나타내는 기법으로 맞는 것은?   12년 3회

① 콜라주
② 프로타주
③ 데칼코마니
④ 오브제

02 신문, 잡지, 광고물 등의 일부를 찢어 맞추어서 형상을 표현하는 디자인 기법은?

13년 3회, 12년 1회

① 콜라주
② 제로그라피
③ 키네스코프
④ 모 핑

해설

② 제로그라피(Zerography)는 전산 기반의 인쇄 기술로 복사와 인쇄가 결합되어 복잡한 인쇄 과정 없이 문서의 복사본을 만들 수 있다. 전산인쇄 기술의 원조로 이후 디지털 인쇄 기술의 출발점이 되었다.
③ 키네스코프(Kinescope)는 TV 화면 앞에 카메라를 설치하여 영화 필름에 TV 프로그램을 녹화하는 기구로 비디오테이프의 등장 이후 사라졌다.
④ 모핑(Morphing)은 2개의 서로 다른 이미지 사이에서 점진적으로 변화해 가는 모습을 보여주는 애니메이션 기법이다.

03 예술 혹은 전달목적의 디자인으로 대담한 색채와 단순한 기하학적, 활자적 디자인으로 된 대형 그래픽을 의미하며, 단조로운 벽면에 장식적인 효과를 내거나 건물의 외벽 등을 아름답게 장식하는 작업은?   14년 3회, 13년 3회

① 옥외광고
② 슈퍼 그래픽
③ 컬러 시뮬레이션
④ 몽타쥬

기출유형 01 ▶ 디자인의 개념 요소

다음 중 디자인의 기본요소가 아닌 것은?   21년 1회, 06년 1회, 02년 12월

① 면
② 원
③ 입체
④ 선

| 정답 | ②

한 줄 묘약

디자인의 개념적 요소란 디자인 조형(형태)의 기본요소로 실제로는 존재하지 않고 이념으로만 존재하는 점, 선, 면, 입체 등을 말한다.

족집게 과외

1. 디자인의 개념적 요소

❶ 점(Point)

형태의 최소 단위로 크기나 방향은 없고 단 하나의 위치만을 가지고 있다.

❷ 선(Line)

점이 이동한 경로(두 점의 연결)로 길이와 방향을 나타내며 여러 선이 결합하여 면을 형성한다.

❸ 면(Plane)

선이 닫혀 공간을 채운 형태로 2차원의 확장된 표면은 길이와 너비를 가지며 무한한 평면 공간을 나타낸다.

❹ 입체(Volume)

길이, 너비, 형태, 공간, 높이, 방위, 위치 등의 특징을 가지는 평면의 확장이다. 현실적, 공간적 느낌을 전달하며 그림자나 조명을 통해 입체감을 강조할 수 있다.

〈입체의 구성요소〉

㉠ 깊이(Depth)

물체가 얼마나 멀리 떨어져 있는지를 나타내며 물체 간의 거리를 표현하는 데 사용된다.

㉡ 너비(Width)

물체 양옆으로의 거리를 나타내며 물체가 얼마나 넓은지를 표현한다.

㉢ 길이(Height)

물체 위아래로의 높이를 나타내며 물체의 높낮이를 표현한다.

01 디자인의 기본요소에 속하지 않는 것은?

12년 1회, 09년 1회, 08년 3회

① 점
② 원
③ 면
④ 입체

02 다음 디자인의 요소에 대한 설명으로 바르지 못한 것은?

02년 12월

① 디자인의 내용적 요소는 실제 눈으로 볼 수 없으므로 점, 선, 면 등의 기하학적인 요소로 표현한다.
② 선(Line)은 위치를 나타내거나 강조, 구분, 계획, 수량 등을 표현한다.
③ 선(Line)은 길이와 위치만 있고 폭과 부피가 없다.
④ 점(Point)은 크기를 갖지 않고 위치를 표현하는 것을 말한다.

03 디자인의 구성요소 중 크기는 없고 위치만 나타나는 것은?

10년 3회

① 점
② 선
③ 면
④ 공간

04 다음 중 선의 끝과 시작, 선들이 만나거나 교차하는 곳 등에 있고 공간에서 위치를 정의하고 결정하는 것은?

08년 3회, 05년 3회

① 점
② 선
③ 면
④ 형태

05 면이 이동한 자취이며 길이, 너비, 형태와 공간, 표면, 방위, 위치 등의 특징을 가지며, 평면의 확장이다. 각도를 가진 방향으로 이동하거나 면의 회전에 의해서 생기는 것을 무엇이라 하는가?

12년 3회, 07년 3회

① 점
② 선
③ 면
④ 입체

06 다음 중 3차원 입체 디자인의 기본 구성 요소는?

15년 2회, 12년 3회

① 직선, 사선, 곡선
② 꼭짓점, 모서리, 면
③ 깊이, 너비, 길이
④ 수직면, 수평면, 측면

점의 정의에 대한 설명으로 옳은 것은?   19년 3회, 14년 1회

① 공간을 구성하는 단위이다.
② 면의 한계 또는 면의 교차에 의해 생긴다.
③ 크기는 없고 위치를 지닌다.
④ 물체가 차지하고 있는 한정된 공간이다.

|정답| ③

한 줄 묘약

점(Point)은 크기나 방향은 없고 공간의 위치만을 나타내는 디자인의 개념적 요소이다.

족집게 과외

1. 점의 생성방법

❶ 선과 선의 교차

두 선이 만나는 점을 생성하는 방법

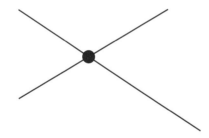

❷ 선의 양쪽 끝

선의 시작점과 끝점을 생성하는 방법

❸ 면과 선의 교차

면에 수직인 선을 그어서 만나는 점을 생성하는 방법

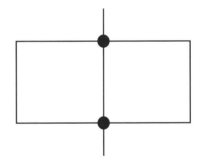

2. 점의 특성

❶ 작을수록 점처럼 보이고 클수록 면처럼 보인다.

❷ 공간에 한 점을 두면 집중력이 생긴다.

❸ 공간에 두 개 이상의 점을 가까운 거리에 떼어 놓으면 선의 효과가 생긴다.

❹ 정렬된 점들의 간격 결정방법에 따라 각각 움직임의 효과가 달라진다.

❺ 점은 움직임을 지각하지 못하지만 크기와 군집에 의해 방향성이 느껴지기도 한다.

01 다음 중 점의 동적 정의를 설명한 것은?

07년 3회, 04년 3회

① 점의 이동의 흔적
② 위치만 있고 크기는 없다.
③ 면의 한계 또는 면의 교차
④ 물체가 차지하고 있는 한정된 공간

02 점을 생성하기 위한 방법이 아닌 것은?

17년 2회, 10년 1회, 08년 1회

① 입체와 면의 교차
② 선과 선의 교차
③ 선의 양쪽 끝
④ 면과 선의 교차

03 디자인의 요소 중 점(Point)에 대한 설명으로 거리가 가장 먼 것은?

14년 1회, 06년 1회, 03년 3회

① 점은 작을수록 점같이 보이며 클수록 면처럼 보인다.
② 점은 크기를 갖지 않고 위치를 표시하는 것이다.
③ 점은 위치를 나타내거나 강조, 구분, 계획 등을 나타내는 기능을 가진다.
④ 점은 원형으로만 표현된다.

04 점의 성격에 대한 설명 중 거리가 가장 먼 것은?

14년 2회

① 면의 한계나 교차에 의해 생긴다.
② 원형이나 다각형이 축소되면 점이 된다.
③ 한 개의 점은 공간에서 위치를 나타낸다.
④ 한 선의 양 끝, 2개 선이 만나는 곳에서 볼 수 있다.

05 디자인 요소 중 점에 대한 설명으로 거리가 먼 것은?

15년 1회

① 점은 움직임을 지각하지 못하지만 크기와 군집에 의해 방향성이 느껴지기도 한다.
② 점은 작을수록 점처럼 보이며 클수록 면처럼 보인다.
③ 점은 위치를 표시한다.
④ 점은 원형으로만 표현된다.

처음 점이 움직임을 시작한 위치에서 끝나는 위치까지의 거리를 가진 점의 궤적은? 13년 3회, 11년 1회

① 점
② 면
③ 선
④ 입 체

|정답| ③

한 줄 묘약

선(Line)은 크기가 없는 점(Point)이 이동한 자취나 흔적으로, 공간의 길이와 방향을 나타내는 디자인의 개념적 요소이다.

족집게 과외

1. 선의 느낌

❶ 직 선

단순하고 명료한 선으로 정적이고 경직된 느낌을 준다.

㉠ 수평선

평온, 평화, 고요함, 안정감, 편안함, 무한함

㉡ 수직선

희망, 상승, 권위, 엄숙함, 강직함, 긴장감

㉢ 대각선(사선)

동적, 무한한 운동성, 속도감, 불안감, 활동감

㉣ 기하직선형

기하학적인 직선을 말한다. 기계적, 질서가 있는 간결함, 확실, 명료, 강함, 신뢰, 안정감

㉤ 자유직선형

기하직선형보다는 질서가 없고 비규칙적, 예민함, 직접적, 명쾌함, 대담함, 활발함

❷ 곡 선

부드러움, 우아함, 유연성, 경쾌한 느낌을 준다.

㉠ 기하곡선형

원, 타원, 포물선, 쌍곡선 등을 말한다. 명료, 확신, 고상한 짜임새

㉡ 자유곡선형

조화가 잘되면 아름답고 매력적이지만 추한 형도 많은 위험성이 있음

• 조화가 잘된 자유곡선형 : 우아, 부드러움, 매력적, 여성적
• 조화가 추한 자유곡선형 : 불명확, 무질서, 방심, 단정치 못함, 귀찮음

2. 선의 특징

▶ 점의 연장으로 점의 이동에 따라 직선, 곡선이 생성된다.

▶ 선은 형태를 표현하고 창조하는 데 필수적인 요소로 시각적으로 형상을 표현하여 메시지를 전달한다.

▶ 선은 명암, 색채, 질감 또는 이러한 특성을 모두 함께 가질 수도 있다.

▶ 실선이나 점선으로 다른 물체에 의해 가려진 사물의 위치나 움직임을 나타내거나 표시할 수 있다.

01 디자인의 요소 중 곡선이 주는 느낌으로 올바른 것은?

05년 3회

① 강 함
② 날카로움
③ 부드러움
④ 불 안

02 선의 특징에 대한 설명으로 옳지 않은 것은?

14년 1회, 06년 3회

① 직선 – 정적, 경직
② 곡선 – 단순, 명료
③ 수평선 – 평화, 안정
④ 수직선 – 상승, 긴장

03 선(Line)에 대한 설명으로 틀린 것은?

21년 3회, 14년 2회

① 기하직선형 : 질서가 있는 간결함, 확실, 명료, 강함, 신뢰, 안정된 느낌
② 자유직선형 : 강력, 예민, 직접적, 남성적, 명쾌, 대담, 활발한 느낌
③ 수평선 : 상승의 순간성이 강한 운동력이 가해져 직접적이고 긴박한 느낌
④ 자유곡선형 : 기하학적 곡선이 아니므로 조화가 잘되며 아름답고 매력적인 느낌

04 다음 중 직선에 대한 설명으로 잘못된 것은?

17년 2회

① 수평선은 평온, 고요, 안락, 편안함을 나타내는 형태이다.
② 대각선은 따뜻함과 차가움이 포함된 무한한 운동성을 나타내는 형태이다.
③ 지그재그 선은 특정한 거리를 두고 방향이 바뀌는 선이다.
④ 직선은 대범한 펼쳐짐과 화려함을 느낄 수 있다.

05 그래픽 디자인 요소 중 선에 대한 설명으로 거리가 가장 먼 것은?

18년 1회

① 직선은 수평선, 수직선, 대각선이 있다.
② 색과 결합하여 공간감이나 입체감을 나타낸다.
③ 공간에 있는 방향성과 길이가 있다.
④ 크기가 없는 점의 연장으로서 점의 이동에 따라 직선, 곡선이 생성된다.

06 선(Line)의 특성이 아닌 것은?

09년 3회

① 직선이거나 곡선, 굵은 선이나 가는 선, 실선이나 점선이 될 수 있다.
② 선은 공간에서 한 점이 다른 모양으로 변형될 때 만들어진다.
③ 선의 외관은 명암, 색채, 질감 또는 이러한 특성을 모두 함께 가질 수도 있다.
④ 실선이나 점선의 특성은 다른 물체에 의해 가려진 사물의 위치나 움직임을 나타내거나 표시할 수 있다.

2차원에서 모든 방향으로 펼쳐진 무한히 넓은 영역을 의미하며 형태를 생성하는 요소로서의 기능을 가진 것은?

21년 3회, 18년 1회, 15년 3회, 12년 3회, 11년 1회

① 점
② 선
③ 면
④ 입체

┃정답┃③

한 줄 요약

면은 선(line)이 이동하고 모인 형태로 길이와 너비, 위치, 방향을 가진다.

족집게 과외

1. 면의 특징

❶ 2차원의 공간으로서 원근감, 질감, 공간감 등을 표현할 수 있다.

면은 가로와 세로를 가진 2차원의 평면으로, 면을 통해 원근감(깊이와 거리)을 나타낼 수 있으며, 면을 통해 질감과 공간감을 표현할 수 있다.

❷ 넓이는 있으나 두께는 없다.

면은 표면적인 넓이를 가지고 있지만, 두께나 깊이는 없다.

❸ 평면과 곡면으로 구분된다.

평면은 일정하고 평평한 표면을 의미하며, 곡면은 곡선 형태를 가진 표면을 의미한다.

2. 면의 유형

❶ 평면(Flat Plane)

ⓐ 평면 : 가장 기본적인 형태로 균일하게 평평한 표면을 의미한다.

ⓑ 다면체 : 여러 개의 평면이나 곡면이 조합된 형태 입체적인 느낌을 주는 면이다.

ⓒ 각진 면 : 각진 모서리와 형태를 가진 면으로 현대적이고 강렬한 느낌을 준다.

❷ 곡면(Curved Plane)

ⓐ 곡면 : 평면과는 달리 곡선이나 구부러진 형태를 가진 면을 의미한다.

ⓑ 유기적인 면(Organic Plane) : 자연의 형태에서 영감을 받은 부드럽고 곡선적인 형태를 의미한다.

ⓒ 커브드 면(Curved Plane) : 부드러운 곡선이나 원을 형성하는 면을 의미한다.

01 길이와 너비를 가지며, 넓이는 있으나 두께는 없는 것으로 위치와 방향을 가지는 선의 집합을 무엇이라 하는가?   13년 1회, 12년 1회, 08년 1회

① 점
② 선
③ 면
④ 입체

03 디자인의 조형 요소 중 콘텐츠의 화면 분할을 하기 위한 가장 기본적인 요소를 무엇이라고 하는가?   09년 1회, 07년 1회

① 점
② 선
③ 면
④ 입체

해설
디자인 조형 요소는 디자인의 개념요소로 점, 선, 면, 입체를 의미하며 화면(면)에 선을 교차시켜 분할할 수 있다.

02 면(Plane)의 의미 및 특성에 대한 설명 중 거리가 가장 먼 것은?   09년 1회

① 구성의 가장 큰 영향력을 가지며 점을 기본요소로 하고 있다.
② 2차원으로 선이 움직인 자취를 말한다.
③ 선의 길이나 곡률에 절대적인 지배를 받는다.
④ 넓이는 있지만 두께는 없다.

해설
① 점을 기본요소로 하는 것은 점의 배열이다.
③ 선의 곡률(Curvature)이란 선의 방향이 변하는 비율로 선이 얼마나 구부러지는지를 표현하는 수치이다.

다음 중 평면 디자인의 원리에서 가시적인 시각 요소와 거리가 가장 먼 것은?

13년 3회, 09년 3회, 06년 3회, 03년 3회, 02년 12월

① 중 량
② 형 태
③ 색 채
④ 질 감

|정답| ①

한 줄 요약

디자인의 시각 요소란 인간이 시각적으로 물체를 인식하는 데 필요한 요소를 의미한다.

족집게 과외

1. 디자인의 시각 요소

❶ 형(Shape, 모양, 2차원)

원, 삼각형, 사각형 등 2차원 공간에서 나타나는 모양이다.

❷ 형태(Form, 3차원)

높이, 너비, 깊이를 가진 3차원 공간에서의 물체의 형상이나 구조이다.

❸ 크기(Size)

큰 크기는 주목성을 높일 수 있고 작은 크기는 부드러운 느낌을 줄 수 있다.

❹ 색채(Color)

시각적인 감각을 나타내는 데 사용되는 색 또는 색의 조합이다.

❺ 질감(Texture)

표면의 시각적, 물리적 특성으로 딱딱하다, 부드럽다, 까칠까칠하다, 매끄럽다 등 물체의 표면이 가지고 있는 특성이다.

❻ 빛(Light)

그림자, 하이라이트, 조명 등 시각적 요소를 강조하고 형성하는 데 필수적인 역할을 한다.

❼ 비례(Proportion)

물체나 요소 간의 상대적인 크기와 배치이다.

2. 시각 요소를 인식하는 과정

❶ 광원과 물체의 상호작용

광원으로부터 나오는 광선(빛)이 물체를 비춘다.

❷ 빛의 굴절

물체에 비춘 빛은 반사 또는 분해, 투과, 굴절, 흡수되어 다양한 방향으로 나아간다.

❸ 눈에 들어오는 빛

눈에 들어온 빛이 망막에 도달한다.

❹ 망막에서의 신호 변환

망막은 시신경을 통해 빛의 강도와 색채를 감지하고 이를 뇌로 전송한다.

❺ 뇌에서의 정보 해석

시신경을 통해 전송된 신호를 해석하여 그림자, 색채, 형태, 크기, 질감, 빛 등을 해석하고 판단한다.

❻ 감정과 기억의 연결

시각적으로 받아들인 정보는 감정을 토대로 기억과 연결되어 인식과 이해의 수준을 높인다.

01 다음 중 디자인의 시각 요소에 속하지 않는 것은?

17년 3회, 08년 3회, 04년 3회

① 크기(Size)
② 모양(Shape)
③ 배경(Background)
④ 비례(Proportion)

02 디자인의 요소 중에는 시각 요소와 상관 요소가 있다. 다음 중 시각 요소와 거리가 먼 것은?

19년 1회

① 중 량
② 형 태
③ 색 채
④ 질 감

03 다음은 디자인 요소 중 무엇에 관한 설명인가?

17년 3회, 07년 3회, 05년 1회, 04년 3회

> 광원으로부터 나오는 광선이 물체에 비추어 반사, 분해, 투과, 굴절, 흡수될 때 안구의 망막과 여기에 따르는 시신경을 자극하여 일어나는 감각현상이다.

① 형 태
② 색 채
③ 질 감
④ 빛

04 다음 중 디자인의 필수요소로서 물체의 조성성질을 뜻하는 것은?

07년 3회, 06년 1회

① 색 채
② 질 감
③ 크 기
④ 빛

해설

물체의 조성성질(Compositional Property)이란 물체를 구성하는 물체의 성질로, 물체의 형태나 상태와 관련된 성질을 말한다. 조성성질은 물체의 크기나 모양에 영향을 받지 않는다.

05 다음 질감(Texture)에 대한 설명 중 바르지 못한 것은?

08년 1회, 02년 12월

① 조절적 질감이란 여러 질감을 모아서 새로운 느낌의 질감을 만들어내는 것이다.
② 시각적 질감이란 눈으로 보이는 느낌을 통하여 느껴지는 질감을 말한다.
③ 질감은 디자인의 필수요소로서 물체의 조성성질을 의미한다.
④ 질감은 크게 촉각적 질감과 시각적 질감으로 나뉘고, 촉각적 질감은 가용적 질감, 조절적 질감, 유기적 질감으로 나뉜다.

06 디자인의 요소 중 물체 표면이 가지고 있는 특징의 차이를 시각과 촉각을 통하여 느낄 수 있는 것은?

20년 1 · 2회, 07년 1회

① 색 채
② 양 감
③ 공간감
④ 질 감

멀티미디어 디자인의 요소 중 시각적 요소의 상호작용에 의해 방향감, 공간감, 위치감, 중량감의 변화를 느낄 수 있는 요소는 무엇인가?

20년 2회, 07년 1회, 05년 2회, 04년 3회

① 개념요소
② 시각요소
③ 상관요소
④ 실제요소

| 정답 | ③

한 줄 요약

디자인의 상관요소란 시각적 요소의 상호작용에 의해 공간감, 방향감, 위치감, 중량감의 변화를 느낄 수 있는 요소를 뜻하고, 디자인의 실제요소란 형태가 가진 내면의 요소로, 디자인의 의미나 목적을 잘 전달할 수 있도록 한다. 디자인의 실제요소는 사실적, 도식적(일정한 형식에 맞춤), 반추상적(추상과 구상의 중간)일 수 있다.

족집게 과외

1. 디자인의 상관요소

❶ 공간감

크기를 가지는 형태는 공간을 형성한다.

❷ 방향감

시각적으로 마치 움직이는 것처럼 느껴진다.

❸ 위치감

위치에 따라 균형, 강조, 비대칭, 독창성 등 다양한 느낌을 표현할 수 있다.

❹ 중량감

가벼움이나 무거움을 나타낸다. 명암을 표현하여 실제감을 느낄 수 있다.

2. 디자인의 실제요소

❶ 선(Line)

방향을 나타내거나 요소들을 연결하는 역할을 한다.

❷ 형태 (Shape)

2차원 평면상에서 나타나는 도형이나 형태로 간단한 도형부터 복잡한 형태까지 다양한 형태가 사용된다.

❸ 질감(Texture)

표면의 다양한 질감을 나타내어 현실감을 부여한다.

❹ 색채(Color)

다양한 톤, 채도, 명도 등으로 조절되어 사용된다.

❺ 공간(Space)

디자인 요소들이 차지하는 물리적인 공간이나 배치를 의미한다.

❻ 입체(Form)

물체의 높이, 너비, 깊이 등을 표현하는 데 사용된다.

더 알아보기

디자인 요소 간의 차이점
- 시각요소 : 시각적인 특성이나 구성을 형성하는 기본요소이다.
- 상관요소 : 디자인의 조화로운 전체를 형성하는 원칙이다.
- 실제요소 : 디자인의 물리적인 구성으로 관찰이 가능하다.

01 입체 디자인의 상관요소가 아닌 것은?

16년 1회, 14년 3회

① 위 치
② 길 이
③ 방 향
④ 공 간

02 물체의 원근감이나 중량감, 실제감을 강하게 느끼게 하는 표현 요소는?

14년 1회, 07년 1회, 05년 1회, 02년 12월

① 명 암
② 선
③ 면
④ 점

03 "디자인의 영역이나 내용에 관계하여 사실적, 도식적, 반추상적일 수도 있다."와 관련된 디자인 요소는?

12년 1회

① 개념요소
② 시각요소
③ 상관요소
④ 실제요소

04 다음 중 디자인의 요소가 아닌 것은?

05년 1회, 02년 12월

① 형태, 텍스처
② 선, 크기
③ 성질, 비례
④ 점, 명암

해설

성질은 디자인 요소에 속하지 않는다.
• 개념요소 – 점(Point), 선(Line)
• 시각요소 – 형태(Form), 텍스처(Texture, 질감), 크기(Size), 비례(Proportion)
• 실제요소 – 형태(Shape), 선, 텍스처
• 상관요소 – 명암(중량감)

05 다음 중 구성의 기본요소에 대한 설명으로 거리가 먼 것은?

08년 1회

① 방향(Direction) : 모든 점에는 방향이 있으며 이 방향은 심리적인 작용에 대해 고려되는 경우가 많다.
② 질감(Texture) : 실제로 물체의 표면이 갖는 질감을 말한다.
③ 양감(Volume) : 물체의 용적이나 무게에 대한 감각 또는 입체적 감각을 말한다.
④ 크기(Size) : 선, 면, 입체가 상호 간에 공간간격을 가질 때 이 공간의 간격은 크기를 가리킨다.

디자인의 형태에서 이념적 형태는 자체로써는 조형이 될 수 없기 때문에 지각할 수 있도록 점, 선, 면, 입체 등
으로 나타내는데 이를 무엇이라 하는가?   19년 1회

① 순수형태
② 현실형태
③ 구상형태
④ 자연형태

｜정답｜①

한 줄 요약

디자인 형태는 디자인 요소들이 조합되어 만들어지는 전체적인 외양이나 구조로 디자인의 목적과 의도에 따라 다양한 형태가
만들어진다.

족집게 과외

1. 디자인의 형태의 분류

❶ 이념적 형태

㉠ 순수형태

실제 감각으로 지각할 수 없지만 느껴지는 형태로
예술적이며 감성적인 요소가 강조된다. 모든 형태
의 기본 형태이며 점, 선, 면, 입체의 형식을 띤다.

㉡ 추상적 형태

대상을 왜곡하거나 감각적으로 표현하는 형태이다.

㉢ 인위형태

필요에 의해 인위적으로 만들어진 형태로 아이디
어, 개념, 감정 등을 표현하는 데 사용된다.

❷ 사실적 형태

㉠ 구상형태

실제 대상을 인식하고 구별할 수 있는 형태로 제품
디자인, 건축물 디자인, 그래픽 디자인 등에서 사
용된다.

㉡ 기능적 형태

사용성과 실용성에 중점을 두는 형태로 제품이나
시스템의 기능을 효율적으로 사용할 수 있도록 고
안된다.

㉢ 자연형태

현실 세계에서 자연적으로 발생하는 형태를 기반
으로 한다.

2. 칸딘스키의 형태 연구

러시아의 화가이자 예술이론가인 바실리 칸딘스키
(Wassily Kandinsky)는 원형, 사각형, 삼각형의 기초형
태를 적용한 디자인을 연구하였다.

〈바실리 칸딘스키의 '구성 8'〉

▶ 칸딘스키는 원형은 완성과 조화를, 사각형은 균형과
안정감을, 삼각형은 긴장과 운동감을 주는 형태로 해
석하였고 이러한 형태를 병치함으로써 시각적 긴장과
안정성, 움직임 사이의 균형 등을 만들고자 했다.

01 기본형식은 점, 선, 면, 입체이며 이념적 형태로서 모든 형태의 기본이 되는 것은?　12년 1회

① 순수형태
② 현실형태
③ 인위형태
④ 자연형태

[해설]
순수형태와 인위형태 모두 이념적 형태에 속하지만 모든 형태의 기본이 되는 것은 순수형태이다.

02 이념적 형태에 해당하는 것은?　15년 2회

① 인공형태
② 자연형태
③ 추상형태
④ 현실형태

03 디자인 조형요소 중 형태의 분류와 거리가 먼 것은?　11년 3회

① 유동형태
② 자연형태
③ 순수형태
④ 인위적 형태

04 다음 중 디자인에서 형태의 분류가 바르게 짝지어진 것은?　04년 3회

① 이념적 형태 – 순수형태, 자연형태
② 이념적 형태 – 순수형태, 추상적 형태
③ 현실적 형태 – 자연형태, 추상적 형태
④ 현실적 형태 – 순수형태, 인위적 형태

05 칸딘스키(Kandinsky)가 제시한 형태 연구의 3가지 요소가 아닌 것은?　17년 1회, 14년 1회, 12년 1회

① 육각형
② 사각형
③ 삼각형
④ 원 형

다음 중 디자인의 원리에 해당되지 않는 것은?　　　　　　　　11년 3회

① 통 일
② 다 양
③ 균 형
④ 비 례

| 정답 | ②

한 줄 요약

• 디자인의 원리는 디자인의 다양한 요소를 조화롭고 균형있게 구성하는 법칙과 원리를 뜻한다.
• 디자인의 원리를 이해하고 적용함으로써 매력적이고 효과적인 디자인을 만들 수 있다.

족집게 과외

1. 디자인의 원리

❶ 통일(Unity)

디자인 요소들이 하나의 일관성을 띠며 나타나는 원리이다. 시각적인 통일은 질서와 안정감을 주지만 단조로운 느낌을 줄 수 있다.

❷ 변화(Variety)

통일의 일부에 적절한 변화를 주는 것으로 통일과 유기적인 관계를 가진다.

❸ 균형(Balance)

어느 한쪽으로 기울지 않고 평형인 상태로 안정감을 주는 원리이다.

ⓙ 대칭 : 균형이 잡힌 형태이다.
ⓛ 비대칭 : 대칭이 아닌 상태이지만 시각적으로 균형인 형태이다.
ⓒ 비례 : 두 영역 간의 조화와 균형감인 형태이다.

❹ 조화(Proportion)

적절한 통일과 변화가 잘 어우러질 때 균형이 나타나고 통일된 이미지를 갖는 원리이다.

ⓙ 유사 : 서로 비슷한 요소들이 모여 안정적인 분위기를 내는 원리이다.
ⓛ 대비(Contrast) : 서로 다른 요소들이 모여 각각의 특성이 강조되는 원리이다.

❺ 리듬(Rhythm, 율동)

동일한 요소 등이 반복적이고 연속적으로 배치되거나 교차되면서 생기는 시각적인 흐름으로 운동감과 리듬감을 주는 원리이다.

ⓙ 반복 : 동일한 요소를 2개 이상 배열하여 구조적으로 되풀이
ⓛ 점이 : 점진적인 변화의 반복
ⓒ 강조 : 특정 부분을 강하게 표현
ⓔ 정렬 : 일정한 기준에 따라 배열
ⓜ 변칙 : 기존의 변화와 다른 변화 패턴
ⓗ 교차 : 두 개 이상의 요소 교차 배열
ⓢ 방사 : 중심축으로부터 바깥쪽으로 전개

❻ 디자인 원리 구성

통 일	–
변 화	–
균 형	대 칭
	비대칭
	비 례
조 화	유 사
	대 비
리듬(율동)	반 복
	점 이
	강 조
	정 렬
	변 칙
	교 차
	방 사

01 디자인의 원리가 아닌 것은?   11년 1회

① 조 화
② 이미지
③ 강 조
④ 리 듬

02 다음 중 디자인의 미적 형식원리에 속하지 않는 것은?   05년 3회

① 변화(Variety)
② 폐쇄(Closuer)
③ 조화(Harmony)
④ 균형(Balance)

03 디자인의 원리에 대한 설명으로 거리가 가장 먼 것은?   07년 3회, 03년 3회

① 형, 색, 질감 등의 조화를 통하여 시각적인 통일을 이룰 수 있다.
② 유사조화란 동일 요소들의 조합에 의해서 이루어지는 것으로 반드시 요소가 동일하여야 이루어진다.
③ 디자인의 미(美)적인 조화를 위해서는 통일과 변화를 적절하게 함께 표현하는 것이 바람직하다.
④ 대칭이란 균형의 가장 전형적인 구성형식으로 가장 일반적인 균형이 잡힌 형태를 말한다.

04 디자인의 원리에 대한 설명으로 틀린 것은?   09년 3회

① 균형은 모든 생물체의 생존에 필수적 요소로 균형이 잡혀있다는 것은 자연스럽게 평형을 유지하는 것을 의미하여 안정감을 창조하는 질로서 정의된다.
② 조화는 적절한 통일과 변화가 잘 어우러질 때 성립되며 좋은 조화는 상호 간의 공통성이 있음과 동시에 차이가 있을 때 얻어지는 것이다.
③ 율동은 다른 원리에 비하여 생명감과 존재감이 가장 강하게 나타나며 자연의 본질적인 특징으로 대칭, 비대칭, 비례가 있다.
④ 통일과 변화는 서로 다른 성질을 가지면서도 긴밀한 관계를 상호유지하지 않고는 미를 표현할 수 없는 유기적 관계를 가진다.

해설
대칭, 비대칭, 비례는 균형의 요소이다.

05 그림에서 제시된 이미지의 형태에서 느껴지는 디자인의 원리는?   21년 3회, 19년 1회, 16년 2회

① 근접의 원리
② 착시의 원리
③ 반복의 원리
④ 대비의 원리

디자인 원리 중 균형의 요소로 거리가 먼 것은?

22년 1회, 14년 3회

① 대 칭
② 조 화
③ 비대칭
④ 비 례

┃정답┃②

한 줄 요약

균형은 어느 한쪽으로 기울지 않고 평형을 유지하는 것으로 시각상으로 힘의 안정감을 주어 명쾌한 감정을 느끼게 한다.

족집게 과외

1. 균형의 유형

❶ 대칭(Symmetry)

▶ 균형의 가장 전형적인 구성형식으로 균형이 잡힌 형태를 뜻하며 대칭된 형태에서 느낄 수 있다.

▶ 대칭의 유형에는 좌우대칭(좌우 반사), 점대칭(한 점을 중심으로 180° 회전), 방사대칭(방사형으로 이동) 등이 있다.

〈좌우대칭〉　　〈점대칭〉　　〈방사대칭〉

❷ 비대칭(Asymmetry)

▶ 대칭이 아닌 상태이지만 시각상으로 느껴지는 힘의 통합을 주어 균형을 느끼게 된다.

▶ 대칭에 비해 동적이고 자유로운 느낌을 준다.

❸ 비 례

구성요소 간의 분포, 면적, 길이 등의 차이를 뜻하며 두 영역 간의 조화와 균형감을 주는 원리이다.

01 균형에 대한 설명으로 옳은 것은?

22년 1회, 17년 3회

① 같은 단위 형태를 반복 사용할 때 나타난다.
② 단위형태의 주기적인 반복에 의해 느껴지는 움직임이다.
③ 각 부분 사이에 시각적인 강한 힘과 약한 힘이 규칙적으로 연속될 때 생기는 것이다.
④ 부분과 부분 또는 부분과 전체 사이에 시각상으로 힘의 안정을 주어 명쾌한 감정을 느끼게 한다.

02 디자인의 원리 중 Symmetry에 대한 설명으로 맞는 것은?

17년 1회, 12년 3회, 08년 3회, 05년 1회, 03년 3회

① 변화 속에서 통일감을 얻는다.
② 길이의 비례 관계를 말한다.
③ 자연물 등의 대칭된 형태에서 느낄 수 있다.
④ 하나의 직선이나 곡선 또는 단순형태에서는 느낄 수 없다.

03 대칭(Symmetry)의 기본조작이 아닌 것은?

12년 1회

① 직진(直進)
② 반사(反射)
③ 회전(回傳)
④ 이동(移動)

해설
대칭의 종류에는 좌우대칭(좌우 반사), 점대칭(한 점을 중심으로 180도 회전), 방사대칭(방사형으로 이동)이 있다.

04 디자인의 미적 원리 중 균형을 구성하는 요소인 대칭에 대한 설명 중 틀린 것은?

16년 2회, 10년 1회

① 도형에서 서로 대응하는 각 부분에 서로 점이나 직선 또는 면을 개입시켜 서로 같은 거리에 배치된 상태를 말한다.
② 대칭을 뜻하는 영어는 Symmetry이다.
③ 어느 기준에 대해 일정한 비율을 유지하는 미적 조화를 의미한다.
④ 대칭은 크게 수평 대칭과 상하 대칭으로 나누어진다.

05 디자인 원리의 하나로 두 영역 간의 조화로운 관계라고 할 수 있으며 구성요소 간의 조화와 균형을 결정하는 것은?

10년 1회

① 스케일
② 대 비
③ 비 례
④ 강 조

비례의 3가지 유형이 아닌 것은?   13년 1회, 10년 1회

① 기하학적 비례
② 산술적 비례
③ 조화적 비례
④ 대칭적 비례

|정답|④

한 줄 요약

- 비례(Proportion)는 균형의 유형 중 하나로 구성요소 간의 분포, 면적, 길이 등의 차이를 뜻하며 개념적으로 시각적 질서나 균형을 결정하는 데 사용한다.
- 비례는 모든 사물의 상대적인 크기를 다루며, 수를 기초로 한 조화의 미(美)를 강조한다.

족집게 과외

1. 비례의 유형

❶ 기하학적 비례(Geometric Proportion)

두 개의 수가 서로 곱으로 비례하는 것이다.

❷ 산술적 비례(Arithmetic Proportion)

두 개의 수가 서로 합이나 차로 비례하는 것이다.

❸ 조화적 비례(Harmonic Proportion)

두 개의 수가 서로 역수로 비례하는 것이다.

2. 이상적인 비례

❶ 루트(Square Root)

$\sqrt{}$, 어떤 수의 제곱근을 의미한다.

❷ 피보나치 수열

이탈리아의 수학자 레오나르도 피보나치(Leonardo Fibonacci)가 발견한 수열이다. 앞의 두 수를 더하여 나오는 수열로 1, 1, 2, 3, 5, 8, 13, 21, 34, 55, 89, 144 … 이다.

❸ 황금분할(Golden Ratio, 黃金分割, 황금비(黃金比))

가장 안정감을 주는 '신의 비례'라고도 불리며 그리스 시대부터 미적인 비례의 전형으로 사용되어 왔다.

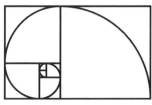

〈황금분할의 비 − 1.618:1〉

01 비례의 3가지 유형으로 거리가 먼 것은?

16년 2회, 12년 3회

① 사실적 비례(Realistic Proportion)
② 기하학적 비례(Geometric Proportion)
③ 산술적 비례(Arithmetic Proportion)
④ 조화적 비례(Harmonic Proportion)

02 형태의 시각적 특성인 비례에 대한 설명으로 가장 거리가 먼 것은?

19년 3회, 14년 3회

① 신의 비례라 불리는 황금분할의 비율은 1:3이다.
② 비례는 모든 사물의 상대적인 크기를 다루며, 조화의 근본이 된다.
③ 개념적으로 시각적 질서나 균형을 결정하는 데 사용된다.
④ 비례는 a:b 또는 1/2과 같은 비율 용어로 표현된다.

03 다음 중 황금분할의 비는?

12년 3회

① 1.5:1
② 2.518:1
③ 1.218:1
④ 1.618:1

04 황금분할에 대한 설명으로 옳지 않은 것은?

07년 3회, 05년 1회, 03년 3회

① 그리스 시대부터 미적인 비례의 전형으로 사용되어 왔다.
② 신의 비례라고도 한다.
③ 모듈러의 개념이라고도 한다.
④ 가로 세로의 비율이 1:1.618일 때를 말한다.

05 형태의 시각적 특성으로서 비례에 대한 설명으로 거리가 가장 먼 것은?

15년 1회

① 황금분할은 모듈러의 개념으로 1:1.414이다.
② 비례란 개념적으로 시각적 질서나 균형을 결정하는 데 쓰인다.
③ 황금분할은 그리스 시대부터 미적인 비례의 전형으로 사용되었다.
④ 이상적인 비례로는 루트, 피보나치 수열, 황금분할 등이 있다.

06 인체스케일에 대한 척도인 모듈러(Modulor)의 기본 개념은?

16년 1회, 12년 3회

① 그리드
② 비 례
③ 연 관
④ 일관성

해설

모듈러(Modulor)는 프랑스의 건축가 '르 코르뷔지에(Le Corbusier)'에 의해 만들어진 측정체계이다. 신체의 비례체계에 따른 측정방법으로 모듈러 치수는 신체 치수와 황금비인 1:1.618의 관계를 가지는 수치로 결정되었다.

형태구성의 부분 간의 상호관계에 있어 반복–연속되어 생명감과 존재감을 가장 강하게 나타내는 디자인 원리는?

12년 3회

① 조 화
② 균 형
③ 리 듬
④ 비 례

| 정답 | ③

한 줄 요약

리듬(Rhythm,율동)은 동일한 요소들의 반복, 연속, 교차에 의해 생기는 시각적인 흐름으로 운동감과 리듬감을 주며, 디자인 원리 중 생명감과 존재감을 가장 강하게 나타낸다.

족집게 과외

1. 리듬의 유형

❶ **반복(Repeatition)**
- ▶ 동일한 요소를 2개 이상 배열하는 것으로 색채, 문양, 질감, 형태 등이 구조적으로 되풀이되는 원리이다.
- ▶ 변화를 가진 반복은 매력적인 리듬감을 준다.

❷ **점이(Gradation)**
- ▶ 반복의 크기, 색채 등에 점진적인 변화를 주어 반복의 경우보다 한층 동적인 표정과 경쾌한 율동감을 주는 디자인 원리이다.
- ▶ 서로가 대조되는 양극단이 비슷하거나 조화를 이루는 일련의 단계적인 변화이다.
- ▶ 자연 질서의 가장 일반적이고 기본적인 형태로 보는 사람에게 힘찬 느낌을 준다.

❸ **강 조**
단조로움과 규칙적임에서 벗어나 어떤 특정 부분을 강하게 표현하여 관심과 시선을 집중시키고자 할 때 사용하는 원리이다.

❹ **정렬(Alignment)**
여러 요소를 일정한 기준에 따라 배열하는 것으로 디자인에 질서와 균형감을 준다.

❺ **변 칙**
기존의 변화와 다른 변화 패턴을 준다.

❻ **교 차**
두 개 이상의 요소를 교차시키며 배열하는 것으로 규칙적인 특징을 반복, 교차시키는 데에서 율동이 나타난다.

❼ **방 사**
중심축으로부터 바깥쪽으로 전개되는 방법이다.

01 율동의 요소로 거리가 먼 것은? 21년 3회

① 점 증
② 반 복
③ 변 칙
④ 대 칭

02 하나의 도형 속에서라도 각기 서로의 관계에 의해 생기는 시각의 움직임의 한 형식으로, 공통요소가 연속적으로 되풀이되는 리듬의 변화에 속하지 않는 것은? 17년 1회, 11년 1회

① 반 복
② 대 칭
③ 점 이
④ 강 조

03 디자인의 시각 원리 중 동일한 요소를 2개 이상 배열하는 것으로 율동의 가장 기본적인 방법은? 13년 3회, 09년 3회

① 통 일
② 점 증
③ 반 복
④ 비 례

04 "서로가 대조되는 양극단이 비슷하거나 조화를 이루는 일련의 단계로서 연결된 하나의 예속된 순서이다. 자연 질서의 가장 일반적이고 기본적인 형태이며 반복의 경우 보다 한층 동적인 표정과 경쾌한 율동감을 가지고 있어 보는 사람에게 힘찬 느낌을 준다."에 해당하는 디자인 원리는 무엇인가? 18년 3회, 09년 3회

① 변 화
② 조 화
③ 균 형
④ 점 이

05 강조에 대한 설명으로 거리가 먼 것은? 16년 1회

① 대비, 분리, 배치, 색채에 의해서 표현된다.
② 점층적으로 변화하는 것에 나타난다.
③ 시선을 집중시키는 데 효과적이다.
④ 화면에서 분명하게 드러나는 것으로 한 가지 요소가 다른 많은 요소들과 다를 때 나타나는 현상이다.

06 구성의 기본원리 중 율동(Rhythm)에 대한 설명으로 잘못된 것은? 10년 1회

① 점증 : 조화적인 단계에 의하여 일정한 질서를 가진 자연적인 순서의 계열로서 유사한 일련의 흐름을 나타내는 것이다.
② 반복 : 일정한 간격을 두고 되풀이되는 것을 말한다.
③ 방사 : 한 개의 점을 중심으로 형태 구성요소가 여러 방향으로 퍼져나가거나 안으로 모아지는 경우에 생기는 리듬을 말한다.
④ 연속 : 통일성을 전제로 한 동적인 변화만을 말한다.

인터페이스 디자인을 위한 조형 원리로 거리가 가장 먼 것은?　21년 3회, 17년 1회, 14년 3회, 08년 3회

① 통 일
② 조 화
③ 절 제
④ 균 형

|정답| ③

한 줄 요약

- 디자인의 원리는 디자인의 조형 원리를 포괄하는 개념으로 디자인 원리는 디자인을 구성하는 기본적인 원칙이며, 디자인 조형의 원리는 디자인을 구성하는 요소들의 배치와 관련된 원리이다.
- 전통적인 디자인의 조형 원리를 인터페이스 디자인에 적용함으로써 시각적으로 매력적이고 사용자 친화적인 인터페이스를 만들 수 있다.

족집게 과외

1. 인터페이스 디자인에 적용된 디자인의 조형 원리

❶ 균 형

인터페이스 요소의 크기, 색상 등의 배치가 조화롭게 구성되어야 한다.

❷ 대 비

색상, 크기, 타이포그래피 등의 변화를 통해 중요한 정보를 강조하고 가독성을 높인다.

❸ 비 례

그래픽, 문자, 아이콘, 버튼 등의 크기와 전체 레이아웃을 고려해야 한다.

❹ 강 조

색상, 크기 또는 시각적 기술을 활용하여 핵심 요소가 두드러지도록 한다.

❺ 조 화

일정한 규칙에 의한 문자의 서체와 크기, 계획된 색채 등을 사용하여 가독성과 시각적 효과를 향상시킨다.

❻ 반 복

색상, 문자의 서체, 아이콘과 같은 시각적 요소를 일관되게 사용하여 직관력과 사용자 친화도를 높인다.

01 다음 중 사용자 인터페이스 디자인을 위한 조형 원리에 해당되지 않는 것은?

20년 1·2회, 08년 1회, 07년 1회, 02년 12월

① 통일감과 조화
② 강 조
③ 균 형
④ 분 류

해설

반복은 일관성을 확립하고 시각적인 통일감을 강화한다.

02 인터페이스 디자인을 위한 조형 원리 중 일관된 그래픽 스타일, 일정한 규칙에 의한 문자의 서체와 크기, 계획된 색채 사용 등에 적용되는 디자인 원리는?

06년 3회, 03년 3회

① 강 조
② 대 비
③ 통일감과 조화
④ 균 형

03 인터페이스 디자인을 위한 조형 원리에 포함되지 않는 것은?

05년 1회

① 절 제
② 강 조
③ 통일감과 조화
④ 균 형

게슈탈트의 법칙에 해당하지 않는 것은?   21년 1회, 18년 3회

① 유사성의 법칙
② 근접성의 법칙
③ 복합성의 법칙
④ 연속성의 법칙

| 정답 | ③

한 줄 요약

• 게슈탈트(Gestalt)의 법칙이란 형태를 지각하는 방식을 설명하는 심리학으로 인간의 시각적 인식이 어떻게 작용하는지에 대한 근거를 제시하고 있다.
• 게슈탈트 심리학은 부분적 요소들이 완성된 전체를 지배하는 원리를 강조하는 법칙으로 독일의 형태심리학자인 막스 베르트하이머(Max Werteimer)에 의해 창시되었다.
• 게슈탈트(Gestalt)는 독일어로 형태, 형상, 모습 등을 의미하며 게슈탈트의 법칙은 게슈탈트의 심리법칙 또는 게슈탈트의 원리, 게슈탈트의 원칙, 게슈탈트의 요인이라고도 한다.

족집게 과외

1. 게슈탈트(Gestalt)의 법칙

❶ 근접성의 법칙(Law of Proximity)

▶ 거리가 가까운 요소끼리 하나의 패턴이나 묶음으로 보이는 원리이다.
▶ 보다 가까이 있는 두 개 이상의 요소들이 서로 멀리 떨어져 있는 요소들보다 패턴이나 묶음으로 보여진다.
▶ 요소들이 하나의 패턴이나 묶음으로 보이기 위해서 비슷한 모양일 필요는 없으며 서로 가까이 있는 것이 더 중요하다.

❷ 유사성의 법칙(Law of Similarity)

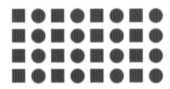

▶ 서로 비슷한 특징을 가지고 있는 요소들이 그렇지 않은 요소들보다 더 연관되어 보이는 원리이다.
▶ 색상, 형태, 크기, 텍스쳐 등 여러 가지 특징이 유사성을 가질 수 있다.

❸ 연속성의 법칙(Law of Continuity)

▶ 윤곽선이 단절되어 완전히 연결되어 있지 않아도 같은 형태로 방향성을 지니고 있다면 연결되어 보이는 원리이다.

▶ 선이나 곡선을 따라 나열된 요소들은 그렇지 않은 요소들보다 더 연관되어 보이고 부드러운 연속을 따라 함께 묶여 보인다.

❹ 폐쇄성의 법칙(Law of Closure)

불연속적인 형태일지라도 완성된 형태로 지각하려는 원리이다.

❺ 대칭의 법칙(Law of Symmetry)

$$[\ ]\ \{\ \}\ [\ ]$$

대칭의 이미지들은 거리가 조금 떨어져 있더라도 묶음으로 인식하게 된다는 원리이다.

❻ 좋은 형태의 법칙(Law of Good Gestalt)

간결성의 법칙이라고도 하며 대상을 주어진 조건하에 최대한 단순하게 인식하려는 원리이다.

2. 베르트하이머의 도형조직 원리

▶ 막스 베르트하이머(Max Werteimer)는 게슈탈트 법칙의 창시자로, 도형조직 원리는 게슈탈트 심리학의 핵심 원리 중 하나이다.

▶ 도형조직 원리에 있어서 정보를 일관되고 의미 있는 패턴으로 구성하여 그룹핑(Grouping)하는 것은 시각적 특질에 의한 것이다.

▶ 인간의 시지각(Visual Perception)은 시각적 요소를 가장 단순하고 안정적인 형태나 패턴으로 구성하여 그룹핑하려는 경향이 있다.

더 알아보기

도형조직 원리
접근성(근접성의 법칙), 유사성(유사성의 법칙), 완결성(폐쇄성의 법칙), 연속성(연속성의 법칙), 대칭성(대칭의 법칙)

01 게슈탈트(Gestalt) 요인으로 거리가 가장 먼 것은?

14년 3회, 11년 3회

① 시각성의 요인
② 연속성의 요인
③ 폐쇄성의 요인
④ 근접성의 요인

02 게슈탈트의 심리법칙 중 거리가 가까운 요소끼리 하나의 묶음으로 보이는 원리는?

21년 3회, 18년 1회, 15년 1회, 13년 3회, 08년 1회, 06년 1회

① 근접성의 원리
② 폐쇄성의 원리
③ 유사성의 원리
④ 연속성의 원리

03 게슈탈트의 4법칙 중 "보다 가까이 있는 두 개 이상의 요소들이 패턴이나 그룹으로 보여질 가능성이 크다."는 법칙을 무엇이라 하는가?

13년 1회, 10년 1회

① 유사성
② 폐쇄성
③ 접근성
④ 연속성

해설
게슈탈트의 법칙 중 근접성의 법칙, 유사성의 법칙, 연속성의 법칙, 폐쇄성의 법칙을 게슈탈트의 4법칙이라고 하며, 접근성은 게슈탈트의 법칙 중 근접성의 법칙의 핵심 원리이다.

04 게슈탈트의 심리법칙 중 윤곽선이 완전히 연결되어 있지 않아도 같은 형태로 방향성을 지니고 있다면 연결되어 보이는 것을 무엇이라고 하는가?

17년 1회

① 폐쇄성의 원리
② 연속성의 원리
③ 유사성의 원리
④ 근접성의 원리

05 게슈탈트 그룹핑 법칙에 있어서 정보를 그룹핑하는 것은 (   ) 특질에 의한 것이다. 괄호 안에 들어갈 내용으로 적절한 것은?

14년 3회, 12년 1회

① 이해적
② 구성적
③ 시각적
④ 이상적

06 심리학자인 베르트하이머(M. Werteimer)의 도형 조직 원리로 거리가 가장 먼 것은?

22년 1회, 19년 3회, 13년 3회

① 유사성
② 접근성
③ 분리성
④ 완결성

기출유형 14 ▶ 게슈탈트의 도형과 바탕의 원리

때때로 사물을 사실과 다르게 지각하는 것을 무엇이라고 하는가? 20년 1·2회, 14년 3회, 06년 3회, 02년 12월

① 착 시
② 점 이
③ 변 화
④ 균 형

| 정답 | ①

한 줄 묘약

게슈탈트 심리학의 핵심원리 중 하나인 도형과 바탕의 원리(Law of Figure–Ground)는 도형(관심 대상)을 바탕(주변 영역)보다
더 중요하게 인식한다는 원리로 착시현상(Optical Illusion, 錯視)을 설명하는 방법으로 활용된다.

족집게 과외

1. 도형과 바탕의 원리

도형과 바탕의 원리는 시각적 인식에 대한 기본 원리 중
하나로 디자인에서 도형과 바탕의 관계가 어떻게 상호작
용하는지를 설명한다.

❶ 도형(Figure)

주목받는 대상이나 주제로, 배경이나 바탕에서 돋보
이는 형태를 가진다.

❷ 바탕(Ground)

도형 주위의 배경이나 공간으로 도형을 둘러싸고 있
는 바탕은 도형을 강조하고 도형의 형태를 정의하는
역할을 한다.

2. 다의도형(多義圖形)에 의한 착시

다의도형(多義圖形)이란 같은 도형이지만 보기에 따라
몇 가지로 다르게 해석할 수 있는 도형을 뜻한다.

〈루빈스의 컵〉

❶ 흰 부분을 도형으로 인식하고 검은 부분을 바탕으로
인식할 때 그림은 컵으로 인식된다.

❷ 검은 부분을 도형으로 인식하고 흰 부분을 바탕으로
인식할 때 그림은 마주보고 있는 사람으로 보인다.

더 알아보기

착시현상
때때로 사물을 실제의 모습과 다르게 느끼는 것으로
형태, 크기, 색채 등이 시각적 착각으로 실제 사실과
다르게 보이는 현상이다.

01 형태, 크기, 색채 등이 실제 사실과 다르게 보이는 현상을 무엇이라고 하는가? 05년 1회

① 착 각
② 무리도형
③ 착 시
④ 형과 바탕

02 아래 그림에 대한 착시현상은? 15년 1회

① 대비의 착시
② 모순 도형의 착시
③ 다의도형에 의한 착시
④ 일시적 착시

03 다음은 "루빈스의 컵"이라고 하는 착시 도형이다. 이 착시의 원리로 옳은 것은? 12년 1회, 10년 1회

① 면적의 착시
② 바탕과 도형의 착시
③ 크기의 착시
④ 대비의 착시

04 시각의 원리 중 도형과 바탕에 대한 설명으로 틀린 것은? 14년 1회

① 두 개의 영역을 나누는 경계선은 도형으로 된 영역의 윤곽선으로 되어 도형에 속한다.
② 도형은 앞으로 두드러지는 현상이 있어 가까워 보인다.
③ 바탕은 표면이 있는 것처럼 보인다.
④ 도형은 인상성과 주목성이 강하므로 기억되기 쉽다.

해설
인상성(印象性, Impression)이란 보고 듣고 느끼는 감정이나 인상을 말한다.

05 시각적인 착각을 일으키는 착시 현상에 대한 내용으로 틀린 것은? 14년 2회

① 분할된 선은 분할되지 않은 선보다 길게 느껴진다.
② 수직은 수평보다 길어 보인다.
③ 상하로 도형이 겹쳐있을 때 아래 도형이 더 크게 보인다.
④ 빠른 속도로 달리는 차 안에서는 앞쪽의 글자가 줄어들어 보인다.

기출유형 01 ▶ 타이포그래피

오늘날 타이포그래피는 넓은 의미로 해석되고 활용되고 있다. 다음 중 타이포그래피에 대한 설명으로 거리가 가장 먼 것은?

18년 3회, 07년 1회

① 글자 디자인
② 활자 서체 선택과 배열
③ 문자 또는 활판적인 기호를 중심으로 한 이차원적 표현
④ 단순화된 그림으로 대상의 성질이나 사용법을 표시

|정답|④

한 줄 묘약

타이포그래피(Typography)는 문자를 이용한 디자인으로 간격, 크기, 색상, 서체 등에 다양한 변화를 주어 가독성을 높이기 위한 표현 기술이자, 이미 디자인된 활자를 보다 예술적으로 디자인하는 학문이다.

족집게 과외

1. 타이포그래피의 어원

$$\boxed{\text{Type}} + \boxed{\text{Graphy}}$$

그리스어를 어원으로 하며 '흔들림' 또는 '모양'을 의미하는 τύπος(티포스, Type)과 '쓰기'를 의미하는 γραφή(그라피, Graphy)의 합성어이다. Type은 문자 또는 활자라는 의미를 가지며, Typography는 넓은 의미로 인쇄술을 의미하기도 한다.

2. 폰트의 종류

❶ 세리프체(Serif)
　㉠ 세리프는 가는 장식선을 뜻하는 단어로 세리프체는 글자의 가로, 세로 끝부분에 짧은 획이 붙어 있는 폰트이다.
　㉡ Times New Roman, 바탕체, 신명조 등이 있다.

세리프 Serif 명조체

❷ 산세리프체(Sans-Serif)
　㉠ 산세리프는 가는 장식선이 없다는 뜻으로 글자의 가로, 세로 끝부분에 짧은 획이 없는 심플한 폰트이다.
　㉡ Noto Sans, 고딕체, 돋움체 등이 있다.

산세리프 Sans-Serif 고딕체

❸ 스크립트체(Script)
　㉠ 손 글씨 느낌의 폰트로 필기체, 손글씨체이다.
　㉡ 독창적인 폰트이지만 본문에 사용하면 가독성이 저하된다.

스크립트 Script 필기체

01 멀티미디어 디자인의 구성요소 중 텍스트에 관한 설명으로 옳은 것은? 20년 1 · 2회, 09년 1회

① 멀티미디어 타이틀에서 텍스트는 정적인 텍스트만을 사용한다.
② 텍스트의 서체에서 세리프(Serif)는 문자의 끝부분에 삐침이 없는 서체를 말한다.
③ 비트맵 폰트는 트루타입(Truetype) 폰트라 하며, 문자의 윤곽선을 수학적인 함수로 표현한다.
④ 글자크기 1포인트(Point)는 72분의 1인치(Inch)를 나타낸다.

해설
• 문자의 윤곽선을 수학적인 함수로 나타내는 폰트의 방식은 벡터 폰트이다. 벡터 폰트 방식은 트루타입(Truetype) 폰트라 하며, 확대 및 축소를 해도 깨져 보이지 않고 선명하게 출력된다.
• 비트맵 폰트는 각 픽셀의 면을 채우거나 비움으로써 표현하는 것으로 글자를 확대 및 축소했을 때 깨져 보인다.

02 글자의 가로, 세로 끝부분에 짧은 획이 붙어 있는 세리프체가 아닌 것은? 18년 3회, 14년 1회, 09년 3회

① 바탕체
② 신명조
③ 고딕체
④ Times New Roman

03 타이포그래피에 대한 설명으로 틀린 것은? 20년 3회, 16년 2회, 06년 3회

① 메시지를 전달하는 데 있어 매우 중요한 요소이다.
② 회화, 사진, 도표, 도형 등을 시각화한 것을 말하며 문장이나 여백을 보조하는 단순한 장식적 요소이다.
③ 글자를 가지고 하는 디자인으로 예술과 기술이 합해진 영역이다.
④ 글자의 크기, 글줄 길이, 글줄 사이, 글자 사이, 낱말 사이, 조판 형식, 글자체 등이 조화를 이루었을 때 가장 이상적이다.

04 타이포그래피(Typography)에 대한 설명으로 거리가 가장 먼 내용은? 21년 3회, 18년 2회, 07년 3회, 05년 3회

① '글자'라는 의미의 그리스어 'Typimg'에서 유래하였다.
② 글자를 이용한 디자인으로 예술과 기술이 합해진 영역이다.
③ 글자체, 글자크기, 글자사이, 글줄사이, 여백 등을 조절하여 전체적으로 읽기 편하도록 구성하는 표현기술이다.
④ 전통적으로 활판인쇄술을 의미했으나 현대에서는 기능과 미적인 면에서 효율적으로 운용하는 기술이나 학문으로 통용되고 있다.

05 타이포그래피(Typography)에 관한 내용으로 틀린 것은?

21년 1회, 17년 3회

① 타입(Type)과 그래피(Graphy)의 합성어이다.

② 타이포그래피 요소의 적절한 조화를 통해 시각적 배려와 의미가 담겨야 한다.

③ 타입(Type)은 문자 또는 활자의 의미를 갖는다.

④ 정보를 시각화하여 전달하는 방법 중에 가장 과학적이고 객관적인 방법으로 메시지를 전달할 수 있는 디자인 형태이다.

06 다음 중 타이포그래피의 가독성에 관한 설명으로 가장 적절치 않은 것은?

19년 1회

① 작은 글자보다는 큰 글자가 대체로 가독성이 좋다.

② 영문의 경우 대문자보다는 소문자로 된 단어들을 더 빠르고 편하게 읽을 수 있다.

③ 정렬을 할 때는 양 끝 정렬이 왼 끝 정렬보다 글을 읽기 쉽다.

④ 일반적으로 기본 폰트가 폭을 좁히거나 늘이거나 장식하거나 단순화한 것보다 더 읽기 쉽다.

캘리그래피(Calligraphy)에 관한 설명이 맞는 것은?　　　　　　14년 2회, 13년 3회, 10년 3회

① 글의 내용과 시각적 내용이 일치되게 하는 방법
② 글자와 글자 사이의 공간 비례
③ 글의 행과 행 사이 균형
④ 펜에 의한 미적으로 묘사된 글자

|정답| ④

족집게 과외

1. 캘리그래피와 레터링

❶ 캘리그래피(Calligraphy)

▶ 캘리그래피는 아름다운 글쓰기라는 뜻의 그리스어 'Kalligraphía'에서 유래되었다.
▶ 캘리그래피는 미적으로 묘사된 장식적인 글자로 펜, 붓 또는 기타 필기구를 사용하는 손글씨 예술로 좁은 의미에서는 서예를 가리키고 넓은 의미에서는 활자 이외의 서체를 뜻하며 오늘날에는 주로 글자를 구성하는 디자인을 일컫는다.

❷ 레터링(Lettering)

Merry Christmas!

▶ 레터링은 글자를 주체로 한 디자인 및 타이포그래피의 한 분야로 개성적이고 부드러우며 임의의 공간과 형태, 대소(大小), 강약(强弱) 등의 표현이 자유롭다.
▶ 이미 만들어진 활자를 옮겨 장식하거나 새로운 도안을 직접 드로잉(Drawing)하여 디자인하는 것을 포함하는 기술로 넓은 뜻으로는 글자디자인, 글자표현, 그 기능이나 글자 자체를 의미한다.
▶ 글자 자체로 한 글자 한 글자 디자인하는 것이 아니라 단어 전체의 디자인에 중점을 둔다.

01 타이포그래피와 레터링에 대한 설명 중 거리가 가장 먼 것은?
20년 1 · 2회

① 타이포그래피란 활자 혹은 활판에 의한 인쇄술을 가리켜 왔지만, 오늘날에는 주로 글자를 구성하는 디자인을 일컬어 타이포그래피라고 한다.
② 레터링을 할 때 가장 중요한 것은 독창성을 강조하는 것이다.
③ 활자의 크기는 포인트(Point)라는 단위를 사용한다.
④ 레터링은 넓은 뜻으로는 글자 디자인, 글자 표현, 그 기능이나 글자 자체를 의미한다.

02 펜에 의해 손으로 쓴 문자를 조형적으로 아름답게 묘사하는 기술 및 묘사된 글자를 말하는 것은?
13년 1회

① 아웃라인(Outline)
② 포토그램(Photogram)
③ 헤럴드리(Heraldry)
④ 캘리그라피(Calligraphy)

03 이미 만들어진 활자를 이용하는 것이 아니라 직접 드로잉을 통해 글자를 만드는 것은?
20년 3회, 14년 2회, 10년 1회

① 폰 트
② 로고 타입
③ 레터링
④ 시그니처

04 레터링에 대한 설명으로 거리가 가장 먼 것은?
17년 1회, 13년 1회, 06년 3회

① 글자를 쓴다는 의미이다.
② 가독성이 부족하더라도 조형성이 중요하다.
③ 글자를 새기거나 박음질하는 것도 포함된다.
④ 이미 만들어진 글자체를 정확하게 옮기는 기술도 포함된다.

05 다음 레터링(Lettering)에 관한 설명 중 거리가 가장 먼 것은?
07년 3회

① 글자라는 소재를 사용하여 어떤 사고나 의도를 표현하고 전달하려는 것이다.
② 활자와 여러 가지 요소들을 이용하여 지면을 아름답고 내용이 충실히 전달되도록 하는 것이다.
③ 개성적이고 부드러우며 임의의 공간, 임의의 형태, 대소, 강약 등 표현이 자유롭다.
④ 글자를 주체로 한 디자인 및 타이포그래피의 기초 분야 중 하나이며 디자인적으로 제작되어야 한다.

06 2차원 공간에 정지되었던 문자를 동적으로 움직이게 하는 디자인으로 다양한 멀티미디어 요소를 이용해 효과적으로 의미를 전달할 수 있는 개념은?
12년 3회, 09년 1회

① 레이아웃
② 모션 타이포그래피
③ 그리드
④ VRML

디자인의 핵심적인 요소로서 시각적 구성요소들을 조합하여 상호 간 기능적으로 배치, 배열하는 작업으로 포맷, 라인업, 마진 문자가 이에 속하는 편집디자인의 구성요소는? 08년 3회, 06년 3회, 05년 1회, 04년 3회

① 타이포그래피
② 레이아웃
③ 일러스트레이션
④ 인쇄기법

|정답| ②

한 줄 묘약

- 레이아웃(Layout)은 디자인의 핵심적인 요소로서 아이디어에 따른 문자, 그림, 기호, 사진 등의 시각적인 구성요소들을 효과적으로 조합하여, 상호 간 기능적으로 배치하고 배열하는 작업이다.
- 레이아웃은 인쇄물, 웹, 영상 그래픽 등 여러 매체에 상관없이 적용되며 주목성과 가독성, 심미성 등이 조화를 이루어야 한다.

족집게 과외

1. 레이아웃의 구성요소

❶ 포맷(Format)

전체적인 형식이나 구조를 나타내며 디자인의 기본 틀을 제공한다.

❷ 화면의 크기 및 방향

레이아웃을 결정하는 기본적인 요소로 디자인의 기반을 형성한다.

❸ 그리드(Grid)

▶ 구성하는 요소들을 정확하게 배치하는 것을 도와 많은 양의 정보도 체계적으로 배치할 수 있다.
▶ 문장과 그래픽을 조직적으로 배치함으로써 일관성 있고 논리적인 레이아웃을 제공한다.

❹ 라인업(Line-up)

텍스트, 이미지, 제목 등을 조직하고 정렬하는 작업으로 콘텐츠의 가독성을 높인다.

❺ 마진(Margin)

요소 주변의 여백으로 시각적으로 구성요소들을 분리하는 데 사용된다.

❻ 헤더(Header)

화면 상단에 위치하며 제목, 로고, 부제 등이 포함된다.

❼ 푸터(Footer)

화면 하단에 위치하며 페이지 번호, 저작권 정보 등을 포함하여 전체 디자인의 일관성을 유지한다.

❽ 콘텐츠 영역(Content Area)

메인 콘텐츠가 배치되는 영역으로, 이미지, 텍스트, 그래픽 요소 등이 포함된다.

01 편집디자인에서 레이아웃(Layout)의 작업에 대한 설명으로 옳은 것은? 20년 3회, 17년 3회

① 의사 전달 목적과 관련된 사진을 합성하는 작업
② 시각적 구성요소들을 조합하여 상호 간 기능적으로 배치, 배열하는 작업
③ 내용을 전달하는 그림을 스케치하는 작업
④ 편집의 처리규정과 운영방법을 계획하는 작업

02 다음 중 웹 페이지 레이아웃에 대한 설명으로 거리가 가장 먼 내용은? 08년 1회, 05년 3회

① 미적인 조형구성, 전체적인 통일과 조화만을 고려해야 한다.
② 형태의 명백하고 조직적인 정보전달, 시각의 주목성과 가독성을 고려해야 한다.
③ 커뮤니케이션을 위해서 꼭 필요한 시각요소만을 포함하거나 혼란을 일으킬 수 있는 요소를 최소화시켜 정보의 의미를 명확하게 한다.
④ 멀티미디어 레이아웃은 시각적인 측면과 함께 기능적인 측면도 대단히 중요하다.

03 레이아웃의 구성요소가 아닌 것은? 15년 2회

① 포맷(Format)
② 옵셋(Offset)
③ 라인업(Line-up)
④ 마진(Margin)

04 출판물의 전체적인 흐름을 알 수 있도록 내용 요소, 조형적 요소들을 배치하고 구성하는 작업을 지칭하는 용어는? 17년 1회

① 포맷(Format)
② 마진(Margin)
③ 라인업(Line-up)
④ 프로토타입(Prototype)

05 레이아웃의 구성 원리 중 아래 설명에 해당하는 원리는? 08년 1회

> • 화면상에서 그림이나 문자, 아이콘 등이 유기적으로 정리되어 보이게 함
> • 문서에 보이지 않은 줄들을 연결시켜 기본적인 구조를 형성함

① 용이성
② 그리드
③ 비 례
④ 균형감

06 화면의 레이아웃 디자인 시 그리드(Grid)에 대한 설명으로 거리가 먼 것은? 17년 3회

① 한 화면상에서 구성요소들의 배치를 정확히 하는 것을 돕는다.
② 여러 화면에서 구성요소들의 일관성을 유지시켜 준다.
③ 그리드가 부적절하거나 일관성이 부족할 때는 웹 페이지의 타이포그래피와 그래픽이 시각적으로 혼란스러울 수 있다.
④ 그리드는 모듈, 본문 컬럼, 마진, 그리고 단위 등으로 구성된다.

해설
④ 마진과 단위는 그리드의 구성요소로 간주되지 않는다.
그리드의 구성요소
• 기준선(Baseline Grid) : 요소들의 정렬에 사용되는 가로선
• 컬럼(Column) : 그리드를 형성하는 기본적인 세로 열
• 거터(Gutter) : 컬럼 사이의 간격
• 모듈(Modules) : 그리드를 사용하여 형성된 영역

컴퓨터 그래픽스에 대한 설명으로 틀린 것은?　　　　　　21년 3회, 19년 1회

① 여러 수작업의 도구들을 하나의 도구로 통합하였다.
② 빠르고 정확하게 작업할 수 있다.
③ 작업의 능률성을 높일 수 있다.
④ 자연적인 미나 기교를 완벽히 살릴 수 있다.

┃정답┃④

한 줄 묘약

컴퓨터 그래픽스(Computer Graphics ; CG)는 컴퓨터를 이용하여 그림을 그리는 기술로 수작업 도구들에 비해 빠르고 정확하게 작업할 수 있다.

족집게 과외

1. 컴퓨터 그래픽스의 기본 개념

❶ 픽셀(Pixel)

▶ 픽셀은 픽쳐(Picture)와 구성요소(Element)의 합성어로 디지털 이미지의 최소단위를 말한다.
▶ 종횡비 1:1의 정사각형 모양이며 한 픽셀의 위치 정보는 직교 좌표계의 x, y 좌표값으로 표시한다.

❷ 해상도

▶ 해상도는 그래픽 이미지 하나를 표현하는 데 사용하는 가로, 세로 공간 안의 픽셀의 수를 의미한다.
▶ 해상도가 높을수록 이미지 상태가 정밀하고 해상도가 낮을수록 이미지의 품질은 떨어진다.
▶ 해상도의 단위는 PPI(Pixel Per Inch)를 사용한다.

❸ 안티 앨리어싱(Anti-Aliasing)

▶ 안티 앨리어싱은 픽셀 간의 뚜렷한 경계선의 거친 부분을 부드럽게 하는 기법이다.
▶ 사선 형태의 이미지에 나타나는 계단현상을 줄이기 위해 물체의 색상과 배경의 색상을 혼합해서 표현함으로써 물체의 경계면을 부드럽게 보이게 한다.

〈앨리어싱〉　　〈안티 앨리어싱〉

01 컴퓨터 그래픽스에 대한 설명으로 거리가 가장 먼 것은?　　17년 1회, 10년 1회, 06년 1회

① 실물 그 자체의 재현은 물론 명암, 질감, 색감, 형태 등을 의도하는 대로 자유롭게 바꿀 수 있다.
② 제작물은 디자이너의 능력, 감각 등을 통해 무한한 이미지 창출은 물론 영구적인 보존이 가능하다.
③ 제작 시 세밀한 부분이나 작은 시간의 차이도 표현할 수 있지만 수정이 어렵고 비용이나 시간이 많이 든다.
④ 인쇄 출력 시 모니터의 색상과 실체 출력 색상이 다르게 나오므로 색 보정이 필요하다.

해설
③ 애니메이션의 특징이다.
④ 모니터의 색상 시스템(RGB)과 인쇄 출력 색상 시스템(CMYK)이 서로 다르기 때문에 인쇄 출력 시에는 색 보정이 필요하다.

02 컴퓨터 그래픽스의 기본개념인 픽셀(Pixel)에 대한 설명으로 거리가 먼 것은?　　20년 1 · 2회, 09년 1회, 06년 1회

① 일반적으로 픽셀의 종횡비는 1.45 : 1이다.
② 픽셀이란 디지털 이미지의 최소단위를 말하는 것으로 'Picture'와 'Element'의 두 단어의 결합에서 생겨났다.
③ 픽셀의 집약 해상도(Intensity Resolution)는 각 픽셀에서 저장된 비트맵의 수이다.
④ 각 픽셀은 각각의 위치값을 가진다.

03 다음 중 이미지의 구성요소인 픽셀(Pixel)에 대한 설명으로 틀린 것은?　　21년 1회, 18년 1회

① 픽처(Picture)와 구성요소(Element)의 복합어다.
② 픽셀은 더 이상 부분으로 나눌 수 없는 개체이다.
③ 디지털 시스템과 가장 유사한 이미지는 바로 모자이크다.
④ 픽셀은 둘 이상의 값을 갖고 있다.

04 픽셀 단위로 이루어지는 이미지 작업에서 사선 형태인 경우 나타나는 계단현상을 줄이기 위해 경계면의 픽셀에 물체의 색과 배경색의 중간값을 정하여 표시하는 방법은?　　22년 1회

① 안티 앨리어싱
② 팔레트 플래싱
③ 디더링
④ 렌더링

05 물체의 경계면의 픽셀을 물체의 색상과 배경의 색상을 혼합해서 표현함으로써 물체의 경계면을 부드럽게 보이게 하는 방법을 무엇이라 하는가?　　18년 2회

① 레터링
② 디더링
③ 그라데이션
④ 안티 앨리어싱

06 해상도에 대한 설명으로 거리가 가장 먼 것은?　　05년 3회

① 해상도가 높을수록 이미지 상태가 정밀하다.
② 단위는 PPI(Pixel Per Inch)를 사용한다.
③ 픽셀의 조밀도를 나타낸다.
④ 같은 이미지일 경우 해상도를 높여주면 Size가 작아진다.

컴퓨터 그래픽의 표현방식 중 벡터(Vector) 이미지에 대한 설명으로 옳은 것은?

22년 1회, 19년 3회, 14년 2회, 06년 3회

① 기하학적인 객체들을 표현하는 그래픽 함수들로 이미지를 표현한다.
② 대표적인 벡터(Vector) 기반 포맷으로 GIF와 JPEG가 있다.
③ 그림을 픽셀 형태로 저장한다.
④ 래스터 이미지(Raster Image)라고도 불린다.

|정답| ①

한 줄 요약

컴퓨터 그래픽스의 표현방식은 크게 래스터 방식[Raster Image, 비트맵(Bitmap) 이미지]과 벡터방식(Vector Image)으로 나뉜다.

족집게 과외

1. 컴퓨터 그래픽스의 표현방식

❶ 래스터방식

　㉠ 저장 방식 : 픽셀 단위로 저장한다.
　㉡ 단점 : 이미지의 크기를 확대 또는 축소할 경우 그림의 모양, 외곽선 부분이 변형된다.
　㉢ 파일 형식 : *.gif, *jpeg, *.png, *.tiff, *.bmp, *.psd

❷ 벡터방식

　㉠ 저장 방식 : 수학적인 공식으로 이미지를 저장하고 표현한다.
　㉡ 장점 : 이미지의 크기를 확대 또는 축소해도 그림의 모양, 외곽선 부분이 변형되지 않는다.
　㉢ 파일 형식 : *.eps, *.ai

래스터 이미지

벡터 이미지

01 비트맵 이미지의 설명으로 가장 먼 것은?

17년 2회, 07년 3회

① 여러 개의 점(Pixel)으로 표시되는 방식이다.
② 작성된 그림을 확대 또는 축소할 경우에는 그림의 모양, 외곽선 부분이 변형된다.
③ 점(Pixel)의 수가 많을수록 해상도가 높다.
④ 가장 대표적인 방식 프로그램은 일러스트레이터, CAD이다.

02 정지된 비트맵 형태의 로고나 심벌을 웹상의 콘텐츠로 사용할 때 가장 적합한 파일 형식은?

22년 1회, 17년 3회, 09년 3회

① GIF
② BMP
③ SWF
④ EPS

해설
· 웹상에서는 빠른 로딩을 위해 BMP보다 압축률이 좋고 용량이 작은 GIF가 선호된다.
· SWF는 어도비 플래시의 동영상 파일 형식이다. 플래시는 보안상의 문제로 2020년 12월 31일 이후 지원이 중단되었다.

03 다음 중 래스터방식의 파일 포맷 형식이 아닌 것은?

18년 2회

① EPS
② JPEG
③ GIF
④ PNG

04 그래픽을 표시하는 방법 중 벡터방식의 이미지에 대한 설명으로 옳은 것은?

07년 3회, 05년 1회, 02년 12월

① 픽셀이라고 하는 점들의 집합이다.
② 이미지의 선, 곡선, 원 등의 (기하학적) 구성요소를 수학적으로 표현한다.
③ 각 픽셀은 하나 이상의 색상을 나타낼 수 있다.
④ 래스터(Raster)방식이라고도 한다.

05 벡터 그래픽스(Vector Graphics)에 대한 설명으로 틀린 것은?

21년 3회

① 벡터 데이터는 점을 이어 선을 만들거나 점들을 잇는 수학공식으로 형태를 만든다.
② 사진의 합성이나 수정뿐만 아니라 캔버스에 작업하듯이 이미지를 페인팅하는 작업들은 벡터 프로그램을 사용한다.
③ 픽셀과는 달리 개별적으로 분리된 단위로 나누어지질 않는다.
④ 벡터는 근본적으로 선 드로잉(Line Drawing)을 위해 사용된다.

06 벡터 그래픽(Vector Graphic) 파일 포맷으로 적당한 것은?

07년 1회, 05년 1회

① GIF
② PCX
③ EPS
④ BMP

다음 중 디지털화된 이미지의 기본적 색채 특징이 아닌 것은?   21년 1회, 17년 3회

① 해상도(Resolution)
② 트루컬러(True Color)
③ 비트깊이(Bit Depth)
④ 컬러모델(Color Model)

| 정답 | ②

족집게 과외

1. 디지털 색채의 특징

❶ 해상도(Resolution)

▶ 그래픽 이미지 하나를 표현하는 데 사용하는 가로
세로 공간 안의 픽셀의 수를 의미한다.

▶ 픽셀의 수가 많을수록 고해상도 이미지가 되고 해
상도가 높을수록 이미지 상태가 정밀하고, 해상도
가 낮을수록 이미지의 품질은 떨어진다.

▶ 해상도의 단위는 PPI(Pixel Per Inch)를 사용한다.

❷ 비트깊이(Bit Depth)

하나의 화소를 표현하는 데 사용하는 비트 수를 의미
하며 비트 깊이가 높을수록 색상의 표현 범위가 넓어
진다.

❸ 컬러모델(Color Model)

디지털 색채를 표현하는 방법으로 대표적인 컬러모델
은 RGB와 CMYK가 있다.

2. 디지털 색채 보정

❶ 캘리브레이션(Calibration)

모니터의 색상과 인쇄물의 색상 차이를 보정하는 과
정이다.

㉠ 하드웨어 캘리브레이션

화면을 보정, 조율하는 기능으로 밝기와 색온도,
감마, 명암비, 회색 균형(그레이 밸런스) 등의 값
을 보정한다.

㉡ 소프트웨어 캘리브레이션

주로 Adobe Photoshop과 같은 프로그램에서 제
공하는 기능으로 RGB 값을 조정하여 모니터의 색
상을 보정한다.

❷ 디더링(Dithering)

팔레트를 사용하는 것과 같이 제한된 수의 색상을
사용해야 할 경우 색상을 조합하거나 비율을 조정하
여 원래 이미지와 최대한 유사한 색상을 만드는 과
정이다.

01 모니터의 색상을 출력물과 가깝게 조절하는 과정은?

14년 2회

① 세퍼레이션(Separation)
② 캘리브레이션(Calibration)
③ 캘큐레이션(Calculation)
④ 새츄레이션(Saturation)

02 컴퓨터 그래픽스 용어 중 캘리브레이션(Calibration)의 의미로 올바른 것은?

20년 3회, 17년 2회

① 우연적인 기법과 순수 미술의 느낌을 내는 작업을 뜻한다.
② 하드웨어 장치와 소프트웨어 장치를 총칭하는 의미이다.
③ 모니터의 색상과 인쇄물의 색상 차이를 보정하는 작업을 말한다.
④ 컬러 이미지를 그레이 스케일로 변경하는 작업을 뜻한다.

03 다음의 내용이 설명하는 기법은?

20년 3회

> 컴퓨터 작업 시 제한된 수의 색상을 조합 또는 비율의 변화로 새로운 색을 만들어내는 작업으로 현재 팔레트에 존재하지 않는 컬러패턴으로 대체하여 가장 유사한 컬러로 표현하는 방법

① 컬러 조정(Color Adjustment)
② 디더링(Dithering)
③ 컬러 변화(Color Variation)
④ 인덱스드 컬러모드(Indexed Color Mode)

04 다음 내용에 관한 설명으로 옳은 것은?

17년 2회, 08년 3회

> 팔레트를 사용하는 것과 같이 제한된 수의 색상을 사용해야 할 경우, 그 제한된 색상들을 섞어서 다양한 색상을 만들어내는 것이다. 즉 현재 팔레트에 존재하지 않는 컬러를 컬러패턴으로 대체하여 가장 유사한 컬러로 표현하는 기법이다.

① 디더링(Dithering)
② 컬러조정(Color Adjustment)
③ 메타포(Metaphor)
④ 컬러변화(Color Variation)

05 디더링(Dithering)에 대한 설명으로 옳지 않은 것은?

16년 2회, 09년 3회

① 제한된 수의 색상을 사용하여 다양한 색상을 시각적으로 섞어서 만드는 작업이다.
② 포토샵의 디더링 옵션으로 색상 간의 경계를 자연스럽게 흩어주는 방식인 디퓨젼이 있다.
③ 해당 픽셀에서 표현하고자 하는 컬러와 가장 가까운 컬러 값을 사용하면 가장 우수한 화질을 얻을 수 있다.
④ 두 개 이상의 컬러를 조합하면 원래 이미지와 좀 더 가까운 이미지를 표현할 수 있다.

다음 중 디지털 색채에 대한 설명으로 거리가 가장 먼 것은? 19년 1회, 09년 3회

① 컴퓨터를 통해 신호를 주고받으며 색을 재현하는 모든 장치에서 보여지는 색을 말한다.
② 데이터 입출력 장치와 이를 처리하는 컴퓨터의 사양에 따라 색이 달라진다.
③ 디지털 카메라와 컬러 핸드폰 액정도 디지털 색채와 같은 특징을 가지고 있다.
④ 스캐너를 통해 입력된 사진은 디지털 색채라고 볼 수 없다.

| 정답 | ④

한 줄 요약

디지털 색채 시스템은 디지털 이미지에서 사용하는 컬러모델(Color Model)로 RGB와 CMYK, HSV, HSB, LAB, Indexed Color, Gray Scale 등이 있다.

족집게 과외

1. 디지털 색채 시스템의 종류

❶ RGB

▶ 디지털 색채 시스템 중 가장 널리 쓰이는 방식으로 빛의 삼원색인 Red, Green, Blue 세 가지 색상 값을 혼합하여 색을 표현한다.

▶ RGB는 컴퓨터 모니터, 디지털 카메라, 핸드폰 액정, 스캐너 등 각종 색채 영상 디스플레이 장비에 사용하는 색채 시스템이다.

▶ 각각의 색상이 0~255의 값을 가지며 256단계를 갖는다.

❷ CMYK

▶ 색료의 삼원색인 Cyan, Magenta, Yellow, Black(K)을 배합하여 색을 표현한다.

▶ 그림물감이나 인쇄용 잉크 등을 이용하여 만들어진 인쇄에 필요한 색채 시스템이다.

▶ 멀티미디어 인터페이스 디자인에서 색 표현 방식으로 적합하지 않다.

❸ HSV

인간의 시각 시스템과 가장 흡사하며 색조(Hue), 채도(Saturation), 명도(Value)로 색을 표현하는 색채 시스템이다.

❹ HSB

▶ 인간의 직관적인 시각에 기초를 둔 색 표현 방식으로 색상(Hue), 채도(Saturation), 명도(Brightness)로 색을 표현하는 색채 시스템이다.

▶ 프로그램상에서 H모드, S모드, B모드로 볼 수 있다.

❺ Lab

▶ 국제 조명 위원회(CIE)가 제정한 색채 시스템으로 CIE L*a*b*로도 표기한다.

▶ L(Lightness)은 밝기를 나타내고 a는 빨강~녹색(Red~Green) 색상 축을, b는 노랑~파랑(Yellow~Blue) 색상 축을 나타낸다.

❻ Indexed Color(인덱스 컬러)

▶ 웹상의 이미지에 많이 사용되며 파일 용량을 줄일 수 있도록 256가지 이하의 숫자로 색상을 표현하는 색채 시스템이다.

▶ 이미지에 사용하는 색상만 팔레트 정보를 다시 구해서 사용한다.

❼ Gray Scale(그레이 스케일)

흑백으로 구성된 색채 시스템이다.

01 디지털 색채 시스템으로 거리가 가장 먼 것은?

21년 1회

① CMYK
② CRT
③ RGB
④ LAB

해설
CRT(Cathode Ray Tube)는 브라운관 모니터이다.

02 컴퓨터그래픽의 색상 표현 모드에 대한 설명으로 옳지 못한 것은?

18년 3회

① HSB모드 – 색의 3속성인 색상, 채도, 명도를 바탕으로 색을 표현하는 방식
② Lab모드 – CIE에서 발표한 색체계로 채도축인 a와 명도축인 b의 값으로 색상을 정의하는 방식
③ RGB모드 – 빛의 3원색인 빨강, 녹색, 파랑의 혼합으로 색을 표현하는 방식
④ CMYK모드 – 인쇄나 프린트에 이용되며 Cyan, Magenta, Yellow, Black을 혼합하여 색을 표현하는 방식

03 다음의 색표현 방식 중 컬러프린터 인쇄 시 주로 사용되는 것은?

17년 2회, 12년 1회, 07년 1회, 05년 1회, 02년 12월

① RGB방식
② YUV방식
③ HSB방식
④ CMYK방식

04 멀티미디어 인터페이스 디자인에서 색 표현 방식으로 적합하지 않은 방식은?

10년 1회, 04년 3회

① HSB
② YUV
③ RGB
④ CMYK

05 웹 콘텐츠 제작 시 이미지 파일이나 애니메이션 파일 용량을 줄일 수 있도록 256가지 이하의 색상으로 이미지를 표현하는 모드는?

21년 1회, 08년 3회, 04년 3회

① CMYK모드
② JPG모드
③ Indexed Color모드
④ RGB모드

06 디지털 색채 시스템 중 HSB시스템에 대한 설명으로 거리가 먼 것은?

17년 3회, 14년 2회

① 먼셀의 색채개념인 색상, 명도, 채도를 중심으로 선택하도록 되어 있다.
② 프로그램상에서는 H모드, S모드, B모드로 볼 수 있다.
③ H모드는 색상을 선택하는 방법이다.
④ B모드는 채도 즉, 색채의 포화도를 선택하는 방법이다.

해설
HSB : 색상(Hue), 채도(Saturation), 명도(Brightness)

01 색채지각

기출유형 01 ▶ 색채지각 요소

색채지각 반응 효과에서 명시성(Legibility)에 가장 크게 영향을 미치는 속성은?

21년 3회, 15년 3회, 12년 3회, 11년 1회

① 명 도
② 채 도
③ 색 상
④ 질 감

| 정답 | ①

한 줄 요약

- 색채지각(Color Perception)은 물체의 표면에서 반사된 빛이 시신경을 통해 뇌에 전달되고, 전달된 빛의 정보를 뇌가 인식하는 과정을 말한다.
- 색채를 지각하는 3가지 요소에는 빛(광원), 물체, 시각(눈)이 있다.

족집게 과외

1. 빛

❶ 가시광선

사람의 눈에 보이는 전자기파의 일종으로 보통의 인간 눈은 380~780nm(나노미터)까지의 범위를 감지한다.

❷ 밝기 자극

물체 표면의 빛 반사율이 높고 낮음을 나타내는 명도는 명시성(Legibility)에 가장 크게 영향을 미친다.

2. 물체의 색

빛이 물체에 닿았을 때 빛의 분광에 의해 물체에 다양한 색이 나타나게 된다. 빛의 분광(Spectroscopy)이란 빛이 파장의 차이에 따라 여러 색으로 나누어지는 현상을 말한다.

❶ 광원색

태양, 형광등, 백열등, 네온사인 등 그 자체가 가지고 있는 고유한 색이다.

❷ 표면색(Surface Color)

▶ 물체가 반사하는 빛의 파장 중 어떤 파장을 반사하느냐에 따라 결정된다.
▶ 물체로부터 여러 가지 파장이 고르게 반사될 때 무채색이 된다.

❸ 반사색
  ▶ 물체가 받은 광원의 색과는 상관없이 물체가 반사하는 빛의 파장이다.
  ▶ 물체가 받은 광원을 모두 반사하면 물체의 표면은 흰색을 띠고, 거의 모든 빛을 흡수하면 검은색을 띤다.

❹ 투과색
  색유리나 선글라스 등 물체를 투과하여 눈에 보이는 빛의 파장이다.

3. 시 각

❶ 명소시(Photopic Vision, 주간시)
  ▶ 색을 느끼는 추상체가 주로 작동하는 시각 상태이다.
  ▶ 어두운 곳에서 갑자기 밝은 곳에 들어갔을 때, 처음에는 눈이 부시나 차차 적응하여 정상 상태로 돌아가는 현상과 관련이 있다.

❷ 암소시(Scotopic Vision)
  ▶ 가시광선이 추상체를 자극하기 충분하지 않아 전적으로 명암을 느끼는 간상체에 의존하게 되는 시각 상태이다.
  ▶ 어두운 곳에 있으면 차차 물건이 보이기 시작하는 현상과 관련이 있다.

❸ 박명시(Mesopic Vision)
  ▶ 명소시와 암소시의 중간 밝기에서 간상체와 추상체가 모두 작용하는 시각 상태이다.
  ▶ 불빛이 밝아짐에 따라 추상체는 서서히 작용하기 시작하고 간상체는 서서히 작용을 멈춘다.

01 인간이 볼 수 있는 빛의 파장 영역 중 색 자극으로 작용하는 380~780nm의 영역은?

18년 2회, 14년 1회, 11년 3회

① 반사영역
② 감성영역
③ 가시광선영역
④ 단색영역

02 빛이 분광되는 이유로 옳은 것은?

19년 3회, 12년 1회

① 파장은 같으나 굴절률이 서로 다르기 때문
② 파장은 다르나 굴절률이 같기 때문
③ 파장과 굴절률이 서로 같기 때문
④ 파장마다 굴절률이 서로 다르기 때문

03 태양, 형광등, 백열등, 네온사인 등은 다음 중 어디에 해당하는가?

15년 3회

① 물체색
② 표면색
③ 투과색
④ 광원색

04 다음 (   ) 안에 알맞은 용어는 무엇인가?

18년 2회

> 물체에 빛이 닿았을 때 빛의 일부를 흡수하고 나머지 빛을 반사시켜 그 반사광이 눈에 들어와 색을 느끼게 한다. 이와 같은 색을 물체색 또는 (   )이라고도 한다.

① 자연색
② 인공색
③ 표면색
④ 천연색

05 물체로부터 여러 가지 파장이 고르게 반사될 때 그 물체는 다음 중 어느 색으로 지각되는가?

11년 3회

① 녹 색
② 무채색
③ 파랑색
④ 빨강색

06 명소시와 암소시의 중간 밝기에서 추상체와 간상체 양쪽이 작용하고 있는 시각 상태는?

13년 3회

① 색순응
② 암순응
③ 박명시
④ 중심시

색채는 각각 특정한 사물과 연관되어 인식되기도 하는데 예를 들어 '빨간색'을 보았을 때 '사과'를 떠올리는 것을 색채 심리 용어로 무엇이라 하는가?   11년 3회

① 색채 환상
② 색채 기억
③ 색채 연상
④ 색채 복사

|정답|③

한 줄 요약

연상(Association)은 특정한 색을 보았을 때 기본적으로 떠올리게 되는 색채가 가지고 있는 감성적 특징을 의미한다. 빨간색을 보면 사과나 태양, 정열이나 흥분 등을 연상할 수 있듯 색채 연상은 색채의 상징성과 관련이 있다.

족집게 과외

1. 색의 이미지

❶ 온도감(溫度感)

㉠ 난색(暖色)
- 빨강, 주황, 노랑 등 따뜻한 느낌을 주는 색들을 말한다.
- 시각적으로 진출해 보이는 경향이 있다.
- 외부로 확산하려는 팽창색이다.
- 명도가 높을수록 따뜻하게 느껴진다.

㉡ 한색(寒色)
- 청록, 파랑, 남색 등 차가운 느낌을 주는 색들을 말한다.
- 시각적으로 후퇴해 보이는 경향이 있다.
- 내부로 위축되려는 수축색이다.
- 명도가 높을수록 차갑게 느껴진다.

㉢ 중성색(中性色)
연두, 녹색, 보라 등 따뜻하거나 차가운 온도감이 들지 않는 색들을 말한다.

❷ 중량감(重量感)

색의 명도에 따라 좌우되는 것으로, 명도가 낮으면 무겁게 느껴지고 명도가 높으면 가볍게 느껴진다.

❸ 강약감(强弱感)

색의 채도에 따라 좌우되는 것으로, 채도가 낮은 색은 약한 느낌을 주고 채도가 높은 색은 강한 느낌을 준다.

❹ 경연감(硬軟感)

▶ 명도와 채도의 영향을 동시에 받는 것으로, 색을 딱딱하거나 부드럽게 느끼게 한다.

▶ 명도가 높고 채도가 낮은 난색은 부드러운 느낌을 주고 명도가 낮고 채도가 높은 한색은 딱딱한 느낌을 준다.

01 다른 컬러에 비해 주목성이 가장 강한 컬러로 사용자에게 약간의 흥분을 유도하는 색상은?

18년 2회

① 노란색
② 파란색
③ 녹 색
④ 빨간색

02 색이 주는 감정효과에 대한 설명으로 틀린 것은?

19년 1회, 14년 2회

① 경연감은 톤에 의해 영향을 많이 받는다.
② 난색계의 고명도 색은 부드러운 느낌을 준다.
③ 무채색이 많이 섞인 색은 부드러운 느낌을 준다.
④ 명도에 의한 무게감과 채도에 의한 경연감이 복합적으로 작용한다.

해설
② 난색과 한색은 색의 온도감을 나타내며 난색은 명도가 높을수록 따뜻하게 느껴지고, 한색은 명도가 높을수록 차갑게 느껴진다.

03 색의 성질에 대한 설명으로 잘못된 것은?

16년 2회, 10년 1회

① 연두, 녹색, 보라는 중성색이다.
② 파랑, 청록, 남색은 차가운 느낌을 주기 때문에 한색이라고 한다.
③ 난색이 한색보다 후퇴되어 보인다.
④ 밝은색은 실제보다 크게 보인다.

04 팽창색과 수축색에 대한 설명으로 가장 거리가 먼 것은?

15년 1회

① 따뜻한 색은 외부로 확산하려는 팽창색이다.
② 명도가 높은 색은 내부로 위축되려는 수축색이다.
③ 차가운 색은 내부로 위축되려는 수축색이다.
④ 색채가 실제의 면적보다 작게 느껴질 때 수축색이다.

05 색채의 진출, 후퇴와 팽창, 수축에 대한 설명으로 거리가 가장 먼 것은?

15년 1회, 13년 3회

① 진출색은 황색, 적색 등의 난색계열이다.
② 팽창색은 명도가 낮은 어두운색이다.
③ 수축색은 한색계열이다.
④ 후퇴색은 파랑, 청록 등의 한색계열이다.

06 색의 진출과 후퇴 현상에 대한 설명으로 거리가 먼 것은?

12년 3회

① 고명도의 색이 진출해 보인다.
② 단파장 쪽의 색이 후퇴해 보인다.
③ 적색, 황색과 같은 난색은 진출해 보인다.
④ 서채도이며 고명도인 색은 후퇴해 보인다.

자극으로 인해 색 지각이 생긴 후 그 자극이 없어져도 그 전의 상이나 그 반대의 상을 느낄 수 있는 것을 무엇이라고 하는가?

18년 3회, 08년 3회

① 주목성
② 잔 상
③ 동 화
④ 명시도

|정답| ②

한 줄 요약

잔상(Afterimage)은 색이나 빛의 자극으로 인해 색 지각이 생긴 후 원자극이 없어져도 보고 있던 상의 자극이 일정 시간 동안 지속되는 현상이다.

족집게 과외

1. 잔상의 종류

❶ 정의 잔상(Positive Afterimage)

- ▶ 보고 있던 상의 자극이 원자극과 같은 밝기와 색상으로 잠시 지속되는 현상이다.
- ▶ 부의 잔상보다 오래 지속된다.
  - 예 빨간 성냥불을 어두운 곳에서 돌리면 길고 선명한 빨간 원을 그린다.

❷ 부의 잔상(Negative Afterimage)

보고 있던 상의 자극이 원자극과 반대되는 색상으로 잠시 지속되는 현상이다.

예 빨간색을 오래 보고 나서 흰색 바탕에 눈을 돌리면 파란색이 보인다.

❸ 푸르킨예 현상(Purkinje Effect)

원자극과 같은 밝기로 느끼지만 색상을 보색의 낮은 채도로 느끼는 현상으로 정의 잔상의 일종이다.

예 • 낮에는 적색으로 보이는 사과가 어두워지면 검게 보인다.

• 새벽이나 초저녁에 물체들이 대부분 푸르스름하게 보여 초목의 잎이 더 선명해진다.

• 파란색의 공이 밤에는 밝은 회색처럼 보인다.

❹ 엠베르트 법칙의 잔상(Afterimage of Embert's Law)

잔상의 크기는 투사면까지의 거리에 영향을 받게 되며 거리에 정비례하여 증가하거나 감소하는 현상으로 부의 잔상의 일종이다.

❺ 페히너 효과(Fechner Effect)

독일의 정신 물리학자 페히너(Fechner)가 발견한 현상으로 흑백으로 나눈 면적을 고속으로 회전시키면 파스텔 톤의 연한 유채색이 나타난다.

01 원자극을 제거해도 보고 있던 상의 자극이 잠시 지속되는 현상은?

20년 1·2회

① 동시 대비
② 동화 현상
③ 정의 잔상
④ 부의 잔상

02 사각 법칙에서 '정의 잔상' 중 원래의 자극과 같은 밝기이나 보색 잔상이 나타나는 현상은?

14년 1회

① 헤링의 잔상
② 보링의 잔상
③ 스윈들의 잔상
④ 푸르킨예의 잔상

03 2색 이상의 색을 보게 될 때 때로는 색들끼리 서로 영향을 주어 인접 색에 가까운 것으로 느껴지는 경우와 관련이 없는 것은?

19년 3회

① 전파 효과
② 동화 효과
③ 줄눈 효과
④ 푸르킨예 효과

04 푸르킨예 현상에 대한 설명으로 거리가 먼 것은?

15년 3회

① 빨간색은 밤이 되면 검게 보이고, 파란색이 밤이 되면 회색으로 보이는 현상
② 조명이 점차로 어두워지면 파장이 짧은 색이 먼저 사라지고 긴 색이 나중에 사라지는 현상
③ 새벽이나 초저녁에 물체들이 대부분 푸르스름하게 보이는 현상
④ 초저녁에 가까워질수록 초목의 잎이 선명하게 보이는 현상

05 잔상의 크기는 투사면까지의 거리에 영향을 받게 되며 거리에 정비례하여 증가하거나 감소하게 된다는 것을 무슨 현상이라고 하는가?

13년 1회, 11년 1회

① 엠베르트 법칙의 잔상
② 푸르킨예의 잔상
③ 헤릴의 잔상
④ 비드웰의 잔상

06 색의 잔상효과 중 하나로서 흑백으로 나눈 면적을 고속으로 회전시키면 파스텔 톤의 연한 유채색이 나타나는 색의 잔상효과는?

19년 1회, 18년 3회, 15년 3회, 14년 3회

① 에브니 효과
② 페히너 효과
③ 맥컬루 효과
④ 보색 잔상 효과

색의 동화 현상에 대한 설명으로 맞는 것은? 18년 3회, 12년 3회

① 색의 차이가 강조되어 지각되는 현상이다.

② 회색 바탕에 검은 선을 여러 개 그리면 바탕 회색은 더 밝게 보인다.

③ 인접한 색들끼리 서로의 영향을 받아 인접한 색에 가깝게 보이는 현상이다.

④ 빨강 바탕에 놓여진 회색은 초록빛 회색으로 보인다.

| 정답 | ③

한 줄 요약

색의 동화는 어떤 색이 주위 색들끼리 서로의 영향을 받아 인접한 색에 가깝게 보이는 현상이다. 색의 동화 효과는 베졸드 효과, 전파 효과, 줄눈 효과, 병치혼색 효과라고도 한다.

족집게 과외

1. 색의 동화 효과

❶ 베졸드 효과(Bezold Effect)

- ▶ 독일의 색채학자 윌헬름 폰 베졸드(Wilhelm von Bezold)가 발견하였다.
- ▶ 색상의 차이가 작더라도 명도의 차이가 크면 색의 차이가 크게 느껴지는 현상이다.
- ▶ 색상의 강렬함을 조절하거나 강화하는 데 사용한다.
  - 예 • 붉은 망에 들어간 귤의 색이 본래의 주황색보다 더 붉은색을 띠어 보인다.
    - • 색을 직접 섞지 않고 색점을 배열하여 전체 색조를 변화시킨다.

❷ 리프만 효과(Liebmann's Effect)

- ▶ 색상의 차이가 크더라도 명도의 차이가 작으면 색의 차이가 크게 느껴지지 않는 현상이다.
- ▶ 보색관계라도 명도가 비슷하면 쉽게 인식되지 않지만, 한쪽의 명도를 높이면 쉽게 인식할 수 있다.
  - 예 그림과 바탕의 색이 서로 달라도 그 둘의 밝기 차이가 없을 때 그림으로 된 문자나 모양이 뚜렷하지 않게 보인다.

❸ 에브니 효과(Abney's Effect)

색의 파장이 같아도 색의 순도(원색에 가까운 정도)가 변함에 따라 색상이 변화하는 현상이다.

예 파란색의 중간 음영은 채도가 낮으면 회색으로 보이고 채도가 높으면 보라색으로 보인다.

❹ 베너리 효과

명도대비와 색상대비가 동시에 발생하는 현상이다.

예 흰색 배경 위에 검정 십자형의 안쪽에 있는 회색 삼각형과 바깥쪽에 있는 회색 삼각형을 비교하면, 안쪽에 배치한 회색이 보다 밝게 보이고, 바깥쪽에 배치한 회색은 어둡게 보인다.

❺ 색음 현상

어떤 색이 다른 색과 만나는 경계선에 그 색의 보색이 보이는 현상이다.

예 물체에 붉은빛을 비추었을 때 청록색을 띤 그림자가 생긴다.

❻ 색상 현상

조명 및 관측 조건이 달라져도 사람들이 동일한 물체를 동일한 색상으로 인식하는 현상이다.

예 흰색 종이는 백열등 아래에서나 햇빛 아래에서나 동일한 흰색으로 보인다.

01 붉은 망에 들어간 귤의 색이 본래의 주황보다도 붉은색을 띠어 보이는 효과는?

21년 1회, 15년 1회, 12년 3회, 11년 3회

① 스푸마토(Sfumato) 효과
② 플루트(Flute)효과
③ 베졸드(Bezold) 효과
④ 팬텀컬러(Phantom Color) 효과

02 회색 바탕에 검정 선을 그리면 회색은 더 어둡게 보이고 하얀 선을 그리면 바탕의 회색이 더 밝아 보이는 현상은?

18년 3회

① 비렌 효과
② 베졸드 효과
③ 페흐너 효과
④ 푸르킨예 효과

03 다음 그림이 뜻하는 효과는 무엇인가?   17년 3회

① 에브니 효과
② 헬름홀츠-콜라우슈 효과
③ 베졸드 효과
④ 리프만 효과

해설
회색 바탕에 하얀 선을 그리면 바탕의 회색이 더 밝아 보이고 검정 선을 그리면 회색은 더 어둡게 보인다.

04 색이 서로 달라도 그림과 바탕의 밝기 차이가 없을 때 그림으로 된 문자나 모양이 뚜렷하지 않게 보이는 것은?

16년 1회

① 색음 현상
② 리프만 효과
③ 색상 현상
④ 베졸트 브뤼케 현상

해설
④ 베졸트 브뤼케(Bezold-Brucke) 현상은 빛의 강도에 따라 색상이 다르게 보이는 현상이다.

05 파장이 같아도 색의 순도가 변함에 따라 그 색상이 변화하는 것과 관련된 것은?

15년 2회

① 에브니 효과
② 마스킹 효과
③ 푸르킨예 현상
④ 매스 효과

06 흰색 배경 위에 검정 십자형의 안쪽에 있는 회색 삼각형과 바깥쪽에 있는 색 삼각형을 비교하면 안쪽에 배치한 회색이 보다 밝게 보이고, 바깥쪽에 배치한 회색은 어둡게 보이는 효과는?

16년 1회, 13년 1회

① 스티븐스 효과
② 베너리 효과
③ 에브니 효과
④ 에렌슈타인 효과

족집게 과외

1. 색의 대비 종류

❶ **동시대비**

▶ 가까이에 인접해 있는 두 가지 이상의 색을 동시에 볼 때 일어나는 현상이다.

▶ 인접하는 색의 차이가 크거나 사물의 크기가 작을수록 대비효과는 커진다.

▶ 자극이 되는 부분이 멀어질수록 대비효과는 약해진다.

〈동시대비 현상〉

㉠ 색상대비(Color Contrast)

인접한 색의 색상에 따라 색이 변하는 현상이다.

㉡ 명도대비(Iuminosity Contrast)

• 명도가 다른 두 색을 인접시켰을 때 서로의 영향으로 밝은색은 더 밝게, 어두운색은 더 어둡게 보이는 현상이다.

• 명도 차가 클수록 대비가 더욱 뚜렷하여 흰색 배경의 회색보다 검은색 배경의 회색이 더 밝아 보인다.

• 무채색을 병치시켰을 때 두 색의 인접 부분이 어두운 쪽은 밝게, 밝은 쪽은 어둡게 느껴진다.

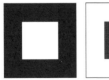

㉢ 채도대비(Chromatic Contrast)

채도가 다른 두 가지 색이 대비되는 것으로 동일한 색을 채도가 낮은 바탕에 놓았을 때는 선명해 보이고, 채도가 높은 바탕에 놓았을 때는 탁해 보이는 현상이다.

㉣ 보색대비(Complementary Contrast)

보색관계인 두 색이 배색되었을 때 서로의 영향으로 본래의 색보다 각각의 채도가 더 높게 보이는 현상이다.

❷ **연변대비(Edge Contrast, 경계대비)**

▶ 색과 색이 접하는 경계 부분에서 색의 3속성별로 색상, 명도, 채도의 대비 현상이 더 강하게 일어나는 현상이다.

▶ 명도나 채도를 단계적으로 배열할 때 잘 나타난다.

❸ **계시대비(Successive Contrast, 연속대비)**

▶ 둘 이상의 색을 시간차를 두고 차례로 볼 때, 먼저 본 색의 영향으로 뒤에 본 색이 다르게 보이는 현상이다.

▶ 빨간색을 보다가 시간차를 두고 노란색을 보면 황록색으로 보인다.

❹ 면적대비(Area Contrast)

▶ 색이 차지하고 있는 면적의 크기에 따라 명도와 채도가 다르게 보이는 현상이다.

• 매스 효과(Mass Effect)
큰 면적의 색이 적은 면적의 색보다 화려하고 강렬한 인상을 주는 효과이다.

❺ 한난대비(Warm-Cool Contrast)

차가운 색과 따뜻한 색이 대비되었을 때 서로에게 영향을 주어 더욱 따뜻하거나 차갑게 느껴지는 현상이다.

01 다음 중 동시대비에 대한 설명으로 거리가 먼 것은?

19년 1회

① 인접하는 색의 차이가 클수록 대비효과는 커진다.
② 사물의 크기가 작을수록 대비효과가 강하게 일어난다.
③ 오래 계속해서 볼수록 대비 현상의 세기는 강해진다.
④ 자극이 되는 부분이 멀어질수록 대비효과는 약해진다.

02 다음 중 밝기가 다른 두 색을 인접시켰을 때 서로의 영향으로 밝은색은 더욱 밝아 보이고 어두운색은 더욱 어두워 보이는 현상을 무엇이라고 하는가?

14년 3회, 06년 3회, 04년 3회

① 색상대비
② 보색대비
③ 명도대비
④ 한난대비

03 흰색 배경의 회색보다 검정색 배경의 회색이 더 밝게 보이는 대비 현상은?

19년 1회, 15년 2회

① 보색대비
② 채도대비
③ 명도대비
④ 색상대비

04 동일한 색을 채도가 낮은 바탕에 놓았을 때는 선명해 보이고, 채도가 높은 바탕에 놓았을 때는 탁해 보이는 것을 무슨 대비 현상 때문인가?

16년 2회, 11년 3회

① 색상대비
② 채도대비
③ 명도대비
④ 계시대비

05 두 색이 경계 부분에서 색의 3속성별로 대비 현상이 더욱 강하게 나타나는 현상은?

18년 3회, 13년 3회

① 채도대비
② 명도대비
③ 연변대비
④ 계시대비

06 둘 이상의 색을 시간적인 차이를 두고서 차례로 볼 때 주로 일어나는 색채대비는?

21년 1회, 11년 1회

① 동시대비
② 병치대비
③ 계시대비
④ 동화대비

다음 중 색의 3속성이 아닌 것은?

22년 1회, 16년 1회, 14년 2회, 13년 1회, 10년 1·3회, 09년 3회, 08년 3회, 07년 1회, 05년 3회, 04년 3회

① 대 비   ② 명 도
③ 색 상   ④ 채 도

| 정답 | ①

한 줄 묘약

색의 속성은 색을 묘사하고 표현하는 데 사용되며, 이들 속성을 적절하게 조합함으로써 다양한 시각적 효과를 얻을 수 있다.

족집게 과외

1. 색의 3속성

❶ 색상(Hue)

빨강, 파랑, 노랑 등 색의 종류나 이름을 나타내는 속성으로 다양한 색조 중 특정한 색을 의미한다.

❷ 명도(Brightness 또는 Value)

색의 밝고 어두운 정도를 나타내는 속성으로 밝은색은 높은 명도를 갖고, 어두운색은 낮은 명도를 가진다. 사람의 눈에 가장 민감하게 반응하는 요소로 중량감에 가장 크게 영향을 준다.

❸ 채도(Saturation)

색의 강도나 선명도를 나타내는 속성으로 높은 채도는 순수한 색을 나타내며, 낮은 채도는 회색에 가까운 색을 의미한다. 무채색은 색상과 채도가 없다.

2. 색의 3속성의 역사

색의 3속성은 색채학 분야에서 공식화되고 과학적으로 이해되면서, 더욱 정교한 색의 조합과 사용이 가능해졌으며 문화적 맥락에 따라 다르게 해석되어 역사적으로도 그 의미와 활용이 변해 왔다.

❶ 색 상

고대 문화부터 다양한 색들이 발견되고 기록되었으며, 고대 이집트 문명에서는 청록, 빨강, 녹색 등 다양한 색상이 사용되었고 신성한 의미로 활용되었다.

❷ 명 도

명도의 개념은 조명과 그림의 표현에 관련해 다양한 문화에서 발전해 왔으며 레오나르도 다빈치와 같은 화가들은 명도를 통해 조명과 그림자를 다루어 입체감을 부여하였다.

❸ 채 도

채도의 개념은 주로 미술에서 발전해 왔으며 19세기 후반 인상주의 화가들은 채도를 강조하여 현실을 왜곡하고 감정을 강조하는 데 사용하였다.

01 색의 3속성에 대한 설명 중 틀린 것은?

14년 2회, 11년 3회

① 색상, 명도, 채도를 말한다.
② 색상을 둥글게 섞으면 채도가 높아진다.
③ 순색에 색상을 섞으면 채도가 높아진다.
④ 먼셀 표색계의 무채색 명도는 0~10까지 11단계이다.

02 색채의 삼속성에 관한 설명으로 옳지 않은 것은?

17년 1회

① 색상은 물체의 표면에서 선택적으로 반사되는 색파장의 종류에 의해 결정된다.
② 빛이 반사하는 양에 따라 색의 밝고 어두운 정도를 느끼는 것이 명도이다.
③ 색파장이 얼마나 강하고 약한가를 느끼는 것이 채도이다.
④ 최고 채도의 순색은 모두 같은 명도를 갖는다.

03 색의 3속성 중 사람의 눈에 가장 민감하게 반응하는 요소는?

17년 2회, 14년 2회

① 색 상
② 명 도
③ 채 도
④ 순 도

04 명도에 대한 설명으로 틀린 것은?

20년 3회, 05년 1회

① 우리의 감각은 색상, 명도, 채도대비 중 명도대비에 가장 민감하다.
② 명도 단계는 흰색부터 검정까지 총 3단계이다.
③ 명도대비는 밝은색은 더 밝게, 어두운색은 더 어둡게 보이는 현상이다.
④ 명도대비의 결과는 한마디로 흰색, 회색, 검정색의 조화라고 볼 수 있다.

05 무채색의 특징이 아닌 것은?

21년 3회

① 흰색에서 검정색까지의 채색이 없는 물체색이다.
② 색상과 채도가 없다.
③ 명도의 차이가 없다.
④ 전 영역의 파장을 고르게 반사하면 회색이 된다.

06 색의 3속성 중 색의 강약의 성질, 즉 선명도를 나타내는 것은?

12년 1회

① 색 상
② 채 도
③ 명 도
④ 농 도

가산혼합에 대한 설명으로 옳지 않은 것은?   22년 1회, 07년 3회

① 가법혼색 또는 가색혼합이라고 한다.

② 가산혼합에서의 보색을 섞으면 회색 또는 흑색이 된다.

③ 가산혼합의 원리는 컬러텔레비전을 비롯하여 조명들에도 이용되고 있다.

④ Red, Greed, Blue의 3색을 여러 강도로 섞으면 어떤 색이라도 얻을 수 있다.

|정답| ②

족집게 과외

1. 색의 혼합 유형

❶ 가산혼합(가법혼색)

▶ 색광(Color Light)의 혼합

▶ 가산혼합의 3원색 : RGB – Red, Green, Blue

▶ 활용 : 디스플레이, 조명 등에서 사용된다.

▶ 색을 혼합하면 혼합할수록 명도는 높아지고 3원색을 모두 섞으면 흰색이 된다.

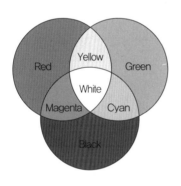

❷ 감산혼합(감법혼색)

▶ 색료의 혼합

▶ 감산혼합의 3원색 : CMY – Cyan, Magenta, Yellow

▶ 활용 : 인쇄, 페인팅 등에서 사용

▶ 색을 혼합하면 혼합할수록 명도는 낮아지고 3원색을 모두 섞으면 검은색이 된다.

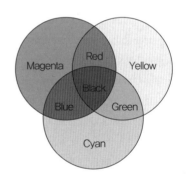

01 다음 중 가법혼색의 3원색이 아닌 것은?

21년 3회, 08년 3회, 07년 1회, 06년 3회, 04년 3회, 03년 3회

① Yellow
② Red
③ Green
④ Blue

02 가산혼합 방식으로 모든 영상 이미지의 컬러 처리를 수행하는 방식은?

16년 2회

① Grayscale 방식
② Index 방식
③ CMYK 방식
④ RGB 방식

03 가법혼색의 3원색 RGB 색상을 각각 100% 혼합하여 나타나는 컬러를 웹 컬러 숫자(Web Color Number)로 바르게 표현한 것은?

18년 2회, 14년 2회, 08년 3회, 04년 3회

① #FFFFFF
② #000000
③ #99999
④ #333333

해설

#000000 : 검정, #99999 : 중간 회색, #333333 : 진한 회색

04 감법혼색에 대한 설명으로 옳은 것은?

14년 2회, 10년 3회

① 혼합색의 밝기는 사용색의 면적비에 의해 평균되어 나타난다.
② 감법혼색의 삼원색은 Red, Green, Blue이다.
③ 혼합할수록 명도가 높아진다.
④ 색을 혼합할수록 색은 점점 탁해진다.

해설

빨강과 노랑을 섞으면 주황색이 되고, 이때 빨강과 노랑의 면적비가 같다면 주황색은 빨강과 노랑의 밝기의 평균값이 된다.

05 감산혼합의 3원색이 아닌 것은?

17년 2회

① 시안(Cyan)
② 마젠타(Magenta)
③ 노랑(Yellow)
④ 검정(Black)

06 다음 중 색료의 3원색이 아닌 것은?

13년 1회, 12년 1회

① Green
② Yellow
③ Magenta
④ Cyan

TV의 영상화면이나 모자이크, 신인상파의 점표법에서 사용된 혼색법은?

21년 3회

① 병치혼합
② 계시혼합
③ 감산혼합
④ 회전혼합

|정답| ①

족집게 과외

1. 병치혼합

❶ 물체의 표면에서 여러 색이 섞이는 현상으로 두 가지 이상의 작은 색 점을 촘촘히 배치하였을 때 혼색되어 보이는 색 혼합 방식이다.

❷ 인상파 화가의 점묘화, 모자이크 벽화, 직물의 조직 등에서 볼 수 있다.

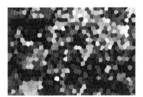

〈모자이크〉

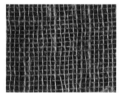

〈직물 조직〉

2. 보색혼합

❶ 상반된 색을 섞어서 중성의 회색을 만드는 색 혼합 방식이다.

❷ 보색을 혼합하면 무채색이 된다.

❸ 색상 차이가 크기 때문에 배색했을 때 가장 선명하고 눈에 잘 띄는 보색대비 효과를 낸다.

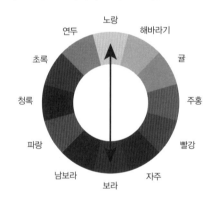

※ 보색은 색상환에서 서로 마주 보는 반대에 위치한 색이다.

01 점묘화 또는 모자이크 벽화에서 볼 수 있으며, 직물에서의 베졸드 효과, 텔레비전이나 컴퓨터의 컬러모니터, 망점에 의한 원색 인쇄 등에 활용되는 혼합원리는?   16년 2회, 12년 3회, 12년 1회

① 계시혼색
② 병치혼색
③ 감법혼색
④ 동시혼색

03 점을 찍어가며 그림을 그린 인상파 화가들의 그림과 관련된 혼합 기법은?   11년 3회

① 가산혼합
② 병치혼합
③ 감산혼합
④ 회전혼합

02 병치혼합에 대한 설명으로 거리가 먼 것은?   15년 3회

① 색의 면적과 거리에 따라 눈의 망막 위에 혼합되어져 보이는 생리적 현상이라 할 수 있다.
② 인상파 화가의 점묘화나 직물에서 볼 수 있다.
③ 명도, 채도가 높아져 보인다.
④ 다른 색을 인접하게 배치해 두고 볼 때 생기는 혼합이다.

04 여러 가지 색이 조밀하게 놓여있어 혼색되어 보이는 경우를 말하는 것으로 TV의 영상화면이나 모자이크, 신인상파의 점묘법에서 사용된 혼색법은?   15년 1회

① 병치혼합
② 계시혼합
③ 감산혼합
④ 회전혼합

기출유형 01 ▶ 표색계

헤링의 4원색설을 기준으로 하는 색체계는?

20년 2회, 15년 2회

① 먼셀의 색체계
② 뉴턴의 색체계
③ 비렌의 색체계
④ 오스트발트의 색체계

| 정답 | ④

한 줄 묘약

- 표색계(Colorimetric System, 表色系)는 색을 정량화시켜 표시하는 체계로 현색계(Color Appearance System, 顯色係, 감산혼합)와 혼색계(Color Mixing System, 混色系, 가산혼합)가 있다.
- 현색계는 색의 3속성인 색상, 명도, 채도를 기호나 수치로 나타내는 방법으로 대표적인 색체계로는 먼셀의 색체계, 오스트발트의 색체계가 있다.
- 혼색계는 빛의 혼색으로 대표적인 색체계로는 LAB(CIE L*a*b*) 표색계 등이 있다.

족집게 과외

❶ 먼셀 색체계(Munsell Color System)

▶ 미국의 화가이자 교육자인 먼셀이 창안한 색체계이다.

▶ 빨강(R), 노랑(Y), 초록(G), 파랑(B), 보라(P) 5가지 색을 기본색으로 한다.

㉠ 먼셀의 색상환

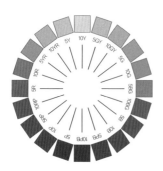

- 5가지의 기본색 빨강(R), 노랑(Y), 초록(G), 파랑(B), 보라(P)색에 5를 붙여 빨강을 5R, 노랑을 5Y, 초록을 5G, 파랑을 5B, 보라를 5P로 표기한다.

- 기본색 사이사이에 혼합색이 배치되고 색과 색 사이의 중간색은 사실상 무한하다.
- 혼합색 표기의 예
  5R(빨강) + 5Y(노랑) = 5YR(주황)
  ※ 색 상환의 오른쪽 색상을 먼저 표기한다.

㉡ 보 색

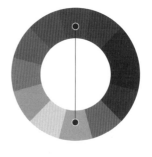

- 색상환에서 서로 마주 보는 반대에 위치한 색을 보색이라고 한다.
  ※ 보색의 예
  노랑과 보라는 서로 보색이다.
- 보색을 혼합하면 무채색이 된다.
- 색상 차이가 크기 때문에 배색했을 때 가장 선명하고 눈에 잘 띄는 보색대비 효과를 낸다.

© 먼셀의 색입체

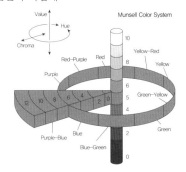

- X축(Value, 명도)
  - 명도를 11단계로 나누었다.
  - 위로 갈수록 명도가 높고 아래로 갈수록 명도가 낮다.
- Y축(Chroma, 채도)
  - X축에서 멀어질수록 채도는 높아진다.
  - Z축H(Hue, 색상)
② 먼셀의 색입체 수직 단면도

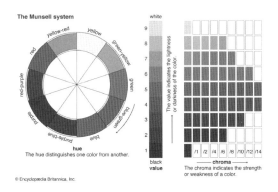

❷ 오스트발트의 색체계

▶ 독일의 화학자이자 색채학자 빌헬름 오스트발트 (Wilhelm Ostwald)가 창안한 색체계이다.

▶ 헤링의 4원색 노랑, 파랑, 빨강, 초록 4가지 색을 기준으로 한다.

  • 독일의 색채심리학자 헤링(Hering)은 서로 보색 관계인 노랑, 파랑, 빨강, 초록 4가지 색상에서 모든 색채감각이 생긴다고 주장하였다.

• 오스트발트의 색상환

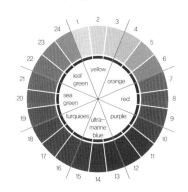

헤링의 4원색 노랑, 파랑, 빨강, 초록을 기준으로 그 사이에 주황, 보라, 연두, 청록 4가지의 색을 더한 8가지의 기본색을 다시 각각 3등분하여 24가지 색상으로 색상환을 구성한다.

❸ CIE L*a*b* 표색계

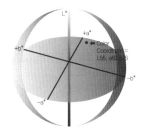

▶ 국제 조명 위원회(CIE)가 제정한 표색계이다.

▶ CIE L*a*b* 색공간은 컴퓨터 디스플레이나 인쇄 매체는 물론 인간이 지각할 수 있는 색 영역보다도 훨씬 크다.

▶ L*(Lightness)은 밝기를 나타내고 a*는 빨강~녹색(Red~Green) 색상 축을, b*는 노랑~파랑(Yellow~Blue) 색상 축을 나타낸다.

  • L* : +일수록 밝은색, −일수록 어두운색(0~100)
  • a* : +일수록 빨간색, −일수록 초록색(−60~60)
  • b* : +일수록 노란색, −일수록 파란색(−60~60)

01 먼셀의 색상환에서 기본 5원색에 해당되지 않는 것은? 15년 3회, 10년 1회, 02년 12월

① 빨 강
② 노 랑
③ 보 라
④ 주 황

02 먼셀색체계의 색상환에서 서로 마주보고 있는 색으로 배색했을 때 어떤 대비 효과를 볼 수 있는가? 17년 3회, 14년 1 · 2회, 13년 3회

① 명도대비
② 채도대비
③ 보색대비
④ 색상대비

03 다음 색 중 헤링의 4원색이 아닌 것은? 14년 2회, 11년 3회

① Blue
② Yellow
③ Red
④ Purple

04 CIE L*a*b* 표색계에 대한 설명으로 거리가 먼 것은? 22년 1회, 17년 3회

① +a*는 Red의 방향이다.
② −a*sms red − Green 축에 관계된다.
③ L* = 50은 Gray이다.
④ +b*는 Blue의 방향이다.

05 CIE L*a*b* 색좌표계에서 b*에 해당하는 색의 영역으로 옳은 것은? 18년 1회, 14년 3회

① Red ~ Green
② Yellow ~ Blue
③ Black ~ Red
④ White ~ Green

06 색채 표준의 조건 중 거리가 먼 것은? 18년 1회

① 색채는 규칙적인 단계별 배열이 있어야 한다.
② 색상을 배열할 때에는 주관적 근거에 의해 색상 · 명도 · 채도 등의 속성을 배열하여야 한다.
③ 색 재현이 쉽고 해독하기 쉬워 실용적이어야 한다.
④ 배열된 색채 간에는 지각적 등보성이 있어야 한다.

해설
지각적 등보성이란 색의 삼속성 중 하나가 변화할 때 다른 삼속성도 동일하게 변화하는 것으로 색상, 명도, 채도 중 한 가지가 변화하면 다른 속성들도 유사한 방식으로 변경되어 일관된 색상 인식을 유지한다.
※ 등보(謄報) : 원본을 베껴서 보고함

먼셀(Munsell) 색채계의 표기법은? 17년 1회, 11년 3회

① H/VC

② HC/V

③ HC−V

④ H V/C

| 정답 | ④

족집게 과외

❶ 먼셀 기호의 표기법

▶ H V/C

H(Hue, 색상), V(Value, 명도), C(Chroma, 채도)

〈먼셀 기호의 예〉

• 5P 6/10

– 색상(5P), 명도(6), 채도(10)

– 5P 6의 10으로 읽는다.

– 5P 6/10은 5단계의 Purple(보라색)에 명도 6, 채도 10인 색상이다.

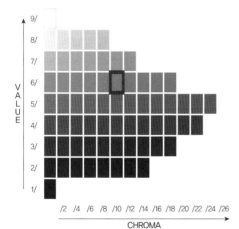

색 표	색 명	영문색명	먼셀기호
	빨 강	red	5R 4/14
	주 황	yellow red(orange)	5YR 6/12
	노 랑	yellow	5Y 8/14
	연 두	green yellow	5GY 7/10
	초 록	bulish green	10G 5/10
	파 랑	blue	5B 5/10
	남 색	purple blue(violet)	5PB 4/12
	보 라	purple	5P 4/10
	연 지	purplish red	10RP 4/12

01 먼셀 기호의 표시법 H V/C에서 V가 의미하는 것은? 13년 3회, 10년 3회

① 명 도
② 순 도
③ 채 도
④ 색 상

04 한국산업표준(KS)의 표기방법 중 '빨강'을 먼셀 기호로 바르게 표기한 것은? 20년 3회, 15년 2회

① 10R 6/10
② 5R 4/12
③ 5GY 7/10
④ 5G 5/6

02 먼셀의 색입체에서 가장 높은 채도의 색 영역을 가지는 색상은? 12년 1회

① 5BG
② 5YR
③ 5PB
④ 5P

05 먼셀 기호 4.3YR 7/12에 대한 설명으로 옳은 것은? 15년 3회, 12년 3회

① 명도는 4.3이다.
② 명도는 YR이다.
③ 명도는 7이다.
④ 명도는 12이다.

03 먼셀 기호 "5R 8/3"이 나타내는 의미로 옳은 것은? 19년 3회, 14년 1회, 11년 1회

① 색상 5R, 채도 8, 명도 3
② 색상 5R, 명도 8, 채도 3
③ 색상 8R, 채도 3, 명도 5
④ 색상 8R, 명도 3, 채도 5

06 먼셀의 표기법에 10RP 7/8은 무슨 색인가? 15년 1회

① 빨 강
② 보 라
③ 분 홍
④ 자 주

기출유형 01 ▶ 색채조화

색 삼각형의 연속된 선상에 위치한 색들을 조합하면 관련된 시각적 요소가 포함되어 있기 때문에 서로 조화한다는 원리는?

21년 1회, 20년 1 · 2회, 15년 3회, 14년 3회

① 비렌의 색채조화론

② 루드의 색채조화론

③ 이텐의 색채조화론

④ 문-스펜서의 색채조화론

| 정답 | ①

한 줄 요약

• 색채조화란 두 가지 이상의 색을 대립 또는 통일되게 배색시켜 시각적 균형과 심미적 조화를 이루는 것을 의미한다.
• 색채조화의 원리는 색의 삼속성인 색상, 명도, 채도의 조합으로 조화를 이루는 것으로 색채대비 효과와 배색 방법에 대한 여러 가지 색채이론과 모델이 있다.

족집게 과외

1. 색채조화론

❶ 비렌의 색채조화론

▶ 미국의 색채학자 파버 비렌(Faber Birren)의 색채조화론이다.

▶ 색 삼각형의 연속된 선상에 위치한 색들을 조합하면 관련된 시각적 요소가 포함되어 있기 때문에 서로 조화한다는 이론이다.

▶ 삼각형의 꼭짓점에 White(흰색)-Color(순색)-Black(검정)을 배치하고 3가지 기본색이 합쳐지는 중간 영역의 4가지 색조군을 만드는 색채조화 모델을 제시하였다.

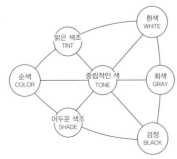

〈비렌의 컬러 색 삼각형〉

〈비렌의 색채조화 모델 예〉

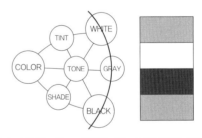

White(흰색)-Gray(회색)-Black(검정)의 조화는 명암의 변화를 통해 중립적이고 균형잡힌 느낌을 준다.

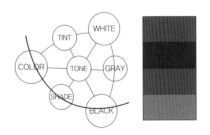

Color(순색)-Shade(어두운색, 암색)-Black(검정)의 조화는 색채의 깊이와 풍부함이 있어 강렬하고 안정된 느낌을 준다.

❷ 요하네스 이텐의 색채조화론

▶ 스위스의 조형교육가 요하네스 이텐(Johannes Itten)의 색채조화론이다.

▶ 보색대비의 변형에 기초하여 12색상환에서 삼각형, 사각형 등의 다각형을 그려놓고 2색, 3색, 4색, 5색, 6색으로 배색한 조화론이다.

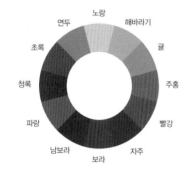

2색 조화   3색 조화   4색 조화

❸ 문–스펜서 색채조화론

▶ 미국 MIT 대학의 색채학자 문(P. Moon)과 스펜서 (D. E. Spenser)의 색채조화론이다.

▶ 먼셀표색계를 바탕으로 한 색채조화론으로 색의 조화를 미적인 가치가 있는 조화와 미적인 가치가 없는 부조화로 분류하였고 색채의 면적 효과를 정량적으로 이론화하였다.

ⓐ 색의 조화
동일 조화(같은 색의 조화), 유사 조화(유사한 색의 조화), 대비 조화(반대색의 조화)

ⓑ 색의 부조화
제1불명료의 부조화(아주 유사한 색의 부조화), 제2불명료의 부조화(약간 다른 색의 부조화), 눈부심의 부조화(극단적인 반대색의 부조화)

ⓒ 색채의 면적 효과
• 색채의 명도와 채도가 색채가 차지하는 면적의 크기에 따라서 달라 보이는 현상이다.

• 밝고 선명한 색은 면적이 작을 때 더 밝고 선명하게 느껴지고, 면적이 커질수록 덜 밝고 선명하게 느껴진다.

• 어두운색은 면적이 작을 때 덜 어두워 보이고, 면적이 커질수록 더 어두워 보인다.

• 저명도, 저채도의 색은 고명도, 고채도의 색보다 덜 눈에 띄기 때문에, 저채도의 약한 색은 면적을 넓게, 고채도의 강한 색은 면적을 좁게 해야 균형이 맞는다.

❹ 오스트발트 색채조화론

▶ 독일의 화학자이자 색채학자 빌헬름 오스트발트 (Wilhelm Ostwald)의 색채조화론이다.

▶ 모든 색은 '백색+흑색+순색=100%'로 백색량, 흑색량, 순색량은 서로 조화를 이룬다는 이론이다.

ⓐ 무채색의 조화
• 흰색과 검은색의 조화 : 흰색과 검은색은 색의 대비를 극대화하는 색으로 강렬함, 선명함, 고전적, 깔끔함 등의 느낌을 준다.
• 회색의 조화 : 회색은 중립적인 색으로 명도나 채도에 따라 다양한 분위기를 만들 수 있으며 부드러움, 차분함 등의 느낌을 준다.
• 흰색, 검은색, 회색의 조화 : 흰색, 검은색, 회색을 함께 사용하여 색의 대비와 중립성을 동시에 활용할 수 있고 심플함, 무던함 등의 느낌을 준다.

ⓑ 동일색의 조화
• 등백색 조화
단일 색상면 삼각형(등색상 삼각형)에서 동일한 양의 백색 함량을 가지는 색들의 조화이다.
• 등흑색의 조화
단일 색상면 삼각형에서 동일한 양의 흑색 함량을 가지는 색들의 조화이다.
• 등순색의 조화
단일 색상면 삼각형에서 동일한 양의 순색 함량을 가지는 색들의 조화이다.
• 등가색환의 조화
색상환에서 서로 반대편에 위치한 색들의 조화이다.

⑤ 슈브뢸의 색채조화론

▶ 프랑스의 화학자이자 색채학자 미쉘 유진 슈브뢸(Michel-Eugène Chevreul)의 색채조화론이다.

▶ 모든 색채 조화는 유사성과 대비의 조화에서 이루어진다는 이론이다.

〈슈브뢸 색채 조화의 유형〉

• 유사의 조화
  명도가 유사한 인접한 색상들이나 서로 다른 명도 단계를 지닌 동일 색상들의 조화로 밝고 화사한 느낌을 준다.

• 반대색의 조화
  색상환에서 서로 반대편에 위치한 색상들의 조화로 선명하고 활기찬 시각적 효과를 주고 유쾌한 감정을 유발한다.

• 주조색의 조화
  주된 색들이 파스텔 컬러와 같이 고명도 저채도의 색조를 지닌 색상들의 조화로 우아하고 차분한 느낌을 준다.

• 근접보색의 조화
  색상환에서 서로 반대쪽에 있는 보색의 좌우에 위치한 색상들의 조화로 친근감을 준다.

• 등간격 3색 조화
  색상환에서 일정한 간격을 지닌 3색의 조화로 균형감을 준다.

⑥ 저드의 색채조화론

미국의 색채학자 저드(Judd)의 색채조화론이다.

㉠ 질서의 원리
  규칙적이고 계획성 있게 선택된 색들의 조합은 대체로 조화롭다.

㉡ 유사의 원리
  어떤 색이라도 공통된 성질과 속성이 있으면 색들은 조화한다.

㉢ 명료성의 원리
  배색에 있어서 애매하지 않은 명료한 배색에서만 조화롭다.

㉣ 친근감의 원리
  자연의 색과 같이 사람들에게 친숙한 색상끼리는 조화한다.

01 보색대비의 변형에 기초하여 12색상환에서 삼각형, 사각형 등을 그려놓고 2색, 3색, 4색, 5색 그리고 6색 배색의 조화론을 주장한 이론은?

14년 1회, 13년 3회

① 져드의 색채조화론
② 요하네스 이텐의 색채조화론
③ 비렌의 색채조화론
④ 문–스펜서의 색채조화론

02 "저채도의 약한 색은 면적을 넓게, 고채도의 강한 색은 면적을 좁게 해야 균형이 맞는다."는 원칙을 정량적으로 이론화한 학자는?

21년 1회, 14년 1회

① 슈브뢸(M. E. Chevreul)
② 문–스펜서(P. Moon & D. E. Spencer)
③ 오스트발트(W. Ostwald)
④ 져드(D. B. Judd)

03 오스트발트 색채조화론에 대한 설명으로 옳은 것은?

21년 3회, 16년 1회

① 회전 혼색법을 사용하여 두 개 이상의 색을 배열하였을 때 그 결과가 명도5(N5)인 것이 가장 조화되고 안정적이다.
② 명도는 같으나 채도가 반대색일 경우 채도가 높은 색은 좁은 면적, 채도가 낮은 색은 넓은 면적일 때 조화롭다.
③ 색표계의 3대 계열인 백색량, 흑색량, 순색량은 서로 조화를 이룬다.
④ 미도 M과 먼셀 색체계를 모체로 하며, 감정적으로 다루어지던 통념을 배격하고 과학적이고 정량적인 방법의 색채조화론이다.

04 오스트발트 색채체계의 단일 색상면 삼각형 내에서 동일한 양의 백색을 가지는 색채를 일정한 간격으로 선택하여 배색함으로써 얻을 수 있는 조화는?

15년 3회

① 등순색 조화
② 등가색환 조화
③ 등흑색 조화
④ 등백색 조화

05 슈브뢸(M.E. Chevreul)의 색채조화 이론 중 활기찬 시각적 효과를 주고 유쾌한 감정을 유발하는 조화는?

18년 1회, 14년 2회

① 반대색의 조화
② 주조색의 조화
③ 근접보색의 조화
④ 등간격 3색 조화

06 져드의 색채조화론 원리가 아닌 것은?

20년 3회, 15년 2회

① 질서의 원리
② 유사의 원리
③ 명료성의 원리
④ 색채의 원리

배색의 구성요소가 아닌 것은?   22년 1회, 15년 3회, 15년 1회

① 기조색
② 주조색
③ 강조색
④ 분리색

|정답|④

한 줄 요약

배색은 두 가지 이상의 색상을 잘 어울리도록 배치하는 것으로 색채조화의 개념에 따른 다양한 기법이 있다.

족집게 과외

1. 배색의 구성요소

❶ **주조색(Base Color, 기조색)**

배색의 기본이 되는 색으로 가장 큰 면적을 차지하며, 배색 대상의 이미지나 분위기를 결정하는 중심이 되는 색채이다.

❷ **보조색(Assort Color)**

주조색만으로 대상의 특성을 표현하기 어려운 경우 주조색을 보완하는 색으로 주조색과 유사하거나 대비되는 관계를 이룬다.

❸ **강조색(Accent Color)**

배색에 포인트를 주는 색으로 가장 작은 면적을 차지하지만, 눈에 가장 띄는 색이다.

❹ **정돈색(Trim Color)**

㉠ 주조색과 보조색을 제외한 나머지 색을 의미한다.
㉡ 형태나 공간을 짜임새 있게 하기 위한 색채로서 틀이나 테두리 등의 프레임 컬러로 사용된다.

2. 배색 기법

❶ **그라데이션(Gradation) 배색**

3가지 이상의 다색 배색으로 색이 점진적으로 변화해 가는 배색 기법이다.

❷ **세퍼레이션(Separation) 배색**

㉠ 색상 차이가 많이 나는 강한 배색을 완충시키기 위하여 색들을 분리(Separation)시키는 배색 기법이다.
㉡ 흰색, 검정의 무채색에 금색, 은색 등의 메탈릭한 색을 사용하여 배색 효과를 높인다.

❸ **톤 온 톤(Tone on Tone) 배색**

▶ 색상은 같거나 유사한 색상으로 하고 2가지 톤의 명도 차를 크게 둔 배색 기법이다.
▶ 통일성을 유지하면서 극적인 효과를 준다.

❹ **톤 인 톤(Tone in Tone) 배색**

▶ 색상은 유사한 색상으로 하고 색조는 동일하게 하는 배색 기법이다.
▶ 온화하고 부드러운 효과를 준다.

❺ **비콜로(Bicolore) 배색**

▶ 하나의 면을 2가지 색으로 나누는 배색 기법이다.
▶ 흰색과 원색(순색)의 사용으로 분명한 대비효과와 단정한 느낌을 준다.

❻ **트리콜로(Tricolore) 배색**

▶ 하나의 면을 3가지 색으로 나누는 배색 기법이다.
▶ 색상이나 톤의 명확한 대조가 요구되며 흰색과 원색(순색)의 사용으로 강렬함과 안정감을 준다.

01 배색에 관한 설명 중 거리가 가장 먼 것은?

17년 2회, 06년 1회, 04년 3회

① 이미지를 결정시키는 배색의 주요 요인으로 톤, 색상, 대비 항목 등이 있다.
② 동일 색상 배색 사이에서는 명도, 채도의 차이가 발생하지 않는다.
③ 배색은 한 부분에서만 효과를 보는 것이 아니라 문자나 그림 등과 같이 조합이 되었을 때 복합적인 효과가 나타난다.
④ 보색에 의한 배색은 그림 전체의 색채와는 원만한 조화를 얻기 어려우므로 강조의 효과를 얻고자 할 때 적절히 사용한다.

02 색상은 동일하거나 유사한 색상으로 하고 2가지 톤의 명도 차를 크게 둔 배색기법은?

16년 2회, 12년 3회

① 톤 온 톤(Tone on Tone) 배색
② 톤 인 톤(Tone in Tone) 배색
③ 리피티션(Repetition) 배색
④ 세퍼레이션(Separation) 배색

03 색상은 같게, 명도 차이는 크게 하여 통일성을 유지하면서 극적인 효과를 주는 배색 기법은?

15년 3회

① 까마이외 배색
② 톤 온 톤 배색
③ 톤 인 톤 배색
④ 포 까마이외 배색

04 색조를 이용한 배색 중 하나의 면을 두 가지 색으로 나누는 것으로, 흰색과 원색의 사용으로 분명한 대비효과와 단정한 느낌을 표현하는 배색은?

13년 1회

① 톤 온 톤 배색
② 비콜로 배색
③ 토널 배색
④ 까마이외 배색

05 색상 차이가 많이 나는 강한 배색을 완충시키기 위하여 두 색이 분리될 수 있도록 무채색, 금색, 은색 등을 사용하여 조화를 이루게 하는 배색은?

13년 3회

① 악센트(Accent) 배색
② 톤 온 톤(Tone on Tone) 배색
③ 세퍼레이션(Separation) 배색
④ 토널(Tonal) 배색

06 색상 차이가 많이 나는 강한 배색을 완충시키기 위하여 두 색이 분리될 수 있도록 무채색, 금색, 은색 등을 사용하여 조화를 이루게 하는 배색은?

14년 3회

① 리피티션(Repetition) 배색
② 톤 온 톤(Tone on Tone) 배색
③ 세퍼레이션(Separation) 배색
④ 토널(Tonal) 배색

01 다음 중 기업의 이윤추구를 위한 디자인 마케팅의 4가지 기본 요소에 포함되지 않는 것은?

07년 3회, 05년 1회

① 제 품
② 유 통
③ 문 화
④ 가 격

02 다음 중 마케팅 커뮤니케이션의 기능에 포함되지 않는 것은?

21년 1회, 18년 1회

① 정보기능
② 제시기능
③ 조정기능
④ 구조기능

해설

마케팅 커뮤니케이션이란 마케팅 4P의 한 요소로 프로모션을 고객의 관점에서 접근한 것이다.
• 정보기능 : 광고, 판촉, 홍보 등의 프로모션을 통해 제품에 대한 정보를 전달하는 기능
• 제시기능 : 고객에게 제품에 관하여 고지시키는 기능
• 조정기능 : 마케팅 전략 수립과 실행 과정에서 발생하는 문제를 해결하고 조정하는 기능

03 많은 아이디어를 얻기 위해 아무런 제약이 없는 상태에서 공상, 연상의 연쇄반응을 일으켜 아이디어를 내는 방식의 집단 사고 방법을 무엇이라 하는가?

16년 2회, 06년 1회

① 시네틱스(Synectics)
② 연상의 기법(Association of Idea)
③ 브레인스토밍(Brainstorming)
④ 입 · 출력법(Input—Output Technique)

04 아이디어 발상 단계에서 행하는 스케치 표현 방법 중 가장 초보적인 단계로, 구상된 아이디어나 이미지를 간략하게 그리며, 컬러링이나 세부적인 묘사는 생략하고, 이미지나 구성을 중심으로 그리는 방법은?

19년 3회

① 스타일 스케치
② 프로토타이핑
③ 스크래치 스케치
④ 렌더링

해설

① 스타일 스케치(Style Sketch)는 아이디어 스케치 중 가장 정밀한 스케치로 외관의 형태, 컬러, 질감 등을 표현한다.
② 프로토타이핑(Prototyping)은 제품의 모형이나 시스템의 초기 버전을 만들어 보고 검토하는 과정으로 Prototype(시제품)을 만들어 디자인, 기능, 상호 작용 등을 시각화하고 테스트한다.
④ 렌더링(Rendering)은 3D 형상 제작과정에서 물체의 형상 위에 디자인을 입히는 과정이다.

05 하이퍼미디어를 구성하는 기본적인 구성 요소가 아닌 것은?

14년 3회, 07년 3회

① 리스트
② 링 크
③ 앵 커
④ 노 드

정답 01 ③ 02 ④ 03 ③ 04 ③ 05 ①

06 ( ) 안에 들어갈 적당한 단어를 순서대로 나열한 것은?
08년 1회, 07년 1회

> • (㉠)는 정보를 순차적으로 보여주는 것이 아니라 필요에 따라서 링크되어 있는 다른 페이지로 이동할 수 있도록 하는 것이다.
> • (㉠)에서는 각각의 페이지를 (㉡)(이)라고 하고 다른 페이지와 링크가 되어 있는 키워드를 (㉢)(이)라고 한다.

① ㉠ 하이퍼링크, ㉡ HTML, ㉢ 텍스트
② ㉠ 하이퍼텍스트, ㉡ 노드, ㉢ 앵커
③ ㉠ 하이퍼미디어, ㉡ 파일, ㉢ 태그
④ ㉠ 하이퍼카드, ㉡ 데이터, ㉢ 스트링

07 시나리오 구성 전개가 바르게 연결되어진 것은?
02년 12월

① 발단 – 전개 – 절정 – 위기 – 결말
② 전개 – 발단 – 위기 – 절정 – 결말
③ 발단 – 위기 – 절정 – 전개 – 결말
④ 발단 – 전개 – 위기 – 절정 – 결말

08 인터페이스 디자인에서 아이콘, 심볼 디자인 시 고려사항으로 옳은 것은?
09년 1회

① 특수 분야에서 쓰이는 특정한 형태로 나타낸다.
② 아이콘 형태를 각각 다르게 디자인한다.
③ 단순 명료한 형태이며, 시각적으로 쉽게 인식할 수 있도록 한다.
④ 적절한 비유로 사용자가 천천히 반응하도록 디자인한다.

09 픽토그램(Pictogram)에 대한 설명 중 옳지 않은 것은?
07년 3회, 05년 1회

① 청각 전달의 기능을 주목적으로 한다.
② 언어를 대신하여 특정 대상의 특성이나 방법을 표현하는 그래픽 심벌을 말한다.
③ 수명이 오래갈 수 있는 조형성이 있어야 한다.
④ 디자인 폴리시(Design Policy)에 의한 기초전략이 있어야 한다.

10 다음 중 좋은 홈페이지가 갖추어야 할 조건으로 거리가 가장 먼 것은?
09년 3회, 06년 3회

① 다양한 사용자들의 환경을 고려하지만 방문자의 의견은 중요하지 않다.
② 홈페이지의 메뉴를 어디에서든 볼 수 있어야 한다.
③ 링크를 쉽게 찾을 수 있어야 한다.
④ 파일의 크기는 되도록 최적화하여 만든다.

11 바우하우스에 대한 설명이 아닌 것은?
14년 2회

① 예술과 디자인의 통합체인 건축을 목표로 설립되었다.
② 도제, 직인, 준 마이스터의 과정으로 예비과정부터 건축 전공까지 가르쳤다.
③ 가구가 경쾌해 보이도록 두꺼운 직물을 씌우는 것을 피하고 등받이는 투각하였다.
④ 건축디자인은 비대칭의 육면형태, 철골구조방식과 전면 유리를 사용하였다.

12 독일 공예계에 미술의 실생활화, 기계생산품의 미적 규격화 등을 주장하였으며, 독일공작연맹을 결성한 사람은? 16년 1회

① 월터 그로피우스
② 윌리엄 모리스
③ 필립포 마리네티
④ 헤르만 무테지우스

13 Good Design 제도를 처음 만든 나라는? 14년 3회, 10년 3회

① 영 국
② 스웨덴
③ 독 일
④ 프랑스

14 다음 중 (　　) 안에 들어갈 알맞은 단어는? 19년 1회

> '디자인의 기본 조건 중 각각의 원리를 가지면서도 모든 조건을 하나의 통일체로 융화시킬 수 있는 것으로 디자인은 (　　)이다.' 라는 말은 이의 필요성을 대변하는 것이다.

① 창의성
② 질 서
③ 아이디어
④ 경제성

15 디자인의 조건과 거리가 먼 것은? 08년 1회, 05년 1회

① 합목적성
② 심미성
③ 작품성
④ 독창성

16 인간생활의 질적 수준을 향상시키기 위하여 형식미와 기능 그 자체와 유기적으로 결합된 형태, 색채, 아름다움을 나타내는 것은? 11년 1회

① 독창성
② 경제성
③ 심미성
④ 문화성

17 평면 디자인 영역에 속하지 않는 것은? 05년 3회

① 타이포그래피
② 편집 디자인
③ 커뮤니티 디자인
④ 텍스타일 디자인

18 디자인의 개념 요소와 거리가 먼 것은? 11년 3회

① 점
② 선
③ 면
④ 리 듬

19 조형적 디자인 요소에서 형태를 이루는 요소가 아닌 것은? 16년 2회, 11년 1회

① 점
② 위 치
③ 선
④ 면

정답 **12** ④ **13** ① **14** ② **15** ③ **16** ③ **17** ③ **18** ④ **19** ②

20 디자인의 요소로 가장 거리가 먼 것은?

17년 1회, 11년 1회

① 형 태
② 재 료
③ 색
④ 질 감

21 다음 중 촉각적 질감(Texture)과 거리가 먼 것은?

13년 3회, 11년 1회

① 거칠다.
② 부드럽다.
③ 매끄럽다.
④ 정교하다.

22 비례의 3가지 유형이 아닌 것은?　11년 1회

① 기하학적 비례
② 산술적 비례
③ 조화적 비례
④ 구조적 비례

23 디자인 원리 중 반복, 강조, 점이 등을 통해 얻어지는 것은?

15년 1회, 14년 2회, 08년 3회

① 조 화
② 균 형
③ 대 비
④ 율 동

24 다음 중 자연 질서의 가장 일반적이고 기본적인 형태이며 반복의 경우보다 한층 동적인 표정과 경쾌한 율동감을 주는 디자인 원리를 무엇이라고 하는가?

08년 1회, 05년 3회

① 조 화
② 점 이
③ 균 형
④ 통 일

25 게슈탈트 시지각 이론에 해당되지 않는 것은?

22년 1회, 14년 1회

① 심미성
② 유사성
③ 연속성
④ 폐쇄성

26 다음 그림이 보여주는 게슈탈트의 법칙은 무엇인가?　09년 3회

① 유사성의 원리
② 계속성의 원리
③ 대칭성의 원리
④ 근접성의 원리

27 타이포그래피(Typography)에 대한 설명 중 거리가 가장 먼 것은? 09년 3회, 06년 1회

① 활자, 혹은 활판에 의한 인쇄술을 가리켜 왔지만 오늘날에는 주로 글자를 구성하는 디자인을 일컫는다.
② 글자체, 글자크기, 글자사이, 글줄사이, 여백 등을 조절하여 전체적으로 읽기에 편하도록 구성하는 기술을 말한다.
③ 활자와 여러 가지 요소들을 이용하여 지면을 아름답고 내용이 충실히 전달되도록 하는 것이다.
④ 타이포그래피(Typography)는 문자라는 의미의 그리스어 Text에서 유래한 말이다.

28 멀티미디어 디자인의 전개 방법 중 그리드 시스템에 대한 설명으로 거리가 먼 것은? 09년 3회

① 정보를 효과적으로 전달하기 위해 사용한다.
② 많은 양의 정보를 일목요연하게 체계적으로 배치할 수 있다.
③ 시간은 걸리지만 손쉽게 배치할 수 있다.
④ 시각적 조직화를 위해 사용한다.

29 프리즘을 통과한 백색광에서 무지개색과 같이 연속된 색의 띠로 발견된 것을 무엇이라 하는가? 22년 1회, 18년 1회

① CMYK
② RGB
③ 파 장
④ 스펙트럼

30 디지털카메라나 스캐너 등의 색채 영상 입력 장비나 컴퓨터 모니터를 포함한 각종 색채 영상 디스플레이 장비에 사용하는 컬러 코드는? 18년 1회

① RGB 코드
② CMYK 코드
③ HSB(HSV) 코드
④ YUV 코드

31 광원에 따라 물체의 색이 달라 보이는 것과는 달리 서로 다른 두 색이 어떤 광원 아래서는 같은 색으로 보이는 현상은? 14년 1회, 13년 3회

① 연색성
② 잔 상
③ 메타메리즘
④ 분광반사

32 잔상이 원래의 감각과 같은 밝기 및 색상을 가지는 것은? 15년 2회

① 동시대비
② 동화현상
③ 정의잔상
④ 부의잔상

33 다음 중 두 색이 인접해 있을 때 서로 인접한 부분이 경계로부터 멀리 떨어져 있는 부분보다 색상, 명도, 채도의 대비 현상이 더욱 강하게 일어나는 현상은? 17년 2회

① 보색대비
② 명도대비
③ 연변대비
④ 색상대비

34 색에 따라 무겁거나 가볍게 느껴지는 현상을 중량감이라고 한다. 색의 삼속성 중 중량감에 가장 크게 영향을 주는 것은 무엇인가? 19년 1회

① 색 상
② 명 도
③ 채 도
④ 색상, 명도, 채도에 영향을 받지 않는다.

해설
명도가 낮으면 무겁게 느껴지고, 높으면 가볍게 느껴진다.

35 보색에 대한 설명으로 가장 거리가 먼 것은? 16년 1회, 12년 3회, 11년 1회

① 보색을 혼합하면 중간 회색이나 검정이 된다.
② 보색이 인접하면 채도가 서로 낮아 보인다.
③ 인간의 눈은 스스로 평형을 유지하기 위해 보색잔상을 일으킨다.
④ 유채색과 나란히 놓인 회색은 유채색의 보색기미를 띤다.

36 저드의 색채조화 원칙 중 배색에 있어서 공통된 상태와 성질이 있을 때 조화한다는 원리는? 18년 1회

① 질서의 원리
② 동류의 원리
③ 친밀의 원리
④ 명료의 원리

해설
동류의 원리는 유사의 원리와 같은 뜻으로 해석할 수 있다.

37 문–스펜서 조화론에서 분류하는 조화가 아닌 것은? 20년 1 · 2회, 15년 3회

① 동일 조화
② 이색 조화
③ 유사 조화
④ 대비 조화

38 다음은 누구의 색채조화론에 대한 설명인가? 20년 3회, 15년 1회

> 모든 색채조화는 유사성의 조화와 대비에서 이루어진다.

① 뉴 튼
② 괴 테
③ 슈브뢸
④ 베졸드

39 자연에서 흔히 접할 수 있는 노을 지는 하늘과 같은 배색에서 얻어지는 조화의 원리는? 20년 1 · 2회

① 친근감의 원리
② 질서의 원리
③ 명료의 원리
④ 대비의 원리

40 음양오행설에서 볼 때 오방색 중 청색이 의미하는 방위는? 19년 3회, 16년 1회

① 동
② 서
③ 남
④ 북

해설
동 : 청색, 서 : 흰색, 남 : 빨강, 북 : 검정, 중앙 : 노랑

34 ② **35** ② **36** ② **37** ② **38** ③ **39** ① **40** ①   정답

교육은 우리 자신의 무지를 점차 발견해 가는 과정이다.

– 월 듀란트 –

3과목

멀티미디어 저작

01 HTML

기출유형 01 ▶ HTML의 기본구조

HTML에 대한 설명으로 거리가 가장 먼 것은?   05년 3회

① 하이퍼텍스트(Hypertext)를 구성하기 위한 언어로 웹 페이지를 만들기 위한 기본 언어로서 파일의 확장자는 .txt가 붙는다.

② 웹브라우저(Web Browser)를 통해 사용자가 인터넷에 쉽게 접근할 수 있도록 해준다.

③ 문서의 시작과 끝을 표시하는 태그(Tag)를 넣어야 하며 기본형식은 〈태그이름〉 내용 〈/태그이름〉이다.

④ 기본구조는 HEAD 부분과 BODY 부분으로 이루어진다.

| 정답 | ①

한 줄 요약

HTML(HyperText Markup Language, 하이퍼텍스트 생성 언어)은 웹 페이지를 제작하기 위한 마크업 언어로, 웹 페이지의 구조와 내용을 정확하게 정의하고 CSS(Cascading Style Sheets, 종속형 시트)와 JavaScript(자바스크립트)를 함께 사용하여 동적인 홈페이지를 만드는 데 사용한다.

족집게 과외

1. HTML의 버전

버 전	개발연도	특 징
HTML 1.0	1993년	기본적인 텍스트와 하이퍼링크만이 지원되었다.
HTML 2.0	1995년	이미지 표시와 폼(Form, 양식) 기능이 추가되었다.
HTML 3.2	1997년	테이블, 이미지 맵 등의 기능이 추가되었다.
HTML 4.01	1999년	스타일 시트, 프레임셋 등의 고급 기능이 추가되었다.
XHTML 1.0	2000년	HTML의 변형으로 XML 기반의 엄격한 규칙을 따르는 언어이다.
HTML5	2014년	최신 버전으로 웹 개발에 필요한 다양한 기능들이 도입되었다.

2. HTML의 기본구조

```
<html>
  <head>
    <!-- 문서의 메타 정보와 링크, 스크립트 등
    을 정의 -->
    <title>문서 제목</title>
  </head>
  <body>
    <!-- 웹 페이지의 내용을 포함하는 부분 -->
  </body>
</html>
```

❶ 〈html〉

시작과 끝을 정의하는 태그로 HTML 문서는 〈html〉로 시작하고 〈/html〉로 끝난다.

❷ 〈head〉

문서의 메타 정보(Matadate)와 외부 리소스(CSS, JavaScript)를 정의한다.

❸ 〈title〉

웹 페이지의 제목 정의로 브라우저 탭에 표시된다.

❹ 〈body〉

실제 웹 페이지의 본문을 포함한다.

❺ 주석(Comments)

'〈!--'로 시작하고 '--〉'로 끝나는 형식을 사용하며, 주석 내부의 모든 내용은 브라우저에 표시되지 않는다.

HTML 기본 문서의 예

```
<html>
  <head>
    <title> 60kim </title>
  </head>
  <body>
    HTML 기본 문서의 예
  </body>
</html>
```

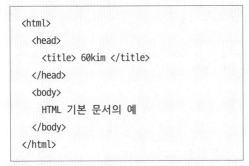

HTML 기본 문서의 예

메모장에 HTML 문서를 작성하고 파일확장자를 *.html 로 저장하면 웹 페이지가 생성된다.

3. HTML의 기본구조 태그와 프레임셋

❶ HTML의 기본구조 태그

▶ HTML 문서는 태그(Tag)의 집합으로 문서의 구조와 내용을 정의한다.

〈html〉	HTML의 시작과 끝을 정의		
〈head〉	〈meta〉	name	Description
			Keywords
			Author
		content	
		charset	
	〈title〉	웹 페이지의 제목 정의	
	〈link〉	외부 CSS 코드 추가	
	〈style〉	내부 CSS 코드 추가	
	〈script〉	JavaScript 코드 추가	
〈body〉	웹 페이지 본문		

* 〈meta〉 태그

〈head〉와 〈/head〉 사이에서 메타데이터를 정의하는 태그이다.

▶ name : 메타데이터의 이름을 정의하며 이 이름은 메타데이터의 종류를 식별하는 데 사용한다.

〈name의 속성〉

㉠ Description(설명) : 웹 페이지의 내용을 간략하게 요약한 텍스트로 웹 페이지를 빠르게 이해할 수 있는 간단한 설명을 제공한다.

　예 〈meta name="description" content="웹 페이지에 대한 간단한 설명"〉

㉡ Keywords(키워드) : 웹 페이지의 주요 키워드나 주제를 정의한다.

　예 〈meta name="keywords" content="키워드1, 키워드2, 키워드3"〉

㉢ Author(작성자) : 웹 페이지를 작성한 사람 또는 그룹의 정보를 나타낸다.

　예 〈meta name="author" content="글쓴이 이름"〉

▶ content : 메타데이터의 내용을 지정한다.

　예 〈meta name="description" content="웹 페이지에 대한 간단한 설명"〉

예 ⟨meta name="keywords" content="키워드1, 키워드2, 키워드3"⟩

▶ charset
- 문서의 문자 인코딩을 설정한다.
- 가장 널리 사용되는 문자 인코딩은 특수문자 및 다국어 문자를 지원하는 UTF-8(Unicode Transformation Format-8bit)이다.

예 ⟨meta charset="UTF-8"⟩

❷ HTML 프레임셋

▶ HTML 프레임셋(Frameset)은 하나의 웹 페이지 안에 여러 개의 프레임을 나누어 각각 독립적인 HTML 문서를 표시하는 레이아웃 기술이다.

▶ ⟨frame⟩ 태그는 예전에는 사용되었지만, HTML5 에서는 더 이상 사용되지 않고 대신 ⟨iframe⟩ 태그를 사용한다.

⟨frame⟩	src	포함할 웹 페이지의 URL 지정
	name	프레임 이름 지정
	frameborder	프레임 경계 표시 여부. "1"은 표시이고 "0"은 숨김이다.
	scrolling	스크롤 바 표시 여부
	marginwidth	여백 너비
	marginheight	여백 높이
	noresize	크기 조정 금지
	rows	행의 크기 지정
	cols	열의 크기 지정
⟨iframe⟩	src	포함할 웹 페이지의 URL 지정
	name	프레임 이름 지정
	frameborder	프레임 경계 표시 여부. "1"은 표시이고 "0"은 숨김이다.
	width	너비 지정
	height	높이 지정
	allowfullscreen	풀스크린 허용
	loading	eager	즉시 로딩
		lazy	지연 로딩

* Frame

⊙ rows 속성을 사용하여 상하로 나눈 Frame의 예

```html
<html>
<head>
    <title>Frameset 예제</title>
</head>
  <frameset rows="50%, 50%">
    <frame src="top.html">
      <frame src="bottom.html">
  </frameset>
</html>
```

ⓒ cols 속성을 사용하여 좌우로 나눈 Frame의 예

```html
<html>
<head>
    <title>Frameset 예제</title>
</head>
  <frameset cols="50%, 50%">
    <frame src="left.html">
      <frame src="right.html">
  </frameset>
</html>
```

01 HTML과 관련한 설명으로 틀린 것은? 21년 3회

① HTML5에서는 〈!doctype html〉로 문서 유형 (Document Type)을 선언한다.
② 〈p〉 태그는 텍스트 단락을 표시하는 태그이다.
③ 〈meta〉 태그의 charset 속성은 문서에서 사용할 언어를 지정하기 위해 사용된다.
④ 〈html〉와 〈/html〉은 웹 문서의 시작과 끝을 알려준다.

해설
③ 〈meta〉 태그의 charset 속성은 문서의 문자 인코딩을 설정한다.
예 〈meta charset ; "UTF-8"〉 // 특수문자 및 다국어 문자 지원

02 웹에서 사용되는 하이퍼텍스트를 기술하는 언어의 종류인 HTML의 내용과 거리가 가장 먼 것은?
09년 1회, 05년 1회

① 'Hyper Text Markup Language'의 약자이다.
② HTML에서는 다른 문서로 링크되어 있는 항목을 선택하여 다른 문서로 이동할 수 있다.
③ 다양한 플랫폼 지원과 확장성이 뛰어나다는 특징을 가지고 있다.
④ 문서 형식을 기술하는 마크업(Markup) 언어의 하나이다.

해설
HTML은 웹에서 하이퍼텍스트 문서를 작성하기 위한 마크업 언어로, 다양한 플랫폼 지원과 확장성이 뛰어나다는 특징은 HTML과 직접적으로 관련이 없다.

03 〈meta〉 태그와 이에 대한 설명으로 틀린 것은?
22년 1회

① 〈meta name="author" content="멀티미디어"〉 : 멀티미디어임을 나타냄
② 〈meta name="description" content="내용에 대한 설명"〉 : 웹 페이지에 대한 내용 설명
③ 〈meta name="keyword" content="software"〉 : 콘텐츠의 키워드를 사용자가 구분하기 위한 내용 기입
④ 〈meta charset="utf-8"〉 : 웹 페이지에서 사용하는 문자 코드를 지정함

해설
content 속성에는 웹 페이지에 대한 간단한 설명이나 키워드를 입력한다.

04 자바스크립트 코드를 HTML 파일에 집어넣기 위해 사용하는 태그는? 16년 1회, 15년 1회

① BODY
② HEAD
③ NOSCRIPT
④ SCRIPT

05 HTML에서 Frame 태그 속성에 대한 설명으로 틀린 것은? <small>18년 2회, 12년 3회, 10년 3회</small>

① "cols"는 Frame의 색상을 지정할 때 사용한다.
② "src"는 브라우저 url 주소로 다른 HTML 문서를 읽어 온다.
③ "target"은 Frame에 붙일 이름의 파일을 표시한다.
④ "border"는 Frame 테두리의 굵기를 나타낸다.

06 다음 HTML 코드에서 프레임을 분할하려고 할 때 ( ) 안에 공통으로 들어갈 태그는? <small>18년 2회</small>

```
<FRAMESET rows="300, 400">
    <FRAME (     )="up.html">
    <FRAME (     )="down.html">
</FRAMESET>
```

① cols
② li
③ map
④ src

다음 Tag 중 텍스트의 속성에 대한 설명으로 옳은 것은? 19년 3회

① 〈i〉 : 텍스트에서 중요한 부분 굵게 표시
② 〈em〉 : 아래첨자로 효과를 줌
③ 〈ins〉 : 위첨자로 강조
④ 〈mark〉 : 하이라이팅 기능

┃정답┃④

족집게 과외

1. HTML의 텍스트 관련 태그

텍스트		공백문자
	〈br〉, 〈br/〉	텍스트 줄 바꿈
	〈p〉	단락 구분
	〈h1〉~〈h6〉	제목 태그로 숫자가 작을수록 글자의 크기가 크다.
	〈font〉 color	텍스트 색상 지정
	〈font〉 size	텍스트 크기 지정
	〈font〉 face	글꼴 지정
	〈i〉, 〈em〉	이탈릭체
	〈strong〉	볼드체
	〈u〉	텍스트 밑줄 표시
	〈ins〉	새로 추가된 텍스트 표시
	〈mark〉	형광색의 하이라이팅된 텍스트 표시
	〈pre〉	서식이 있는 텍스트 표시 태그로 공백문자와 줄 바꿈은 그대로 유지된다.
목록	〈ul〉	순서 없는 목록 정의
	〈ol〉	순서 있는 목록 정의
	〈li〉	목록 항목 정의
	〈dl〉	설명 목록 정의
	〈dt〉	설명 용어 정의
	〈dd〉	설명 내용 정의

❶ 〈font〉

〈font〉 태그는 예전에는 사용되었지만, HTML5에서는 더 이상 사용하지 않는다.

예 〈font color="red" size="4" face="Arial"〉 → 빨간색, 크기 4, Arial 글꼴

❷ 목록

리스트와 정의 목록 예시

```
<body>
    <h1>HTML 리스트와 정의 목록 예제</h1>

    <!-- 순서 없는 목록 -->
    <ul>
        <li>항목 1</li>
        <li>항목 2</li>
        <li>항목 3</li>
    </ul>

    <!-- 순서 있는 목록 -->
    <ol>
        <li>첫 번째 항목</li>
        <li>두 번째 항목</li>
        <li>세 번째 항목</li>
    </ol>

    <!-- 정의 목록 -->
    <dl>
        <dt>포토샵</dt>
        <dd>포토샵은 사진편집 프로그램이다.</dd>
```

```
    <dt>프리미어</dt>
    <dd>프리미어는 영상편집 프로그램이다
</dd>

    <dt>애프터이펙트</dt>
    <dd>애프터이펙트는 영상효과 프로그램
이다/dd>
    </dl>
</body>
```

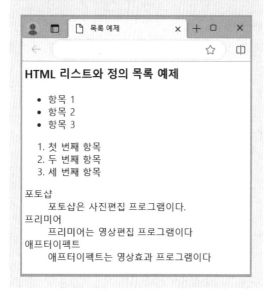

01 HTML 문서에서 글자 모양 효과를 이탤릭체로 나타내기 위해 사용하는 태그(Tag)는?

11년 1회, 09년 1회, 05년 1회

① 〈B〉글자모양〈/B〉
② 〈I〉글자모양〈/I〉
③ 〈SUB〉글자모양〈/SUB〉
④ 〈BLINK〉글자모양〈/BLINK〉

02 다음 중 HTML 태그에서 공백을 한 칸 띄우는 태그는?

17년 3회, 12년 3회

①
② lt
③ amp;
④ quot

03 HTML 파일에서 특수문자 〈 가 브라우저에 출력되는 기호로 맞는 것은? 21년 3회, 19년 1회, 15년 2회

① 〉
② 〈
③ =
④ &&

> **해설**
> 〈 문자는 HTML에서 태그 시작 기호로 HTML 문서를 올바르게 해석하기 위해 〈 문자를 여는 태그의 시작으로 해석하고 태그가 끝나지 않았다면 〈 그대로 출력된다.

04 다음 중 HTML 태그의 설명이 옳지 않은 것은?

07년 3회, 05년 1회

①   : 공백문자
② 〈p〉 : 단락구분
③ 〈br〉 : 행구분
④ 〈pre〉 : 들여쓰기

05 HTML 파일에서 순서가 있는 목록 리스트들을 포함하여 출력할 때 사용하는 태그명은?

17년 2회, 14년 3회

① ol 태그
② dl 태그
③ li 태그
④ ul 태그

06 다음 코드에 대한 결과값은?

16년 1회

```
<html>
<head> <title> Items </title> </head>
<body>
<ol>
  <li> One </li>
  <li> Two </li>
  <ul>
    <li> Three </li>
    <li> Four   </li>
  </ul>
  <li> Five </li>
</ol>
</html>
```

① o One
  o Two
  o Three
  o Four
  o Five

② 1. One
  2. Two
  3. Three
  4. Four
  5. Five

③ 1. One
  2. Two
    o Three
    o Four
  3. Five

④ 1. One
  2. Two
    o Three
    o Four
  5. Five

〈a href〉 태그에서 새 창에 target 페이지를 띄워주는 속성은?   18년 3회, 12년 1회, 08년 1회

① _self
② _parent
③ _top
④ _blank

| 정답 | ④

1. HTML 주요 태그

분류	태그	속성		역할	
링크 정의	〈a〉	href		링크 생성	
		target	_blank	새 창에서 링크를 연다.	
			_self	현재 창에서 링크를 연다.	
			_parent	현재 창의 바로 위 상위 계층 창에서 링크를 연다.	
			_top	최상위 창에서 링크를 연다.	
	〈vlink〉	방문한 링크의 텍스트 색상 정의			
	Null	실제로는 어떠한 동작도 수행하지 않고 링크 기능만 가지는 빈 링크이다.			
이미지 표시	〈img〉	src		이미지 파일의 경로 또는 URL을 지정	
		alt		이미지 설명 추가	
		border		이미지 주위에 테두리 두께 지정	
		align	left	이미지를 왼쪽으로 정렬	
			right	이미지를 오른쪽으로 정렬	
			top	이미지를 아래로 정렬	
			bottom	이미지를 가운데로 정렬	
		width		이미지의 픽셀 단위 너비 지정	
		height		이미지의 픽셀 단위 높이 지정	
		vspace		이미지 주위의 수직 여백 설정	
미디어 표시	〈embed〉	오디오, 비디오 등 미디어 삽입			

입력 정의	⟨form⟩ 양식	name		요소의 이름을 정의
		action		폼 데이터를 전송할 서버 URL
		method	get	데이터를 URL로 간단하게 데이터 전송
			post	데이터를 본문(body)에 담아 전송
	⟨select⟩ 드롭다운 목록	name		요소의 이름을 정의
		id		요소의 고유 식별자 정의
		multiple		여러 개의 옵션 동시 선택
		size		한 번에 표시되는 옵션의 개수 정의
		option		드롭다운 목록 생성
	⟨input⟩ 데이터 입력	type	text	텍스트 입력 상자 생성
			password	마스킹 문자 비밀번호 입력 필드 생성
			radio	라디오 버튼을 생성
			checkbox	체크 박스 생성
			reset	초기값으로 재설정
			button	일반 버튼
			submit	제출 버튼 생성
		name		입력 필드의 이름을 지정
		value		입력 필드의 초기값 설정
	⟨textarea⟩			텍스트 입력 필드
	⟨label⟩			입력 요소와 관련된 레이블 정의

❶ 링크 정의 예시

```
<a href="https://www.youtube.com/c/60kim"
target="_self"> 60kim 바로가기 </a>
```

→ 60kim 바로가기 텍스트를 클릭하면 현재 창에서 https://www.youtube.com/c/60kim 페이지를 연다.

❷ 이미지 표시 예시

```
<img src="60kim.jpg" alt="60kim 유튜브 로
고" border="1" align="left" width="300"
height="200" vspace="10">
```

→ 화면의 왼쪽에 위치한 1픽셀 테두리가 있는 300×200 크기의 60kim.jpg 이미지가 표시되어 있고, 이미지에 마우스 커서를 올리면 "60kim 유튜브 로고"라는 대체 텍스트가 표시된다.

❸ 비디오 표시 예시

```
<embed src="파일의 URL" width="픽셀값" height=
"픽셀값">
```

❹ 입력 정의 예시

㉠ 〈form〉

```
<head> <title>사용자 정보 입력</title>
</head>
<body>
  <h1>사용자 정보 입력</h1>

  <form action="/submit" method="post">
    <label for="name">이름:</label>
    <input type="text" id="name"
name="name" required><br><br>

    <label for="email">이메일 주소:</label>
    <input type="email" id="email"
name="email" required><br><br>

    <input type="submit" value="제출">
  </form>
</body>
```

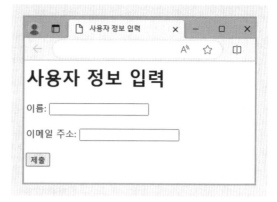

㉡ 〈select〉

```
<head> <title>드롭다운 목록 예제</title>
</head>
<body>
  <label for="취득현황">취득현황:</label>
  <select id="취득현황" name="취득현황">
    <option value="필기접수"> 필기접수 </
option>
    <option value="필기합격"> 필기합격 </
option>
    <option value="실기접수"> 실기접수 </
option>
    <option value="자격증 취득 완료"> 자격
증 취득 완료 </option>
  </select>
</body>
```

ⓒ 〈input〉

```html
<head> <title>input 예제</title> </head>
<body>
  <form>
    <!-- 텍스트 입력 필드 -->
    <label for="text-input">텍스트 입력:</
label>
    <input type="text" id="text-input"
name="text-input"><br><br>

    <!-- 라디오 버튼 -->
    <label>라디오 버튼:</label><br>
    <input type="radio" id="radio-option1"
name="radio-options" value="option1">
    <label for="radio-option1">옵션 1</
label><br>
    <input type="radio" id="radio-option2"
name="radio-options" value="option2">
    <label for="radio-option2">옵션 2</
label><br>
    <input type="radio" id="radio-option3"
name="radio-options" value="option3">
    <label for="radio-option3">옵션 3</
label><br><br>

    <!-- 체크박스 -->
    <label>체크박스:</label><br>
    <input type="checkbox" value="option1">
    <label for="checkbox-option1">옵션 1</
label><br>
    <input type="checkbox" value="option2">
    <label for="checkbox-option2">옵션 2</
label> <br>
    <input type="checkbox" value="option3">
    <label for="checkbox-option3">옵션 3</
label> <br><br>

    <!-- 제출 버튼 -->
    <input type="submit" value="제출">
  </form>
</body>
```

01 이미지를 인식하지 못하는 브라우저나 이미지 보기 옵션이 꺼져있을 경우 이미지 대신 텍스트를 넣어서 그 이미지가 무엇인지 알 수 있도록 해 주는 태그는?　　　　　18년 1회, 08년 3회

① PRE
② ALT
③ ALIGN
④ UL

02 HTML 문서에서 이미지 파일의 삽입을 위해 사용하는 태그(Tag)인 〈IMG〉에서 검색될 이미지의 주소(URL)를 정의할 수 있는 옵션은?
　　　　　11년 3회, 06년 3회, 05년 1회

① BORDER
② ALIGN
③ SRC
④ ALT

03 HTML 작성 시 〈BODY〉 태그 안에 사용하는 속성으로 한 번 이상 방문한 적이 있는 링크의 색상을 정의하는 것은?　　　　　21년 1회, 17년 2회

① VLINK
② SLINK
③ ITEXT
④ COLSPAN

04 HTML의 form 태그(Tag)와 관련한 설명으로 틀린 것은?　　　　　21년 3회

① 입력 양식을 만들 때 사용된다.
② action 속성은 입력 데이터의 전달 방식을 선택한다.
③ POST 방식은 별도로 데이터를 전송하는 방식으로 데이터의 용량에 큰 제한이 없다.
④ GET 방식은 주소에 데이터를 입력하여 전달하는 방식이다.

해설
② action 속성은 데이터를 전송할 서버의 URL(주소)을 지정하는 태그로, 데이터의 전달 방식을 선택하는 것이 아니라, 양식이 제출될 때 데이터를 어디로 보낼지를 결정한다.

05 HTML에서 select 태그를 이용하여 여러 목록 중 다중 선택이 가능하도록 구성할 때 필요한 속성은?

21년 3회, 17년 3회, 15년 2회

① checked
② disabled
③ onchange
④ multiple

해설

select multiple 예시

```
좋아하는 색상 선택 :<br>
<select id="colorSelect" multiple>
    <option value="빨강">빨간색을 좋아
합니다</option>
    <option value="파랑">파란색을 좋아
합니다</option>
    <option value="노랑">노랑색을 좋아
합니다</option>
    <option value="초록">초록색을 좋아
합니다</option>
</select>
```

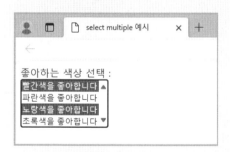

06 HTML을 이용한 웹 페이지에서 사용자로부터 정보를 입력받기 위한 〈input〉 태그 사용 시 모양이나 성격을 지정하는 속성 type의 값으로 설정할 수 없는 것은?

10년 1회, 05년 1회

① radio
② password
③ reset
④ area

07 웹 페이지를 만들 때 사용하는 링크 중 널 링크가 있다. 다음 중 널 링크(Null Link)에 대한 설명으로 옳은 것은?

09년 3회

① 직접파일은 연결하지 않고 링크 기능만 가진다.
② 드림위버에서 속성 관리자의 링크필드에 &라고 입력하면 널 링크가 만들어진다.
③ 직접 파일을 연결하는 링크이다.
④ 자바스크립트코드를 실행하기 위해 스크립트 함수를 호출하는 링크이다.

해설

널 링크(Null Link) 예시 : 〈a href=" "〉 빈 링크 〈/a〉

다음 중 HTML의 〈TABLE〉 태그에서 사용할 수 없는 속성은?

11년 1회

① align
② background
③ valign
④ width

|정답| ③

족집게 과외

1. HTML 테이블

❶ 테이블의 기본 구조

㉠ 〈table〉 〈!-- 테이블 내용을 정의하는 부분 --〉
〈/table〉

㉡ 〈tr〉 〈!-- 테이블의 행(Row)을 정의하는 부분 --〉
〈/tr〉

㉢ 〈td〉 〈!-- 테이블의 열(Column)을 정의하는 부분 --〉 〈/td〉

❷ 테이블 태그의 속성

bgcolor	테이블의 배경 색상 지정		back ground	테이블의 배경 이미지 삽입
border	테이블의 테두리 두께 지정		cell padding	칸 안의 여백 지정
border color	테이블의 테두리 색상 지정		cell spacing	칸 사이의 간격 지정
align	left	왼쪽 정렬	width	테이블의 너비 지정
	center	가운데 정렬	height	테이블의 높이 지정
	right	오른쪽 정렬	rules	칸과 칸 사이의 경계선 유무 지정

2×3 테이블 예시

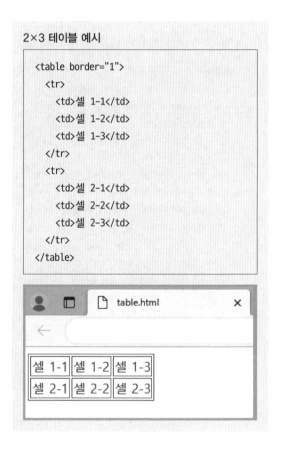

```
<table border="1">
  <tr>
    <td>셀 1-1</td>
    <td>셀 1-2</td>
    <td>셀 1-3</td>
  </tr>
  <tr>
    <td>셀 2-1</td>
    <td>셀 2-2</td>
    <td>셀 2-3</td>
  </tr>
</table>
```

❸ 테이블의 병합

㉠ colspan

- '열 병합'을 나타내며, 테이블 셀을 가로 방향으로 확장하는 데 사용한다.
- 가로 방향으로 몇 개의 열을 병합해야 하는지를 지정한다.

colspan 병합 예시

```
<table border="1">
  <tr>
    <td colspan="2">셀 1-1, 셀 1-2 병합</td>
    <td>셀 1-3</td>
  </tr>
  <tr>
    <td>셀 2-1</td>
    <td>셀 2-2</td>
    <td>셀 2-3</td>
  </tr>
</table>
```

㉡ rowspan

- '행 병합'을 나타내며, 테이블 셀을 세로 방향으로 확장하는 데 사용한다.
- 세로 방향으로 몇 개의 행을 병합해야 하는지를 지정한다.

rowspan 병합 예시

```
<table border="1">
  <tr>
    <td rowspan="2">셀 1-1</td>
    <td>셀 1-2</td>
    <td>셀 1-3</td>
  </tr>
  <tr>
    <td>셀 2-2</td>
    <td>셀 2-3</td>
  </tr>
</table>
```

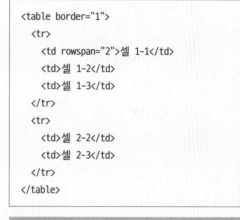

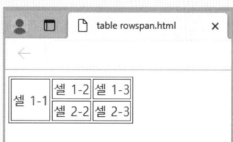

정답 01 ③ 02 ④

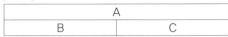

01 아래와 같은 테이블을 만들기 위하여, (　　) 안에 들어갈 태그로 옳은 것은? 09년 3회, 06년 3회

<table>
<tr><td rowspan="2">A</td><td>B</td></tr>
<tr><td>C</td></tr>
</table>

```
<table width="55%" border="1">
<tr>
  <td ( )="2" align="center"> A </td>
  <td align="center"> B </td>
</tr>
<tr>
  <td align="center"> C </td>
</tr>
</table>
```

① cellpadding
② cell
③ rowspan
④ colspan

02 [그림1]과 같은 테이블을 만들기 위하여 (　　) 안에 들어갈 태그로 옳은 것은? 12년 1회

[그림1]

<table>
<tr><td colspan="2">A</td></tr>
<tr><td>B</td><td>C</td></tr>
</table>

```
<table width="50%" border="1">
<tr>
  <td ( )="2"> <div align="center"> A </
div> </td>
</tr>
<tr>
  <td> <div align="center"> B </div> </
td>
  <td> <div align="center"> C </div> </
td>
</tr>
</table>
```

① cellpadding
② cell
③ rowspan
④ colspan

03 그림과 같은 형태의 표를 만들기 위해 (　　)에 들어갈 HTML 코드는?　　　　　17년 1회

데이터	데이터	데이터
데이터		데이터

```
<TABLE BORDER=1>
  <TR>
    <TD> 데이터 </TD>
    <TD ( )> 데이터 </TD>
    <TD> 데이터 </TD>
  </TR>
  <TR>
    <TD> 데이터 </TD>
    <TD> 데이터 </TD>
  </TR>
</TABLE>
```

① ROWSPAN=2
② COLSPAN=2
③ HEIGHT=2
④ WIDTH=2

04 HTML의 TABLE 태그를 이용한 그림에서 화살 표의 간격이 나타내는 속성 값은?　　　12년 3회

① cellstyle
② cellspacing
③ cellpadding
④ border

05 HTML 태그에서 cell spacing에 대한 설명으로 옳은 것은?　　　　18년 3회, 08년 3회, 05년 1회

① 표에는 거의 사용되지 않는다.
② 일반적으로 초기 값 0이 할당된다.
③ 두 셀 사이의 여백 크기를 지정한다.
④ 셀 가장자리와 셀 내용 사이의 여백을 지정한다.

06 HTML 문서에서 태그(Tag)의 사용법으로 적합 하지 않은 것은?　　　　　　　14년 2회

① ⟨A HREF="이동할 웹 사이트 주소"⟩텍스트⟨/a⟩
② ⟨TABLE BORDER="CENTER" CELL PADDING="20" CELLSP ACING="0"⟩⟨/ TABLE⟩
③ ⟨IMG SRC="이미지 파일 경로" WIDTH="200" HEIGHT="100"⟩
④ ⟨EMBED SRC="동영상 파일 경로" AUTOSTART="TRUE" WIDTH="250" HEIGHT="200"⟩

CSS의 특징으로 옳은 것은?　　　　　　　　　　　　　　　　　　21년 3회, 05년 3회, 03년 3회

① 텍스트 요소에 더욱 더 많은 글꼴을 추가하기 위한 목적으로 사용된다.

② 텍스트, 이미지, 테이블, 폼 요소 등 웹 문서에 포함된 요소들을 자유롭게 제어하여 웹 문서를 다양하게 표현할 수 있도록 도와준다.

③ CSS는 Cascading Style Sheets의 약어로 멀티미디어 콘텐츠 제작 시 배경이미지의 화질, 디스플레이 해상도 등을 지정해준다.

④ CSS는 모든 브라우저에 동일하게 적용된다.

|정답| ②

한 줄 묘약

CSS(Cascading Style Sheets, 종속형 시트)는 웹 페이지의 디자인과 레이아웃을 정의하는 스타일시트 언어로 텍스트, 이미지, 테이블, 폼(Form, 입력양식) 요소 등 웹 문서에 포함된 요소들을 자유롭게 제어하여 웹 문서를 다양하게 표현할 수 있도록 도와준다.

족집게 과외

1. CSS의 구조

❶ **선택자(Selectors)**

▶ CSS는 선택자로 시작한다.

▶ 다양한 선택자 유형이 있으며, 각각 다른 방식으로 요소를 선택하고 스타일을 적용한다.

〈선택자 이름 규칙〉

㉠ 선택자 이름은 영문 알파벳, 한글(비권장), 숫자, 하이픈(-), 밑줄(_)을 사용할 수 있다.

㉡ 선택자의 이름은 숫자로 시작할 수 없다.

㉢ 선택자 이름은 공백을 포함할 수 없다.

㉣ 선택자 이름은 대소문자를 구별한다.

❷ **주석(Comments)**

▶ CSS 코드 내에 주석을 추가할 수 있다.

▶ '/*'로 시작하고 '*/'로 끝난다.

❸ **세미콜론(;)**

각 스타일 선언은 세미콜론으로 끝나야 하며, 2개 이상의 속성을 사용할 때도 세미콜론(;)으로 구분한다.

❹ **선언 블록(Declaration Block)**

▶ 선택자 다음에 '{'로 시작해서 '}'로 닫아 선언 블록을 지정한다.

▶ 선언 블록 내부에는 스타일 속성과 값의 쌍이 포함된다.

css 병합 예시

```
/* 제목 스타일 지정 */
h1 {                    /* 선택자 h1 */
    color: blue;        /* 폰트 색상 블루 */
    font-size: 24px;    /* 폰트 사이즈 24px */
    text-align: center; /* 텍스트 중앙 정렬 */
}

/* 단락 스타일 지정 */
p {                     /* 선택자 p */
    color: green;       /* 폰트 색상 그린 */
    font-size: 16px;    /* 폰트 사이즈 16px */
}
```

2. CSS 선택자의 종류

❶ 요소 선택자(Element Selector)

특정 HTML 요소를 선택하여 스타일을 적용하는 데 사용한다.

```
/* 요소 선택자 예시 */
p {
  /* 스타일 규칙 */
}
```

❷ 클래스 선택자(Class Selector)

같은 태그라도 특정 부분에만 다른 스타일을 적용할 때 사용되며 점(.)으로 시작한다.

```
/* 클래스 선택자 예시 */
.button {
  /* 스타일 규칙 */
}
```

❸ ID 선택자(ID Selector)

HTML 요소에 ID 속성을 지정한 후, 해시(#)로 시작하는 해당 ID 이름을 선택한다.

```
/* ID 선택자 예시 */
#header {
  /* 스타일 규칙 */
}
```

❹ 자식 선택자(Child Selector)

하위에 있는 자식 요소에만 스타일을 적용하며, 자식의 자식 요소까지는 포함하지 않는다.

```
/* 자식 선택자 예시 */
ul > li {  /* <ul> 요소의 직접 자식인 <li>
요소를 선택 */
  /* 스타일 규칙 */
}
```

❺ 자손 선택자(Descendant Selector)

특정 요소의 하위 요소를 선택한다.

```
/* 자손 선택자 예시 */
div p {   /* <div> 요소 내부의 모든 <p> 요소
를 선택 */
  /* 스타일 규칙 */
}
```

❻ 속성 선택자(Attribute Selector)

특정 속성을 가진 요소에 적용하며 속성 이름을 대괄호로 감싸서 원하는 값을 지정한다.

```
/* 속성 선택자 예시 */
[data-type="button"] {
  /* 스타일 규칙 */
}
```

❼ 속성값 종료 선택자(Attribute Value Ends With Selector)

지정된 특정한 문자(접미사, 문자열 등)로 끝나는 속성에만 스타일을 적용할 때 사용한다.

```
/* 속성값 종료 선택자 예시 */
[data$="지정한 문자"] {  /* data-"로 시작하
면서 지정한 문자로 끝나는 모든 속성에 적용
*/
  /* 스타일 규칙 */
}
```

❽ 그룹 선택자(Group Selector)

여러 선택자에 동일 속성을 적용해야 할 경우 같은 스타일을 두 번 정의하지 않고 쉼표로 구분된 여러 요소를 한 번에 묶어서 정의한다.

```
/* 그룹 선택자 예시 */
h1, h2, h3 {
  /* 스타일 규칙 */
}
```

❾ 전체 선택자(Universal Selector)

페이지에 있는 모든 요소를 대상으로 스타일을 적용
할 때 사용하며 * 기호로 표시한다.

```
/* 전체 선택자 예시 */
* {
    /* 스타일 규칙 */
}
```

3. CSS의 특징

❶ 일관성과 효율적인 관리

- ▶ 스타일 정보를 중앙 집중화하여 요소를 배치하는
  데 효과적이며, 문서 전체를 일관성 있게 디자인하
  고 관리하기가 용이하다.
- ▶ 문서 전반의 스타일을 일일이 지정하지 않고 특정
  요소만 수정하거나 스타일을 선택적으로 변경할
  수 있다.
- ▶ HTML 코드를 변경하지 않고도 스타일을 업데이
  트할 수 있다.

HTML에 CSS 적용 예시

스타일 지정(styles.css 파일 생성)

```
/* styles.css */
h1 {
    color: blue;
    font-size: 24px;
    text-align: center;
}
p {
    color: green;
    font-size: 16px;
}
```

HTML과 CSS 파일 분리

```
<html>
<head>
    <link rel="stylesheet" type="text/css"
href="styles.css">
        <!-- 외부 CSS파일을 html에 호출하여 사용
-->
</head>
    <body>

    </body>
</html>
```

❷ HTML 기능 확장

기존 HTML의 기본 기능을 보완하고 개선하며 웹 페
이지의 디자인과 스타일을 더욱 풍부하게 만들 수 있다.

❸ 브라우저 호환성

각 브라우저에서 CSS가 조금씩 다르게 적용될 수 있
으므로 브라우저별 CSS 코드 작성이 요구되기도 한다.

❹ 사용자 의도 표현

HTML을 단독으로 사용했을 때보다 웹 디자인 및 레
이아웃을 더욱 정확하게 제어할 수 있으므로 브라우
저 환경에 상관없이 웹 개발자의 의도대로 웹 페이지
가 표현된다.

01 글자체, 줄간격, 웹 페이지의 배경 등을 자유롭게 설정할 수 있으며, 하나의 스타일시트 파일을 만들어 여러 개의 웹 문서에 적용할 수 있는 것은?

11년 3회, 07년 3회

① HTML
② COBOL
③ VRML
④ CSS

02 다음 중 HTML CSS의 기본 구조에 해당하는 것은?

21년 1회

① 속성 {선택자: 값;}
② 선택자 {속성: 값;}
③ 값 {선택자: 속성}
④ 속성 {값: 선택자}

03 CSS에 대한 설명으로 틀린 것은?

22년 1회, 10년 1회

① 스타일은 { 로 시작해서 } 로 닫아 지정한다.
② 속성과 속성값은 =로 구분한다.
③ 2개 이상의 속성을 사용할 때는 세미콜론(;)으로 구분한다.
④ 문서의 레이아웃, 글꼴 등 웹 페이지상의 요소들의 스타일을 세부적으로 정의할 수 있다.

해설

속성과 속성값은 콜론(:)으로 구분한다.

선택자 {	h1 {
속성: 속성값;	color: blue;
/* 다른 속성과 속성값 */	font-size: 24px;
}	}

04 CSS의 선택자(Selector)와 관련한 설명으로 틀린 것은?

21년 3회

① 전체 선택자(Universal Selector)는 페이지에 있는 모든 요소를 대상으로 스타일을 적용할 때 사용된다.
② 클래스 선택자(Class Selector)는 같은 태그라도 특정 부분에만 다른 스타일을 적용할 때 사용된다.
③ 그룹 선택자(Group Selector)는 여러 선택자에 동일 속성을 적용해야 할 경우 같은 스타일을 두 번 정의하지 않고 한 번에 묶어서 정의할 수 있다.
④ 자식 선택자(Child Selector)는 자식 요소와 자식의 자식 요소까지 스타일이 적용된다.

05 HTML5에서 지정한 문자로 끝나는 속성에 대해서만 스타일을 적용하는 속성 선택자는?

21년 1회, 18년 1회, 14년 1회

① not
② &&
③ $
④ ##

해설

속성값 종료 선택자(Attribute Value Ends With Selector)를 묻는 문제이다.

06 스타일시트(CSS)에 대한 장점과 단점의 내용으로 틀린 것은?

09년 3회

① 개발이 효율적이고 유연해진다.
② 스타일을 선택적으로 변경할 수 있다.
③ 브라우저의 버전과 상관없이 동일하게 적용된다.
④ 요소를 배치하는 데 효과적이다.

스타일시트(CSS)에서 텍스트 문자속성에 대한 설명으로 틀린 것은?　　16년 2회, 14년 1회, 10년 3회

① text-align : 글자 정렬
② text-indent : 화면 왼쪽으로 들여쓰기 지정
③ letter-spacing : 글자와 글자 사이의 간격 지정
④ text-decoration : 소문자나 대문자로 변환

｜정답｜④

1. CCS 문자 속성

문자 속성	역 할	예 시
color	색상 정의	color : #FF0000; /* 빨간색 */
font-family	글꼴 선택	font-family : Arial, sans-serif; /* 글꼴 목록 */
font-size	px	font-size : 16px; /* 16픽셀 크기 */
	em	• .parent {font-size: 20px;} /* 부모 요소의 텍스트 크기는 20px */ • .child {font-size: 1.5em;} /* 부모 요소의 텍스트 크기는 1em */ /* 20px × 1.5em = 30px */
font-weight	글꼴 굵기 지정	font-weight : bold; /* 굵은 글꼴 */
font-style	italic	font-style : italic; /* 이탤릭체 */
	normal	font-style : normal; /* 기본 글꼴 스타일 */
	bold	font-style : bold; /* 굵게 표현 */
	bolder	font-style : bolder; /* 현재 글꼴 bold보다 더 굵게 표현 */
	lighter	font-style : lighter; /* 현재 글꼴 light보다 더 얇게 표현 */
text-decoration	underline	text-decoration : underline; /* 밑줄 추가 */
	overline	text-decoration : overline; /* 문자 위의 선 추가 */
	line-through	text-decoration : line-through; /* 문자 중앙에 가로줄 추가 */
text-indent	들여쓰기	text-indent : 20px; /* 20px만큼 화면 왼쪽으로 들여쓰기 */
text-align	center	text-align : center; /* 가운데 정렬 */
	left	text-align : left; /* 왼쪽 정렬 */
	right	text-align : right; /* 오른쪽 정렬 */
line-height	줄 간격을 조절	line-height : 1.5; /* 줄 간격을 글꼴 크기의 1.5배로 설정 */
letter-spacing	자간 조절	letter-spacing : 2px; /* 글자 간격을 2픽셀로 설정 */
text-transform	uppercase	text-transform : uppercase; /* 대문자 변환 */
	lowercase	text-transform : lowercase; /* 소문자 변환 */
	capitalize	text-transform : capitalize; /* 첫 번째 글자 대문자 변환 */

01 스타일시트의 텍스트 문자 속성에 대한 설명으로 틀린 것은? 18년 1회, 13년 1회

① Text-Align : 글자를 정렬한다.
② Text-Decoration : 글자에 밑줄 등을 지정한다.
③ Text-Indent : 소문자를 대문자로 변환한다.
④ Text-Spacing : 글자와 글자 사이의 간격을 지정한다.

02 HTML5 스타일시트에서 시작하는 첫 번째 글자를 대문자(영문)로 변환하는 표기법으로 맞는 것은? 17년 1회, 14년 2회

① string-replacement : uppercase;
② text-transform : capitalize;
③ text-transform : lowercase;
④ style-sheet : cap;

03 스타일 시트에서 텍스트에 밑줄이 생기게 하는 속성 지정은? 09년 3회

① text-line : underline
② text-line : line-through
③ text-decoration : underline
④ text-decoration : line-through

04 CSS(Cascading Style Sheet)의 태그 중 font-weight가 하는 역할은 무엇인가? 09년 1회, 06년 3회, 04년 3회

① 글꼴 굵기
② 글꼴 크기
③ 자간 조절
④ 라인을 이용한 장식

05 CSS3는 HTML 요소의 크기, 색상, 정렬 등을 나타내는 다양한 단위를 사용한다. 이 가운데 키워드로 제공되며 크기를 나타내는 단위로 배수 단위를 표현하는 것은? 20년 1·2회

① %
② em
③ inch
④ px

해설
② em은 부모 요소의 크기에 대한 상대적 비율로 크기를 지정하는 단위이다.
예 font-size에 적용
부모 요소의 글꼴 크기가 16px라면, 1em은 16px를 의미하고, 2em은 32px를 의미한다.

06 HTML 파일 내부의 style 태그에 아래 코드가 포함되어 있을 때 결과는? 18년 3회, 13년 3회

```
.poi {font-style : italic; color : red;}
```

① 태그 이름이 poi인 태그에 빨간 색상의 Italic체로 스타일 시트를 지정한다.
② ID 속성의 값이 poi인 태그에 빨간 배경 색상의 Italic체로 스타일 시트를 지정한다.
③ CLASS 속성의 값이 poi인 태그에 빨간 색상의 Italic체로 스타일 시트를 지정한다.
④ STYLE 속성이 지정된 태그에 빨간 배경 색상의 Italic체로 스타일 시트를 지정한다.

기출유형 01 ▶ 자바스크립트의 특징

자바스크립트에 대한 설명으로 틀린 것은?　　　　　　　　　　　　　　21년 1회

① 플랫폼에 의존적이다.

② 인터렉티브한 홈페이지를 제작할 수 있다.

③ 역동적인 홈페이지를 제작할 수 있다.

④ 컴파일을 거치지 않고 웹 브라우저에서 인식해서 동작한다.

해설
자바스크립트(JavaScript)는 웹 개발에서 가장 널리 사용되는 프로그래밍 언어로 인터렉티브(Interactive, 쌍방향, 상호작용)한 홈페이지를 만드는 데 사용한다.

┃정답┃ ①

족집게 과외

1. 자바스크립트의 버전

버 전	개발연도	특 징
ECMAScript 1(ES1)	1997년	초기의 자바스크립트 버전이다.
ECMAScript 2(ES2)	1998년	일부 수정과 업데이트를 포함한다.
ECMAScript 3(ES3)	1999년	여전히 많은 웹 애플리케이션에서 사용한다.
ECMAScript 4(ES4)	2000년 초반	ES3와 ES5로 대체되었다.
ECMAScript 5(ES5)	2009년	자바스크립트 언어에 많은 개선을 가져왔다.
ECMAScript 6(ES6)	2015년	새로운 기능과 문법적 개선이 도입되었다.

2. 자바스크립트의 특징

❶ HTML 태그 내 포함

웹 개발에 있어 HTML 및 CSS와 함께 필수적으로 사용되며 JavaScript 코드는 HTML 태그 내에 〈script〉~〈/script〉로 포함된다.

❷ 웹 브라우저 환경에서 동작

웹 브라우저(Web Browser)에서 실행되며 웹 페이지를 동적으로 변경하거나 브라우저를 제어하는 데 사용한다.

❸ 프로토타입 기반 객체지향 프로그래밍

객체를 기반으로 동작하며 객체를 통해 웹 페이지 요소를 조작하고 상호작용한다. 객체들은 프로토타입(Prototype, 원본, 원형)을 통해 다른 객체로부터 상속받는 구조를 가진다.

㉠ 객체지향 프로그래밍(Object-Oriented Programming, OOP)

데이터와 데이터를 처리하는 메소드(Method)를 하나로 묶어서 객체를 생성하고, 그 생성된 객체를 중심으로 프로그래밍하는 방식이다.

㉡ 프로토타입(Prototype)

해당 객체의 속성(Properties)과 함수(Function)를 정의하며, JavaScript의 모든 객체는 프로토타입을 가진다.

❹ 인터프리터(Interpreter) 방식

자바스크립트는 컴파일 과정 없이 소스 코드를 직접 해석하여 실행하는 인터프리터 방식의 언어이다.

〈프로그램 실행 방식의 종류〉

㉠ 컴파일(Compile, 기계어 변환) 방식

명령문을 기계어로 직접 번역하는 방식으로 인터프리터 방식보다 실행이 빠르지만, 초기로딩 시간이 길다.

예 C, C++, C#, Java(자바) 등

㉡ 인터프리터(Interpreter, 해석기) 방식

컴파일을 거치지 않고 프로그램을 한 줄씩 읽고 즉시 해석하여 실행하며, 초기로딩 시간이 없다.

예 파이썬(Python), 자바스크립트, PHP(Hypertext Preprocessor) 등이 있다.

❺ 이벤트 처리

마우스 클릭, 폼(Form)에 입력, 페이지 간 이동 등 웹 페이지상에서 일어나는 이벤트 처리가 가능하다.

❻ 문법 간소화

Java에 비해 문법이 쉽고 간소화되어 손쉽게 웹 애플리케이션을 개발할 수 있다.

❼ 주석(Comments)

㉠ // 한 줄 주석
㉡ /* 여러 줄 주석 */

01 다음 중 자바스크립트에 대한 설명으로 거리가 먼 것은?

13년 1회

① 클라이언트에서 인터프리터 방식으로 실행된다.
② 〈script〉~〈/script〉 태그를 사용한다.
③ 변수형(type)을 선언하지 않고 사용할 수 있다.
④ 자바스크립트를 실행하려면 자바가상머신(JVM)을 설치하여야 한다.

02 다음 중 자바스크립트의 장점이 아닌 것은?

03년 3회

① HTML 소스코드 안에서 바로 전송되기 때문에 리눅스, 윈도우 등 제한 사항 없이 잘 동작 한다.
② HTML 소스코드 안에서 바로 작업이 가능하고 컴파일 과정이 없으므로 빠르게 작성할 수 있다.
③ HTML 소스 코드 안에 포함되므로 사용자가 복사하여 사용할 수 있다.
④ 자바에 비해 문법이 쉽고 간소화되어있어 손쉽게 만들 수 있다.

03 자바스크립트에 대한 설명으로 틀린 것은?

15년 2회

① 웹 페이지를 동적으로 작성할 수 있다.
② 실행을 위해 서버에서 컴파일 과정을 거쳐야 한다.
③ 문자열 표시는 따옴표를 사용해야 한다.
④ 대소문자를 구분한다.

04 자바스크립트에 대한 설명으로 틀린 것은?

10년 3회

① 변수명은 대문자, 소문자를 구별하지 않는다.
② 주석을 표현하는 방식은 //설명, 또는 /* 설명 */이다.
③ 숫자로 시작하는 변수를 사용할 수 없다.
④ While은 주어진 조건이 만족하는 동안 반복 실행된다.

해설
자바스크립트는 대소문자 구분(Case Sensitive) 언어로 변수명의 대소문자가 다르면 서로 다른 변수로 처리된다.

05 자바스크립트에서 어떤 객체의 원본이 되는 객체로 정의하여 원본 객체로부터 새로운 객체를 생성할 때 암묵적인 참조를 가질 수 있도록 정의하는 것은?

14년 3회

① 오브젝트
② 오버로드
③ 프로토타입
④ 메소드

06 다음 중 자바스크립트(JavaScript) 주석의 시작 기호로 맞는 것은?

07년 3회, 05년 1회

① //
② */
③ {
④ /

자바스크립트에서 data라는 이름으로 정수값 10을 저장하기 위한 변수 선언과 초기화 문장의 형태로 맞는 것은?

21년 1회, 18년 3회, 15년 3회, 14년 3회

① float data = 10;

② int data = 10;

③ interger data = 10;

④ var data = 10;

┃정답┃④

족집게 과외

1. 자바스크립트의 구조

❶ 변수(Variables)

데이터를 저장하는 데 사용되며 var, let, const 키워드를 사용하여 변수를 선언한다.

㉠ var(바 변수)

여러 번 재선언하고 여러 번 변경할 수 있다.

> 예
> ```
> var number = 5;
> var number = 10;  // 같은 이름으로 다시
> 선언할 수 있고
> number = 20;      // 값도 여러 번 변경할
> 수 있다.
> ```

㉡ let(렛 변수)

재선언은 불가하지만, 변경은 가능하다.

> 예
> ```
> let number = 5;
> let number = 10;  // 같은 이름으로 다시
> 선언하면 오류가 발생한다.
> number = 20;      // 값은 변경할 수 있다.
> ```

㉢ const(컨스트 변수)

상수를 선언할 때 사용되며, 재선언과 변경이 불가하다.

> 예
> ```
> const pi = 3.14159
> pi = 3.14  // 이 부분에서 오류가 발생한다.
> ```

변수 이름 선언 규칙

변수 키워드	변수 이름	=	할당값

- 변수 이름은 문자 또는 밑줄(_), 달러 기호($)로 시작해야 한다.
- 변수 이름은 문자, 숫자, 밑줄(_), 달러 기호($)를 사용할 수 있다.
- 변수 이름은 공백을 포함할 수 없다.
- 예약어는 변수 이름으로 사용할 수 없다.
- 예약어는 특별한 용도로 미리 예약된 단어 또는 식별자(Identifiers)이다.
- 예약어(Reserved Keywords)의 종류

조건문	if, else if, else, switch	함수 정의	function
반복문	while, for, continue, break	함수 값 반환	return
클래스 관련	class, abstract, instanceof	변수 선언 키워드	var, let, const
객체 생성	new	예외 발생	throw
데이터 타입 반환	typeof	예외 처리	catch, try, finally

❷ **데이터 타입(Data Types)**

㉠ 문자열(String)
- 텍스트 데이터를 나타내는 데이터 타입으로 알파벳, 숫자, 특수 문자로 구성한다.
- 작은따옴표(' ')나 큰따옴표(" ")로 묶어서 표현한다.

㉡ 숫자(Number)
- 수량이나 숫자를 나타내는 데이터 타입으로 정수와 실수로 나뉜다.
  - 정수(Integer)는 소수점 숫자를 가지지 않는 값으로 양수와 음수가 있다.
  - 실수(Float)는 소수점 숫자를 가질 수 있는 값이다.

㉢ 불리언(Boolean)
논리적인 값으로 참(True) 또는 거짓(False)을 나타낸다.

㉣ 배열(Array)
동일한 데이터 타입의 요소를 순서대로 저장하는 자료 구조로 숫자 배열, 문자열 배열, 객체 배열 등이 있다.

㉤ 객체(Object)
데이터를 저장하고 조작하는 데 사용되는 데이터 타입으로 객체의 상태나 동작을 나타낸다.

㉥ 함수(Function)
프로그램 내에서 코드를 모듈화하고 구조화하는 코드 블록으로, 입력값을 받아 처리하고 결과를 반환할 수 있으며 재사용이 가능하다.

❸ **연산자(Operators)**

산술 연산자	+	덧 셈
	−	뺄 셈
	*	곱 셈
	/	나눗셈
	//	나눗셈 몫 반환
	%	나머지
	++	증가 연산자(1 증가)
	--	감소 연산자(1 감소)
비교 연산자	==	값이 같은지 비교
	===	값과 데이터 타입이 같은지 비교
	!=	값이 다른지 비교
	!==	값과 데이터 타입이 다른지 비교
	<	작음을 비교
	>	큼을 비교
	<=	작거나 같음을 비교
	>=	크거나 같음을 비교
논리 연산자	&&	논리곱(AND 연산자)
	||	논리합(OR 연산자)
	!	논리부정(NOT 연산자)
	!==	값과 데이터 타입이 다른지 비교
비트 연산자	&	AND 비트 연산
	|	OR 비트 연산

ⓐ 논리연산자
  • 논리곱(AND 연산자) : 주어진 조건이 모두 true(참)일 때만 전체 조건이 true(참)가 된다.
  • 논리합(OR 연산자) : 주어진 조건 중 하나 이상이 true(참)이면 전체 조건이 true(참)가 된다.
  • 논리부정(NOT 연산자) : true(참)는 false(거짓)로, false(거짓)은 true(참)로 주어진 조건을 반대로 뒤집는다.
ⓑ 비트연산자
  • 비트곱(Bitwise AND) : 해당 위치의 비트들을 비교하고, 두 비트가 모두 1일 경우에만 결과 비트를 1로 설정한다.

```
A:       11001010
B:       10110111
————————————————
A & B: 10000010
```

  • OR 비트 연산 : 두 비트 중 하나 이상이 1이면 1이 되고, 두 비트 모두 0일 때만 결과가 0이다.

```
1 OR 1 = 1
1 OR 0 = 1
0 OR 1 = 1
0 OR 0 = 0
```

ⓒ 연산자 우선순위

상위				하위
( ) 괄호	산술 연산자	비교 연산자	논리 연산자	비트 연산자

  • 산술연산자 우선순위

상위					하위
*	/	//	%	+	−

  • 비교연산자 우선순위

상위							하위
<	<=	>	>=	==	===	!=	!==

  • 논리연산자 우선순위

상위		하위
!	&&	||

  • 비트연산자 우선순위

상위	하위
&	|

❹ 조건문(Conditional Statements)
조건에 따라 프로그램의 흐름을 제어하는 데 사용한다.
예 if, else if, else, switch 등

❺ 반복문(Loops)
일정한 조건 아래에서 코드 블록을 여러 번 실행할 때 사용한다.
예 for, while, do…while, for…in, for…of 등

01 자바스크립트의 변수에 대한 설명으로 맞는 것은?

18년 1회, 14년 2회, 05년 1회

① 변수를 사용하기 위해서는 반드시 먼저 변수형을 선언하여야 한다.
② 문자열과 정수를 더하면 정수가 된다.
③ 숫자로 시작되는 변수명을 사용할 수 있다.
④ 밑줄(_)로 시작되는 변수명을 사용할 수 있다.

해설
① 자바스크립트는 동적 타입 언어로 변수를 선언할 때 변수 형(Type)이 아닌 키워드를 사용한다.
② 자바스크립트에서 문자열과 정수를 더하면 자동으로 문자열로 변환한다.
③ 숫자로 시작하는 변수명은 사용할 수 없다.

02 다음 중 자바스크립트(JavaScript) 변수 할당으로 맞는 것은? 06년 1회, 02년 12회

① x = 25
② x >= 25
③ x == y
④ x = Wow

03 자바스크립트 변수 선언 방법으로 틀린 것은?

20년 3회, 17년 1회

① var a=5
② var _b=30
③ var ab=87
④ var catch="well come"

04 자바스크립트에서 정수형 데이터를 가지는 num 변수를 선언하려고 할 때 옳은 것은?

18년 2회, 14년 3회

① Int num;
② Float num;
③ Var num;
④ Number num;

05 자바스크립트의 생성자 함수를 이용하여 객체를 생성할 때 사용하는 예약어는?

19년 3회, 19년 1회, 17년 2회, 15년 2회, 15년 1회

① function
② instance of
③ typeof
④ new

06 자바스크립트에서 연산자 우선순위가 가장 낮은 것은? 22년 1회, 17년 3회, 14년 3회, 10년 3회

① &&
② <
③ /
④ +

07 자바스크립트 연산자 중 우선순위가 가장 낮은 것은?
21년 1회, 18년 1회

① !=

② ||

③ ( )

④ &&

해설

```
x = 10 ;         // x는 10이다.
y = x ++;        // y는 x의 후위 증가시킨 값이다.
document.writeln(x);   // x를 출력하라.
document.writeln(y);   // y를 출력하라.
```

• y = x ++ → y에 원래의 x값을 할당한다. (y = 10)
  → 그다음 1 증가한 값을 x에 반환한다. (x = 10 + 1 = 11)

document.write와 document.writeln의 차이
  • document.write : 문자열을 출력
  • document.writeln : 줄 바꿈을 포함 문자열 출력

코 드	document.write
예 시	document.write ("멀티미디어콘텐츠"); document.write ("제작전문가");
출력 결과	멀티미디어콘텐츠제작전문가

코 드	document.writeln
예 시	document.writeln ("멀티미디어콘텐츠"); document.writeln ("제작전문가");
출력 결과	멀티미디어콘텐츠 제작전문가

08 자바스크립트에서 다음과 같은 연산을 수행한 결과는?
20년 1 · 2회, 14년 3회

```
... 생략 ...
x = 10 ;
y = x ++;
document.writeln(x);
document.writeln(y);
... 생략 ...
```

① x=10, y=10

② x=10, y=11

③ x=11, y=10

④ x=11, y=11

더 알아보기

++x와 x++의 차이
• ++x(전위 증가 연산자) : x를 1 증가시킨 다음, 증가한 값을 사용한다.
• x++(후위 증가 연산자) : 현재 x의 값을 사용한 후 x를 1 증가시킨다.

09 자바스크립트 코드의 실행 결과로 옳은 것은?

20년 1 · 2회, 17년 1회, 16년 2회

```
...생략...
var a = 4;
var b = (2 + 3);
var c = true ;
document.write((a==b) && c);
...생략...
```

① a==b &&c

② false

③ 4==5 &&false

④ true

해설

```
var a = 4;          // 변수 a는 4이다.
var b = (2 + 3);    // 변수 b는 2 + 3 = 5이다.
var c = true ;      // 변수 c는 true이다.
document.write((a==b) && c);  // a와 b의 값이
같은지 비교한 후 C와 논리곱하여 출력하라.
```

• true는 불리언 데이터 타입이다.
• 비교연산자 == : 값이 같은지 비교 / 논리연산자 &&
  : 논리곱 연산
• ((a==b) && c) → a와 b의 값을 비교하고, 그 결과를
  c 와 논리곱 연산
  → 4==5는 같은 값이 아니므로 false(거짓)이다.
  → 논리곱(&&) 연산자는 두 개의 조건이 모두 true(참)
    일 때만 true(참)이 된다.
  → false && true는 false이다.
• ((a==b) && c) → false

10 다음 자바스크립트 코드의 결과값은?

16년 2회

```
"생략"
var c1,c2,c3
c1 = 3, c2 = 9
c1 =10, + ++c1
c3 = c2 + 10 < 15
document.write("c1="+c1+"<br>")
document.write("c3="+c3)
"생략"
```

① c1 = 13, c3 = true

② c1 = 14, c3 = false

③ c1 = 15, c3 = false

④ c1 = 15, c3 = true

해설

```
// 변수 선언
var c1, c2, c3    // c1, c2, c3 세 개의 변수 선언
c1 = 3, c2 = 9  // c1은 3이다. c2는 9이다.

// c1 변수값 변경
c1 =10, + ++c1        // c는 10이다. 더하기 c1
에 전위 증가 연산자를 사용하라.

// c3 변수값 할당 조건식
c3 = c2 + 10 < 15    // c3는 c2 더하기 10이
15보다 작은지를 평가하라.
document.write("c1="+c1+"<br>")  // c1을 출력하라.
document.write("c3="+c3)        // c3을 출력하라.
```

• c1 변수값 변경
  c1 = 10, + ++c1 → 10 + (++c1 전위증가 연산자)
  → 10 + (1+3) = 14
• c3 변수값 할당 조건식
  c3 = c2 + 10 < 15 → c3 = 9(c2) + 10 = 19 < 15
  = false
• c1 출력
  "c1=" + c1 + "<br>" → "문자열" + 변수 + "문자열"
  document.write("c1="+c1+"<br>") → 11 = 11 + 줄바
  꿈
 → c1=14
• c3 출력
  "c3=" + c3 → "문자열" + 변수 → c3 = false

자바스크립트의 문자열 형태로 나타낸 숫자들(예 '123')을 정수나 실수 타입으로 인식하도록 변환하는 역할의 내장 함수나 내장 객체가 아닌 것은?

17년 2회, 15년 1회

① String　　　　　② Number　　　　　③ ParseInt　　　　　④ ParseFloat

┃정답┃①

한 줄 묘약

객체(Object)는 데이터를 저장하고 조작하는 데 사용되는 데이터 타입으로 객체의 상태나 동작을 나타낸다.

족집게 과외

1. 자바스크립트 객체의 구조

▶ 키(Key)와 키값(Key Value)이 쌍을 이루는 집합으로 중괄호({ })를 사용하여 생성한다.

▶ 키는 객체 내의 속성(Property)을 나타내고, 키값은 해당 속성을 식별하는 데 사용한다.

▶ 키와 키값은 콜론(:)으로 구분한다.

❶ 키의 이름 규칙

▶ 공백이 없는 문자열을 사용한다.

▶ 공백을 사용하려면 쌍따옴표(") 또는 홑따옴표(')로 묶어야 한다.

❷ 키값의 이름 규칙

문자열, 숫자, 불리언, 객체, 함수 등 다양한 형식을 키값으로 사용할 수 있으며 쌍따옴표(") 또는 홑따옴표(')로 묶어야 한다.

```
자바스크립트 객체 구조 예시
var license = {              // 변수 선언
  name: "멀티미디어콘텐츠제작전문가",
   // 키(name): 키값(멀티미디어콘텐츠제작
전문가)
   firststep: "필기시험",
   // 키(firststep): 키값(필기시험)
  secondstep: "실기시험"
   // 키(secondstep): 키값(실기시험)
};
```

* 자바스크립트 ES6(ECMAScript 2015) 버전부터는 따옴표로 둘러싸지 않은 키값도 지원한다.

2. 자바스크립트 객체 생성 방식

객체를 생성하는 과정에는 여러 가지 방식이 있으며, 객체 초기화라고도 한다.

❶ 객체 리터럴(Object Literal)

간편하게 객체를 생성할 수 있는 일반적인 방식이다.

```
객체 리터럴 형식 예시 1 – 객체를 한 번에 초기화하기
var license = {
  name: "멀티미디어콘텐츠제작전문가",
  // 쉼표(,)로 객체를 구분한다.
  firststep: "필기시험",
  // 쉼표(,)로 객체를 구분한다.
  secondstep: "실기시험"
};
```

```
객체 리터럴 형식 예시 2 – 빈 객체 생성 후 객체 정
보 추가
var license = {};

license.name = "멀티미디어콘텐츠제작전문가";
// 변수명 + 점(.) + 키 + = + "키값"
// 세미콜론(;)으로 구분한다.

license.firststep = "필기시험";
// 변수명 + 점(.) + 키 + = + "키값"
// 세미콜론(;)으로 구분한다.

license.secondstep = "실기시험"
// 변수명 + 점(.) + 키 + = + "키값"
};
```

❷ 객체 생성자 함수 사용

▶ 생성자 함수(Constructor Function)는 객체를 생성하는 데 사용하는 함수이다.

▶ 생성자 함수를 사용하여 객체를 생성하는 방식은 동일한 구조의 여러 객체를 쉽게 생성할 수 있다.

```
// 객체 생성자 함수를 사용한 예시

// 객체를 만들기 위한 템플릿 생성
function License(name, firststep,
secondstep) {            // 생성자 함수명
은 License이다.
  this.name = name;
  this.firststep = firststep;
  this.secondstep = secondstep;
}

// 실제 객체 생성
var license = new License("멀티미디어콘텐
츠제작전문가", "필기시험", "실기시험");
```

〈객체 생성자 함수 관련 키워드〉

㉠ function : 객체 생성을 선언하는 함수로 생성자 함수와 일반 함수를 구별하기 위해 생성자 함수는 대문자로 시작한다.

㉡ new : 객체를 생성하는 데 사용한다.

㉢ this : 객체 내부에서 해당 객체의 키에 접근하거나 수정할 때 사용한다.

❸ 클래스 사용

클래스를 사용하여 객체를 생성하는 방식은 객체의 생성과 관리가 편리하다.

```
// 클래스를 사용한 예시

// 객체를 만들기 위한 템플릿 생성
class License {
  constructor(name, step, firststep,
secondstep) {  //constructor는 클래스 생성자
메소드이다.
    this.name = name;
  this.firststep = firststep;
  this.secondstep = secondstep;
```

```
// 실제 객체 생성
new License(
  "멀티미디어콘텐츠제작전문가",
  "필기시험",
  "실기시험"
);
```

3. 자바스크립트의 내장 객체

▶ 내장 객체(Built-in Object)는 JavaScript 언어 자체에 포함되어 있는 기능으로, 별도의 다운로드나 설치 없이 호출하여 사용한다.

▶ 자바스크립트 내장 객체 목록

Global Objects (전역 객체)	Object	모든 객체의 부모 객체
	Function	함수 객체 생성
	Array	배열을 생성하고 조작
	Math	수학적 연산 수행
	String	문자열 조작
	Number	숫자 조작
	Boolean	불리언 값 표시
	Date	날짜와 시간
	RegExp	정규 표현식을 만들어 문자열 패턴 매칭과 검색 수행
Error Objects (오류 객체)	Error	모든 오류 객체의 부모 객체로 예외 처리에 사용된다.
	SyntaxError	구문 오류 표시
	TypeError	타입 오류 표시
Browser Object (브라우저 객체)	Document	웹 페이지의 내용(구조와 콘텐츠) 표시
	Window	브라우저 창의 속성과 동작 제어
	Navigator	웹 브라우저 정보와 기능 제공
	Location	현재 웹 페이지의 URL 표시
	Console	콘솔에 로그를 출력하고 디버깅에 사용되는 메소드 제공
	Screen	사용자의 디스플레이 정보
	History	브라우저의 탐색 히스토리 정보

01 자바스크립트의 RegExp 객체에 대한 설명으로 거리가 먼 것은?

22년 1회, 17년 2회, 15년 2회, 13년 3회

① new 키워드를 이용하여 생성할 수 있다.

② 리터럴을 이용하여 표현할 수 있다.

③ 'i' 플래그는 대소문자를 구분하여 패턴 일치 여부를 검사한다.

④ 'm' 플래그는 다중 라인의 문자열에서 패턴 일치 여부를 검사한다.

해설

• RegExp는 정규 표현식을 만들어 문자열 패턴 매칭과 검색을 수행하는 자바스크립트 내장 객체이다.

• RegExp는 리터럴 방식과 생성자 함수를 이용한 방식으로 객체를 생성한다.

• 문자열 패턴 매칭과 검색에 플래그(Flags)를 사용한다.

• 정규 표현식 플래그의 종류
  - i(Case-Insensitive) 플래그 : 대소문자를 구분하지 않고 매칭 수행
  - g(Global) 플래그 : 문자열 내에서 모든 매칭 수행
  - m(Multi-line) 플래그 : 다중 라인의 문자열 매칭 수행
  - s(Single-line) 플래그 : 줄 바꿈 문자를 포함한 모든 문자 매칭 수행
  - u(Unicode) 플래그 : 유니코드 문자에 대한 매칭 수행

02 자바스크립트에서 간단한 경고창, 프롬프트창 표시, 특정 시간마다 동일 동작 반복, 특정 시간 경과 후 주어진 동작을 하는 기능을 제공하는 내장 객체는?

20년 3회

① Window 객체

② History 객체

③ Document 객체

④ Location 객체

03 자바스크립트에서 달력과 같이 현재의 날짜와 시간, 특정 날짜를 구할 때, 용이하게 사용할 수 있는 내장 객체는?

19년 3회, 15년 2회, 09년 1회

① String 객체

② Navigator 객체

③ Date 객체

④ Math 객체

04 자바스크립트의 내장 객체 중 최상위 객체이고 현재 화면에 출력되는 창에 대한 정보를 제공하는 객체는? 19년 1회, 15년 1회

① Location
② History
③ Screen
④ Window

06 자바스크립트에서 브라우저 내장 객체에 포함되지 않는 것은? 14년 2회, 10년 1회

① Cookie
② Document
③ Location
④ History

05 자바스크립트의 브라우저 내장 객체 중 독립적으로 사용되며, 브라우저의 종류, 사용 언어, 시스템 종류 등의 정보를 제공하는 객체는? 20년 1 · 2회, 16년 1회, 07년 1회

① Navigator 객체
② Window 객체
③ History 객체
④ Location 객체

객체에 정의된 연산을 의미하며 객체의 상태를 참조 및 변경하는 객체의 멤버 함수를 의미하는 것은?

18년 3회

① Class
② Attribute
③ Method
④ Message

| 정답 | ③

한 줄 요약

자바스크립트 메소드(Method)는 자바스크립트 객체(Object)에 속해 있는 함수(Function)이다.

족집게 과외

1. 자바스크립트의 메소드

❶ 메소드의 구조

| 객체 이름 | . | 메소드 이름 | ( ) |

❷ 메소드의 역할

㉠ 객체의 동작 수행
객체에 대해 특정한 동작을 수행하거나 작업을 처리한다.
예 toUpperCase( ) 메소드는 문자열을 대문자로 변환하는 동작을 수행한다.

㉡ 데이터 조작 및 변경
정의된 연산을 통해 객체의 데이터를 읽고 변경할 수 있다.
예 • push( ) 메소드는 배열에 새로운 요소를 추가한다.
• pop( ) 메소드는 배열에 마지막 요소를 제거한다.

㉢ 객체 간 상호 작용
객체 간에 상호 작용하고 정보를 공유할 수 있도록 한다.
예 DOM(Document Object Model)의 이벤트 핸들링을 위해 메소드로 요소를 선택하고 조작한다.

㉣ 유틸리티 기능
유틸리티 함수처럼 작용하여 특정 작업을 수행하거나 계산을 수행한다.
예 수학적 계산을 수행하는 메소드는 Math 객체 메소드이다.

❸ 자바스크립트 메소드

객체 분류	객 체	메소드	역 할
Global Objects (전역 객체)	String	length( )	문자열의 길이(문자 수)를 반환
		substring( )	문자열에서 일부분을 추출
		charAt( )	지정된 위치에 있는 문자 반환
		charCodeAt( )	지정된 위치의 문자의 unicode 반환
		indexOf( )	지정된 문자열을 찾아 반환
		toUpperCase( )	문자열의 모든 문자를 대문자로 변환
		toLowerCase( )	문자열의 모든 문자를 소문자로 변환
		replace( )	문자열을 찾아 다른 문자열로 대체
		trim( )	문자열 앞뒤의 공백을 제거
		sup( )	위 첨자 표시
		sub( )	아래 첨자 표시
		bold( )	굵은 글자로 표시
		strike( )	텍스트에 취소선 추가
	Array	push( )	배열에 새로운 요소를 추가
		pop( )	배열에 마지막 요소를 제거
		shift( )	배열 첫 번째 요소를 제거하고 반환
		concat( )	두 개의 배열을 하나의 배열로 연결
		slice( )	배열을 원하는 위치에서 자를 때 사용
		sort( )	요소를 정렬하는 데 사용
		find( )	주어진 조건에 맞는 첫 번째 요소를 반환
	Math	abs( )	주어진 숫자의 절댓값 반환
		ceil( )	소수점 이하의 숫자가 있으면 무조건 올림하여 반환
		floor( )	소수점 이하의 숫자는 버리고 이전 작은 정수로 내림
	Boolean	toString( )	Boolean 객체를 문자열로 변환
		valueOf( )	Boolean 객체의 원시 값을 반환
Browser Object (브라우저 객체)	Window	open( )	새 창을 열거나 새 탭을 열음
		close( )	현재 창을 닫음
		focus( )	이미 열려있는 창의 활성화
		status( )	브라우저 상태 바에 텍스트 표시
		reload( )	페이지 새로 고침

01 자바스크립트에서 문자열의 특정 위치에 있는 한 개의 문자를 찾아내려 할 때, 사용하는 문자열 객체의 메소드는?

19년 3회, 18년 1회, 15년 2회, 13년 3회

① indexOf( )
② replace( )
③ charAt( )
④ search( )

해설
① indexOf( ) : 지정된 문자열을 찾아 반환하는 메소드
② replace( ) : 문자열에서 특정 패턴을 찾아 다른 문자열로 교체하는 내장함수
④ search( ) : 문자열을 검색하는 내장함수

02 다음 중 자바 String 클래스에서 저장되어 있는 모든 문자열을 대문자로 변환되는 메소드는?

13년 1회

① toUpperCase( )
② toUpper( )
③ toUcase( )
④ toCapital( )

03 자바스크립트에서 String 객체 메소드에 대한 설명으로 틀린 것은?

17년 2회, 10년 3회

① sup( ) : 위 첨자
② sub( ) : 아래 첨자
③ strike( ) : 깜박이는 효과
④ bold( ) : 볼드체 문자

04 자바스크립트에서 두 개의 배열을 하나의 배열로 만들 때 사용되는 메소드는?

20년 3회, 16년 1회, 12년 3회, 08년 3회, 06년 1회

① deleteRow( )
② sort( )
③ concat( )
④ slice( )

해설
① deleteRow( ) : 데이터베이스에서의 사용되는 메소드로 데이터 행 또는 레코드를 삭제한다.
② sort( ) : 요소를 정렬하는 데 사용한다.
④ slice( ) : 배열을 원하는 위치에서 자른다.

05 자바스크립트의 Boolean 객체 메소드로 맞는 것은?

18년 2회, 14년 2회, 11년 1회

① toSource( )
② concat( )
③ pop( )
④ reverse( )

06 자바스크립트 코드에서 변수 fposition의 결과값은?

16년 1회

```
var quote = "To be."
var fposition = quote.indexOf('be');
```

① 0
② 1
③ 2
④ 3

해설
indexOf( ) 메소드는 지정된 문자열을 찾아 반환한다.
• 문자열의 index(인덱스)는 0부터 시작한다.
• 변수 quote 안에서 be의 첫 번째 문자열 인덱스는 3에 위치한다.

문자열	T	o		b	e	.
index	0	1	2	3	4	5

07 자바스크립트 연산에서 removeApple의 값은?

16년 1회

```
var pApple = [0,1,2,3];
var removeApple = pApple.pop( );
```

① 0

② 1

③ 2

④ 3

해설
- pop( ) 메소드는 배열의 마지막 요소를 제거하고 해당 요소를 반환한다.
- 변수 removeApple는 변수 pApple의 마지막 요소인 3이 제거되고 반환된다.

08 자바스크립트에서 아래 코드의 결과값으로 맞는 것은?

11년 3회

```
Math.floor(1234.567);
```

① 1234

② 1234.5

③ 1234.56

④ 1234.567

해설
- floor( ) 메소드는 소수점 이하의 숫자는 버리고 이전의 작은 정수로 내림하여 반환한다.
- 1234.567에서 소수점 이하를 버리고 가장 가까운 작은 정수인 1234로 반환한다.

09 자바스크립트에서 너비 300픽셀에 높이 300픽셀이 되는 새 창을 띄우기 위해 ㉠에 윈도우 객체 메소드는?

11년 3회

```
function new_win( ) {
㉠
("new1.htm","new_win","statue=yes,width=
300,height=200");
}
```

① window.show

② window.new

③ window.open

④ window.run

해설
open( ) 메소드는 새 창을 열거나 새 탭을 연다.

10 자바스크립트에 대한 설명 중 바르게 기술된 것은?

14년 2회

① window.focus( ) : 창을 크게 함

② window.status( ) : 브라우저 크기를 설정한 크기대로 유지

③ window.open( ) : 열려있는 창에 문자를 입력

④ location.reload( ) : 새로 고침

해설
① window.focus( ) : 이미 열려있는 창의 활성화
② window.status( ) : 브라우저 상태 바에 텍스트 표시
③ window.open( ) : 새로운 브라우저 창을 열음

자바스크립트의 내장형 함수 중 수식으로 입력한 문자열을 계산하여 출력하는 함수는?

17년 3회, 13년 1회, 10년 3회

① eval( )
② alert( )
③ confirm( )
④ Number( )

|정답| ①

한 줄 요약

자바스크립트(JavaScript)의 내장 함수(Built-in Functions)는 객체 안에 속해 있는 메소드(Method)와는 달리 독립적으로 프로그램 내에서 입력값을 받아 처리, 반환할 수 있으며 재사용이 가능하다.

족집게 과외

1. 자바스크립트의 내장 함수

사용자 입력	alert( )	전달받은 값을 포함한 경고 대화 상자 표시. 확인 버튼만 표시
	confirm( )	전달받은 메시지가 포함된 대화 상자를 표시. 확인, 취소 버튼 표시
	prompt( )	사용자에게 전달받은 메시지 대화 상자를 표시하고 텍스트 입력을 요청
문자열 처리	replace( )	문자열에서 특정 패턴을 찾아 다른 문자열로 교체
	search( )	문자열에 대한 간단한 패턴 검색
	escape( )	문자열 내의 특수 문자를 16진수로 인코딩
	unescape( )	인코딩된 16진수를 다시 원래 문자열로 디코딩
숫자 처리	Number( )	문자열을 숫자로 변환하거나 다른 데이터 타입을 숫자로 변환
	parseInt( )	문자열을 정수로 변환
	parseFloat( )	문자열을 부동 소수점 숫자로 변환
	isNaN( )	매개변수가 숫자인지 검사하고 숫자가 아니면 true를 반환
Timer (타이머)	setTimeout( )	지정된 시간(밀리초 단위)이 경과한 후 한 번만 함수 실행
	setInterval( )	지정된 시간(밀리초 단위)마다 함수를 반복 실행
Utility (유틸리티)	eval( )	문자열로 표현된 JavaScript 코드를 실행하고 결과를 반환
	typeof( )	특정 값의 데이터 타입을 반환
	init( )	초기화(Initialization)를 수행

※ 부동 소수점 숫자(Floating Point Number)는 소수점이 있는 실수를 이진수로 표현한 숫자로 IEEE 754 부동 소수점 표준에 따른다.

❶ isNaN( )

▶ Is Not a Number의 약자이다.

▶ 주어진 값이 문자이면 참(True), 숫자이면 거짓
(False)으로 값을 반환한다.

〈isNaN( )의 구조〉

```
isNaN(value) // value는 숫자인지 확인하려는
값이다.
```

```
// isNaN( ) 예시

isNaN(60)          // false, 숫자
isNaN("60");       // false, 문자열 "60"
은 숫자로 변환 가능
isNaN("kim");       // true, 숫자로 변환
할 수 없는 문자열
isNaN(true);        // false, 숫자로 변환
가능(1로 변환)
isNaN(false);      // false, 숫자로 변환
가능(0으로 변환)
isNaN(null);       // false, 숫자로 변환
가능(0으로 변환)
isNaN(undefined); // true, 정의되지 않은
값을 숫자로 변환할 수 없음
isNaN(NaN);         // true, 이미 NaN인 값
```

01 자바스크립트에서 매개변수가 숫자인지 검사하는 함수는? 20년 3회

① isNaN( )
② alart( )
③ confirm( )
④ escape( )

02 자바스크립트에서 주어진 값이 문자이면 참(True), 숫자이면 거짓(False)값을 반환하는 함수는? 18년 2회, 08년 1회, 05년 3회

① eval( )
② parseInt( )
③ isNaN( )
④ escape( )

03 입력받은 값을 바로 화면에 출력해 주거나, 비밀번호를 입력하여 간단한 확인 절차를 가능하게 해주는 내장함수는? 14년 2회

① confirm( )
② prompt( )
③ alert( )
④ eval( )

04 자바스크립트의 Window 객체 중 다음 그림과 같이 다이얼로그 박스를 나타내는 메소드는? 18년 3회, 08년 1 · 3회, 06년 1회

① open( )
② prompt( )
③ alert( )
④ confirm( )

05 자바스크립트의 Window 객체메소드에 대한 설명으로 잘못된 것은? 15년 1회, 10년 1회

① confirm( ) : 사용자에게 확인을 필요로 하는 대화상자 실행
② prompt( ) : 사용자로부터 입력 메시지를 받을 수 있는 대화상자 표시
③ find( ) : 윈도우에 포함된 텍스트 검색
④ alert( ) : 전달받은 값이 숫자인지 문자인지 판별한 결과를 출력

06 다음 자바스크립트 코드의 결과값은?

17년 3회, 15년 1회

```
..생략
var result2 = isNaN("03-335-19");
document.write(result2 + "<br/>");
..
```

① 0333519

② 03-335-19

③ false

④ true

해설

```
var result2              // 변수 result2를 선언

= isNaN("03-335-19");              // "03-335-
19"라는 문자열을 isNaN( ) 함수로 실행

document.write(result2 +"<br/>");   // result2 값
을 출력하고 <br/> 태그를 추가하라.
```

- isNaN( ) 함수는 주어진 값이 문자이면 참(True), 숫자
  이면 거짓(False)
    → "03-335-19"은 중간에 하이픈("-")이 있기 때문에
      숫자로 변환될 수 없는 문자열이다.
    → result2 = true
- document.write → 결과값을 출력하라.
- (result2 +"<br/>"); → result2에 줄바꿈 태그
를
  추가하라.

자바스크립트에서 다른 세 개의 제어문과 역할이 다른 제어문은? 15년 2회

① do−while

② for

③ if−else

④ while

|정답|③

한 줄 요약

자바스크립트(JavaScript)는 제어문 문법을 사용하여 프로그램의 흐름을 제어하며 조건문과 반복문으로 나뉜다.

족집게 과외

1. 제어문의 유형

❶ 조건문(Conditional Statements)

　㉠ if 문

　　주어진 조건이 참(True)인 경우에만 특정 코드 블록을 실행한다.

```
if (조건) {
    // 조건이 참일 때 실행되는 코드
}
```

　㉡ else 문

　　if 조건이 거짓(False)인 경우는 대안 코드 블록을 실행한다.

```
if (조건) {
    // 조건이 참일 때 실행되는 코드
} else {
    // 조건이 거짓일 때 실행되는 코드
}
```

　㉢ else if 문

　　여러 개의 조건을 비교하여 참인 조건에 해당하는 코드 블록을 실행한다.

```
if (조건1) {
    // 조건1이 참일 때 실행되는 코드
} else if (조건2) {
    // 조건2가 참일 때 실행되는 코드
} else {
    // 모든 조건이 거짓일 때 실행되는 코드
}
```

❷ 반복문(Loop Statements)

　㉠ for 루프 문

　　특정 조건이 충족될 때까지 코드 블록을 반복 실행한다.

```
for (초기화식; 조건; 증감식) {
    // 조건이 참일 때 실행되는 코드
}
```

　㉡ while 루프 문

　　조건이 참인 동안 코드 블록을 반복 실행한다.

```
while (조건) {
    // 조건이 참일 때 실행되는 코드
}
```

ⓒ do…while 루프 문

코드 블록을 한 번 실행한 다음 조건이 참인 경우에 계속 반복 실행한다.

```
do {
    // 조건이 참일 때 실행되는 코드
} while (조건);
```

❸ 기타 제어문

㉠ switch 문

다양한 조건에 따라 다른 코드 블록을 실행한다.

```
switch (표현식) {
  case 값1:
    // 값1에 해당하는 코드
    break;
  case 값2:
    // 값2에 해당하는 코드
    break;
  default:
    // 어떤 case에도 해당하지 않을 때 실행되는 코드
}
```

㉡ break 문

실행 중인 반복문 내에서 실행 중인 코드를 중단하고 반복문을 빠져나오는 데 사용한다.

```
for (초기화식; 조건; 증감식) {
  // 조건이 참일 때 실행되는 코드
  if (어떤_조건) {
    break; // 반복문 종료
  }
}
```

㉢ continue 문

현재 반복을 종료하고 다음 반복으로 이동하는 데 사용한다.

```
for (초기화식; 조건; 증감식) {
  // 조건이 참일 때 실행되는 코드
  if (어떤_조건) {
    continue;  // 현재 반복을 종료하고
다음 반복으로 넘어간다.
  }
  // continue 이후 실행되는 코드
}
```

01 자바스크립트의 제어문 중 for 문에 대한 형식으로 올바른 것은?

09년 3회

① for(초기식; 조건; 증감식) { 문장 }
② for(조건) { 문장 }
③ for(수식) { case 값1: 문자1: break case 값2: 문장2: break … default: 문장 }
④ for{ 문장 } while(조건)

02 다음 자바스크립트 조건문에서 출력되는 값은?

22년 1회, 19년 3회, 15년 3회, 12년 1회

```
i = 15;
if ((i>0) || (i<=4))
  i++;
document.write(i);
```

① 14
② 15
③ 16
④ 17

해설

```
i = 15;                  // i는 15이다.
if ((i>0) || (i<=4))  // 만약 (i>0) 논리합(||)
(i<=4) 라면
  i++;                   // i를 후위 증가시킨다.
document.write(i);       // i를 출력하라.
```

• 논리합(||, OR 연산자)은 주어진 조건 중 하나 이상이 true(참)면 전체 조건이 true(참)가 된다.
• 전위 증가 연산자는 i를 1 증가시킨 다음, 증가한 값을 사용한다.
 - if ((i>0) || (i<=4)) → (15(i)가 0보다 크다) 또는 (||) (15(i)가 4보다 작거나 같다) → true
 - i++; → 15 + 1 = 16

03 다음 자바스크립트 코드의 실행 결과는?

20년 3회

```
"생략"
var i;
mArray = new Array( );
mArray [0] = 50;
mArray [1] = 70;
mArray [2] = 60;
mArray [3] = 40;
for(i = 0; i < = 4; i++) {
  if(i==4)
    document.write(mArray[i-1]);
}
"생략"
```

① 40
② 50
③ 60
④ 70

해설

```
var i;                   // 변수 i
mArray = new Array( );   // 새로운 배열
mArray를 생성한다.

// mArray 배열에 순서대로 값을 할당
mArray [0] = 50;
mArray [1] = 70;
mArray [2] = 60;
mArray [3] = 40;

// for 루프 문
for(i = 0; i < = 4; i++) {   // i는 0으로 초기
화하고, 0부터 4보다 작거나 같을 때까지, 1씩 후
위 증가시킨다.
                         // i는 0, 1, 2, 3,
4 순서로 반복된다.

// if 문
  if(i==4)               // 만약 i가 4와 같다면
```

```
// if 문의 조건이 참일 때 실행되는 코드
   document.write(m Array[i−1]);      // m Array
[ 4 − 1 ]을 출력하라.
                                     // m Array
[3]을 출력하라.
   }
```

- 객체 생성자 함수 new는 객체를 생성하는 데 사용한다.
- Array( ) 객체는 배열을 생성하고 조작한다.
- for 문 형식(초기화식; 조건; 증감식)
- 후위 증가 연산자 i++은 현재 i의 값을 사용한 후 1 증가시킨다.
- 비교연산자 ==는 값이 같은지를 비교한다.

해설

```
// for 루프 문
for(i=1; i <=100; 1++) {     // i는 1로 초기화
하고, 1부터 100보다 작거나 같을 때까지, 1씩 후
위 증가시킨다.
                             // i는 1부터 100까
지 순서대로 반복된다.

// if 문
  if(i>=50) {                // 만약 i가 50보다 작
거나 같다면
  result = i ; ㉠            // result에 해당 숫자
를 할당하고 for 루프를 ㉠한다.
// result = i ; break        // result에 해당 숫자
를 할당하고 for 루프를 종료한 후 for 루프 문을
벗어난다.

// if 문의 조건이 참일 때 실행되는 코드
  document.write(result);    // result를 출력하라.
```

- 제어문 break는 실행 중인 반복문 내에서 실행 중인 코드를 중단하고 반복문을 빠져나오는 데 사용한다.
- 제어문 continue는 현재 반복을 종료하고 다음 반복으로 이동하는 데 사용한다.

04 다음 스크립트에서 출력되는 값이 50이었다면 ㉠에 들어갈 명령어로 가장 적당한 것은?

05년 1회

```
<SCRIPT LANGUAGE = "JavaScript">
<!--
for(i=1; i <=100; 1++) {
  if(i> =50) { result=i; ㉠}
  document.write(result);
     //-->
</SCRIPT>
```

① switch
② start
③ break
④ continue

05 다음과 같은 식에서 sum의 값이 1부터 10까지 합이 되기 위한 M과 N의 값으로 맞는 것은?

13년 3회, 06년 1회, 04년 3회

```
<script language = "javascript">
<!--
  i = M; sum = 0;
  while(i<N) {
    i ++;
    sum += i;
    }
  document.write(sum);
  //-->
</script>
```

① M=1, N=9   ② M=1, N=10
③ M=0, N=9   ④ M=0, N=10

해설

```
i = M; sum = 0;    // i는 M, sum은 0이다.
while(i<N) {       // i가 N보다 작을 동안 반복한다.
i++;               // i를 1씩 후위 증가시킨다.
sum += i;          // sum에 = i를 더한다.
 }
document.write(sum);  // sum을 출력한다.
```

```
// ① M=1, N=9
i = M; sum = 0;     // i는 1, sum은 0이다.
while(i<N) {        // 1보다 9가 클 동안 반복
한다. 1부터 8까지 반복된다.
i++;                // i를 1씩 후위 증가시킨다.
sum += i;           // sum에 = i를 더한다. sum
에 더해지는 값은 2부터 9까지의 합이다.
```

```
// ② M=1, N=10
i = M; sum = 0;     // i는 1, sum은 0이다.
while(i<N) {        // 1보다 10이 클 동안 반복
한다. 1부터 9까지 반복된다.
i++;                // i를 1씩 후위 증가시킨다.
sum += i;           // sum에 = i를 더한다. sum
에 더해지는 값은 2부터 10까지의 합이다.
```

```
// ③ M=0, N=9
i = M; sum = 0;     // i는 1, sum은 0이다.
while(i<N) {        // 1보다 8이 클 동안 반복
한다. 1부터 8까지 반복된다.
i++;                // i를 1씩 후위 증가시킨다.
sum += i;           // sum에 = i를 더한다. sum
에 더해지는 값은 1부터 9까지의 합이다.
```

```
// ④ M=0, N=10
i = M; sum = 0;     // i는 0, sum은 0이다.
while(i<N) {        // 0보다 10이 클 동안 반복
한다. 0부터 9까지 반복된다.
i++;                // i를 1씩 후위 증가시킨다.
sum += i;           // sum에 = i를 더한다. sum
에 더해지는 값은 1부터 10까지의 합이다.
```

06 자바스크립트에서 사용하는 특수 문자가 아닌 것은?

20년 1 · 2회

① \n
② \t
③ \s
④ \f

해설

이스케이프 시퀀스(Escape Sequence)는 자바스크립트에서 사용하는 특수 문자의 조합으로 백슬래시(\)로 시작하며 그 뒤에 하나 이상의 문자가 온다.

\n	줄 바꿈 문자	\r	캐리지 리턴 문자	\b	백 스페이스
\\	백슬래시 자체	\'	작은 따옴표	\"	큰 따옴표
\f	텍스트를 굵게 표시	\t	수평 탭 문자	\v	수직 탭 문자

기출유형 01 ▶ HTML5 요소

HTML5의 콘텐츠 타입 중 문서의 표현이나 성격을 규정하는 요소로 보통 head 영역에 위치하는 것은?

21년 3회, 17년 1회, 14년 3회

① Flow
② Embedded
③ Phrasing
④ Metadata

| 정답 | ④

한 줄 요약

HTML5(HyperText Markup Language 5)는 웹 문서의 표준으로 이전 버전인 HTML 4.01보다 모바일 기기 및 다양한 플랫폼에서 더욱 효과적으로 작동하도록 설계했다.

족집게 과외

1. HTML5의 기본요소

```
<!DOCTYPE html>  <!-- HTML5 문서임을 선언 -->
<head>
     <meta charset="UTF-8"> <!-- 웹 페이지 문
자 인코딩 설정 -->
     <meta name="description" content="웹 페
이지의 간단한 설명을 입력하세요.">
     <meta name="keywords" content="키워드1,
키워드2, 키워드3">
     <meta name="author" content="작성자 이름">
     <title> 문서 제목 </title>
</head>
  <body>
    <header>
     <!-- 웹 페이지의 헤더 내용 -->
    </header>

    <nav>  <!-- 내비게이션 메뉴 -->  </nav>

    <main> <!-- 주요 콘텐츠 -->
     <article> <!-- 본문 콘텐츠 --> </
article>
```

```
     <section> <!-- 섹션화된 콘텐츠 --> </
section>
     <aside>   <!-- 부가 정보 --> </aside>
    </main>

    <footer>
     <!- - 웹 페이지의 푸터 내용 - ->
    </footer>
  </body>
</html>
```

❶ 〈!DOCTYPE html〉

DOCTYPE은 Document Type Declaration(문서 형식 선언)의 약자로 !DOCTYPE html은 HTML5임을 나타낸다.

❷ 〈nav〉

웹 페이지에서 다른 문서로 이동할 수 있는 링크를 정의하며 내비게이션 메뉴나 하단 페이지 링크에 사용한다.

❸ 〈main〉

웹 페이지의 주요 콘텐츠 영역을 나타내며 한 페이지에 하나의 〈main〉 요소만 있어야 한다.

❹ 〈article〉

웹 페이지의 본문 콘텐츠 영역을 나타내며 여러 개의 〈article〉 요소를 사용할 수 있다.

❺ 〈section〉

웹 페이지의 섹션화된 콘텐츠 영역을 나타내며 여러 개의 〈section〉 요소를 사용할 수 있다.

❻ 〈aside〉

웹 페이지의 부가 정보 영역을 나타내며 사이드바와 같은 곳에 배치한다.

❼ 〈footer〉

웹 페이지의 푸터(Footer) 영역을 나타내며 웹 페이지의 하단 부분에 위치하는 요소들을 나타낸다.

〈푸터 요소의 예〉

• 저작권 정보

저작권 표시 예시 태그	웹 페이지 표현 형태
`<footer> &copy; 2023 60kim </footer>`	© 2023 60kim

• 연락처 정보

연락처 표시 예시 태그	웹 페이지 표현 형태
`<footer>` `<address>` `<a href="mailto:k606060@naver.com">` `k606060@naver.com` `</a>  ` `T : 123-456-7890` `</address>` `</footer>`	k606060@naver.com T : 123-456-7890

01 HTML5에서 동일 사이트 내 문서나 다른 사이트의 문서로 연결하는 링크를 정의하는 태그는?

20년 1 · 2회, 17년 1회

① 〈nav〉
② 〈area〉
③ 〈fieldset〉
④ 〈hgroup〉

02 HTML5의 태그에 대한 설명으로 틀린 것은?

17년 2회

① 〈article〉 : 제목과 부제목 표시
② 〈address〉 : 사이트 제작자 정보, 연락처 정보 표시
③ 〈nav〉 : 문서를 연결하는 내비게이션 링크
④ 〈footer〉 : 제작 정보와 저작권 정보 표시

03 HTML5 시맨틱(Semantic) 태그에 대한 설명으로 옳은 것은?

21년 3회

① 〈nav〉 태그는 〈header〉나 〈footer〉 태그에 포함될 수 있다.
② 〈aside〉 태그는 콘텐츠가 해당 페이지에서 삭제되면 메인 콘텐츠도 함께 삭제시키기 위해 사용된다.
③ 〈section〉 태그 안에서 또 다른 〈section〉 태그를 넣을 수 없다.
④ 〈h1〉 ～ 〈h6〉 태그는 6가지 데이터 전송 방식을 정의한다.

해설
• 시맨틱(Semantic) 태그는 HTML5에서 도입된 태그로 이전 버전보다 웹 문서의 구조와 내용을 더 명확하게 정의하는 의미론적 태그이다.
• 시맨틱(Semantic) 태그에는 〈header〉, 〈nav〉, 〈article〉, 〈section〉, 〈footer〉 등이 있다.

04 HTML5 시맨틱 태그로 옳지 않은 것은?

19년 3회

① 〈prepare〉 태그
② 〈section〉 태그
③ 〈header〉 태그
④ 〈footer〉 태그

05 HTML5 태그 중에서 형광펜을 사용하여 강조하는 효과를 나타내는 것은?

18년 3회, 16년 2회, 13년 1회

① 〈i〉
② 〈mark〉
③ 〈keygen〉
④ 〈small〉

해설
〈mark〉 태그는 HTML과 HTML5에서 모두 사용하는 태그이다.

06 HTML5의 select 태그에서 여러 개의 목록을 선택하고 싶을 때 사용하는 속성은?

21년 1회, 18년 2회

① color
② multiple
③ display
④ input

해설
multiple 태그는 HTML과 HTML5에서 모두 사용하는 태그이다.

HTML5의 특징으로 거리가 먼 것은?

18년 2회, 15년 3회

① 시맨틱(Semantic) 마크업을 표현할 수 있다.
② 더 높은 접근성과 호환성을 가질 수 있다.
③ 크로스 브라우징과 연관 없다.
④ 웹 애플리케이션 개발을 위한 풍부한 API를 제공한다.

| 정답 | ③

족집게 과외

1. HTML5의 특징

❶ 시맨틱(Semantic) 태그 도입

〈header〉, 〈nav〉, 〈section〉, 〈article〉, 〈footer〉
등 이전 버전보다 더 의미론적인 다양한 태그들을 도
입하여 웹 문서의 구조와 콘텐츠를 더 명확하게 정의
한다.

❷ 멀티미디어 지원

HTML5는 오디오와 비디오 재생을 위한 〈audio〉 및
〈video〉 태그를 도입하여 웹 브라우저에서 플러그인
없이 멀티미디어 콘텐츠를 재생할 수 있다.

❸ API(Application Programming Interface, 응용 프로
그래밍 인터페이스) 제공

API는 컴퓨터 응용 프로그램 간의 상호 작용을 위한
규칙이나 도구로 HTML5는 웹 애플리케이션 개발을
위한 풍부한 API를 제공한다.

〈HTML5 API의 종류〉

㉠ Web Audio(웹 오디오) API
웹에서 오디오를 생성하고 조작하는 데 사용하며,
오디오 애플리케이션 개발에 도움을 준다.

㉡ Geolocation(지오로케이션) API
사용자의 위치 정보를 가져오는 데 사용하며, 위
치 기반 애플리케이션 개발에 도움을 준다.

㉢ Web Sockets(웹 소켓) API
• 브라우저와 사용자 간의 쌍방향, 전이중 통신에
사용하며, 실시간 응용 프로그램을 개발에 도움
을 준다.

• 응용 프로그램과 서버 간의 실시간 통신 중 여러
가지 이벤트가 발생한다.

더 알아보기

Web Socket 이벤트의 종류
• onOpen 이벤트 : Web Socket이 서버와 연결되어 연결
이 열렸을 때 발생하는 이벤트로 통신이 개시되었음을
의미한다.
• onMessage 이벤트 : 서버에서 메시지가 전송될 때 발
생하는 이벤트로 서버로부터 메시지를 받을 때마다 실
행되며 응용 프로그램은 이를 통해 데이터를 처리한다.
• onClose 이벤트 : Web Socket과 서버의 연결이 닫혔을
때 발생하는 이벤트로 연결이 종료되었음을 의미한다.

㉣ Web Storage(웹 스토리지, 웹 저장소) API
웹 브라우저에 데이터를 저장하고 검색하는 데 사
용하며, 로컬 스토리지(Local Storage, 로컬 저장소)
와 세션 스토리지(Session Storage)를 지원한다.

㉤ IndexedDB(인덱스DB) API
브라우저 내에서 구조화된 데이터베이스(Database)
를 생성하고 관리하는 데 사용한다.

㉥ Form API
텍스트 입력, 라디오 버튼, 체크 박스, 드롭다운
목록 등의 웹 폼 입력 형태를 다양하게 제어하고
처리하는 데 사용한다.

㉦ DOM(Document Object Model, 문서 객체 모델)
API
웹 페이지의 구조를 나타내는 트리구조(Tree
Structure) 모델로 DOM을 사용하여 HTML 문서
나 XML 문서의 구조, 내용, 스타일을 조작할 수
있다.

❹ 크로스 플랫폼 지원

데스크톱 운영체제와 모바일 운영체제 모두 동작하
며, 다양한 브라우저에서 일관되게 적용한다.

❺ CSS3 통합

CSS3와 함께 사용하여 반응형 웹 디자인을 구현할
수 있다.

01 HTML5의 〈video〉 태그에서 사용된 poster 속성은?
20년 3회, 17년 1회

① 동영상 넓이를 지정
② 재생할 동영상이 로드 중이거나 버퍼링 중일 때 보여질 이미지 URL을 지정
③ 동영상 높이를 지정
④ 동영상 파일을 다운로드하여 재생하는 방식 지정

해설

〈video〉 태그 예시

```
〈video controls poster="이미지URL"〉
  〈source src="동영상URL" type="video/mp4"〉
〈/video〉
```

02 HTML5에서 사용자의 위치 정보를 알려주는 API는?
21년 1회, 18년 1회

① Publication
② Geolocation
③ Localizatin
④ Weblocation

03 HTML5에서 새롭게 추가된 API로 브라우저와 사용자 간의 쌍방향 전이중 통신을 실현하기 위한 것은?
20년 3회, 15년 2회

① Web Sockets
② Web Sql Database
③ Web Storage
④ Web Workers

04 HTML5에서 새로운 요소로 추가된 것이 아닌 것은?
19년 3회

① AUDIO
② CANVAS
③ IMG
④ VIDEO

05 HTML5의 WebSocket 객체에서 발생하는 세 가지 이벤트에 해당하지 않는 것은?
18년 2회, 13년 3회

① onOpen
② onMessage
③ onErrorhandlemessage
④ onClose

06 HTML5에서 〈input〉의 속성으로 양식 컨트롤이 비어있을 때 표시할 내용을 지정해 입력할 내용에 대한 간략한 설명을 제공하여 입력 실수를 줄일 수 있도록 도와주는 것은?
22년 1회

① keygen
② step
③ autofocus
④ placeholder

해설

placeholder 예시

```
〈input type="text" placeholder="이름을 입력하세요"〉
```

↓

User Name: 이름을 입력하세요

HTML5에서 그림을 그릴 수 있는 기술은?   21년 1회

① 캔버스
② 픽쳐폼
③ 이미지프레임
④ CSS3

│정답│①

한 줄 요약

HTML5에서 제공되는 Canvas(캔버스) API(Application Programming Interface, 응용 프로그래밍 인터페이스)는 그래픽을 그리고 조작하는 데 사용하며, 그래픽 애플리케이션 개발에 도움을 준다.

족집게 과외

1. Canvas API

❶ Canvas API 예제

```
<!DOCTYPE html>
<html>
<head>
  <title> Canvas 예제 </title>
</head>
<body>
    <canvas id="myCanvas" width="400"
height="200"></canvas>
    <script>

    // Canvas 요소 가져오기
    var canvas = document.getElementById
("myCanvas");
    var ctx = canvas.getContext("2d");

    // 텍스트 그리기
    ctx.font = "30px Arial"; // 폰트 설정
    ctx.fillStyle = "blue"; // 텍스트 색상 설정
    ctx.fillText("Canvas API 예제", 50, 50);
// 텍스트 그리기
```

```
    // 그림자 효과 추가
    ctx.shadowColor = "gray"; // 그림자 색상
설정
    ctx.shadowOffsetX = 5; // 그림자의 가로
오프셋 설정
    ctx.shadowOffsetY = 5; // 그림자의 세로
오프셋 설정
    ctx.shadowBlur = 5; // 그림자의 흐림 정
도 설정

    // 그림자가 적용된 텍스트 그리기
    ctx.fillText("그림자 효과!", 50, 100);
    </script>
</body>
</html>
```

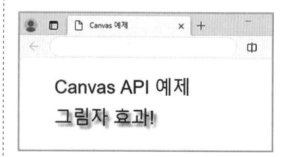

❷ Canvas API 선 및 곡선 그리기 예제

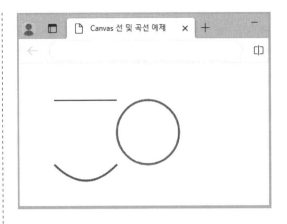

```
<script>
    // Canvas 요소를 JavaScript로 가져오기
    var canvas = document.getElement
ById('myCanvas');
        var context = canvas.getContext('2d');

    // 선 그리기
    context.beginPath(); // 그리기 시작
    context.moveTo(50, 50); // 시작점 설정
(x, y)
    context.lineTo(150, 50); // 끝점 설정(x, y)
    context.strokeStyle = 'blue'; // 선의 색
상 설정
    context.lineWidth = 2; // 선의 두께 설정
    context.stroke(); // 선 그리기

    // 곡선 그리기(원 그리기)
    context.beginPath();
    context.arc(200, 100, 50, 0, Math.PI * 2);
// 중심(x, y), 반지름, 시작 각도, 끝 각도
    context.strokeStyle = 'red';
    context.lineWidth = 3;
    context.stroke();

    // 베이지어 곡선 그리기
    context.beginPath();
    context.moveTo(50, 150);
    context.quadraticCurveTo(100, 200, 150,
150); // 제어점(x1, y1), 끝점(x, y)
    context.strokeStyle = 'green';
    context.lineWidth = 3;
    context.stroke();
</script>
```

01 HTML5에서 캔버스(Canvas)에 색이 채워진 텍스트를 출력하기 위한 함수는? 17년 2회

① fillText( )
② strokeText( )
③ moveTo( )
④ lineTo( )

03 HTML5에서 캔버스에 이미지를 추가할 때 사용하는 메소드는? 20년 1·2회

① drawImage
② createImage
③ beginPoint
④ stroke

해설
이미지 그리기 예시

```
⟨script⟩
    // Canvas 요소 가져오기
    var canvas = document.getElement
By Id("myCanvas");
    var ctx = canvas.getContext("2d");

    // 이미지 로딩
    var img = new Image( );
    img.src = "이미지_파일_경로.png";

    // 이미지가 로드되면 그리기
    img.onload = function( ) {
    // 이미지 그리기
    ctx.drawImage(img, 10, 10);
};
⟨/script⟩
```

02 HTML5의 선이나 도형에서 사용하는 그림자 속성에 대한 설명으로 틀린 것은? 18년 3회

① shadowColor : 그림자의 색깔을 지정할 수 있다.
② shadowLine : 값이 클수록 그림자 경계가 선명해진다.
③ shadowOffsetX : 양수, 음수 값에 따라 각각 그림자가 오른쪽, 왼쪽으로 움직인다.
④ shadowOffsetY : 양수, 음수 값에 따라 각각 그림자가 아래쪽, 위쪽으로 움직인다.

해설
shadowLine은 경계선 주변에 그림자 효과를 만든다.

04 HTML5에서 Type 속성이 Password가 아닐 경우 백그라운드 속성에 Red 값을 적용하기 위해 ( ) 안에 들어갈 코드로 옳은 것은?

20년 1·2회, 14년 2회

```
... 생략 ...
input : (  ) ([type=password]) {
background : red ;
}
... 생략 ...
```

① equal

② not

③ false

④ true

해설

```
input : not ([type=password]) {   // type 속성
값이 password가 아닌 모든 〈input〉 요소 선택
background : red ;            // 선택한 모
든 〈input〉 요소의 배경색을 빨간색으로 설정
}
```

해설

```
// 초록색 베이지어 곡선 그리기 예제
  context.beginPath( );
  context.moveTo(50, 150); 〈!-- 현재 그리기
위치 --〉
  context.quadraticCurveTo(100, 300, 250,
250);
  context.strokeStyle = 'green';
  context.lineWidth = 3;
  context.stroke( );
〈/script〉
```

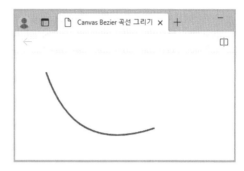

Bezier 곡선 모양 해석

• context.moveTo(50, 150) : 현재 그리기 위치(x좌표, y좌표)

• context.quadraticCurveTo(100, 300, 250, 250)의 제어점과 끝점

→ (100, 300) : 곡선의 모양을 조절하는 제어점의 좌표(x좌표, y좌표)

→ (250, 250) : 곡선이 끝나는 지점을 나타내는 끝점의 좌표(x좌표, y좌표)

05 다음 중 Canvas에 2차 베이지어(Bezier) 곡선을 그리는 HTML5 함수는?

18년 1회, 13년 3회

① beginfillRect( )

② contxtmoveTo( )

③ quadraticCurveTo( )

④ curvelineTo( )

유효한 HTML 문서나 XML 문서의 구조, 내용, 스타일을 다루기 위한 플랫폼과 언어에 중립적인 프로그램 인터페이스는?

<small>19년 1회, 15년 2회, 10년 3회</small>

① DOM(Document Object Model)
② DDM(Document Define Model)
③ PIM(Programming Interface Model)
④ DTD(Document Type Definition)

┃정답┃①

한 줄 요약

DOM(Document Object Model, 문서 객체 모델) API는 웹 페이지의 구조를 나타내는 트리구조(Tree Structure) 모델로 DOM을 사용하여 HTML 문서나 XML 문서의 구조, 내용, 스타일을 조작할 수 있다.

족집게 과외

1. DOM의 구성 요소

❶ 트리구조(Tree Structure)

웹 페이지를 트리 형태로 표현하여 객체(요소)들을 계층적으로 접근하고 조작한다.

〈DOM 트리 구조 예시〉

```
<!DOCTYPE html>
<html>
<head>
  <title> DOM 트리 구조 예시 </title>
</head>
<body>
  <h1> 제목 </h1>
  <p> 분류 제목 </p>
  <ul>
    <li> 항목 1 </li>
    <li> 항목 2 </li>
    <li> 항목 3 </li>
  </ul>
</body>
</html>
```

이벤트 캡처링

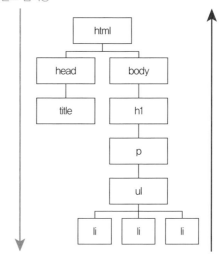

이벤트 버블링

• 이벤트 캡처링(Event Capturing) : 이벤트가 상위 요소에서 하위 요소로 전달되는 과정
• 이벤트 버블링(Event Bubbling) : 이벤트가 하위 요소에서 상위 요소로 전달되는 과정

❷ 노드(Node)

트리구조의 각 객체(요소)를 노드라고 부른다.

〈주요 노드 유형〉

㉠ 문서 노드(Document Node) : DOM의 최상위 노드로 웹 페이지 전체를 나타내며 모든 다른 노드들을 포함한다.

㉡ 요소 노드(Element Node) : HTML의 요소들로 구성된 노드이다.

```
// 요소 노드 예제
<body>
  <h1> Anchor 객체를 사용한 예제 </h1>
    <!-- 링크를 클릭하면 https://www.
youtube.com/c/60kim 으로 이동 -->
    <a href="https://www.youtube.com/
c/60kim" target="_blank"> 60kim 유튜브로
이동</a>
</body>
```

• Anchor(앵커) 객체

앵커 객체	속 성	역 할	
⟨a⟩	id	앵커의 id 속성 값	
	name	웹 페이지 내에 특정 위치에 이름을 지정	
	text Content	앵커 내의 텍스트 내용	
	href	링크 생성	
	target	_blank	새 창에서 링크를 연다.
		_self	현재 창에서 링크를 연다.
		_parent	현재 창 바로 위 상위 계층 창(부모 프레임)에서 링크를 연다.
		_top	최상위 창에서 링크를 연다.

㉢ 속성 노드(Attribute Node)

HTML 요소의 속성들로 구성된 노드이다.

㉣ 텍스트 노드(Text Node)

텍스트 내용을 나타내는 노드이다.

```
// 텍스트 노드 예제
<body>
  <div id="myDiv"> 텍스트 노드 예제 </div>
  <script>
    // 텍스트 노드 생성
    var textNode = document.create
TextNode("CharacterData를 사용한 예제");

    // 텍스트 노드를 요소에 추가
    var myDiv = document.getElement
ById("myDiv");
    myDiv.appendChild(textNode);

    // getData 메소드를 사용하여 텍스트
내용 가져오기
    var textContent = textNode.data;
    console.log("텍스트 내용:" + textContent);

    // setData 메소드를 사용하여 텍스트
내용 변경
    textNode.data = "멀티미디어콘텐츠";
    console.log("변경된 텍스트 내용:" +
textNode.data);

    // insertData 메소드를 사용하여 텍스
트 내용 중간에 데이터 삽입
    textNode.insertData(8, "제작전문가");
// textNode.data의 8번째 문자 이후 삽입
    console.log("삽입 후 텍스트 내용:" +
textNode.data);
  </script>
</body>
```

```
// 텍스트 노드 예제 실행 결과
텍스트 내용 : CharacterData를 사용한 예제
변경된 텍스트 내용 : 멀티미디어콘텐츠
삽입 후 텍스트 내용 : 멀티미디어콘텐츠제작전
문가
```

2. DOM 요소 검색 및 탐색 메소드

노드를 검색하는 JavaScript 메소드를 사용하여 DOM 트리의 요소를 선택하고 조작한다.

❶ getElementById

HTML 요소의 ID 속성을 사용하여 해당 ID를 가진 요소를 선택한다.

```
// ID 속성 사용 예시
var element = document.getElemen
tById("elementId");
```

❷ getElementsByClassName

클래스(Class) 이름을 사용하여 여러 요소를 선택한다.

```
// 클래스 이름 사용 예시
var elements = document.getElementsByClassName(
"className");
```

❸ getElementsByTagName

태그(Tag) 이름을 사용하여 해당 태그를 가진 모든 요소를 선택한다.

```
// 태그 이름 사용 예시
var elements = document.getElementsByTagName("t
agName");
```

❹ querySelector

CSS 선택자를 사용하여 해당 선택자에 맞는 첫 번째 요소를 선택한다.

```
// CSS 선택자 사용 예시
var element = document.querySelector
("#elementId");
```

❺ querySelectorAll

CSS 선택자에 해당하는 모든 요소를 선택한다.

```
// CSS 선택자에 해당하는 모든 요소 선택 예시
var elementsArray = Array.from(document.query
SelectorAll(".className"));
```

01 DOM 객체의 최고 상위 객체로 윈도우 내에 표시된 문서를 조작하는 객체는? 15년 3회

① Mater 객체
② Document 객체
③ History 객체
④ Location 객체

04 HTML5에서 링크의 Target 속성에 대한 설명으로 옳은 것은? 19년 3회

① target="_blank" : 새로운 윈도우에 링크 오픈
② target="_self" : 새로운 윈도우를 blank 상태로 열어 링크 오픈
③ target="_top" : 현재 윈도우에 링크 내용이 배치되도록 링크 오픈
④ target="_parent" : 새로운 윈도우의 최하위 계층 윈도우에 링크 오픈

02 DOM 구조에서 하위 요소에 발생한 이벤트가 상위 요소에 전달되는 과정을 일컫는 용어는? 15년 1회

① 이벤트 버블링
② 이벤트 디폴트
③ 이벤트 캡처링
④ 이벤트 핸들링

05 DOM에서 CharacterData 인터페이스가 제공하는 메소드로 틀린 것은? 17년 2회, 11년 1회

① getData
② setData
③ selectionData
④ insertData

03 자바스크립트에서 Document에 포함된 객체 중 HTML 문서 안에 있는 〈A NAME〉 태그에 관한 정보를 배열로 포함하고 있는 객체는? 14년 1회, 11년 3회, 08년 3회, 05년 1회

① Anchor 객체
② Applet 객체
③ Link 객체
④ Form 객체

06 HTML5에서 DOM 내의 특정 노드를 검색하는 방법이 아닌 것은? 21년 1회, 18년 2회

① DOM 노드의 id 속성에 지정된 값
② DOM 노드의 태그 이름에 지정된 값
③ DOM 노드의 class 속성에 지정된 값
④ DOM 노드의 함수 name 속성에 지정된 값

해설
DOM 소드의 함수 name 속성은 존재하지 않는다.

기출유형 01 ▶ 데이터베이스의 기본 구조

관계형 데이터 모델에서 테이블의 열(Column)을 일컫는 또 다른 용어는?   22년 1회, 16년 2회, 13년 1회

① 도메인(Domain)
② 릴레이션(Relation)
③ 튜플(Tuple)
④ 속성(Attribute)

┃정답┃ ④

한 줄 요약

데이터베이스(Database)는 데이터를 체계적으로 저장하고 관리하는 시스템으로 여러 가지 정보와 데이터를 구조화하여 효율적으로 검색하고 조작할 수 있게 해준다.

족집게 과외

1. 데이터베이스의 구조

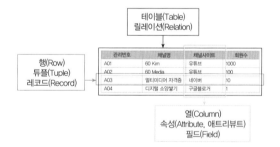

❶ 테이블(Table)

데이터베이스를 구성하는 기본 요소로 행과 열로 구성되는 릴레이션(Relation)이다.

❷ 행(Row)

테이블에서 하나의 튜플(Tuple) 또는 레코드(Record)를 나타낸다.

㉠ 튜플(Tuple) : 릴레이션 행을 의미한다.
  • 카디널리티(Cardinality) : 튜플의 개수를 의미한다.
㉡ 레코드(Record) : 데이터베이스 테이블의 각 행을 나타낸다.

❸ 열(Column)

데이터의 속성(Attribute)을 정의하는 필드(Field)이다.
㉠ Attribute(애트리뷰트) : 데이터베이스를 구성하는 가장 작은 논리적 단위로 파일 구조상의 데이터 항목에 해당한다.
  • Degree(드그리) : 애트리뷰트의 개수를 의미한다.
  • 도메인(Domain) : 각각의 애트리뷰트가 가지는 원자값들의 집합으로 애트리뷰트 값의 범위를 나타낸다.
㉡ Field(필드) : 데이터베이스 테이블의 각 열을 나타낸다.

2. 릴레이션의 특성

❶ 튜플의 무순서성(Unorderedness of Tuples)
릴레이션 내의 튜플들은 순서 없이 저장되며 튜플 간의 순서는 중요하지 않다.

❷ 애트리뷰트의 무순서성(Unorderedness of Attributes)
릴레이션 내의 애트리뷰트들도 순서 없이 저장되며 애트리뷰트 간의 순서는 중요하지 않다.

❸ 애트리뷰트의 원자성(Atomicity of Attributes)
애트리뷰트 값은 더 이상 분해할 수 없는 원자값으로, 하나의 애트리뷰트에 여러 개의 값이 포함될 수 없다.

❹ 튜플의 유일성(Uniqueness of Tuples)
두 개의 똑같은 튜플은 한 릴레이션에 포함될 수 없다.

01 관계 데이터베이스 모델에서 데이터베이스를 구성하는 가장 작은 논리적 단위로 파일 구조상의 데이터 항목에 해당하는 것은? 20년 3회

① Tuple
② Attribute
③ Degree
④ Domain

02 파일 관리 시스템에서 레코드에 해당하는 개념으로, 관계형 데이터 모델에서 릴레이션의 행을 의미하는 것은? 21년 3회

① 도메인
② 테이블
③ 튜플
④ 원자값

03 관계 데이터 모델에서 릴레이션에 포함되어있는 튜플(Tuple)의 수는? 19년 1회, 14년 3회, 10년 3회

① Cartesian Product
② Attribute
③ Cardinality
④ Degree

04 릴레이션의 카디널리티(Cardinality)란? 20년 1·2회

① 디그리 또는 차수라고 한다.
② 릴레이션에 포함되어 있는 튜플의 수이다.
③ 릴레이션에 포함되어 있는 애트리뷰트의 수이다.
④ 〈애트리뷰트 이름, 값〉을 갖는 쌍의 집합이다.

05 관계 데이터 모델의 릴레이션 특성이 아닌 것은? 19년 3회, 17년 3회

① 튜플의 다중성
② 튜플의 무순서성
③ 애트리뷰트의 무순서성
④ 애트리뷰트의 원자성

06 데이터베이스 릴레이션에 대한 설명으로 틀린 것은? 18년 2회, 14년 2회

① 파일구조에서 레코드와 같은 의미이다.
② 한 릴레이션에 포함된 튜플 사이에는 순서가 없다.
③ 한 릴레이션을 구성하는 애트리뷰트 사이에는 일정한 순서가 있다.
④ 애트리뷰트의 값은 원자값이다.

데이터베이스를 구성하는 자료 객체(Entity), 이들의 속성(Attribute), 이들 간에 존재하는 관계(Relation) 그리고 자료의 조작과 이들 자료값들이 갖는 제약 조건에 관한 정의를 총칭해서 무엇이라 하는가?

11년 3회, 07년 1회

① 스키마(Schema)
② 도메인(Domain)
③ 질의어(Query)
④ 튜플(Tuple)

|정답| ①

한 줄 요약

데이터베이스는 데이터를 효율적으로 저장, 관리, 검색하고 조작하기 위해 다양한 구성 요소로 이루어져 있으며, 이러한 구성 요소들은 함께 동작하여 데이터베이스 시스템을 구성한다.

족집게 과외

1. 데이터베이스의 주요 구성 요소

❶ 데이터

데이터베이스 시스템에서 관리되는 정보의 집합이다.

❷ 스키마(Schema)

데이터베이스에 어떤 종류의 자료 객체(Entity, 엔티티) 정보를 저장할 것인지, 그 정보의 속성(Attributes, 애트리뷰트)은 무엇인지, 정보들은 어떤 관계(Relation)로 연결되며 어떤 제약조건이 적용되는지에 대한 계획이다.

❸ 쿼리 언어(Query Language)

데이터베이스에서 데이터를 검색, 추가, 수정, 삭제하는 데 사용되는 언어이다.

〈쿼리 언어의 예〉

㉠ QUEL(Query Language) : 튜플 관계 해석을 기초로 한 언어로 초기 데이터베이스 시스템에서 사용했으나 현재는 SQL로 대체되었다.

㉡ SQL(Structured Query Language) : 가장 널리 사용되는 데이터베이스 쿼리 언어이다.

㉢ SPARQL(스파클, Simple Protocol and RDF Query Language) : RDF(Resource Description Framework, 자원 기술 프레임 워크)에서 사용하는 언어로 지식 그래프나 시맨틱 웹(Semantic Web) 데이터베이스에서 사용한다.

㉣ NoSQL(Not only SQL) : NoSQL은 SQL 데이터베이스와는 다른 데이터베이스 유형을 나타내는 용어로 NoSQL 데이터베이스는 각각 해당 데이터 모델에 맞는 자체 언어를 사용한다.

❹ 인덱스(Index)

특정 열에 대한 빠른 검색을 가능하게 해주는 데이터베이스의 자료구조로 데이터 액세스 성능을 향상시키는 데 사용한다.

❺ 트랜잭션(Transaction)

▶ 데이터베이스 작업의 논리적인 단위이다.

▶ 데이터베이스 작업을 하나의 트랜잭션으로 묶어 실행하면 실패한 트랜잭션은 데이터베이스를 이전 상태로 되돌릴 수 있고, 성공한 트랜잭션은 변경된 데이터를 영구적으로 저장한다.

〈트랜잭션의 특성 ACID(Atomicity, Consistency, Isolation, Durability)〉

㉠ Atomicity(원자성) : 모두 성공하거나 아무것도 성공하지 않아야 하는 특성인 원자성을 가진다.

㉡ Consistency(일관성) : 트랜잭션이 완료된 후에도 데이터베이스는 일관된 상태를 유지한다.

㉢ Isolation(격리성) : 여러 트랜잭션이 동시에 실행될 때 각 트랜잭션은 다른 트랜잭션에 영향을 받지 않아야 한다.

㉣ Durability(지속성) : 트랜잭션이 성공적으로 완료되면 그 결과는 영구적으로 저장되어야 한다.

〈트랜잭션 관련 SQL 명령어〉

Begin Transaction	트랜잭션 내에서 수행할 SQL 문장들을 묶어 트랜잭션 시작
Commit	트랜잭션의 변경 내용을 영구적으로 저장하고 트랜잭션 종료
Rollback	예외 또는 오류발생 시 트랜잭션을 취소하고 원래 상태로 되돌림
Savepoint	트랜잭션 내에 저장 포인트를 설정하여 해당 저장 포인트부터 롤백 수행
Auto Commit	자동 커밋 모드의 설정 또는 해제

❻ 시스템 카탈로그(System Catalog, 데이터 사전)

데이터베이스 관리 시스템(Data Base Management System ; DBMS) 내에 위치한 데이터베이스 구성 요소이다.

〈시스템 카탈로그의 기능〉

㉠ 데이터 객체 명세 : 데이터베이스에서 사용되는 모든 데이터 객체(릴레이션, 애트리뷰트, 인덱스, 데이터베이스 사용자 등)에 대한 명세를 제공하여 데이터의 구조와 특성을 문서화하고 이해할 수 있게 한다.

㉡ 메타데이터 저장 : 데이터베이스 객체의 정보를 저장하고 관리하기 위해 메타데이터(테이블 정보, 인덱스 정보, 제약 조건 등)를 시스템 테이블에 저장한다.

㉢ 접근 권한 : 데이터베이스 관리 시스템뿐만 아니라 사용자(시스템 관리자)도 접근이 가능하다.

01 데이터베이스에서 튜플 관계 해석을 기초로 한 데이터 언어는?

17년 1회

① SQL

② DML

③ DDL

④ QUEL

04 Commit과 Rollback 명령어에 의해 보장받는 트랜잭션의 특성은?

21년 1회, 20년 1·2회

① 병행성

② 보안성

③ 원자성

④ 로 그

해설

Commit은 트랜잭션 내의 모든 변경 사항을 영구적으로 저장하고, Rollback은 트랜잭션 내의 모든 변경 사항을 취소하여 원자성을 보장한다.

02 데이터베이스의 상태를 변환시키기 위하여 논리적 기능을 수행하는 하나의 작업 단위는?

22년 1회, 18년 1회, 17년 1회, 14년 2·3회

① 프로시저

② 모 듈

③ 트랜잭션

④ 도메인

05 DBMS에서 릴레이션, 애트리뷰트, 인덱스, 데이터베이스 사용자 등에 관한 정보가 저장되는 곳은?

20년 1·2회, 13년 1회, 12년 1회, 11년 1회

① 데이터사전

② 트랜잭션

③ ER다이어그램

④ 응용프로그램

03 데이터베이스에서 트랜잭션의 실행이 실패하였음을 알리는 연산자로 트랜잭션이 수행한 결과를 원래의 상태로 원상 복귀시키는 연산은?

17년 2회, 13년 3회

① Rollback

② Commit

③ Stack

④ Backup

06 시스템 카탈로그에 대한 설명으로 틀린 것은?

17년 2회, 11년 3회

① 사용자가 시스템 카탈로그 직접 갱신 가능

② 일반 질의어를 이용해 내용 검색 가능

③ DBMS가 생성하고, 유지하는 데이터베이스 내의 특별한 테이블의 집합체

④ 데이터베이스 스키마에 대한 정보 제공

데이터베이스를 쉽게 이해하고 이용할 수 있도록 관점에 따라 3단계 구조로 나눌 때 이에 포함되지 않는 단계는?

21년 3회

① 외부 단계(External Level)
② 개념 단계(Conceptual Level)
③ 내부 단계(Internal Level)
④ 저장 단계(Saving Level)

|정답| ④

한 줄 요약

데이터베이스의 3단계 구조는 데이터베이스의 설계와 관리를 쉽게 이해하고 조직화할 수 있도록 하나의 데이터베이스를 관점에 따라 세 단계로 나눈 것이다.

족집게 과외

1. 데이터베이스 3단계 구조

❶ **외부 단계(External Level)**

▶ 최종 사용자나 응용프로그램의 관점에서 데이터를 정의한다.

▶ 각 사용자나 응용프로그램은 자신의 필요에 따라 데이터에 접근하고 다룰 수 있도록 필요한 데이터의 일부만 볼 수 있다.

• 외부 스키마(External Schema, 익스터널 스키마) 외부 단계에서 최종 사용자나 응용프로그램의 관점에서 데이터를 정의한다.

예 은행 데이터베이스의 외부 스키마 : 은행 직원은 전체계좌 정보와 거래 내역을 볼 수 있고, 고객은 자신의 계좌 정보만 볼 수 있도록 각각의 외부 스키마가 정의된다.

❷ **개념 단계(Conceptual Level)**

▶ 관리자의 관점에서 데이터를 정의한다.

▶ 모든 사용자와 응용프로그램에게 공통적으로 제공되는 데이터베이스의 전체적인 구조를 정의한다.

• 개념 스키마(Conceptual Schema, 컨셉츄얼 스키마)

– 개념 단계에서 데이터베이스의 전체적인 논리 구조를 정의한다.

– 모든 데이터 개체, 일반적인 구조와 관계, 제약 조건, 접근 권한, 보안 정책 등의 명세이다.

– 데이터의 일관성과 무결성을 유지하는 데 중요한 역할을 한다.

❸ **내부 단계(Internal Level)**

▶ 데이터가 어떻게 저장되고 관리되는지, 데이터베이스 시스템의 성능을 최적화하기 위해 어떤 기술이 사용되는지 등의 물리적 구조를 정의한다.

▶ 데이터베이스 시스템의 성능 향상과 운영 관리에 중요한 역할을 한다.

• 내부 스키마(Internal Schema, 인터널 스키마) 내부 단계에서 데이터베이스의 물리적 구조를 정의한다.

01 데이터베이스 시스템의 구조에 포함되지 않는 단계는? 　　　　　　　　14년 3회, 09년 1회

① 외부 단계
② 개념 단계
③ 내부 단계
④ 저장 단계

02 3단계 데이터베이스 구조에서 각 단계의 스키마에 해당하지 않는 것은? 　　　　19년 3회, 14년 2회

① 내부 스키마
② 외부 스키마
③ 물리 스키마
④ 개념 스키마

03 데이터베이스에서 모든 데이터 개체, 제약 조건, 접근 권한, 보안 정책, 무결성 규칙 등을 명세한 것은? 　　　　　　　　　　　　　　18년 3회

① 구조 스키마
② 내부 스키마
③ 매핑 스키마
④ 개념 스키마

04 데이터베이스에 대한 명세를 나타내는 것은? 　　　　　　　　　　　　　　10년 3회

① 데이터베이스 구조
② 데이터베이스 스키마
③ 데이터베이스 제약조건
④ 데이터베이스 다이어그램

05 개념 스키마(Conceptual Schema)에 대한 설명으로 옳지 않은 것은? 　　　　　　21년 1회

① 데이터베이스의 전체적인 논리적 구조를 말한다.
② 개체 간의 관계와 제약조건을 나타낸다.
③ 데이터베이스의 접근 권한, 보안 및 무결성 규칙에 관한 명세를 정의한다.
④ 사용자나 응용 프로그래머가 접근하는 데이터베이스를 정의한 것이다.

06 데이터베이스 스키마에서 조직이나 기관의 총괄적인 입장에서 본 데이터베이스의 논리적 구조로 접근 권한, 보안 정책, 무결성 규칙 등에 관해 기술되어 있는 것은? 　　　　　　　13년 3회

① View Schema
② Conceptual Schema
③ Internal Schema
④ External Schema

데이터베이스의 데이터 모델링 방법으로 거리가 먼 것은?   16년 1회

① 개념적 데이터 모델링
② 논리적 데이터 모델링
③ 비절차적 데이터 모델링
④ 물리적 데이터 모델링

|정답|③

족집게 과외

1. 데이터베이스의 설계 3단계

❶ 개념적 설계(Conceptual Design)

어떤 종류의 데이터를 어떻게 구성할지 전체적인 아이디어를 만드는 단계이다.

〈수행작업〉

㉠ 요구사항 분석 : 데이터베이스에 필요한 정보를 수집한다.

㉡ 개념적 데이터 모델링

- 수집한 정보를 기반으로 엔터티(데이터 그룹) 관계(Entity Relationship ; ER)를 정의한다.
- 엔터티 관계 모델(Entity Relationship Model ; ERM)은 개체(Entities) 타입들 간의 관계(Relationships)를 이용하여 전체 논리 구조를 나타내는 추상적 모델이다.

㉢ 정규화(Normalization) : 데이터의 중복을 최소화하고 데이터 일관성을 유지하기 위해 릴레이션을 작게 분해하여 이상 현상을 제거하는 과정이다.

㉣ 데이터베이스의 이상 현상(Anomaly, 어널로미)

- 삽입 이상(Insertion Anomaly) : 어떤 릴레이션에 데이터를 삽입할 때 필수 정보가 누락되어 삽입할 수 없는 경우이다.
- 삭제 이상(Deletion Anomaly) : 튜플을 삭제할 때 다른 데이터도 함께 삭제되는 연쇄 삭제 현상으로 인한 정보 손실이다.
- 갱신 이상(Update Anomaly) : 데이터 갱신 시 중복된 튜플들 중에서 일부 튜플에 잘못된 값이 갱신(업데이트)될 경우 발생하는 모순성이다.

- 중복 데이터(Repeating Groups) : 동일한 정보가 여러 튜플에서 중복해서 나타날 때 중복된 정보 중 하나만 업데이트하면 일관성 문제가 발생한다.
- 비함수 종속(Functional Dependency Violation)
  - 함수 종속(Functional Dependency)은 어떤 속성(열, Attribute)이 다른 속성에 어떻게 종속되어 있는지를 나타내는 개념으로 비함수 종속은 어떤 속성이 다른 속성에 종속되지 않은 관계이다.
  - 하나의 테이블 내에서 하나의 속성이 다른 속성에 종속되지 않을 때 비함수 종속이 발생한다.
  - 비함수 종속이 발생하는 원인은 속성들 간에 존재하는 여러 종속 관계를 하나의 릴레이션에 표현하기 때문이다.

㉤ 데이터베이스의 정규화

- 제1정규형(1NF)
  - 테이블의 각 열(속성)은 중복된 값이 없어야 하며, 원자값(하나의 값)만 가진다.
  - 모든 행(튜플)은 기본 키(Primary Key)를 가진다.
- 제2정규형(2NF)
  - 테이블이 제1정규형을 만족해야 한다.
  - 기본 키에 대해 완전 함수 종속이어야 한다.
  - 완전 함수 종속은 어떤 열이 다른 열에 완전히 종속된 관계이다.

- 제3정규형(3NF)
  - 테이블이 제2정규형을 만족해야 한다.
  - 기본 키에 대해 이행 함수 종속(Transitive Dependency)을 제거해야 한다.
  - 이행 함수 종속은 하나의 정보가 다른 정보에 종속되는 관계이다.
- 보이스 코드 정규형(BCNF)
  - 테이블이 제3정규형을 만족해야 한다.
  - 모든 결정자(Determinant)가 후보 키(Candidate key)여야 하며 후보 키가 아닌 함수 종속은 제거한다.
  - 결정자는 다른 속성의 값을 결정하는 데 사용되는 속성이다.
- 제4정규형(4NF)
  - 테이블이 보이스 코드 정규형(BCNF)을 만족해야 한다.
  - 다치 종속(Multivalued Dependency)을 제거한다.
  - 다치 종속은 하나의 속성 값이 다른 속성 값과 별개로 여러 개의 값을 가질 때 발생하는 종속성이다.
    - 예 어떤 학생이 여러 개의 전공을 가질 수 있는 경우, 이러한 다치 종속 관계를 제거하고 정규화한다.

❷ 논리적 설계(Logical Design)

개념적 설계를 바탕으로 데이터를 어떻게 구조화할지 계획하는 단계이다.

〈수행작업〉

㉠ 논리적 데이터 모델링 : 개념적 모델을 논리적 데이터 모델로 변환한다.

㉡ 트랜잭션 인터페이스 설계 : 트랜잭션(Transaction)은 데이터베이스에서 수행되는 작업 또는 작업의 집합으로 데이터베이스에서 어떻게 트랜잭션을 수행할 것인지를 계획한다.

㉢ 스키마의 평가 및 정제 : 스키마(Schema)는 데이터의 구조와 형식으로 계획된 데이터베이스의 구조가 데이터와 일치하는지 확인하고 스키마를 정제(스키마를 개선하고 최적화)한다.

㉣ 데이터 무결성 조건 정의 : 다양한 키(Key)를 사용하여 데이터 무결성 제약 조건을 정의한다.

더 알아보기

키의 종류

- 기본 키(Primary Key ; PRI) : 테이블에서 각 행(Row)을 고유하게 식별할 수 있는 키이다.
- 외래 키(Foreign Key ; FK)
  - 다른 테이블의 기본 키를 참조하는 키이다.
  - 부모 테이블의 값과 일치하지 않더라도 NULL 값을 가진 레코드는 참조할 수 있다.
- 후보 키(Candidate Key) : 기본 키로 선택할 수 있는 후보가 되는 키이다.
- 대체 키(Alternate Key) : 기본 키 대신 사용할 수 있는 다른 식별자이다.
- 슈퍼 키(Super Key) : 테이블에서 특정 행(Row)을 식별할 수 있는 열(Column) 또는 열의 집합이다.

종 류	키의 특성		
	유일성	최소성	불변성
기본 키	O	O	O
외래 키	X	O	O
후보 키	O	O	O
대체 키	O	O	O
슈퍼 키	O	X	X

- 유일성(Uniqueness)은 키 값이 데이터베이스 내에서 고유하다는 것을 의미한다.
- 최소성(Minimality)은 키로 선택된 속성의 조합이 최소여야 한다는 원칙이다.
- 불변성(Immutability)은 키 값이 변경되지 않아야 한다는 것을 의미한다.

㉤ 인덱스 설계 : 인덱스(Index)는 특정 열에 대한 빠른 검색을 가능하게 해주는 데이터베이스의 자료구조로 데이터 액세스 성능을 향상시키기 위해 인덱스를 결정하고 정의한다.

❸ 물리적 설계(Physical Design)

논리적 설계를 기반으로 실제 데이터베이스 시스템에서 어떻게 저장할지 계획하는 단계이다.

〈수행작업〉

㉠ 물리적 데이터 모델링
- 저장 레코드 양식 설계(Stored Record Format Design) : 레코드 구조를 설계하고 데이터를 저장하는 방법을 결정한다.
- 파일 구조 설계(File Structure Design) : 데이터를 저장하는 파일 구조를 설계한다.
- 레코드 집중의 분석 및 설계(Record Clustering Analysis and Design) : 레코드 집중을 고려하여 데이터베이스 구조를 설계한다.

㉡ 성능 최적화
- 접근 경로 설계(Access Path Design) : 데이터에 빠르게 액세스하기 위한 인덱스 및 검색 경로를 설계한다.
- 성능 튜닝 및 최적화(Performance Tuning and Optimization) : 데이터베이스 시스템의 성능을 모니터링하고 최적화한다.
- 하드웨어 및 스토리지 구성(Hardware and Storage Configuration) : 적절한 하드웨어 및 스토리지 구성을 선택하여 데이터베이스 성능을 향상시킨다.

㉢ 보안 및 백업 계획 수립
- 보안 및 권한 관리 설계(Security and Authorization Design) : 보안 정책과 권한 관리를 설계하여 무단 액세스를 방지하고 데이터 무결성을 유지한다.
- 복구 및 백업 전략 설계(Recovery and Backup Strategy Design) : 데이터베이스 시스템의 안정성과 가용성 보장을 위해 장애 발생 시 시스템을 복구하기 위한 백업 및 복구 전략을 수립한다.

01 속성들로 기술된 개체 타입과 이 개체 타입들 간의 관계를 이용하여 전체 논리 구조를 나타내며, 실세계의 의미와 상호 작용을 추상적 개념으로 표현하는 데이터 모델은? 20년 1·2회

① Tree Data Model
② Software Data Model
③ Mesh Data Model
④ Entity-Relationship Model

02 E-R 다이어그램에 사용되는 기호와 의미 표현의 연결이 옳지 않은 것은? 21년 1회

① 밑줄 타원 – 기본 키 속성
② 사각형 – 다중 값
③ 마름모 – 관계 타입
④ 타원 – 속성

해설

E-R 다이어그램(Entity-Relationship Diagram ; ERD)은 데이터베이스 개념적 설계의 설계와 ER(Entity Relationship) 모델링에서 사용하는 도구로, 데이터베이스의 구조와 관계를 시각적으로 표현하는 데 사용한다.

사각형	엔티티 (Entity, 객체)
타원	속성 (Attribute)
밑줄타원	기본 키 (Primary Key) 속성
마름모	관계 (Relationship) 타입
—	개체 타입과 속성 연결
▭—◇—▭	개체 간의 관계 타입

03 관계형 데이터베이스에서 불필요한 정보의 중복으로 인한 문제점이 없도록 릴레이션을 작게 분해하는 과정은? 18년 3회

① 동등 조인
② 인덱싱
③ 정규화
④ 튜플

04 데이터의 중복으로 인해 릴레이션 조작 시 생기는 이상 현상(Anomaly)에 관련된 설명 중 옳지 않은 것은? 22년 1회

① 관계 모델에서는 에트리뷰들 간에 존재하는 여러 종속관계를 하나의 릴레이션에 표현하기 때문에 이상 현상이 발생한다.
② 한 튜플을 삭제함으로써 연쇄 삭제 현상으로 인한 정보의 손실을 삭제 이상이라고 한다.
③ 어떤 데이터를 삽입할 때 불필요하고 원하지 않는 데이터도 함께 삽입해야 되거나 삽입이 되지 않는 경우를 삽입 이상이라고 한다.
④ 데이터 갱신 시 중복된 튜플들 중에서 일부 튜플에 잘못된 값이 갱신될 경우 정보의 모순성이 생기는데 이를 갱신 이상이라고 한다.

해설

삽입 이상(Insertion Anomaly)은 어떤 릴레이션에 데이터를 삽입할 때 필수 정보가 누락되어 삽입할 수 없는 경우이다.

05 정규화 과정 중 BCNF에서 4NF가 되기 위한 조건은? 22년 1회

① 조인 종속성 이용
② 다치 종속 제거
③ 이행적 함수 종속 제거
④ 결정자이면서 후보 키가 아닌 함수 종속 제거

06 데이터베이스 설계의 논리적 설계 단계에서 수행하는 작업이 아닌 것은? 20년 3회

① 논리적 데이터 모델로 변환
② 트랜잭션 인터페이스 설계
③ 저장 레코드 양식 설계
④ 스키마의 평가 및 정제

07 데이터베이스의 테이블에서 기본 키(Primary Key)로 사용하기에 부적절한 항목은? 19년 3회, 14년 1회

① 주민등록번호
② 학 번
③ 계좌번호
④ 제품가격

> **해설**
> 기본 키는 각 행을 고유하게 식별하는 키로, 제품가격은 여러 제품이 동일한 가격을 가질 수 있으므로 적절하지 않다.

08 릴레이션에 있는 모든 튜플에 대해 유일성은 만족시키지만 최소성은 만족시키지 못하는 키는? 20년 1 · 2회

① 후보 키
② 슈퍼 키
③ 공유 키
④ 외래 키

> **해설**
> ① 후보 키 : 유일성과 최소성을 만족시킨다.
> ③ 공유 키 : 데이터베이스 관련 용어가 아닌 암호화 관련 용어로 대칭 암호화(Symmetric Encryption)에 사용되는 비밀키(Secret Key)를 가리킨다.
> ④ 외래 키 : 유일성은 만족시키지 못하지만 최소성은 만족시킨다.

09 데이터베이스의 물리적 설계에 포함되지 않는 것은? 22년 1회, 18년 1회

① 저장 레코드 양식 설계
② 트랜잭션 인터페이스 설계
③ 레코드 집중의 분석 및 설계
④ 접근 경로 설계

10 데이터베이스의 물리적 설계 단계와 거리가 먼 것은? 20년 1 · 2회

① 저장 레코드 양식 설계
② 레코드 집중의 분석 및 설계
③ 트랜잭션 인터페이스 설계
④ 접근 경로 설계

다음이 설명하는 내용은?

20년 1·2회, 14년 1회

> 관계형 데이터 모델에서 기본 키를 구성하는 속성들은 반드시 값을 가져야 하며 널 값이나 중복 값을 가져서는 안 된다.

① 널 무결성   ② 필드 무결성
③ 개체 무결성   ④ 자료 무결성

|정답|③

한 줄 요약

DBMS(Database Management System, 데이터베이스 관리 시스템)은 데이터베이스를 생성, 관리, 조작, 검색하는 데 사용하는 소프트웨어로 데이터를 효율적으로 구성하고 제어하는 역할을 한다.

족집게 과외

1. DBMS의 목적

❶ 데이터 관리

데이터를 구조화하여 데이터 중복을 최소화하고 데이터 일관성을 유지한다.

❷ 데이터 검색

사용자가 데이터를 쉽게 검색하고 추출할 수 있도록 쿼리 언어를 제공한다.

❸ 데이터 보안

데이터베이스에 접근 권한을 관리하고 데이터를 보호한다.

❹ 데이터 무결성 유지

잘못된 데이터 입력을 방지하여 데이터의 일관성과 무결성을 유지한다.

〈데이터 무결성의 원칙〉

㉠ 개체 무결성(Entity Integrity)
  • 중복된 데이터를 방지하고 각 행을 고유하게 식별하기 위해 모든 테이블은 고유한 기본 키(Primary key)를 가진다.

  • 기본 키를 구성하는 속성들은 널 값이 아니고 중복 값이 없는 원자값을 가진다.
㉡ 참조 무결성(Referential Integrity) : 다른 테이블에 있는 데이터를 참조하는 외래 키(Foreign Key)가 설정되었을 때 외래 키는 항상 부모 테이블의 기본 키를 참조한다.
  예 외래 키를 변경하려면 참조한 릴레이션의 기본 키도 변경해야 한다.
㉢ 도메인 무결성(Domain Integrity) : 각 열(속성)은 데이터 형식, 값 범위 및 제약 조건을 준수하는 도메인 값을 갖는다.
  예 나이 열은 음수 값이 아닌 양수 값이어야 한다.
㉣ 필드 무결성(Field Integrity) : 각 열(속성)은 데이터 유형, 길이 등에 관한 규칙을 갖는다.
㉤ 자료 무결성(Data Integrity) : 저장된 데이터는 일관되고 정확하게 유지된다.

❺ 데이터 백업 및 복구

데이터를 안전하게 백업하고 장애 발생 시 데이터를 복구한다.

❻ 동시 접근 관리(Concurrency Control)

다수의 사용자가 동시에 데이터베이스에 접근할 때 충돌을 방지하고 동시 접근을 관리한다.

2. DBMS의 기능

❶ 정의 기능(Definition Functionality)

▶ 데이터 정의 언어(Data Definition Language ; DDL)를 사용하여 데이터베이스 구조를 정의한다.

▶ 데이터의 형식, 길이, 관계 등을 관리한다.

❷ 조작 기능(Manipulation Functionality)

▶ 데이터 조작 언어(Data Manipulation Language ; DML)를 사용하여 데이터를 조작한다.

▶ 데이터 검색, 삽입, 변경, 삭제 등 데이터베이스의 내용 변경 기능을 제공한다.

❸ 제어 기능(Control Functionality)

▶ 데이터 제어 언어(Data Control Language ; DCL)를 사용하여 데이터를 제어한다.

▶ 데이터의 무결성, 정확성, 안전성을 유지하고 제약 조건을 검증한다.

▶ 정당한 사용자가 허가된 데이터에만 접근할 수 있도록 보안을 유지하고 권한을 검사한다.

▶ 트랜잭션 관리로 데이터베이스 연산을 일관성 있게 처리하여 동시성(Concurrency, 컨커런시)을 보장한다.

▶ 백업, 복원, 병합, 복제, 성능 최적화 등의 기능을 제공한다.

> **더 알아보기**
>
> **암기 TIP**
> DBMS의 기능의 첫 글자 : 정.조.제

01 관계데이터 모델의 무결성 제약 중 기본 키 값의 속성 값이 널(null)값이 아닌 원자값을 갖는 성질은?

21년 1회

① 튜플의 희소성
② 애트리뷰트 무결성
③ 개체 무결성
④ 도메인 무결성

02 릴레이션 R1에 속한 애트리뷰트의 조합인 외래 키를 변경하려면 이를 참조하고 있는 R2의 릴레이션의 기본 키도 변경해야 하는데 이를 무엇이라고 하는가?

18년 1회

① 카디널리티
② 개체 무결성
③ 참조 무결성
④ 기본 키

03 관계형 모델 및 데이터베이스에 대한 설명으로 틀린 것은?

21년 3회

① 관계형 데이터베이스는 관계형 모델에 기반하여 데이터들 간의 관계를 나타내기 위해 테이블들의 집합을 사용한다.
② 관계형 데이터베이스의 논리적 구조는 트리(Tree) 형태이다.
③ 관계형 모델은 레코드-기반 모델의 한 예로 볼 수 있다.
④ 잘못된 스키마 설계 시 정보의 불필요한 중복 문제를 가진 스키마가 나타날 수 있다.

해설
② 관계형 데이터베이스의 논리적 구조는 테이블(Table) 간의 관계를 나타내며 테이블 간의 관계는 외래 키(Foreign Key)로 정의된다.
③ 관계형 데이터베이스는 테이블로 구성되며, 각 테이블은 레코드(Record)로 구성된다.

04 DBMS의 필수 기능으로 거리가 먼 것은?

20년 1 · 2회, 12년 3회

① 정 의
② 저 장
③ 조 작
④ 제 어

05 DBMS을 통해 사용할 수 있는 데이터 언어 중 불법적인 사용자로부터 데이터를 보호하기 위한 데이터 보안, 시스템 장애에 대비한 회복을 제어하는 명령어는?

21년 3회, 14년 2회

① 데이터 정의어(DDL)
② 데이터 제어어(DCL)
③ 데이터 조작어(DML)
④ 데이터 부속어(DSL)

06 DBMS의 필수 기능 중 제어 기능에 대한 설명으로 옳지 않은 것은?

20년 3회

① 데이터베이스를 접근하는 갱신, 삽입, 삭제 작업이 정확하게 수행되어 데이터의 무결성이 유지되도록 한다.
② 정당한 사용자가 허가된 데이터만 접근할 수 있도록 보안을 유지하고 권한을 검사할 수 있어야 한다.
③ 여러 사용자가 데이터베이스를 동시에 접근하여 데이터를 처리할 때 처리 결과가 항상 정확성을 유지하여야 한다.
④ 데이터와 데이터 관계를 명확하게 명세할 수 있어야 하며, 원하는 데이터 연산은 무엇이든 명세할 수 있어야 한다.

다음 중 DBMS의 구성 요소로 가장 거리가 먼 것은?

11년 1회

① DDL 컴파일러
② 질의어 컴파일러
③ 예비 컴파일러
④ DBA

| 정답 | ④

족집게 **과외**

1. 데이터베이스 사용자 분류

❶ 데이터베이스 관리자(DataBase Administrator ; DBA)

데이터베이스 시스템의 설계, 구축, 유지 보수, 모니터링을 수행하는 전문가이다.

❷ CRUD 사용자

데이터베이스에 Create(생성), Read(읽기), Update(갱신), Delete(삭제)를 하는 최종사용자(End User)이다.

❸ 응용 프로그래머(Application Programmer)

프로그래밍 언어와 기술을 사용하여 소프트 응용프로그램을 개발하는 역할을 한다.

2. DBMS의 주요 구성 요소

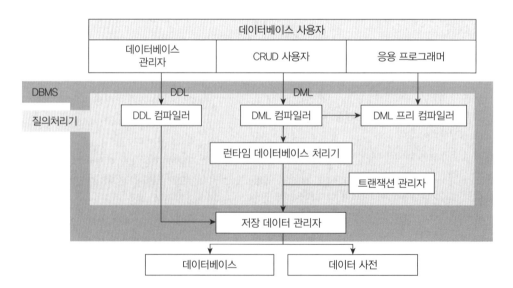

❶ 질의 처리기(Query Processor)

사용자가 데이터베이스로부터 정보를 검색하고 조작하기 위해 SQL(Structured Query Language) 문장을 처리하는 데 사용한다.

ㄱ 질의어 컴파일러(Query Compiler)
  - DDL 컴파일러(Data Definition Language Compiler) : DDL(데이터 정의 언어)을 처리하고 데이터베이스 스키마를 관리한다.
  - DML 컴파일러(Data Manipulation Language Compiler) : DML(데이터 조작 언어)을 처리하고 데이터 조작 작업을 수행한다.

ㄴ DML 프리 컴파일러(Pre-Compiler) : DML을 예비 컴파일하는 데 사용한다.

❷ 런타임 데이터베이스 처리기(Runtime Database Processor)

데이터 검색 또는 갱신(업데이트)과 같은 데이터베이스 연산을 수행하며, 해당 작업은 실제로 디스크에 저장된 데이터베이스에서 실행된다.

❸ 트랜잭션 관리자(Transaction Manager)

데이터베이스 작업의 논리적인 단위인 트랜잭션을 관리, 제어한다.

〈트랜잭션 관리자의 기능〉

ㄱ 트랜잭션 관리 : Begin Transaction(트랜잭션의 시작), Commit(커밋, 완료), Rollback(롤백, 취소) 등을 관리하여 데이터 일관성을 보장한다.

ㄴ 병행수행 연산 제어(Concurrency Control) : 다수의 사용자나 트랜잭션들이 동시에 데이터베이스에 접근하려고 할 때 데이터 접근의 동시성을 관리하고 충돌을 방지하기 위한 병행 제어 기능을 제공한다.

더 알아보기

병행수행 연산 시 발생할 수 있는 문제점
- 갱신 분실(Lost Update)
  - 두 개 이상의 트랜잭션이 동일한 데이터를 동시에 읽고 수정할 때 발생한다.
  - 하나의 트랜잭션이 데이터를 변경한 후 다른 트랜잭션이 동일한 데이터를 변경하면, 첫 번째 트랜잭션의 변경이 손실되는 경우이다.
- 모순성(Inconsistency)
  한 트랜잭션이 다른 트랜잭션에서 읽은 데이터를 수정하거나 삭제할 때 데이터 일관성이 깨질 때 발생한다.
- 연쇄 복귀(Cascading Rollback)
  한 트랜잭션이 Rollback되면 다른 트랜잭션도 영향을 받아 Rollback되는 경우이다.
- 데이터 손실(Data Loss)
  Commit(완료)되지 않은 트랜잭션의 결과가 사라지거나 데이터베이스 시스템 장애로 인해 데이터가 손실되는 경우이다.
- 데드락(Deadlock)
  트랜잭션 간의 대기 상태로 다수의 트랜잭션이 서로의 작업을 기다리며 무한정으로 진행할 수 없게 된다.

ㄷ 지연된 갱신(Deferred Update) 관리 : 트랜잭션의 변경 사항을 실제 데이터베이스에 반영하는 시점 조절이 가능하다.

ㄹ 회복 관리(Recovery Management) : 시스템이 비정상적으로 종료되는 등의 상황이 발생하면 로그 파일을 사용하여 시스템을 회복한다.

❹ 저장 데이터 관리자(Storage Data Manager)

데이터베이스에 저장되어 있는 사용자 데이터베이스 및 데이터 사전(시스템 카탈로그)을 관리하고 유지한다.

❺ 데이터 사전(시스템 카탈로그, System Catalog)

▶ DBMS가 스스로 생성하고 유지하는 데이터베이스 내의 특별한 테이블의 집합체로 테이블 정보, 인덱스 정보 등을 저장하는 시스템 테이블로 구성된다.

▶ 데이터베이스가 취급하는 모든 데이터 객체(릴레이션, 애트리뷰트, 인덱스, 데이터베이스 사용자 등)에 대한 정의와 명세 정보를 관리하며 일반 질의어(DML)를 이용해 그 내용을 검색할 수 있다.

▶ 데이터베이스 관리 시스템뿐만 아니라 사용자(시스템 관리자)도 데이터 사전 접근 권한이 있다.

〈시스템 카탈로그 테이블의 종류〉

ⓐ Information_Schema 테이블 : 표준 시스템 카탈로그로 데이터베이스 객체에 대한 정보를 저장한다.

ⓑ Sys.Columns 테이블 : 데이터베이스 내 테이블의 열에 대한 정보를 저장한다.

ⓒ Sys.Tables : 데이터베이스 내 테이블에 대한 정보를 저장한다.

ⓓ Sys.Views 테이블
  • 데이터베이스 내 뷰(VIEW)에 대한 정보를 저장한다.
  • 뷰(VIEW)는 실제 데이터를 포함하지 않고 데이터베이스 내의 다른 테이블로부터 유도(생성)된 가상 테이블이다.

01 데이터베이스 관리 시스템(DBMS)의 구성 요소 중 디스크에 저장되어 있는 사용자 데이터베이스 및 데이터 사전을 관리하고, 실제로 접근하는 역할을 담당하는 것은? <small>21년 3회</small>

① 중간 데이터 관리자(Middle Data Manager)
② 질의 데이터 분석기(Query Data Analyzer)
③ 응용 프로그래머(Application Programmer)
④ 저장 데이터 관리자(Stored Data Manager)

해설

①·② 중간 데이터 관리자와 질의 데이터 분석기는 일반적으로 사용하지 않는 용어이다.
③ 응용 프로그래머는 프로그래밍 언어와 기술을 사용하여 소프트 응용 프로그램을 개발하는 역할을 한다.

02 DBMS에서 검색이나 갱신과 같은 데이터베이스 연산을 저장 데이터 관리자를 통해 디스크에 저장된 데이터베이스를 실행하는 것은? <small>13년 3회, 11년 1회, 09년 3회</small>

① DDL 컴파일러
② 예비 컴파일러
③ 질의어 연산기
④ 런타임 데이터베이스 처리기

03 데이터베이스에서 병행수행 연산에 대해 적절한 제어가 되지 않을 경우 발생하는 문제가 아닌 것은? <small>16년 2회, 11년 3회</small>

① 갱신 분실(Lost Update)
② 중복성(Redundancy)
③ 모순성(Inconsistency)
④ 연쇄 복귀(Cascading Rollback)

04 시스템 카탈로그(System Catalog)라고도 하며 데이터베이스가 취급하는 모든 데이터 객체들에 대한 정의나 명세에 관한 정보를 유지관리하며, 시스템뿐만 아니라 사용자도 접근 가능한 것은? <small>07년 1회</small>

① 데이터 사전
② 데이터 디렉터리
③ 데이터 파일
④ 데이터 로그

05 데이터베이스 시스템에서 시스템 카탈로그에 대한 설명으로 옳지 않은 것은? <small>17년 3회</small>

① 테이블 정보, 인덱스 정보 등을 저장하는 시스템 테이블로 구성된다.
② 사용자는 접근할 수 없고 시스템만 접근할 수 있다.
③ 일반 질의어를 이용해 그 내용을 검색할 수 있다.
④ DBMS가 스스로 생성하고 유지하는 데이터베이스 내의 특별한 테이블의 집합체이다.

06 데이터베이스 시스템 카탈로그의 구성 요소가 아닌 것은? <small>19년 3회, 15년 1회, 09년 3회</small>

① SYSCOLUMNS
② SYSTABLES
③ SYSCONTENTS
④ SYSVIEW

SQL 데이터 정의어(DDL)에 해당되지 않는 것은?   21년 1·3회, 18년 2회, 12년 1회

① DROP
② CREATE
③ ALTER
④ UPDATE

|정답| ④

족집게 과외

1. SQL 기본 명령어

DDL (Data Definition Language, 데이터 정의어)	CREATE	테이블(TABLE), 뷰(VIEW) 등의 작성 및 정의
	ALTER	테이블의 구조 변경
	DROP	테이블, 뷰 등의 삭제
DML (Data Manipulation Language, 데이터 조작어)	SELECT	테이블 필드(열)에서 데이터 검색
	INSERT	테이블 필드에 새로운 행 삽입
	DELETE	테이블에 저장되어 있는 행 삭제
	UPDATE	테이블에 저장되어 있는 데이터 갱신
DCL (Data Control Language, 데이터 제어어)	GRANT	객체(테이블, 뷰 등)에 접근 권한 부여
	REVOKE	객체에 접근 권한 부여 해제
	COMMIT	데이터 변경 완료
	ROLLBACK	데이터 변경 취소

01 SQL에서 VIEW를 삭제할 때 사용하는 명령은?

20년 3회, 15년 3회, 13년 1회

① DROP
② ERASE
③ DELETE
④ KILL

02 다음 SQL 명령 중 DML에 해당하지 않는 것은?

20년 1·2회, 12년 3회

① SELECT
② ALTER
③ DELETE
④ UPDATE

03 SQL 명령어에 대한 설명이 옳은 것은?

21년 3회

① DELETE : 테이블을 삭제하는 명령이다.
② DROP : 테이블의 튜플을 삭제하는 명령이다.
③ SELECT : 테이블에서 조건에 맞는 행과 열을 검색하는 명령이다.
④ JOIN : 조건에 맞는 행과 열을 추가하는 명령이다.

해설
① DELETE : 행을 삭제한다.
② DROP : 테이블이나 뷰를 삭제한다.
④ JOIN : 두 개 이상의 테이블에서 데이터를 결합한다.

04 SQL에서 DELETE 명령에 대한 설명으로 옳지 않은 것은?

22년 1회, 18년 3회

① DELETE 명령으로 삭제한 레코드는 Rollback 을 사용할 수 없다.
② WHERE절의 조건을 만족하는 레코드를 모두 삭제한다.
③ 테이블을 완전히 제거하는 DROP과는 다르다.
④ SQL문 'DELETE FROM 직원'은 직원 테이블의 모든 레코드를 삭제한다.

05 SQL 데이터 조작문에 속하지 않는 것은?

17년 2회, 16년 1회, 13년 1회, 10년 3회, 08년 1회

① GRANT
② SELECT
③ UPDATE
④ INSERT

06 다음 중 데이터베이스 객체에 권한을 부여하는 의미로 사용되는 명령어는?

13년 3회, 08년 1회

① CREATE
② ALTER
③ GRANT
④ REVOKE

다음 SQL문이 의미하는 것은?

21년 3회, 15년 3회, 12년 3회

> DROP TABLE 성적 CASCADE;

① 성적 테이블만 삭제된다.
② 성적 테이블을 참조하는 테이블과 성적 테이블을 삭제한다.
③ 성적 테이블이 참조 중이면 삭제하지 않는다.
④ 성적 테이블을 삭제할지의 여부를 사용자에게 다시 질의한다.

┃정답┃ ②

족집게 **과외**

1. SQL 주요 명령어

분류	명령어	역할		
개체 참조	CASCADE	제거할 개체를 참조하는 다른 모든 개체를 함께 제거		
	RESTRICT	제거할 개체를 참조 중일 경우 제거하지 않음		
데이터 검색 및 필터링	WHERE	조건에 맞는 데이터 검색		
	ORDER BY	검색 결과 정렬	ASC	오름차순, Ascending
			DESC	내림차순, Descending
	DISTINCT	중복값 제거		
	GROUP BY	데이터를 그룹화하여 각 그룹에 대한 집계 생성		
	HAVING	그룹화된 데이터에 조건을 적용		
집계 함수 명령어	COUNT	행의 개수 세기		
	SUM	합계 계산		
	AVG	평균 계산		
	MAX	최댓값 찾기		
	MIN	최솟값 찾기		
조인 명령어	EQUI JOIN	두 테이블 간의 정확한 일치를 기반으로 조인. 등가(等價, 같은 값) 조인		
	Nonequi JOIN	두 테이블 간의 값이 정확하게 일치하지 않는 경우 조인. 비등가 조인		
	INNER JOIN	두 테이블 사이에서 일치하는 행만 가져오는 조인		
	LEFT JOIN	왼쪽 테이블의 모든 행과 일치하는 오른쪽 테이블의 행을 가져오는 조인		
	RIGHT JOIN	오른쪽 테이블의 모든 행과 일치하는 왼쪽 테이블의 행을 가져오는 조인		
	FULL JOIN	양쪽 테이블의 모든 행을 가져오는 조인		
사용자 식별	CREATE USER	사용자 생성		
	RENAME USER	사용자의 이름 변경		
	IDENTIFIED	사용자 계정의 비밀번호 설정 또는 변경		

01 SQL의 Select문에서 검색 조건을 지정하는 절은?

20년 3회, 15년 3회, 11년 1회

① ORDER BY
② FROM
③ WHERE
④ GROUP BY

02 다음 SQL 명령으로 옳은 것은?

22년 1회, 19년 3회, 17년 1회

> • 기본 테이블 A의 열(x, y) 조합에 B라는 색인을 생성한다.
> • 그 색인 내용은 x(오름차순), y(내림차순)이다.

① CREATE INDEX B ON A (x, y DESC) ;
② CREATE INDEX B ON A (x, y) ;
③ CREATE INDEX A ON B (x DESC, y DESC) ;
④ CREATE INDEX A ON B (x DESC, y) ;

해설
ASC(오름차순) 명령을 사용하지 않으면 기본적으로 오름차순으로 정렬된다.

03 학생(STUDENT) 테이블에 어떤 학과(DEPT)들이 있는지 검색하고 결과의 중복을 제거하는 방법으로 맞는 것은?

21년 1회, 17년 3회, 14년 1회

① SELECT DEPT FROM STUDENT;
② SELECT ALL DEPT FROM STUDENT;
③ SELECT * FROM STUDENT WHERE DISTINCT DEPT;
④ SELECT DISTINCT DEPT FROM STUDENT;

해설
DISTINCT는 중복값을 제거하는 명령어이다.

04 SQL의 함수에 대한 설명으로 틀린 것은?

14년 3회, 10년 1회

① 평균 = AVG( )
② 개수 = COUNT( )
③ 최댓값 = MAX( )
④ 값의 합 = TOT( )

05 데이터베이스에서 사용자 암호 변경 시 다음 (　　)에 알맞은 것은?

14년 3회

> ALTER USER scott (　) BY tiger

① MODIFIED
② UPDATED
③ IDENTIFIED
④ DELETED

해설
ALTER USER scott IDENTIFIED BY tiger : 사용자 scott의 비밀번호를 tiger로 변경하라

06 데이터베이스의 EMP 테이블에서 부서별로 급여의 평균을 구하되 평균이 20000 이상인 부서만 조회하는 SQL 명령으로 옳은 것은? (단, 부서 : DEPTNO, 급여 : SALARY이다)   22년 1회

① SELECT DEPTNO, AVG(SALARY) FROM EMP GROUP BY DEPTNO HAVING AVG(SALARY) >= 20000;

② SELECT DEPTNO, AVG(SALARY) FROM EMP WHERE AVG(SALARY) >= 20000 GROUP BY DEPTNO;

③ SELECT DEPTNO, AVG(SALARY) FROM EMP WHERE AVG(SALARY) >= 20000;

④ SELECT DEPTNO, AVG(SALARY) FROM EMP HAVING AVG(SALARY) >= 20000;

해설

EMP 테이블에서 부서별로 급여의

테이블 이름	GROUP BY 데이터 그룹화

평균을 구하되 평균이 20000 이상인 부서만

AVG 평균 계산	HAVING 데이터 그룹에 조건 적용

부서만 조회

SELECT 테이블 검색

• 구문(Syntax)은 문장을 구성할 때 반드시 지켜야 하는 규칙이다.
  – 데이터 검색 구문 :

  SELECT DEPTNO FROM EMP + 조건 → EMP 테이블의 DEPTNO 열을 조건으로 검색하라
  – HAVING 절 조건 구문 :

SELECT	+	FROM	+	GROUP BY	필드명	+

HAVING	조 건

  SELECT DEPTNO FROM EMP GROUP BY DEPTNO HAVING AVG(SALARY) >= 20000;

  HAVING 절은 그룹화된 데이터에 조건을 적용하는 데 사용되며, SELECT 문과 함께 사용될 때는 GROUP BY 절이 필요하다.

• 구문해석

SELECT DEPTNO, AVG(SALARY)

부서 필드검색	급여 평균

FROM EMP GROUP BY DEPTNO

EMP	부서의

HAVING AVG(SALARY) >= 20000;

급여가 20000 이상

관계 데이터 연산에서 관계대수의 순수 관계 연산자가 아닌 것은? 　21년 3회, 18년 3회, 17년 3회, 11년 3회

① Select

② Division

③ Union

④ Join

해설

관계 대수(Relational Algebra, 릴레이션 알지브라)는 관계형 데이터베이스에서 데이터를 조작하고 처리하기 위한 언어로 데이터베이스 시스템에서 다양한 연산을 수행하기 위해 사용한다.

┃정답┃ ③

족집게 과외

1. 관계대수 연산자의 종류

❶ 일반 집합 연산자

수학적 집합 이론에서 사용하는 연산자로 다수의 집합을 조작하고 결합하는 데 사용한다.

㉠ ∪(Union, 유니온) : 합집합

㉡ ∩(Intersection, 인터섹션) : 교집합

㉢ −(Difference, 디퍼런스) : 차집합

㉣ ×(Cartesian Product, 카테시안 곱) : 곱집합

❷ 순수 관계 연산자(Relational Operators)

관계형 데이터베이스에서 사용하는 연산자로 SQL(Structured Query Language)의 Query(쿼리, 질의)를 작성하는 데 사용한다.

㉠ π(Project, Projection, 프로젝션) : 특정 열을 선택

㉡ σ(Select, Selection, 셀렉션) : 주어진 조건을 만족하는 튜플들을 선택

㉢ ∞(Join, 조인) : 두 릴레이션의 공통 속성을 연결

㉣ ÷(Division, 디비전) : 두 릴레이션에서 특정 속성을 제외한 속성만 검색

01 관계대수의 연산 중 릴레이션에서 참조하는 속성을 선택하여 분리해 내는 연산은?

16년 1회, 12년 3회

① 셀렉션
② 조 인
③ 디비전
④ 프로젝션

02 데이터베이스에서 순수 관계 연산자 중 Project 연산의 연산자 기호는?

19년 1회

① π
② σ
③ −
④ ε

03 다음 중 조인(Join) 처리방법이 아닌 것은?

20년 1·2회

① Sord−Merge 조인
② Hash 조인
③ Nested−Loop 조인
④ Cartesian Loop 조인

04 다음 성질을 만족하는 관계 연산자는?

19년 1회

카디널리티 : |R − S| ≤ |R|
차수 : R 또는 S의 차수
(단, R, S는 릴레이션)

① 합집합
② 차집합
③ 교집합
④ 조 인

해설

|R − S| ≤ |R|
R에서 S를 뺀 것이 R의 크기보다 작거나 같다. → 차집합을 나타내는 부등식이다.

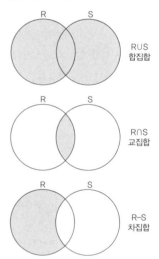

관계형 데이터베이스에서 뷰(View)에 대한 설명으로 틀린 것은? 18년 2회, 14년 3회, 10년 3회

① 데이터의 접근을 제어하게 함으로써 보안을 제공한다.
② 다른 뷰의 정의에 사용될 수 있다.
③ 물리적인 테이블로 관리가 편하다.
④ 뷰가 정의된 기본 테이블이 제거되면 뷰도 자동으로 제거된다.

| 정답 | ③

족집게 과외

1. SQL DDL 구문

CREATE	CREATE TABLE 60kim	이름이 60kim이라는 테이블 생성
	CREATE VIEW 60kim	가상 테이블 60kim 생성
ALTER	ALTER TABLE 60kim	이름이 60kim인 테이블을 수정
	ALTER VIEW 60kim	가상 테이블 60kim 수정
DROP	DROP TABLE 60kim	이름이 60kim인 테이블을 삭제
	DROP VIEW 60kim	가상 테이블 60kim 삭제

2. VIEW의 특장점

VIEW(뷰)는 실제 데이터를 포함하지 않고 데이터베이스 내의 다른 테이블로부터 유도(생성)된 가상 테이블이다.

❶ 복잡한 테이블의 단순 접근
▶ 복잡한 쿼리의 실행이나 여러 테이블 간의 조인 작업 없이 다른 뷰 위에 정의할 수 있어 데이터 모델을 단순화하고 데이터의 접근 제어를 더 쉽게 한다.
▶ 필요한 데이터만 뷰로 정의해서 처리할 수 있기 때문에 관리가 용이하다.

❷ 데이터 일관성
▶ 원본 데이터가 변경될 때 뷰의 내용도 업데이트되어 데이터의 일관성이 유지된다.
▶ 뷰가 정의된 기본 테이블이 삭제되면 관련된 뷰도 자동으로 제거되니 주의가 필요하다.

❸ 데이터 독립성
논리적 독립성을 제공하여 응용 프로그램이나 쿼리가 데이터 구조의 변경 없이 뷰를 사용할 수 있게 한다.

❹ 보안 강화
데이터베이스 사용자에 대한 접근을 제어하고, 필요한 경우 일부 데이터를 뷰를 통해 필터링하여 데이터 보안을 강화한다.

01 관계 데이터베이스에서 뷰(View)를 사용하는 장점으로 거리가 먼 것은? 　20년 1 · 2회, 12년 1회

① 데이터 독립성
② 보안 강화
③ 성능 향상
④ 복잡한 테이블의 단순 접근

02 뷰(VIEW)에 관한 설명으로 옳지 않은 것은?
　18년 3회

① 하나의 뷰를 제거하면 그 뷰를 기초로 정의된 다른 뷰는 제거되지 않는다.
② SQL에서 뷰를 생성할 때 CREATE 문을 사용한다.
③ 뷰는 가상 테이블이므로 물리적으로 구현되어 있지 않다.
④ 필요한 데이터만 뷰로 정의해서 처리할 수 있기 때문에 관리가 용이하다.

03 SQL 문의 뷰(View) 특성으로 틀린 것은?
　20년 3회

① 데이터의 논리적 독립성을 제공할 수 있다.
② 뷰 위에 또 다른 뷰를 정의할 수 있다.
③ 뷰는 하나의 테이블에서만 유도되어 만들어진다.
④ 뷰는 가상 테이블이다.

04 SQL 문의 뷰(View)에 대한 설명으로 틀린 것은?
　17년 3회

① 다른 테이블로부터 유도된 가상 테이블이다.
② 삽입, 삭제, 갱신 연산에 제약이 따른다.
③ 뷰 위에 또 다른 뷰를 정의할 수 있다.
④ 뷰 제거 시 ALTER 문을 사용한다.

05 EMP 테이블의 데이터와 테이블 구조 정의 모두 삭제 시 옳은 것은? 　17년 1회

① DROP TABLE EMP;
② DELETE EMP;
③ DELETE EMP WHERE 0 > < 1;
④ TRUNC TABLE EMP;

해설
EMP는 테이블명이다.

06 기본 테이블 X를 이용하여 view V1을 정의, view V1을 이용하여 다시 view V2가 정의되었다. 기본 테이블 X와 view V2를 조인하여 view V3을 정의하였을 때 아래와 같은 SQL문이 실행되면 결과는? 　19년 1회, 14년 3회

> DROP VIEW V1 RESTRICT

① V1만 삭제된다.
② X, V1, V2, V3 모두 삭제된다.
③ V1, V2, V3만 삭제된다.
④ 하나도 삭제되지 않는다.

해설

DROP	VIEW V1	RESTRICT
삭제	뷰 V1	제거할 개체를 참조 중일 경우 제거하지 않음

• 뷰 V1을 삭제하되 다른 개체가 참조 중이면 삭제하지 않는다.

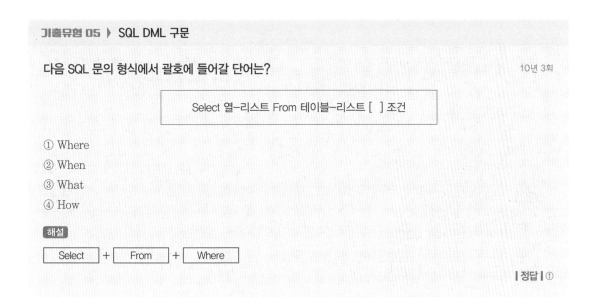

다음 SQL 문의 형식에서 괄호에 들어갈 단어는?

10년 3회

Select 열−리스트 From 테이블−리스트 [ ] 조건

① Where
② When
③ What
④ How

해설

Select + From + Where

| 정답 | ①

족집게 과외

1. SQL DML 구문

SELECT	테이블 검색	select	필드명	+	from	테이블명	+	where	조 건
INSERT	행 삽입	insert	+	into	+	value			
DELETE	행 삭제	delete	+	from	+	where			
UPDATE	데이터 갱신	update	+	set	+	where			

01 SQL 문장의 데이터 조작 언어 구문으로 옳지 않은 것은?   17년 3회

① UPDATE.../ SET...
② INSERT.../ INTO...
③ DELETE.../ FROM...
④ CREATE VIEW.../ TO

> **해설**
> ④ CREATE는 데이터 정의 언어이다.
>
> | ① | Update | + | Set | + | Where |
> |---|---|---|---|---|---|
> | ② | Insert | + | Into | + | Value |
> | ③ | Delete | + | From | + | Where |

02 직원 테이블에서 [급여]가 200 이상인 직원에 대해 [나이]는 오름차순, [급여]는 내림차순으로 직원의 [성명]을 검색하는 구문으로 맞는 것은?   19년 1회, 14년 2회

① SELECT 나이 FROM 직원 WHERE 급여 >= 200 ORDER BY 성명 ASC, 급여 DESC ;
② SELECT 급여 FROM 직원 WHERE 급여 > 200 ORDER BY 나이, 성명 ;
③ SELECT 성명 FROM 나이 WHERE 급여 >= 200 ORDER BY 나이 DESC, 성명 ASC ;
④ SELECT 성명 FROM 직원 WHERE 급여 >= 200 ORDER BY 나이 ASC, 급여 DESC ;

> **해설**
> **테이블 검색 구문**
>
> | Select | 필드명 | + | From | 테이블명 | + | Where | 조 건 |
> |---|---|---|---|---|---|---|---|

03 다음 SQL 문장 중 column1의 값이 널 값(Null Value)인 경우를 검색하는 문장은?   18년 1회, 15년 3회, 11년 3회

① select * from ssTable where column1 is null;
② select * from ssTable where column1 = null;
③ select * from ssTable where column1 EQUALS null;
④ select * from ssTable where column1 not null;

> **해설**
> • SQL에서 NULL 값을 나타내는 방법은 'is null'이다.
>
> | select | + | from | + | where | + | is null |
> |---|---|---|---|---|---|---|

04 아래의 관계 대수를 SQL로 옳게 나타난 것은?   17년 3회, 15년 1회, 12년 1회

> Π 이름, 학년(σ 학과 = '컴퓨터' (학생))

① SELECT 이름, 학과 FROM 학년 WHERE 학과 = '컴퓨터';
② SELECT 이름, 학년 FROM 학생 WHERE 학과 = '컴퓨터';
③ SELECT 이름, 학년 FROM 학과 WHERE 학생 = '컴퓨터';
④ SELECT 이름, 컴퓨터 FROM 학생 WHERE 이름 = '학년';

> **해설**
> 이름, 학년 (σ 학과 = '컴퓨터' (학생))
>
> | 필 드 | 뷰 V1 | 테이블 |
> |---|---|---|
>
> • 학생 테이블에서 이름과 학년 필드를 선택하고, 학과가 컴퓨터인 학생만 검색한다.
>
> • σ(셀렉션)은 주어진 조건을 만족하는 튜플들을 선택한다.

05 다음 SQL 문을 실행한 결과는? (단, 출력 행 순서는 무방) 20년 3회, 16년 2회

1) 테이블 : 성적

학 번	과목번호	과목이름	학 점	점 수
10	A10	컴퓨터 구조	A	91
20	A20	DB	A+	99
30	A10	컴퓨터 구조	B+	88
30	A20	DB	B	85
40	A20	DB	A	94
40	A30	운영체제	B+	89
50	A30	운영체제	B	88

2) SQL 문

```
SELECT 과목이름, 점수
FROM 성적
WHERE 점수 >= 90
    UNION
SELECT 과목이름, 점수
FROM 성적
WHERE 과목이름 LIKE "컴퓨터%";
```

①
과목이름	점 수
컴퓨터구조	91
DB	94
DB	99

②
과목이름	점 수
DB	91
DB	99

③
과목이름	점 수
DB	94
DB	99

④
과목이름	점 수
컴퓨터구조	88
컴퓨터구조	91
DB	94
DB	99

해설

SELECT 과목이름, 점수 -- 과목이름과 점수 필드에서
FROM 성적   -- 성적 테이블에서
WHERE 점수 >= 90   -- 점수가 90점보다 크거나 같을 때

  UNION   -- 합집합
SELECT 과목이름, 점수   -- 과목이름과 점수 필드에서
FROM 성적   -- 성적 테이블에서
WHERE 과목이름 LIKE "컴퓨터%"; -- 과목 이름 앞 글자가 컴퓨터이면

성적 테이블 과목 이름과 점수에서 점수가 90점보다 크거나 같은 값을 검색하라.
UNION
성적 테이블 과목 이름과 점수에서 과목 이름이 컴퓨터로 시작하는 것을 검색하라.

학 번	과목번호	과목이름	학 점	점 수
10	A10	컴퓨터 구조	A	**91**
20	A20	DB	A+	**99**
30	A10	컴퓨터 구조	B+	**88**
30	A20	DB	B	85
40	A20	DB	A	**94**
40	A30	운영체제	B+	89
50	A30	운영체제	B	88

• LIKE "컴퓨터%"
 – LIKE 연산자 : 문자열 패턴을 비교하여 일치하는 값을 찾는다.
 – 컴퓨터% : 컴퓨터로 시작하는 모든 문자열 검색
• % 와일드 카드 문자 : 문자열 패턴을 필터링하는 데 사용한다.
• 와일드 카드 문자 예시
 – 모든 문자 : "a%"는 "a"로 시작하는 모든 문자열을 검색
 – 임의의 문자열 : "%ing"은 "ing"으로 끝나는 모든 문자열을 검색
 – 아무 문자열도 없음 : '%'를 단독으로 사용하면 아무 문자열도 없는 모든 레코드를 검색

06 다음 두 테이블 R과 S에 대한 SQL 문의 실행 결과로 옳은 것은?

19년 3회

R		S	
A	B	A	B
1	A	1	A
3	B	2	B

```
SELECT A FROM R
UNION ALL
SELECT A FROM S
```

① 1
  3
  1
  2

② 1

③ 3
  2

④ A
  2

해설

```
SELECT A FROM R  -- R 테이블의 A 필드 검색
UNION ALL        -- UNION ALL은 모든 행
을 포함한 합집합
SELECT A FROM S  -- S 테이블의 A 필드 검색
```

```
R 테이블의 A 필드를 검색하라
UNION ALL
S 테이블의 A 필드를 검색하라
```

• UNION : 일반 집합연산의 합집합으로 중복된 데이터가 있으면 1회만 검색된다.
• UNION ALL : 합집합으로 중복된 데이터를 제거하지 않는다.

01 웹 페이지를 만들 때 사용하는 링크 중 널 링크가 있다. 다음 중 널 링크(Null Link)에 대한 설명으로 옳은 것은? 09년 3회

① 직접파일은 연결하지 않고 링크 기능만 가진다.
② 드림위버에서 속성 관리자의 링크필드에 &라고 입력하면 널 링크가 만들어진다.
③ 직접 파일을 연결하는 링크이다.
④ 자바스크립트 코드를 실행하기 위해 스크립트 함수를 호출하는 링크이다.

> **해설**
> 널 링크(Null Link) 예시
> 〈a href=" "〉 빈 링크 〈/a〉

02 HTML 파일에서 스타일 시트를 정의한 외부 파일을 호출하여 사용하려고 한다. 스타일 시트를 정의한 파일의 이름이 mystyle이라면 이 파일의 확장자는? 14년 3회

① html
② css
③ js
④ xml

03 HTML 태그를 이용하여 글자 색을 붉은색으로 할 때, (   ) 안에 추가할 알맞은 색상 코드는? 18년 3회

```
<FONT COLOR="(     )"> 테스트 </FONT>
```

① #FF0000
② #D1FF00
③ #000000
④ #FFFF00

> **해설**
> **색상코드**
> • 검정색 : #000000
> • 흰색 : #FFFFFF
> • 빨간색 : #FF0000
> • 파란색 : #0000FF
> • 초록색 : #008000
> • 노란색 : #FFFF00

04 자바스크립트의 변수에 대한 설명 중 올바른 것은? 17년 3회, 16년 2회

① 자바스크립트 함수는 var 키워드로 변수를 선언한다.
② 자바스크립트는 객체형 데이터를 표현할 수 없다.
③ 수치형 데이터를 표현하려면 integer 키워드를 이용하여 선언한다.
④ 자바스크립트 변수 선언 후 값을 부여하지 않으면 null을 반환한다.

05 다음 중 자바스크립트에서 변수가 될 수 없는 것은?

12년 1회

① subtotal
② abstract
③ number
④ hangle

06 자바스크립트 변수 선언으로 틀린 것은?

22년 1회

① var case = "Hello!"
② var a = 5
③ var _B = 30
④ var Sab = 90

07 자바스크립트 코드의 실행 결과로 옳은 것은?

19년 1회

```
var a = 3;
var b = (4 + 3);
var c = true ;
document.write((a==b) && c);
```

① a == b &&c
② 3 == 7 &&false
③ true
④ false

08 자바스크립트에서 연산자 우선순위가 가장 높은 것은?

11년 1회

① &&
② <
③ /
④ ==

09 자바스크립트의 브라우저(Browser) 내장 객체로 객체의 계층 구조에서 최상위에 있는 객체는?

09년 1회, 05년 1회

① Window 객체
② Document 객체
③ History 객체
④ Location 객체

해설

브라우저의 내장 객체 계층 구조
Window > Navigator > Screen > History > Location > Document

10 자바스크립트 브라우저 관련 내장 객체 가운데 브라우저의 버전과 에이전트명을 제공하는 메소드를 가진 객체 이름은?

14년 3회, 13년 3회

① Navigator 객체
② Document 객체
③ History 객체
④ Window 객체

11 자바스크립트 이벤트에서 특정 요소로부터 포커스를 잃었을 때 발생하는 이벤트는? `14년 3회`

① focus
② mouseover
③ unload
④ blur

해설
① focus : 요소가 포커스를 받았을 때 발생하는 이벤트로 사용자가 텍스트 입력 필드를 클릭하거나 탭하여 선택하면 이 이벤트가 발생한다.
② mouseover : 마우스가 요소 위로 이동했을 때 발생하는 이벤트로 마우스 커서를 요소의 위로 가져가면 이벤트가 발생한다.
③ unload : 페이지가 언로드(떠날 때)될 때 발생하는 이벤트이다.

12 자바스크립트의 내장 String 객체에서 그림과 같은 결과를 얻기 위한 메소드(Method)는? `13년 3회, 09년 1회`

┌─────────────┐
│ ~~멀티미디어~~ │
└─────────────┘

① anchor( )
② sup( )
③ toLowerCase( )
④ Strike( )

13 자바스크립트 Window 객체에서 사용자에게 확인을 필요로 하는 대화상자를 생성할 때 사용하는 메소드는? `20년 3회, 05년 1회`

① alart( )
② confirm( )
③ open( )
④ print( )

14 자바스크립트의 문자열 형태로 둘러싸인 숫자 값들을 정수나 실수 타입으로 인식하도록 변환하는 함수는? `15년 3회`

① Number
② Int
③ xFloat
④ String

15 HTML5의 기능에 대한 설명으로 틀린 것은? `18년 1회`

① Web Database : 표준 SQL을 사용해 질의할 수 있는 DB 제공
② Web Worker : 웹 애플리케이션과 서버 간의 양방향 통신기능 제공
③ Web Storage : 웹 애플리케이션에서 데이터를 저장할 수 있는 기능 제공
④ Web Form : 입력 형태를 보다 다양하게 제공

16 HTML5의 특징적 요소로 옳지 않은 것은? `22년 1회`

① 웹 문서의 표준으로 지정
② 인터프리터 방식의 언어
③ ASCII 코드로 구성된 일반적인 텍스트 중심의 태그 언어
④ 컴퓨터 시스템이나 운영체제에 종속적

17 HTML5에서 WebSocket 객체를 이용하여 이벤트가 발생할 때마다 콜백함수를 호출하여 보낸다. 이때 WebSocket 이벤트 호출 콜백함수가 아닌 것은? `17년 3회, 15년 2회`

① error
② message
③ open
④ close

18 HTML5에서 컨트롤의 값을 텍스트에서 숫자 형식으로 변환해 주는 함수는?

20년 1 · 2회, 17년 3회, 15년 2회

① stringNumber( )
② textNumber( )
③ valueAsNumber( )
④ textAsNumber( )

해설

사용자가 숫자를 입력하고 버튼을 클릭하면 해당 숫자의 제곱을 계산해 주는 예제

```html
<head>
  <title>valueAsNumber 예제</title>
</head>
<body>
  <label for="numberInput">숫자를 입력하
세요:</label>
  <input type="number" id="numberInput">
  <button onclick="calculateSquare()">제
곱 계산</button>
  <p id="result"></p>

  <script>
    function calculateSquare() {
      // input 요소에서 값을 가져옵니다.
      var numberInput = document.
getElementById("numberInput");
      var inputValue = numberInput.
valueAsNumber;

      // 값이 숫자인지 확인합니다.
      if (!isNaN(inputValue)) {
        // 제곱을 계산한다
        var square = inputValue *
inputValue;
        // 결과를 화면에 표시한다
        var resultElement = document.
getElementById("result");
        resultElement.textContent =
inputValue + "의 제곱은" + square + "입
니다.";
```

```html
    } else {
      alert("유효한  숫자를  입력하세
요.");
    }
  }
  </script>
</body>
```

19 HTML이나 XML문서의 구조적 정보를 제공하고 자바스크립트 프로그램에서 문서 구조, 외양, 내용을 변경하여 접근하는 방법을 제공하는 모델을 의미하는 용어는?

16년 2회

① DOM
② CSS
③ DOCUMENT
④ SCRIPT

20 HTML5의 특징적 요소로 옳지 않은 것은?

22년 1회

① 웹 문서의 표준으로 지정
② 인터프리터 방식의 언어
③ ASCII 코드로 구성된 일반적인 텍스트 중심의 태그 언어
④ 컴퓨터 시스템이나 운영체제에 종속적

21 HTML5에서 WebSocket 객체를 이용하여 이벤트가 발생할 때마다 콜백함수를 호출하여 보낸다. 이때 WebSocket 이벤트 호출 콜백함수가 아닌 것은? 17년 3회, 15년 2회

① Error
② Message
③ Open
④ Close

22 HTML5에서 지정된 범위에서 해당 값이 어느 정도 차지하고 있는지를 표현하는 태그로 적절한 것은? 19년 1회

① ⟨col⟩
② ⟨nav⟩
③ ⟨span⟩
④ ⟨meter⟩

해설

⟨meter⟩ 태그는 HTML5에서 도입된 요소 중 하나로 어떤 값의 상태를 표현하거나 비율을 나타내는 데 사용한다.

⟨meter⟩ 태그의 속성			
value	현재의 값	low	값이 낮은 범위를 나타내는 임계값
min	값의 최소 범위	high	값이 높은 범위를 나타내는 임계값
max	값의 최대 범위	optimum	가장 이상적인 값을 나타내는 임계값

23 HTML5에서 ( )에 들어갈 태그로 적절한 것은? 19년 3회, 16년 2회, 14년 1회

```
    CPU 사용량 72%를 차지하는 예시
··· 생략
<label>  사용량 72%  </label>
<(  ) min="0" max="100" value="72">  </
(  )>
··· 생략
```

① datalist
② textarea
③ option
④ meter

24 구글 I/O에서 발표한 차세대 웹 동영상 코덱으로 로열티 비용이 없는 개방형 고화질 동영상 압축 형식의 비디오 포맷으로 VP8 비디오와 Vorbis 오디오로 구성되어 있으며 HTML5에서 작동되는 동영상 포맷은? 19년 1회, 16년 1회, 13년 1회

① H.264
② Ogg
③ WebM
④ Mov

25 관계형 데이터 모델에서 속성이 최소 단위라면, 최소의 관리 또는 조직 단위를 무엇이라 하는가? 08년 3회

① 튜플
② 레코드
③ 릴레이션
④ 원자값

26 데이터베이스에서 릴레이션의 특성이 아닌 것은?

17년 1회

① 튜플의 유일성
② 튜플의 순서 유지
③ 애트리뷰트의 원자값
④ 애트리뷰트의 무순서

27 데이터베이스의 릴레이션 특성에 대한 설명으로 틀린 것은?

15년 2회

① 애트리뷰트 값은 논리적으로 더 이상 분해할 수 없는 원자값이다.
② 한 릴레이션을 구성하는 애트리뷰트 사이에는 순서가 없다.
③ 두 개의 똑같은 튜플은 한 릴레이션에 포함될 수 없다.
④ 하나의 릴레이션에서 튜플의 순서는 존재한다.

28 관계 데이터베이스에서 릴레이션을 구성하고 있는 각각의 속성에서 취할 수 있는 원자값들의 집합은?

21년 1회

① Domain
② Tuple
③ Record
④ Synonym

29 데이터베이스의 특성으로 거리가 가장 먼 것은?

09년 3회, 07년 1회

① 실시간 접근성
② 정적인 데이터
③ 데이터 내용의 일관성 유지
④ 동시공유

30 2NF(제2정규형)에서 3NF(제3정규형)가 되기 위한 조건은?

20년 3회

① 부분적 함수 종속 제거
② 이행적 함수 종속 제거
③ 다치 종속 제거
④ 결정자이면서 후보 키가 아닌 것 제거

31 DBMS(DataBase Management System, 데이터베이스 관리 시스템)의 필수 기능이 아닌 것은?

16년 1회, 10년 1회, 07년 1회

① 정의기능
② 조작기능
③ 제어기능
④ 접근기능

32 응용프로그램에서 사용될 데이터베이스를 규정하거나 그 정의를 변경할 목적으로 사용되는 데이터 언어는? 14년 1회

① DDL
② DSDL
③ DML
④ DSL

33 데이터베이스에서 인덱스에 대한 설명으로 맞는 것은? 14년 1회

① 자주 변경되는 애트리뷰트는 인덱스를 정의할 좋은 후보이다.
② Primary Index에 널 값이 나타날 수 없다.
③ Secondary Index에는 고유한 키 값들만 나타날 수 있다.
④ 여러 개의 후보 키 중에서 기본 키로 선정되고 남은 키이다.

34 QL 데이터 조작어(DML)에 해당되지 않는 것은? 21년 3회

① RESTRICT
② SELECT
③ INSERT
④ DELETE

35 다음 중 응용프로그램에 사용될 데이터베이스를 규정하거나 그 정의를 변경할 목적으로 사용되는 언어는? 07년 1회

① DSDL(Document Schema Definition Languages)
② DDL(Data Definition Language)
③ DML(Data Manipulation Language)
④ DCL(Data Control Language)

36 다음 지문에서 설명하고 있는 조인(Join) 방법은? 22년 1회

> • 두 개의 테이블 간에 칼럼 값들이 서로 정확하게 일치하지 않는 경우에 사용하는 Join 명령
> • 연산자로 >, >=, <, <=을 사용하여 연산 수행

① Equi Join
② Internal Join
③ External Join
④ None Equi Join

해설
④ None Equi Join(비등가 조인)은 Equi Join이 사용하는 등호연산자(=)가 아닌 다른 비교연산자(예 <, >, <=, >=)를 사용하여 두 테이블을 결합하는 조인한다.
② · ③ Internal Join과 External Join은 일반적으로 사용되지 않는 용어이다.

37 관계대수에서 순수 관계 연산자가 아닌 것은? 17년 2회

① Division
② Projection
③ Join
④ Union

38 데이터베이스 뷰를 정의하기 위한 명령 형태는?

19년 3회, 17년 2회

① create view v from 〈query expression〉 ;
② insert view v to 〈query expression〉 ;
③ create view v as 〈query expression〉 ;
④ create view v into 〈query expression〉 ;

해설
- 'as'는 뷰를 정의하는 키워드로 데이터를 가져올 쿼리 표현식을 시작한다.
- 문제 해석

| 뷰 생성 | 테이블 이름 | 뷰를 정의할 때 사용할 쿼리 표현식 |

---

39 다음 SQL 문의 형식에서 (　　)에 들어갈 알맞은 단어는?

16년 2회

```
update 테이블명
(   ) column = 값
where 조건절;
```

① into
② set
③ from
④ to

해설

| update | + | set | + | where |

---

40 데이터베이스의 SQL 표현으로 옳은 것은?

16년 1회

학번=150, 성명=멀미, 학과=정보통신공학인 학생을 학생 테이블에 삽입 (단, 학생 테이블에는 학번, 성명, 학과의 컬럼으로 구성)

① insert into 학생 set 학번=150, 성명='멀미', 학과='정보통신공학'
② insert into 학생 values(150, '멀미', '정보통신공학')
③ insert 학생 into(150, '멀미', '정보통신공학')
④ insert 학생 set(150, '멀미', '정보통신공학')

해설
행 삽입 구문

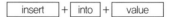

| insert | + | into | + | value |

4과목

멀티미디어 제작기술

01 디지털 영상 콘텐츠 제작

01 디지털 영상개념

기출유형 01 ▶ 디지털 영상

다음 중 디지털 비디오의 장점이 아닌 것은? 08년 1회, 04년 3회

① 신호의 다중화로 전송회선을 절약할 수 있다.
② 노이즈와 왜곡에 대해서 강한 면역성을 가진다.
③ 압축으로 정보량을 크게 줄일 수 있다.
④ 디지털화에 의한 화질 왜곡이 전혀 발생하지 않는다.

│정답│④

한 줄 묘약

디지털 영상은 디지털카메라나 디지털 녹화기(캠코더), 스캐너 또는 컴퓨터 시스템과 같은 전자 장치와 디지털 정보기술을 이용하여 제작된 영상이다.

족집게 과외

1. 디지털 영상

▶ 아날로그 영상과는 상반되는 형태로 움직이는 시각적 이미지를 디지털 데이터로 표현하였다.

▶ 디지털 영상은 디지털 기술 영역 내에서 멀티미디어와 밀접하게 상호 연결된 구성 요소로 멀티미디어 콘텐츠의 기본 요소로 사용된다.

▶ 멀티미디어는 쌍방향으로 송수신되는 형태의 정보 콘텐츠이며 효과적인 정보의 전달을 위하여 그래픽, 애니메이션, 사운드, 텍스트로 구현하는 디지털 영상의 통합된 형태이다.

2. 디지털 영상의 화질 왜곡

▶ Jag(재그)
디지털 영상에서 발생하는 화질 왜곡 현상으로 영상의 가로나 세로 방향에 따라 픽셀이 불규칙하게 나타나서 영상의 경계가 계단처럼 보이는 현상이다.

▶ 영상의 해상도가 낮거나 영상을 확대, 회전, 기울기 등에 의해 발생할 수 있으며 안티 앨리어싱(Anti Aliasing) 기술을 통해 완화할 수 있다.

3. 디지털 영상의 해상도

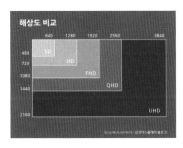

해상도(Resolution, 解像度)는 선명도를 뜻하며, 이미지나 영상 등을 표현하는 데 몇 개의 픽셀(Pixel, 화소)로 이루어졌는지를 나타낸다.

화면 출력 처리 방식	가로 픽셀 수	세로 픽셀 수	해상도
SD(Standard Definition)	720	480	480p
HD(High Definition)	1280	720	720p
FHD(Full HD)	1920	1080	1080p
QHD(Quad HD)	2560	1440	1440p
4K UHD(Ultra HD)	3840	2160	2160p
8K UHD	7680	4320	4320p

더 알아보기

- 해상도의 p는 프로그레시브(Progresive, 순차 주사 방식) 방식의 영상을 뜻한다.
- 프로그레시브 방식은 화면에 표시할 내용을 처음부터 끝까지 순서대로 표시하는 영상의 표시 방식으로 디지털 영상에서 사용한다.

01 효과적인 정보의 전달을 위하여 그래픽, 애니메이션, 사운드, 텍스트로 구현하는 영상의 통합된 형태를 무엇이라 하는가? 08년 3회

① 공장 자동화
② 사무 자동화
③ 정보 자동화
④ 멀티미디어

02 멀티미디어 콘텐츠가 갖는 특징으로 보기 어려운 것은? 03년 3회

① 시공간의 제약이 비교적 없음
② 쌍방향으로 제공
③ 총체적인 미디어를 활용하여 재창출시킨 콘텐츠
④ 전통적인 미디어로 제공된 콘텐츠

03 디지털 영상에서 발생하는 Jag를 바르게 설명한 것은? 08년 3회, 05년 1회

① 계단형 화질 왜곡 현상
② 복사에 의한 화질의 열화
③ 압축에 의한 정보량 축소
④ 잡음(Noise)에 대한 강한 면역성

04 멀티미디어 화면 출력 처리 방식과 해상도가 바르게 짝지어진 것은? 21년 3회

① VGA : 800×600
② SVGA : 1280×800
③ K-UHD : 7680×4320
④ FHD : 1920×1080

05 해상도 2560×1440(16:9) 이상의 픽셀 수를 지원하고 기존 일반 고선명보다 약 4배 선명한 화질을 제공하는 디스플레이 규격은? 16년 1회

① WXGA
② nHD
③ SVGA
④ QHD

해설
영상의 기본 화면 비율은 가로:세로로 16:9이다.

06 다음 중 가로 800픽셀, 세로 600픽셀, 픽셀당 16비트인 디지털 영상의 크기로 적절한 것은? 12년 1회

① 12Kbyte
② 21Kbyte
③ 480Kbyte
④ 960Kbyte

해설
영상 크기 계산 공식
• 영상 크기(Bit(비트) 단위) = 가로 px(픽셀) × 세로 px(픽셀) × 픽셀당 Bit 수
 − 가로 800px × 세로 600px × 픽셀당 Bit 수 16Bit = 7,680,000Bit
• 1Byte(바이트)는 8Bit이므로 Bit를 Byte(바이트)로 변환하면, 7,680,000Bit ÷ 8 = 960,000Byte
• 1KByte(킬로바이트) = 1,024Byte이므로, 960,000Byte ÷ 1,024 = 937.5KB(일부 시스템에서는 1KB를 1,024Byte 대신 1,000Byte로 간주할 수 있음)

영상 단위 중 동일한 시간과 장소에서 일어나는 일련의 상황이나 사건을 나타내며, 여러 개의 컷(Cut)이 모여 하나의 장면을 이루는 것은?

17년 2회, 12년 3회, 07년 3회, 05년 3회

① 테이크(Take)

② 시퀀스(Sequence)

③ 신(Scene)

④ 샷(Shot)

│정답│③

한 줄 요약

• 영상의 구성을 한 권의 책에 비유하면 책은 영상, 책의 장은 시퀀스(Sequence), 책의 문장은 신(Scene), 단어는 샷(Shot)이라고 할 수 있다.

• 시퀀스는 하나의 에피소드로, 에피소드의 시간과 공간을 구분하는 것은 신이고, 신을 구성하는 하나하나의 개별적인 화면들이 샷이다.

족집게 과외

1. 영상의 구조

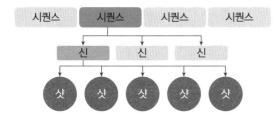

❶ 시퀀스(Sequence)

여러 신으로 구성된 단위로 하나의 완결된 에피소드를 담고 있다.

❷ 신(Scene)

일련의 상황이나 사건을 나타내며 여러 개의 샷이 모여서 이루어진다.

❸ 샷(Shot, 숏)

영상을 구성하는 가장 기본적인 최소단위이다.

더 알아보기

프레임(Frame)

영상을 구성하는 시간적 최소단위로 영상에서 사용하는 한 장면 한 장면을 의미한다.

2. 샷의 유형

❶ 풀 샷 계열

롱 샷　　　풀 샷　　　니 샷

㉠ 롱 샷(Long Shot)

화면에서 인물이 차지하는 부분이 적고 배경을 포함해 넓은 영역을 보여주는 샷으로 전체적인 상황을 설명해주기 위한 용도로 많이 사용한다.

ⓛ 풀 샷(Full Shot)

화면상에 인물의 전신을 다 포함하는 샷으로 배경
의 많은 부분을 볼 수 있으면서도 관심이 인물에게
로 이동하기 시작하는 때 많이 사용한다.

ⓒ 니 샷(Knee Shot)

인물의 정강이 부분부터 그 윗부분을 보여주는 샷
이다.

❷ 미디엄 샷 계열

미디엄 샷　　　　　　웨이스트 샷

ⓐ 미디엄 샷(Medium Shot)

인물의 허벅지부터 상반신까지 보여주는 샷이다.

ⓛ 웨이스트 샷(Waist Shot)

인물의 허리부터 상반신까지 보여주는 샷이다.

❸ 클로즈업(Close-up) 샷 계열

바스트 샷　　클로즈업 샷　　익스트림
클로즈업 샷

ⓐ 바스트 샷(Bust Shot)

인물의 가슴부터 상반신을 보여주는 샷이다.

ⓛ 클로즈업 샷(Close Up Shot)

얼굴 전체만 보여주는 샷이다.

ⓒ 익스트림 클로즈업 샷(Extreme Close Up Shot)

피사체의 특정 부분만을 화면 전체에 담는 샷이다.

01 영상을 구성하는 가장 기본적인 단위는?

06년 3회, 05년 1회

① 신(Scene)
② 시퀀스(Sequence)
③ 컷(Cut)
④ 와이프(Wipe)

해설

컷은 샷(Shot) 사이의 전환을 나타내는 용어로 한 장면에서 다른 장면으로의 전환을 의미하며, 영상을 편집하고 구성하는 기본적이고 중요한 단위가 된다.

02 사람의 허리로부터 상반신을 담은 촬영 기법은?

18년 1회, 14년 1회

① 바스트 샷(Bust Shot)
② 웨이스트 샷(Waist Shot)
③ 클로즈업(Close Up)
④ 풀 샷(Full Shot)

03 사극 드라마에서 인물의 얼굴 표정에 집중시켜 인물의 정서와 감정을 표현하기 위하여 피사체의 얼굴만을 화면에 가득 차게 촬영하는데 가장 적합한 샷(Shot)은 무엇인가? 17년 3회, 09년 3회

① 클로즈업(Close-up) 샷
② 롱(Long) 샷
③ 웨이스트(Waist) 샷
④ 크레인(Crane) 샷

해설

① 인물의 얼굴 전체를 보여주는 샷으로 인물의 표정 변화나 감정 변화를 표현할 때 많이 사용된다.
④ 크레인 샷은 카메라를 크레인에 부착하여 촬영하는 방식으로 카메라를 높여 멀리 떨어진 곳까지 넓은 범위를 촬영할 수 있다.

04 다음 중 한 장의 영상을 뜻하며 영상의 시간적 최소 단위를 나타내는 것은?

11년 1회, 08년 1회, 06년 1회

① 픽 셀
② 해상도
③ 프레임
④ 데이터

05 정지 사진이나 한 장의 그림에 해당되는 영상의 시간적 최소 단위는?

21년 3회, 19년 1회, 07년 3회, 04년 3회

① Cut
② Shot
③ Frame
④ Scene

06 영상 편집에 사용되는 Clip이란? 09년 1회

① 정지상만을 의미한다.
② 동화상만을 의미한다.
③ 사운드만을 의미한다.
④ 영상 편집에 사용되는 소스를 의미한다.

디지털 카메라의 성능을 결정하는 중요한 요소로서 촬영된 사진의 해상도나 화질을 결정하는 것은?

18년 2회, 08년 3회

① COM
② CRT
③ CCD
④ LCD

| 정답 | ③

족집게 과외

1. 디지털 카메라의 구조

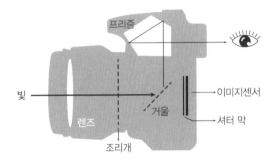

❶ 렌즈(Lens)

▶ 빛을 모으는 역할을 한다.
▶ 렌즈의 종류는 초점거리에 의해 구분한다.

더 알아보기

초점거리(Focal Length)

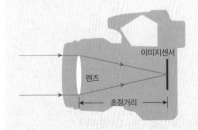

• 렌즈에서 이미지센서까지의 거리이다.
• 초점거리가 길수록 확대되어 보이고, 짧을수록 넓게 보인다.
• 단위는 밀리미터(mm)를 사용한다.

㉠ 표준렌즈(Standard Lens)
  초점거리가 50mm 정도의 사람의 눈과 비슷한 시야를 가진 렌즈이다.
㉡ 광각렌즈(Wide Angle Lens)
  초점거리가 50mm보다 짧으며 넓은 풍경을 찍을 수 있는 렌즈이다.
㉢ 망원렌즈(Telephoto Lens)
  초점거리가 70~200mm 정도의 멀리 있는 대상을 가까이 보이게 해주는 렌즈이다.

❷ 조리개(Aperture)

▶ 카메라로 입사되는 빛의 양을 조절한다.
▶ 조리개값은 f값으로 표시한다.

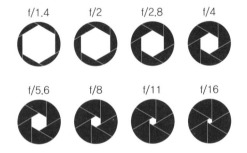

〈조리개의 직경〉

• 조리개 직경(Diameter)이란 렌즈의 초점거리를 조리개값으로 나눈 값으로, 조리개값이 클수록 조리개 직경이 작아지고 밝아진다.
• 직경 계산 공식 : 조리개 직경 = 초점거리 ÷ f값

❸ 셔터(Shutter)

빛이 들어오는 시간을 제어하여 빛의 양을 조절한다.

❹ 이미지 센서(Image Sensor)

▶ 빛을 받아 전기 신호로 변환하여 디지털 카메라가 이미지를 촬영하고 저장할 수 있도록 한다.

▶ 디지털 카메라의 성능을 결정하는 중요한 요소로서 촬영된 사진의 해상도나 화질을 결정한다.

▶ 이미지 센서가 클수록 화소 수가 증가하여 이미지의 크기가 커진다.

〈이미지 센서의 종류〉

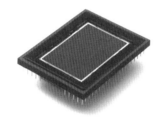

㉠ CCD(Charge Coupled Device) : 노이즈가 적고 이미지 품질이 좋으나 가격이 비싸다.

㉡ CMOS(Complementary Metal Oxide Semiconductor) : 가격이 저렴하지만 노이즈가 많고 이미지 품질이 좋지 않다.

01 초점거리가 50mm보다 짧으며, 거리를 넓게 찍을 수 있는 렌즈는?　　　　14년 1회

① 표준렌즈
② 망원렌즈
③ 맵스렌즈
④ 광각렌즈

02 f-수가 3, 초점거리가 42mm인 렌즈의 구경 조리개 직경(mm)은?　　　　15년 2회

① 8
② 10
③ 12
④ 14

해설
직경 계산 공식 : 조리개 직경 = 초점거리 ÷ f값

03 카메라의 셔터가 하는 주된 역할은?　　　　12년 3회

① 거리 조절
② 입자 조절
③ 심도 및 감도 조절
④ 빛의 양 조절

04 카메라 렌즈를 통과하는 빛의 양을 조절하는 것은?　　　　14년 2회

① 렌즈후드
② 조리개
③ 해상력
④ 컨버트

05 렌즈를 통해 들어온 강한 빛이 카메라 내부에서 난반사를 일으켜 화상에 연속적인 조리개 무늬나 광원 모양의 허상이 맺히는 현상은?　　　　18년 2회, 14년 2회

① 모아레(Moire)
② 디포메이션(Deformation)
③ 플레어(Flare)
④ 일루젼(Illusion)

해설
플레어(Flare)는 렌즈의 표면에 있는 먼지나 기름 등이 빛을 반사하여 발생하며 이러한 플레어는 이미지의 명도를 낮추고 색감을 변형시키는 등의 문제를 일으킨다.

06 빛의 반사를 없애 주는 역할을 하므로 유리, 금속류, 수면 등을 촬영할 때 효과적인 필터는?　　　　22년 1회

① ND(Neutral Density) Filter
② UV(Ultra Violet) Filter
③ PL(Polarized Light) Filter
④ Normal Filter

해설
• 렌즈 필터(Lens Filter)는 렌즈 앞에 부착되어 빛을 조절하는 역할을 한다.
• 렌즈 필터의 종류
－ UV(Ultra Violet) Filter : 자외선을 차단하여 색감을 개선한다.
－ ND(Neutral Density) Filter : 빛의 양을 조절하여 노출을 조절한다.
－ PL(Polarized Light) Filter : 빛의 반사를 없애 주어 이미지의 명도와 색감을 개선한다.

다음의 촬영 기법 중 양각 촬영에 대한 설명으로 옳은 것은?　　17년 2회

① 하이앵글(High Angle) 촬영 기법이다.
② 위에서 아래로 보이는 시각을 표현한다.
③ 촬영된 피사체가 위압적으로 느껴지는 느낌의 영상을 얻을 수 있다.
④ 버드아이 뷰(Bird Eye View) 기법으로도 불린다.

┃정답┃③

한 줄 묘약

카메라 앵글이란 카메라가 촬영 대상을 바라보는 각도이며 카메라 앵글에 따라 사진이나 영상의 분위기와 표현력이 달라진다.

족집게 과외

1. 카메라 앵글의 종류

❶ Eye Level Angle(눈높이 앵글)

피사체의 눈높이에서 촬영하는 앵글로 중립적이고 친근한 느낌을 준다.

❷ High Angle(부감)

피사체보다 높은 위치에서 내려다보는 앵글로 순수함이나 좌절감을 표현할 수 있다.

❸ Low Angle(양각)

▶ 피사체보다 낮은 위치에서 올려다보는 앵글로 장엄함이나 위대함을 표현할 수 있다.
▶ 신체를 길어 보이게 하는 효과를 주고 위압감이나 우위의 심리적 표현에 좋다.

❹ Wide Angle(광각)

광각 렌즈를 사용하여 넓은 시야를 촬영하는 앵글로 원근감을 강조할 수 있다.

❺ Bird's eye View(조감도)

새의 눈으로 보는 것처럼 피사체의 꼭대기에서 내려다보는 앵글이다.

❻ Over Head Shot(직부감)

피사체의 바로 위에서 찍는 앵글이다.

❼ Oblique Angle(오블리크 앵글, 직각 이외의 각도)

▶ 피사체가 기울어지도록 카메라를 옆으로 비스듬히 기울이는 앵글로 긴장감이나 불안감을 표현할 수 있다.
▶ 영어권에서는 Dutch Angle(더치 앵글)이라고도 부른다.

2. 영상 화면 구도의 원칙

❶ 헤드룸(Head Room) 유지 원칙

촬영 대상의 머리 위에 적당한 공간을 남겨 놓는다.

❷ 노즈룸(Nose Room) 유지 원칙

촬영 대상이 특정 방향을 바라볼 때 그 방향으로 여백을 준다.

❸ 리드룸(Lead Room) 유지 원칙

촬영 대상이 특정 방향을 가리키거나 움직일 때 그 방향으로 여백을 준다.

> **더 알아보기**
>
> **리드룸 유지 원칙의 예와 잘못된 예**
>
>

❹ 3등분의 원칙

화면을 가로와 세로로 3등분하여 4개의 교차점에 중요한 요소를 배치한다.

> **더 알아보기**
>
> **3등분의 원칙 적용의 예**
>
>

01 카메라 앵글 중 피사체의 눈높이보다 낮은 위치에서 촬영된 앵글은? 14년 2회

① Super High Angle
② High Angle
③ Eye Level
④ Low Angle

02 위압감이나 우위의 심리적 표현에 매우 좋은 앵글은? 16년 2회, 02년 12월

① 수평앵글
② 하이앵글
③ 로우앵글
④ 경사앵글

03 버즈아이 뷰 앵글에 대한 설명으로 맞는 것은? 21년 3회

① 새의 눈으로 본 각도에서 촬영하는 기법이다.
② 인물 촬영에 있어 가장 기본적이고 안정된 촬영기법이다.
③ 피사체의 눈높이에서 촬영하는 기법이다.
④ 지평선을 기준으로 기울어져 있는 상태로 불안한 느낌을 조성하는 촬영 기법이다.

04 다음 카메라 앵글 중 새의 눈으로 보는 것처럼 피사체의 꼭대기에서 촬영하는 기법은? 13년 1회, 09년 3회

① 로우 앵글
② 버즈아이 뷰 앵글
③ 아이레벨 앵글
④ 크레인 뷰 앵글

05 피사체를 기울어지게 찍는 촬영방식은? 14년 1회

① High Angle
② Low Angle
③ Eye level
④ Oblique Angle

06 디지털 비디오 촬영기술 중 화면을 구성하는 구도의 원칙이 아닌 것은? 21년 1회, 18년 1회, 02년 12월

① 헤드룸(Head Room) 유지 원칙
② 리드룸(Lead Room) 유지 원칙
③ 3등분의 원칙
④ 앵글고정 원칙

해설
앵글고정은 피사체의 각도를 일정하게 유지하는 것으로 화면의 연속성과 일관성을 유지하는 데 도움을 준다.

카메라 헤드가 위아래로 움직이는 카메라 무빙 기법은? 22년 1회, 18년 3회

① 팬(Pan)
② 틸트(Tilt)
③ 줌(Zoom)
④ 트레킹(Tracking)

| 정답 | ②

족집게 과외

1. 촬영 기법의 종류

❶ **팬(Pan)**

카메라의 위치는 고정시키고 카메라 헤드만을 좌우의 수평 방향으로 회전시키면서 촬영하는 기법이다.

❷ **패닝(Panning)**

▶ 피사체는 화면에 고정시키고 카메라가 좌우의 수평 방향 또는 상하의 수직 방향으로 이동하면서 촬영하는 기법이다.

▶ 배경화면이 이동하는 것처럼 촬영하는 것으로 속도감 있는 영상이 얻어진다.

더 알아보기

팬과 패닝의 차이
팬은 카메라의 위치가 변하지 않는 것이고, 패닝은 카메라의 위치가 변하면서 촬영한다.

❸ **틸트(Tilt)**

캠코더의 헤드가 위아래로 움직이는 촬영 기법이다.

❹ **워크 인(Walk in)**

카메라를 향해 피사체가 다가오며 촬영하는 기법이다.

❺ **달리(Dolly)**

캠코더 자체가 전진, 후진하면서 피사체를 촬영하는 기법이다.

❻ **팔로우 샷(Follow Shot)**

대상의 움직임을 따라 카메라가 이동하면서 촬영하는 기법이다.

❼ **접사 촬영(Close Up Photography)**

세부적인 부분을 피사체의 실제 크기와 같거나 더 크게 보이게 만드는 촬영 기법이다.

❽ **트레킹(Tracking)**

움직이는 피사체를 추적하면서 촬영하는 기법이다.

01 움직이는 피사체는 화면에 고정시키고 배경화면이 이동하는 것처럼 촬영하는 것으로 속도감 있는 영상이 얻어지는 촬영 기법은?   16년 2회

① 패 닝
② 틸 팅
③ 주 밍
④ 클로즈업

02 "영화 속 주인공이 카페에 들어와 멈추어 서서 왼쪽에서 오른쪽으로 카페를 둘러보는 시선"과 같이 촬영하려고 한다. 가장 적절한 카메라 워킹은 무엇인가?   17년 3회

① 팬(Pan)
② 달리(Dolly)
③ 픽스 샷(Fixed Shot)
④ 틸트(Tilt)

03 아래 스토리보드에서 쓰인 카메라 기법은? (단, 카메라가 1→2→3 순으로 이동한다)   21년 1회, 12년 1회

① Tilt
② Close Up
③ Fade I, Out
④ Dolly

04 이미지의 크기를 피사체의 실제 크기와 같거나 더 크게 보이게 만드는 촬영 기법은?   19년 1회

① 접사 촬영
② 적외선 촬영
③ 인터벌 촬영
④ 콤마 촬영

05 캠코더 자체가 전, 후진하면서 피사체를 촬영하는 방법은?   16년 2회, 12년 3회

① 컷(Cut)
② 달리(Dolly)
③ 디졸브(Dissolve)
④ 와이프(Wipe)

06 다음 촬영 기법 중 워크 인(Walk in)을 설명한 것은?   17년 3회

① 카메라를 향해 피사체가 다가오는 것
② 카메라로부터 피사체가 멀어지는 것
③ 화면 안으로 피사체가 들어오는 것
④ 화면 안으로부터 피사체가 나가는 것

기출유형 01 ▶ 영상 편집의 목적과 유형

다음 중 디지털 영상 편집 목적으로 가장 거리가 먼 것은?   17년 1회, 10년 1회, 04년 3회

① NG 부분의 제거
② 정보의 압축
③ 의미의 심화
④ 영상의 백업

|정답|④

한 줄 요약

- 시간과 공간을 자유롭게 조작할 수 있는 창조적인 활동인 영상 편집은 목적에 맞게 적절한 방식과 도구를 선택해야 한다.
- 영상 편집은 정보, 감동, 교육, 홍보, 예술 등의 다양한 주제에 대해 압축된 정보와 심화된 의미를 효과적으로 전달하려는 목적을 가진다.

족집게 과외

1. 영상 편집의 유형

❶ 리니어(Linear, 선형) 편집
  ▶ 비디오테이프(Video Tape)에 녹화된 순서대로 편집하는 순차적인 편집방식이다.
  ▶ 녹화된 비디오를 플레이어에서 재생시키면서 사용할 부분을 녹화 장치에 1:1로 복사한다.
  ▶ 촬영된 원본 영상에서 필요한 부분만 잘라내어 편집 대본 순서대로 잘라 붙이는 어셈블 편집(Assemble Editing, 조립편집) 방식을 주로 사용한다.

❷ 넌 리니어(Non-Linear, 비선형) 편집
  디지털 영상파일을 자유롭게 편집하는 비순차적인 편집방식이다.

❸ 장단점 비교

구 분	장 점	단 점
리니어 편집	실시간 편집으로 결과 값을 바로 표현할 수 있기 때문에 빠르게 처리해야 하는 뉴스나 생방송에 적합하다.	섬세한 편집이 어렵고, 더빙을 할 때마다 화질이 저하된다.
넌 리니어 편집	• 음향 및 비디오 트랙들을 동시에 사용할 수 있으며, 원하는 이미지나 음향의 복사, 삽입, 삭제, 위치 변경, 수정이 용이하다. • 다양한 제작기법의 활용이 가능하며 편집을 반복하고 출력을 하는 과정에서 화질 저하가 전혀 없다. • 컴퓨터그래픽(CG) 및 다른 특수 효과 프로그램 간의 호환으로 영상효과를 자유롭게 조합시켜 풍부한 영상을 만들 수 있다.	작업 도중에 다른 시스템으로 이동하거나 다른 프로그램을 편집하기 위해 끼워 넣기가 어렵다.

01 선형(Linear) 영상 편집을 할 때 촬영된 영상 및 음성을 편집 대본 순서대로 잘라 붙이는 기본적인 편집 기법은?

12년 1회, 11년 1회, 08년 1회, 06년 1 · 3회

① A/B롤 편집(A/B roll Editing)
② 프리롤 편집(Pre roll Editing)
③ 인서트 편집(Insert Editing)
④ 어셈블 편집(Assemble Editing)

02 다음 중 어셈블 편집(Assemble Editing)을 설명한 것은?

07년 3회, 05년 1회, 02년 12월

① 타임라인상에서 두 개 이상의 영상을 합성하는 편집
② 스위처, 오디오믹서 등을 이용한 효과편집
③ 편집대본의 순서로 컷과 컷을 연결하는 기본적인 편집
④ 일부분의 영상 또는 음성트랙에 다른 영상 등을 삽입하는 편집

03 넌 리니어(Non-Linear) 편집에 대한 설명으로 옳은 것은?

20년 3회, 17년 2회

① 순차적인 편집 방식이다.
② Tape과 Tape의 편집은 실시간으로 이루어진다.
③ 편집 변동 시 시간 소모와 화질열화의 문제점을 가진다.
④ 원하는 이미지나 음향의 복사 및 위치 변경이 용이하다.

04 비선형편집(Non-linear Editing)을 바르게 설명한 것은?

10년 1회, 05년 1회

① 일반적인 테잎 편집을 의미
② 복사 횟수에 따라 화질의 열화가 진행
③ 영상신호를 데이터로 저장하므로 삽입, 삭제, 수정이 용이
④ 원본 테잎의 내용을 마스터 테잎에 순차적으로 복사하면서 진행하는 편집방식

05 비선형(Nonlinear) 영상 편집의 장점이 아닌 것은?

09년 3회, 07년 1회, 03년 3회

① 영상효과를 자유롭게 조합시킴으로써 풍부한 영상을 만들 수 있다.
② 편집을 반복하고 출력을 하는 과정에서 화질 저하가 전혀 없다.
③ 소스의 양에 제한이 없다.
④ 편집이 끝난 후에 수정이 쉽다.

06 비선형 편집방식에 대한 설명으로 옳지 않은 것은?

08년 1회

① 다양한 제작기법의 활용이 가능하다.
② 원하는 부분부터 편집이 가능하고 재수정도 쉽게 할 수 있다.
③ 작업 도중에 다른 시스템으로의 이동 및 다른 프로그램을 편집하기 위한 끼워 넣기가 어렵다.
④ 2대 이상의 녹화기를 이용해서 테이프로 더빙하면서 편집한다.

비디오 편집 기법에서 서로 다른 비디오 클립 A와 B를 이어서 재생할 때, 연결 부분에 여러 가지 효과를 주어
화면이 자연스럽게 바뀌도록 하는 기법은? <small>22년 1회, 18년 2회, 06년 3회</small>

① 수퍼 임포즈(Super impose)
② 모션(Motion)
③ 필터(Filter)
④ 트랜지션(Transition)

|정답|④

족집게 과외

1. 화면전환

영상 편집 기법 중 화면전환(Transition, 트랜지션)은
영상의 장면이나 구도가 바뀔 때 사용하는 기법이다.

❶ 화면전환의 역할

▶ 영상의 분위기나 느낌을 바꾼다.
▶ 시간과 공간의 변화를 나타낸다.
▶ 이야기의 연결성을 높인다.

❷ 화면전환의 종류

㉠ 컷(Cut)

화면 전환 중 가장 기본적인 방식으로 한 장면에서
다른 장면으로 갑자기 바뀌는 기법이다.

㉡ 페이드 인(Fade In)

한 장면이 시작될 때 검은색이나 흰색에서 서서히
본 영상이 나타나게 하는 기법이다.

㉢ 페이드 아웃(Fade Out)

한 장면이 끝날 때 본 영상에서 검은색이나 흰색으
로 서서히 사라지게 하는 기법이다.

㉣ 디졸브(Dissolve)

한 장면이 서서히 사라지면서 다른 장면이 겹쳐져
서 나타나는 기법이다.

㉤ 와이프(Wipe)

한 화면을 밀어내면서 다른 화면이 나타나는 기법
이다.

㉥ 아이리스(Iris)

화면이 작아지거나 커지면서 나타나거나 사라지는
기법이다.

㉦ 포토몽타주(Photomontage)

둘 이상의 화면이나 사진 등을 하나로 결합시켜 하
나의 완성된 화면으로 전환하는 기법이다.

01 영상 편집 기법 중 화면의 전환을 의미하는 것은?

12년 3회, 08년 3회

① Transparency
② Transition
③ Superimpose
④ Filtering

02 영상 편집 기법에서 어두운색 혹은 밝은색으로 점차로 나타나거나 점차로 사라지는 장면전환 기법은?

08년 3회, 06년 3회, 02년 12월

① 디졸브(Dissolve)
② 프레임 인(Frame In)
③ 아이리스효과(Iris Effect)
④ 페이드 인/아웃(Fade In/Out)

해설
프레임 인(Frame In)은 피사체가 화면 밖에서 안으로 들어오는 것을 말한다.

03 앞 컷이 사라져 가는데 맞추어 다음 컷이 조금씩 나타나는 기법으로 컷과 컷이 자연스럽게 연결되도록 하는 장면 전환 기법은?

18년 1회

① 페이드 인
② 디졸브
③ 프리즈 프레임
④ 페이드 아웃

해설
② 한 장면이 서서히 사라지면서 다른 장면이 겹쳐져서 나타나는 기법이다.
③ 프리즈 프레임(Freeze Frame)은 하나의 프레임을 반복 재생하여 마치 정지된 것처럼 보이게 하는 정지화면 기법이다.

04 하나의 화면이 서서히 사라지면서 다른 화면이 나타나는 화면전환 기법은?

16년 2회, 09년 3회, 04년 3회

① 컷(Cut)
② 달리(Dolly)
③ 디졸브(Dissolve)
④ 와이프(Wipe)

05 영상 편집에서 한 화면을 밀어내면서 다른 화면이 나타나는 전환하는 기법으로 상하, 좌우, 원형, 마름모형, 타원형 등의 형상으로 커튼을 여는 것과 같이 화면을 전환하는 기법은?

11년 3회

① 오버랩(Over lap)
② 페이드 인/아웃(Fade In/Out)
③ 와이프(Wipe)
④ 디졸브(Dissolve)

06 둘 이상의 화면, 사진 등을 결합시켜 현실과는 다른 새로운 이미지를 창조하는 기법은?

22년 1회

① 포토그램
② 포토몽타주
③ 양측미술
④ 솔라리제이션

해설
솔라리제이션(Solarization)은 영상의 특수한 효과 중 하나로 영상의 명암을 반전시키거나 색상을 변화시키는 기법이다.

영상합성 기술을 통하여 얻을 수 있는 효과와 거리가 먼 것은? 20년 3회, 03년 3회

① 전경 영상의 교체
② 배경 영상의 교체
③ 잡음의 제거
④ 데이터 전송 속도 조절

|정답|④

족집게 과외

1. 합성기법

영상 편집 기법 중 합성은 두 개 이상의 영상을 결합하여 새로운 영상을 만드는 기법이다.

❶ **합성의 효과**
  ▶ 전경 영상을 다른 영상으로 교체할 수 있다.
  ▶ 배경 영상을 다른 영상으로 교체할 수 있다.
  ▶ 잡음을 제거하여 영상의 품질을 개선할 수 있다.
  ▶ 원하는 부분만 잘라내거나 가릴 수 있다.
  ▶ 특정 색상을 제거하고 다른 영상과 결합할 수 있다.

❷ **합성의 종류**
  ㉠ 마스크(Mask)
    영상의 일부분을 보여주거나 가리는 기법이다.
  ㉡ 크로마키(Chroma Key)
    • Chroma(채도) 신호의 색상차를 이용하여 합성하는 기법이다.
    • 배경 화면이나 영상의 특정 색의 키 화상(Key Image)을 추출하고 거기에 다른 화상을 끼워 넣어 새로운 화면을 만들어낸다.
    • 청색으로 착색한 일정한 배경 세트[블루 스크린(Blue Screen)]를 사용하여 가상 스튜디오를 구성할 때 주로 사용한다.
  ㉢ 루미넌스 키(Luminance Key), 루마 키(Luma key)
    • 영상의 색 밝기 차이(밝고 어두운 정도)를 이용하여 합성하는 기법이다.
    • 컬러 또는 흑백에 관계없이 회색의 음영값을 적용해서 원하는 키(Key)를 추출하여 어두운 부분을 없애거나 투명하게 만든다.

  • 타이틀, 영상 크레딧, 자막 등에 이용할 수 있으며 영상 편집에서뿐 아니라, 영상 믹서를 이용한 실시간 방송에서도 사용한다.
  • 알파 채널과 비슷한 양상을 가진다.
  ㉣ 알파 채널(Alpha Channel)
    • 영상의 각 픽셀에 대한 색상 정보와 별도로 투명도 정보가 포함된 네 번째 채널이다[첫 번째, 두 번째, 세 번째 채널은 각각 빨강(R), 녹색(G), 파랑(B) 색상 정보를 나타낸다].
    • 한 픽셀의 색이 다른 픽셀의 색과 겹처서 나타낼 때 영상의 일부분을 투명하게 만들어 두 색이 효과적으로 융합하도록 해준다.
    • RGB 색상 채널을 방해하지 않고 풋티지 항목(Footage item, 프로젝트로 가져온 영상 항목)의 투명도 정보를 단일 파일에 저장하기 위해서 사용한다.
  ㉤ 매트(Matte)
    2개의 레이어를 결합하기 위한 합성 기법으로 영상의 특정 영역을 투명하게 하거나 불투명하게 한다.
  ㉥ 트랜스페어런시(Transparency)
    필요 없는 색상을 제거하여 자막이나 애니메이션 등과 합성하는 기법이다.

01 마스크 영상에 해당하는 키 화상(Key Image)을 추출함과 동시에 배경 영상을 전경 영상으로 합성하는 디지털 영상합성 방법은?

19년 1회, 15년 3회, 10년 3회, 09년 3회, 06년 3회, 02년 12월

① 필름의 합성
② 전처리 과정
③ 크로마키 합성
④ 양자화 과정

02 Chroma Key 합성법에 대한 설명으로 거리가 먼 것은?

08년 1회, 05년 3회

① Chroma 신호의 색상차를 이용하는 합성방법이다.
② 정확한 전경화상의 생성(키 화상의 생성)을 위해 조명에 상당한 주의를 기울여야 한다.
③ Matt의 칼라는 특정한 색상과 채도를 가진 Red를 주로 사용한다.
④ 배경화면의 일부분에 또 하나의 영상을 겹치게 하여 새로운 화면을 만들어내는 특수영상효과이다.

03 다음 중 영상의 색 밝기 차이(밝고 어두운 정도)를 이용한 디지털 합성기술로, 한 영상의 어두운 부분을 없애거나 투명하게 만들어서 다른 쪽 영상이 비치게 할 수 있다. 영상 편집에서뿐 아니라, 영상믹서를 이용한 실시간 방송에도 사용할 수 있는 합성기술은?

08년 3회

① Beta Channel
② Luminance Key
③ Rendering
④ Morphing

04 알파 채널에 대한 설명으로 옳은 것은?

18년 3회, 14년 2회, 09년 3회

① 크로마키 기법을 사용하기 위해 이미지를 두 개의 채널로 만든 것이다.
② 그래픽상의 한 픽셀의 색이 다른 픽셀의 색과 겹쳐서 나타낼 때, 두 색을 효과적으로 융합하도록 해준다.
③ 4개의 채널을 이용하는 CMYK보다 색을 자유롭게 쓸 수 없지만 다양한 표현이 가능하다.
④ 선택 영역의 테두리 부분에 있는 픽셀을 부드럽게 처리하는 기능이다.

05 디지털 영상합성에서 RGB 색상채널을 방해하지 않으면서 풋티지 항목(Footage Item)의 투명 정보를 단일 파일에 저장하기 위해서 이용해야 할 사항은?

10년 3회

① 루마키(LumaKey)
② 알파채널(Alpha Channel)
③ 디더링(Dithering)
④ 컴포지션(Composition)

06 다음 중 2개 이상의 비트맵 이미지를 합성하는 방법으로 적절치 못한 것은?

19년 3회

① 필터를 이용한 블러 효과
② 블랜딩 모드를 이용한 색상, 채도, 명도 조정
③ 레이어의 투명도(Opacity)를 이용
④ 이미지의 일부 지우기와 Feather 처리를 이용

해설
블러 효과(Blur Effect)는 합성이 아닌 보정 효과이다.

비트맵방식과 벡터방식으로 구분되는 멀티미디어 구성요소는?   21년 3회

① 텍스트
② 이미지
③ 사운드
④ 비디오

| 정답 | ②

족집게 과외

1. 영상의 이미지 출력 방식

영상 이미지 출력 방식은 영상을 구성하는 화면의 표시 방식을 말하며, 영상 이미지 출력 방식은 크게 래스터 방식과 벡터방식으로 나뉜다.

❶ 래스터[Raster, 비트맵(Bitmap)]방식

ⓗ 표현 방식
- 픽셀(Pixel) 단위로 이미지를 표현한다.
- 각 픽셀에는 색상 정보가 저장된다.

ⓒ 특 성
파일의 크기는 해상도에 비례하여 높은 해상도일 수록 더 많은 픽셀이 필요하다.

ⓓ 장 점
- 자세한 이미지를 표현할 수 있어 색 변화를 나타 내는 효과에 유용하다.
- 사진 및 복잡한 이미지에 적합하다.
- 벡터방식보다 화면에 표시하는 것이 간단하고 빠르다.

ⓔ 단 점
확대하면 화질이 저하되고 윤곽선이 일그러지는 계단현상(Aliasing, 앨리어싱)이 나타난다.

❷ 벡터(Vector)방식

ⓗ 표현 방식
- 수학적인 방정식으로 이미지를 표현한다.
- 점, 선, 곡선, 원 등의 기하학적 객체를 사용한다.

ⓒ 특 성
해상도에 영향을 받지 않아 다양한 크기로 적용할 수 있다.

ⓓ 장 점
- 확대, 축소해도 화질이 저하되지 않는다.
- 파일 크기가 작다.

ⓔ 단 점
사진 및 복잡한 이미지를 표현하기에는 래스터 방 식보다 한계가 있다.

01 래스터(Raster)방식과 벡터(Vector)방식에 대한 설명으로 거리가 가장 먼 것은?   09년 1회

① 그래픽을 표시하는 방법의 일종이다.
② 래스터방식은 그래픽을 픽셀 단위로 저장한다.
③ 래스터방식의 그래픽을 확대하면 계단현상이 나타난다.
④ 벡터방식의 그래픽은 래스터방식의 그래픽에 비해 일반적으로 파일 사이즈가 크다.

04 비트맵 이미지에 대한 설명으로 옳지 않은 것은?   17년 3회, 09년 1회, 07년 1회

① 픽셀 단위의 정보로 이미지를 표현한다.
② 색 변화를 나타내는 효과에 유용하다.
③ 기억공간을 적게 차지하고 이동, 회전, 변형이 쉽다.
④ 이미지 크기를 늘리면 화질이 저하되고 윤곽선이 일그러진다.

02 래스터(Raster)방식 이미지에 대한 설명으로 옳지 않은 것은?   18년 2회

① 점, 곡선과 같은 기하학적인 객체로 표현된다.
② 파일 포맷으로 BMP, JPEG, GIF 등이 있다.
③ 파일의 크기는 해상도에 비례한다.
④ 픽셀 단위로 정보가 저장된다.

05 이미지와 그래픽에서 점, 선, 곡선 그리고 원 등이 기하학적 객체로 표현되어 화면 확대 시 화질의 저하가 발생하지 않는 그래픽 방식은?   18년 1회

① BMP
② Vector
③ Painting
④ Raster Graphic

03 래스터(Raster) 폰트에 대한 설명 중 거리가 가장 먼 것은?   06년 1회, 02년 12월

① 확대 시 계단현상이 나타난다.
② 글자를 표현하기 위해 픽셀들의 위치를 기억한다.
③ 선과 선의 연결 좌표 및 선의 종류에 따른 여러 가지 인수들을 기억한다.
④ 화면에 디스플레이 하는 것이 벡터(Vector) 폰트에 비하여 빠르다.

06 벡터(Vector)방식에 대한 설명으로 옳은 것은?   18년 3회

① 벡터 객체는 같은 객체를 비트맵 형식으로 저장했을 때보다 많은 메모리를 차지한다.
② 대부분의 드로잉 프로그램들은 벡터 드로잉을 비트맵으로 변환하여 저장할 수 없다.
③ 점, 선, 면의 좌표값을 수학적으로 저장하는 방식이기 때문에 아무리 확대를 해도 벡터 이미지가 깨지지 않는다.
④ 래스터 그래픽스(Raster Graphics) 방식과 같은 의미다.

Aldus와 MicroSoft가 공동 개발한 래스터 화상 파일 형식은?

20년 1 · 2회, 15년 3회

① GIF
② TIFF
③ PICT
④ DWG

┃정답┃②

족집게 과외

1. 래스터 파일 형식의 종류

❶ BMP(BitMaP, 비트맵 이미지)

원도우(Window)에서 일반적으로 사용되는 고품질 이미지 파일 형식이다.

❷ TIFF[Tagged Image File Format, Tag(꼬리표)가 붙은 이미지 파일]

▶ 미국의 앨더스(Aldus Corporation)사와 마이크로소프트(Microsoft)사가 공동으로 개발했다.
▶ 무손실 압축을 지원하는 최초의 고품질 이미지 포맷으로 확장자는 *.tiff 및 *.tif이다.
▶ 많은 사진작가가 선호하는 포맷이며 탁상출판 업무 등에도 널리 상용한다(탁상출판은 PC를 이용하여 책, 문서, 신문 등 각종 출판물을 제작하는 전자 출판 시스템이다).

❸ GIF(Graphics Interchange Format, 그래픽 교환 방식)

▶ 미국의 컴퓨터 네트워크 회사 컴퓨서브(Compuserve)사에서 빠르게 이미지를 전송할 목적으로 개발했다.
▶ 흑백으로만 사용되던 파일 다운로드 영역에 256색상(8Bit, 28 = 256)의 컬러 이미지를 제공하였다.
▶ RLE(Run-Length Encoding) 압축 알고리즘을 대체한 LZW(Lempel-Ziv-Welch) 압축 알고리즘을 사용하여 느린 모뎀에서도 빠르게 다운로드할 수 있었다.
▶ LZW에 대한 특허를 받은 미국의 IT 회사 유니시스(Unisys)와 GIF 개발사인 컴퓨서브(Compuserve)사 간에 특허 논란이 있었다.

▶ 투명색을 지정할 수 있으며 한 파일에 다수의 이미지 및 텍스트의 포함이 가능하다.
▶ GIF의 원래 버전은 87a라고 불렸으며 향상된 89a 버전부터 애니메이션 기능을 제공한다.

❹ PNG(Portable Network Graphics, 이동성 네트워크 그래픽)

GIF의 특허 문제를 해결하기 위하여 고안된 파일 형식으로 모든 컬러 정보와 알파 채널을 보존하는 무손실 압축 방식이다.

❺ JPEG(Joint Photographic Experts Group, 합동 사진 전문가단체, 정지 영상 압축 표준)

▶ 정지 영상을 지원하기 위한 국제표준이다.
▶ 가장 널리 사용되는 래스터 파일 형식으로 사진 및 다양한 컬러 이미지에 사용한다.

❻ DDS(Direct Draw Surface)

▶ 마이크로소프트(Microsoft)사에서 개발한 게임 전용 파일 포맷으로 압축된 파일 포맷이다.
▶ 텍스처(Texture) 매핑(Mapping)과 환경 지도(Map)를 저장하는 데 사용한다.
▶ DirectX 7에서 소개되었으며 DirectX 8에서는 볼륨 텍스처가 추가되었다.

❼ TGA(Truevision Graphics Adapter)

▶ 비디오 이미지를 저장하기 위해 개발된 포맷이다.
▶ RGB 신호를 디지털화한 데이터 포맷으로 8Bit 알파 채널을 지원한다.

01 다음에서 설명하는 그래픽 파일 포맷은?

21년 1회, 17년 1회, 09년 1회, 07년 1회

> • Compuserve사에서 개발한 파일형식으로 네트워크상에서 이미지 파일 전송 시간을 줄이기 위해 만듦
> • LZW(Lempel-Ziv-Welch) 압축 알고리즘 사용
> • 한 파일에 다수의 이미지 및 텍스트 포함 가능

① GIF(Graphics Interchange Format)
② JPEG(Joint Photography Experts Group)
③ WMF(Windows Metafile Format)
④ TIFF(Tagged Image File Format)

02 GIF 형식의 파일에서 사용 가능한 최대 색상의 수는?

19년 3회, 17년 1회, 09년 1회, 05년 1회

① 2^4
② 2^8
③ 2^{16}
④ 2^{32}

해설
2^8 = 256컬러

03 이미지의 모든 컬러 정보와 알파 채널을 보존하고 손실 없는 압축 방법으로 파일의 크기를 줄이는 파일의 방식은?

18년 3회, 11년 3회

① JPEG
② PCX
③ PNG
④ TIFF

04 다음 중 정지 영상의 국제 표준 압축 방식은?

08년 3회, 05년 1회

① MIDI
② WAV
③ JPEG
④ MPEG

05 다음 중 엔비디아에서 개발한 포맷 방식으로 DirectX 기반의 텍스처 매핑을 나타내기 위해 사용되는 이미지 형식은?

14년 1회, 11년 3회

① BMP
② GIF
③ CDR
④ DDS

06 다음 파일 포맷 중 성격이 다른 하나는?

10년 1회, 09년 1회, 06년 1회

① TGA
② TIFF
③ WMV
④ GIF

해설
WMV(Windows Media Video)는 Microsoft에서 개발한 동영상 포맷이다.

다음 중 벡터방식의 파일 포맷은? 07년 3회, 05년 1회, 02년 12월

① BMP(BitMaP)
② EPS(Encapsulated PostScript)
③ GIF(Graphics interchange Format)
④ JPEG(Joint Photographic coding Experts Group)

| 정답 | ②

족집게 과외

1. 벡터 파일 형식의 종류

❶ EPS(Encapsulated PostScript, 밀봉형 포스트스크립트)

▶ 어도비(Adobe)사에서 개발한 포스트스크립트(PostScript ; PS) 언어를 활용한 포맷으로 프린터에 그래픽 정보를 보내기 위해 등장한 포스트스크립트는 페이지 기술 언어(Page Description Language ; PDL)의 일종이다.

더 알아보기

페이지 기술 언어(Page Description Language ; PDL)
프린터가 이해하는 형식으로 문서(Page)를 생성하기 위한 언어로 문서의 모양을 비트맵보다 더 높은 수준으로 표현한다.

▶ 인쇄 및 전문 그래픽 출력 장치 등을 위해 최적화된 파일 형식이다.

❷ WMF(Windows MetaFile, 윈도우 메타파일)

▶ 윈도우(Windows)에서 벡터 그래픽스(Vector graphics)을 저장하는 데 사용되는 파일 형식이다.

▶ 윈도우7 버전 이상부터 윈도우의 사진 뷰어와 같은 기본 프로그램으로 열 수 있다.

❸ AI(Adobe Illustrator, 어도비 일러스트레이터)

어도비(Adobe)사에서 개발한 벡터 드로잉 소프트웨어 일러스트레이터(Illustrator)에서 사용하는 파일 형식이다.

❹ PICT(Picture)

▶ 애플(Apple)사에서 개발한 QuickDraw 벡터 그래픽스(Vector graphics) 파일 형식이다.

▶ 초기 Mac(Apple Macintosh, 애플 매킨토시) 컴퓨터의 표준 메타파일이었으나 현재는 지원이 중단되었다.

▶ Mac 응용 프로그램 간에 비트맵 이미지와 포스트스크립트(PostScript) 이미지로 동시에 저장할 수 있는 파일 형식이다.

01 다음 중 벡터 그래픽 파일 형식인 것은?

17년 2회, 09년 3회

① BMP
② WMF
③ GIF
④ TGA

02 그래픽의 파일 포맷은 래스터방식(비트맵방식)과 벡터방식으로 나뉜다. 다음 중 벡터 그래픽의 파일 형식인 것은?

05년 2회

① PCX
② WMF
③ GIF
④ JPEG

> **해설**
> PCX(Picture Exchange)
> 윈도우에서 사용된 최초의 비트맵 파일 형식 중 하나이며 JPEG, GIF, PNG 등이 출시된 후 급격히 인기가 하락하였다.

03 다음 중 포스트스크립트(PostScript) 언어를 활용한 포맷으로 인쇄 및 전문 그래픽 출력 장치 등을 위해 최적화된 파일 포맷은?

09년 3회, 05년 3회

① PICT
② JPEG
③ EPS
④ PSO

> **해설**
> ① PICT : 애플 컴퓨터에서 사용되는 벡터 그래픽 파일 형식이다.
> ② JPEG : 널리 사용되는 이미지 압축 형식으로 사진 및 다양한 컬러 이미지를 압축하는 데 사용한다.
> ④ PSO : 파일 형식이 아닌 검색 최적화 알고리즘이다.

04 다음 중 EPS 파일 포맷에 대한 설명으로 가장 적절한 것은?

06년 1회

① 256 컬러로 제한되어 있다.
② 컴퓨서브(Compuserve)사에서 개발하였다.
③ Zsoft사에서 제작된 페인트 브러시의 파일 포맷이다.
④ 프린터에 그래픽 정보를 보내기 위해 등장한 Postscript 언어를 활용한 포맷이다.

05 애플사가 매킨토시에서 화상을 비트맵 형식 및 퀵드로(QuickDraw) 벡터 형식으로 저장하는 데 사용되는 표준 파일은?

15년 1회

① TIFF
② PICT
③ DIB
④ DXF

> **해설**
> ③ DIB(Device Independent Bitmap, 장치 독립형 비트맵) : 윈도우에서 사용하는 비트맵파일 형식이다.
> ④ DXF(Drawing Exchange Format, 도면 교환 형식) : 벡터 파일 형식으로 일반적으로 설계, 건축 도면을 저장하는 데 사용된다.

06 매킨토시에서 화상을 비트맵 이미지와 포스트스크립트(PostScript) 이미지로 동시에 저장할 수 있는 이미지 파일 포맷은?

19년 3회

① TIFF
② PICT
③ DIB
④ DXF

다음 중 동영상의 확장자 종류가 아닌 것은?

08년 1회, 05년 1회, 04년 3회

① AVI
② PDF
③ MOV
④ ASF

|정답| ②

족집게 과외

1. 영상 파일 형식의 종류

❶ **AVI(Audio Video Interleave, 오디오 비디오 인터리브)**
윈도우의 비디오 포 윈도우(Video for Windows ; VFW)에서 재생이 가능하다.

❷ **ASF(Advanced Streaming Format)**
▶ AVI의 인터넷 확장판으로 만든 포맷으로 윈도우의 미디어 플레이어(Media Player)에서 재생이 가능하다.
▶ 파일을 다운로드하면서 동시에 재생이 가능한 인터넷 스트리밍용으로 개발했다.

❸ **MPEG(Moving Picture Experts Group, 엠펙)**
ISO/IEC(국제표준화기구 및 국제 전기 표준화 기구)와 ITU-T(국제전기통신연합 통신표준분과)에서 제정한 동영상 압축 국제 표준이다.

❹ **MOV(QuickTime MOVie)**
▶ 퀵타임 플레이어(QuickTime Player)에서 재생이 가능하다.
▶ Apple사에서 개발했으며 MacOS와 Windows에서 모두 호환된다.

❺ **RM(RealMedia)**
리얼 플레이어(Real Player)에서 재생이 가능하다.

❻ **AVCHD(Advanced Video Codec High Definition)**
MPEG-4 AVC(H.264)를 사용하는 파일 형식으로 HD 및 SD 녹화 모두 지원한다.

01 동영상 파일의 종류가 아닌 것은?

09년 3회, 06년 3회

① TTF
② RM
③ MOV
④ AVI

02 다음 중 비디오 파일 포맷이 아닌 것은?

07년 3회

① AVI(Audio Visual Interleave)
② ASF(Advanced Streaming Format)
③ MOV(QuickTime MOVie)
④ PDF(Portable Document Format)

03 다음 중 동영상 파일 포맷의 확장자에 대한 설명으로 거리가 가장 먼 것은?

08년 1회, 05년 1회

① MPEG : Moving Picture Experts Group의 약자로 동영상에 대한 효율적인 전송 압축 알고리즘과 코드체계의 국제 표준 규격을 연구하기 위해 만들어졌다.
② AVI : 마이크로소프트 윈도우를 위한 비디오 지원 API인 비디오 포 윈도우(Video for Windows : VFW)의 기본 파일포맷 확장자이다.
③ ASF : Apple사에서 개발한 통합 멀티미디어 지원 툴킷인 퀵타임(Quick-Time)에서 지원하는 동영상 파일 포맷의 확장자이다.
④ RM : 리얼플레이어용 미디어 파일의 확장자로 Real Producer를 써서 만들어 낼 수 있다.

해설

• API(Application Programming Interface, 응용 프로그램 프로그래밍 인터페이스)는 두 개 이상의 소프트웨어 시스템이 데이터나 기능을 서로 원활하게 공유할 수 있도록 하는 소프트웨어이다.
• Real Producer는 미국의 IT회사 Real Networks에서 개발한 비디오 인코딩 프로그램이다.

04 ASF(동영상 포맷)에 대한 설명으로 가장 거리가 먼 것은?

12년 1회, 10년 3회

① 윈도우 미디어플레이어에서 재생이 가능하다.
② MPEG-1 방식을 사용한 통합 멀티미디어 파일 포맷이다.
③ 인터넷에서 파일을 다운로드하면서 동시에 재생이 가능하다.
④ 마이크로소프트사에서 AVI의 인터넷 확장판으로 만든 포맷이다.

05 다음 중 마이크로소프트사에서 인터넷 스트리밍용으로 개발한 동영상 파일 포맷은?

07년 1회

① ASF
② SWF
③ Cinepak
④ MMF

06 다음 중 AVCHD 영상 포맷에 대한 설명으로 거리가 가장 먼 것은?

13년 1회

① 캐논사에서 개발한 영상 포맷이다.
② MPEG-4 AVC(H.264)를 사용하는 포맷이다.
③ Advanced Video Codec High Definition의 약자이다.
④ HD 및 SD 녹화 모두 지원한다.

디지털 비디오나 오디오의 데이터를 압축 또는 해제하는 알고리즘을 총칭하는 것은? 21년 3회, 07년 3회

① 코드분할(CDMA)

② 코덱(CODEC)

③ 합성(Compositing)

④ 편집(Editing)

|정답| ②

족집게 과외

1. 코덱(CODEC)

▶ 코덱(CODEC)은 동영상이나 정지화상(Image, 이 미지)의 압축(Compress)과 복원(Decompress)을 동시에 지원하는 기술로 디지털 영상(Video, 비디오)이나 음성(Audio, 오디오)의 데이터를 압축 또는 해제하는 알고리즘(Algorithm, 연산)을 총칭한다.

▶ 영상이나 음성 등의 아날로그 신호는 코덱을 사용하여 디지털 신호로 전환하고, 디지털 신호를 아날로그 신호로 전환할 때도 코덱을 사용한다.

〈코덱의 예〉

㉠ 시네팩(Cinepak)

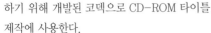

- 미국의 수퍼맥테크놀로지스(SupcrMac Technologies)사에서 개발한 동영상 코덱이다.

- 320×240 해상도의 영상을 1배속 CD-ROM 전송 속도에 맞게 변환하기 위해 개발된 코덱으로 CD-ROM 타이틀 제작에 사용한다.

㉡ 인디오(Indeo)

인텔(Intel)사에서 개발한 코덱으로 시네팩과 함께 널리 사용되지만 시네팩보다는 빠르다.

㉢ DivX(Digital internet video eXpress, 디빅)

압축 효율이 좋아 DVD, 디지털 카메라, 휴대폰 등에서 많이 이용하며 DVD 수준의 고화질 동영상에 많이 사용한다.

㉣ aptX(Audio Processing Technology X)

- MP3보다 연산량이 훨씬 적어 배터리 소모를 크게 줄일 수 있는 장점 때문에 블루투스(Bluetooth) 오디오 코덱으로 사용된다.

- 압축률이 높아 전송이 빠르고 CD와 같은 음질을 제공한다.

01 영상이나 음성 등의 아날로그 신호를 펄스 부호 변조(PCM)를 사용하여 전송에 적합한 디지털 비트 스트림으로 변환하고, 역으로 수신 측에서 디지털 신호를 아날로그 신호로 변환하는 기기나 장치는?   10년 1회, 06년 1 · 3회

① 코덱(CODEC)
② 컴포지트(Composite)
③ 컴포넌트(Component)
④ 캡처보드(Capture Board)

02 오디오 또는 비디오 데이터의 압축과 복원기능을 수행하는 하드웨어나 소프트웨어를 가리키는 용어로 적절한 것은?   08년 3회, 02년 12월

① 스트리밍(Streaming)
② 캡처보드(Capture Board)
③ 코덱(Codec)
④ 수퍼임포즈(Superimpose)

03 다음 중 동영상 코덱(CODEC)이 아닌 것은?   21년 1회, 18년 2회

① MPEG-1
② Intel Indeo
③ WinRAR
④ DivX

해설
③ WinRAR는 파일 압축 프로그램이다.
① MPEG(Motion Picture Expert Group, 엠펙)은 영상 압축의 국제 표준으로 널리 쓰이는 코덱이다.

04 다음 중 소프트웨어 코덱(CODEC)이 아닌 것은?   19년 1회, 02년 12월

① DV Raptor
② Intel Indeo
③ Cinepack
④ Microsoft Video

해설
① DV Raptor는 일본의 방송장비 및 그래픽 카드 제조 회사인 카노푸스(Canopus)가 개발한 비디오 캡처 카드이다.
④ Microsoft는 여러 가지 Microsoft Video 코덱을 개발하였다.

05 수퍼맥테크놀로지스사(SupcrMac Technologies)에서 개발한 영상코덱으로 320×240 해상도의 영상을 1배속 CD-ROM 전송속도에 맞게 변환하기 위해 개발된 코덱은?   15년 3회

① Cinepak
② Indeo
③ TrueMotion
④ Clear Video

06 영국 오디오 프로세싱 테크놀로지사에서 개발하였고, MP3보다 연산량이 적어 전력이 적게 소비되며, 압축 효율이 높아 CD와 같은 음질을 제공하는 오디오 코덱은?   20년 1 · 2회, 17년 1회

① AC3
② XVID
③ DTS
④ aptX

기출유형 01 ▶ 빛의 현상

빛은 그 파장의 차이에 따라 굴절률이 각각 다른데 프리즘을 투과한 빛이 각각의 굴절각의 차이로 여러 가지 색으로 나누어지는 현상은?

20년 1 · 2회, 15년 1회

① 간 섭
② 편 광
③ 회 절
④ 분 산

|정답|④

한 줄 요약

• 빛은 전자기파의 일종으로 빛의 파장과 진폭에 따라 색상과 밝기가 결정된다.
• 빛은 파장에 따라 다른 각도로 굴절되어 여러 색수차가 발생하고 빛의 진폭은 빛의 강도와 밝기를 결정한다.
• 빛은 파동처럼 행동하는 파동성을 가지며 빛의 굴절, 분산, 간섭, 회절, 편광 등의 현상을 보인다.

족집게 과외

1. 빛의 현상

❶ 굴 절

빛이 매질의 경계면을 통과할 때 빛의 속도가 달라지면서 휘어지거나 방향이 바뀌는 현상이다.

❷ 분 산

빛이 매질의 경계면을 통과할 때 파장에 따라 굴절률이 달라져서 색수차(Chromatic Aberration)가 발생하여 색이 나누어지는 현상이다.

더 알아보기

색수차(Chromatic Aberration)
파장에 따른 굴절률의 차이에 의해 생기는 수치로 빛의 색상을 나타낸다.

❸ 간 섭

▶ 두 개의 빛이 만나면 강화되거나 약화되는 현상으로 같은 주파수 2개의 위상차가 시간과 함께 변화하지 않을 때 2개의 광파가 겹쳐 빛의 세기가 강해지거나 약해진다.

▶ 빛의 간섭을 이용한 예
홀로그램 : 복제방지용 신용카드, 소프트웨어 보호, 주류 포장 등에 많이 사용하는 기술로, 빛의 간섭에 의해 만들어진 간섭무늬를 이용하여 3차원의 실 물체 영상을 기록하고 재생한다.

❹ 회 절

▶ 빛이 장애물이나 틈을 만나면 퍼지는 현상이다.

▶ 빛의 회절을 이용한 예
새털의 끝을 통하여 햇빛을 보면 보는 방향에 따라 색깔을 가진 무늬가 보인다.

❺ 편 광

▶ 빛의 전기장이나 자기장이 특정한 방향으로 진동하는 현상이다.

▶ 빛의 편광을 이용한 예
LCD 액정디스플레이, 광학 현미경, 입체영화를 관람할 때 착용하는 3D 특수 안경

01 색수차가 발생하는 빛의 성질은?   16년 1회

① 분 산
② 반 사
③ 편 광
④ 간 섭

02 같은 주파수 2개의 위상차가 시간과 함께 변화하지 않을 때, 2개의 광파가 겹쳐 빛의 세기가 강해지거나 약해지는 현상은?   17년 1회, 14년 3회

① 분 산
② 간 섭
③ 편 광
④ 회 절

03 빛의 간섭효과가 만드는 간섭무늬를 이용하여 3차원의 실물체 영상을 기록·재생하는 기술로 복제방지용 신용카드, 소프트웨어 보호, 주류 포장 등에 많이 사용되는 것은?

21년 1회, 18년 2회, 14년 2회

① 홀로그램(Hologram)
② 슈퍼그래픽(Super Graphic)
③ 컴퓨터그래픽(Computer Graphic)
④ 일러스트레이션(Illustration)

04 새털의 끝을 통하여 햇빛을 보면 보는 방향에 따라 색깔을 가진 무늬가 보이는데 이는 빛의 어떤 현상 때문인가?   22년 2회, 13년 1회

① 회 절
② 굴 절
③ 편 광
④ 산 란

05 입체영화를 관람할 때 착용하는 특수 안경은 빛의 어떠한 현상을 이용한 것인가?   14년 2회

① 간 섭
② 회 절
③ 굴 절
④ 편 광

06 광원으로부터 어떤 방향으로 얼마만큼의 광이 나가고 있는가를 나타내는 것으로 빛의 강도를 의미하는 것은?   15년 2회

① 광선속(lm)
② 휘도(rit)
③ 조도(lx)
④ 광도(cd)

해설
광도(Luminous Intensity)의 단위 : cd(칸데라, Candela)

비디오 촬영을 위한 스튜디오 조명 설정에서 피사체의 뒤쪽 부분을 강조하여 피사체와 배경의 공간을 분리하고 화면의 입체감 및 생동감을 주는 역할을 하는 조명은?

14년 2회

① 주광(Key Light)
② 보조광(Fill Light)
③ 배경조명(Background Light)
④ 역광(Back Light)

▮정답▮ ③

족집게 과외

1. 조명 기법의 종류

❶ 키 라이트(Key Light, 주광)

피사체의 얼굴 부분을 밝게 비추어주는 조명으로 형태와 입체감을 나타내는 데 중요한 역할을 한다.

❷ 필 라이트(Fill Light, 보조광)

키 라이트에 의해 생기는 어두운 부분을 수정하기 위해 키 라이트의 반대편에서 피사체에 비춰주는 보조 조명으로 피사체의 그림자를 줄여주고 디테일을 살려준다.

❸ 베이스 라이트(Base Light)

피사체 전체를 균일하게 밝게 해주는 조명이다.

❹ 백 라이트(Back Light, 역광)

피사체의 뒤쪽에서 비춰주는 조명으로 실루엣 효과를 만들어 피사체와 배경을 구분해주고 피사체의 윤곽을 선명하게 한다.

❺ 백그라운드 라이트(Background Light, 배경조명)

배경에만 비춰주는 조명으로 피사체의 뒤쪽 부분을 강조하여 배경의 공간을 분리하고, 색상과 분위기를 조절하여 화면의 입체감 및 생동감을 준다.

❻ 스포트 라이트(Spot Light, 투광기)

특정한 지점을 강조하기 위한 조명으로 무대, 영화, 텔레비전 등에서 사용되며 그림자가 있고 입체감이 강하다.

01 조명의 종류에 대한 설명으로 틀린 것은?

20년 3회

① 키 라이트 : 피사체의 주광선으로 피사체의 밝기를 얻는 데 쓰인다.
② 후드 라이트 : 키 라이트에 의해 생기는 음영을 연하게 하기 위해 쓰인다.
③ 베이스 라이트 : 전체를 평균적으로 밝게 하는 데 쓰인다.
④ 백 라이트 : 배우를 포함 출연자의 형상을 부각시키고 배경과 분리해 내기 위해 무대 장치나 출연자 뒤로부터 나오는 조명으로 쓰인다.

해설
후드 라이트(Hood Light)는 자동차의 전면에 위치한 조명으로 주행 중에 전방을 밝혀주는 역할을 한다.

02 Key Light에 의해 생기는 어두운 부분을 수정하기 위한 조명이며 베이스 라이트와 겸용되는 경우의 조명은?

17년 1회, 13년 3회

① Back Light
② Touch Light
③ Fill Light
④ Horizon Light

해설
Horizon Light(호라이즌 라이트)는 스마트 기기에서 알림이나 통지를 위해 사용되는 LED 조명이다.

03 인물의 윤곽을 선명하게 하고, 머리카락에 광택을 주며 배경에서 인물이 떠오르게 하는 조명은?

11년 1회

① 키 라이트
② 베이스 라이트
③ 백 라이트
④ 필 라이트

04 영상 촬영 시 뒤에서 비추는 빛으로 실루엣(Silhouette) 효과를 만들기 위해 이용하는 조명은?

20년 1 · 2회

① 순광(Front Light)
② 사광(Side Light)
③ 역광(Back Light)
④ 키 라이트(Key Light)

05 투광기 조명으로 그림자가 있고 입체감이 강한 조명은?

04년 3회

① 컬러 라이트
② 크로스 라이트
③ 플랫 라이트
④ 스포트 라이트

06 다음 중 조명의 주목적이 아닌 것은?

16년 2회, 11년 1회

① 입체감과 질감을 만든다.
② 반향(Echo)을 얻는다.
③ 필요한 밝기를 얻는다.
④ 컬러 밸런스를 만든다.

해설
반향(Echo, 에코)은 소리가 진행하던 중 어떤 장애물에 부딪혀 되울리는 현상이다.

02 디지털 음향 콘텐츠 제작

01 디지털 음향개념

기출유형 01 ▶ 소리의 요소

사운드의 기본 요소가 아닌 것은? 21년 1회, 18년 1회, 17년 3회, 08년 1·3회, 07년 3회, 06년 3회, 05년 3회

① 위상(Phase)
② 음색(Tone Color)
③ 진폭(Amplitude)
④ 주파수(Frequency)

┃정답┃①

한 줄 요약

소리는 공기 중에 울리는 진동을 청각을 통해 듣게 되는 것으로, 시간에 따른 소리의 변화를 파동(Wave)이라고 하고, 파동의 모양을 파형(Wave Form)이라고 한다.

족집게 과외

1. 소리의 3요소

❶ 진폭(Amplitude, 소리의 크기)

▶ 단위 – dB(데시벨)
▶ 0dB을 기준으로 10dB이 증가할 때마다 그 소리의 세기는 10배만큼 커진다.
▶ 큰소리 = 음압이 크다 = 음이 세다 = 진폭이 크다 = 진폭이 길다
▶ 작은 소리 = 음압이 작다 = 음이 약하다 = 진폭이 작다 = 진폭이 짧다

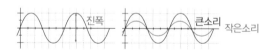

❷ 주파수(Frequency, 소리의 높이)

▶ 단위 – Hz(헤르츠)
▶ 소리의 파동이 1회 완성되는 데 걸리는 시간을 음의 주기라고 한다.

▶ 높은 소리 = 고음 = 주파수가 높다 = 초당 진동 횟수가 많다 = 음의 주기가 짧다
▶ 낮은 소리 = 저음 = 주파수가 낮다 = 초당 진동 횟수가 적다 = 음의 주기가 길다
▶ 사람이 들을 수 있는 주파수(가청주파수, Audible Frequency)의 범위는 20Hz~20,000Hz(20kHz)이다.

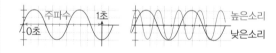

❸ 음색(Tone Color, Timbre, 소리의 파형)

음색 = 소리 맵시 = 소리 색깔 = 소리 톤(Tone)

01 음의 성질을 표시하는 음의 3요소가 아닌 것은?

21년 3회, 17년 2회

① 음 원
② 주파수
③ 진 폭
④ 음 색

02 음색을 결정하는 소리의 요소는?

14년 3회, 10년 3회

① 높 이
② 크 기
③ 주파수
④ 파 형

03 음파가 1회 진동하는 데 걸리는 시간을 무엇이라고 하는가?

18년 3회, 16년 1회, 13년 1회

① 음 압
② 음 색
③ 주 기
④ 주파수

04 다음 중 소리의 기본 요소에 대한 설명으로 틀린 것은?

19년 3회, 07년 1회, 05년 1회

① 주파수는 초당 파형의 반복 횟수를 의미하여 소리의 높낮이를 결정한다.
② 음압 레벨의 단위는 헤르츠(Hz)를 사용한다.
③ 진폭은 사운드 파형의 기준선에서 최고점까지의 거리를 의미하며 소리의 크기와 관련이 있다.
④ 같은 음의 높이와 크기를 가져도 악기마다 고유한 소리의 특징이 있는데 이런 특징을 음색이라 한다.

05 소리의 고저는 높이, 음정, 파동의 진동수 등으로 표현된다. 여기에 사용되는 단위는?

17년 1회, 14년 1회

① Hz
② dBm/w
③ %
④ W

해설
dBm/w는 무선 통신에서 주로 사용되는 전력의 측정 단위로 dBm(데시벨 밀리와트)당 w(와트)를 의미한다.

06 사람의 가청주파수 대역은?

17년 1회, 12년 1회, 08년 3회

① 2Hz ~ 20Hz
② 20Hz ~ 2kHz
③ 2kHz ~ 20kHz
④ 20Hz ~ 20kHz

두 개 이상의 음파가 겹쳐져 더해질 때, 파동의 합성에 의해 동위상으로 겹쳐지면 진폭이 증가하고 역위상으로 겹쳐지면 진폭이 감소하는 것은?

16년 1회

① 굴 절
② 반 사
③ 회 절
④ 간 섭

|정답|④

족집게 과외

1. 소리의 성질

❶ 반 사

소리가 전달되면 소리의 일부는 흡음이 되고, 일부는 그 음이 전달된 반대의 방향으로 진행되는 현상이다.
⟨예⟩ 산에서 외치면 메아리가 들린다.

〈잔향(Reverberation)〉

㉠ 잔향 효과

소리가 발생한 곳에서 실내의 벽이나 물체에 반사되는 반사파로 특정 공간에서 발생하는 에코(Echo, 메아리)와 유사한 현상이다.

㉡ 잔향 시간

실내의 울림 상태를 나타내는 실내 음향의 중요한 요소로 실내에서 낸 소리가 멈춘 뒤 소리의 세기 수준이 60dB 수준으로 낮아질 때까지 걸리는 시간이다.

❷ 간 섭

▶ 두 개 이상의 음파가 겹쳐져 더해질 때 파동 간의 위상 관계에 따라 서로를 강화(보강 간섭)하거나 상쇄(상쇄 간섭)할 수 있다.

더 알아보기

파동 간의 위상은 파동의 진행 상태를 0~360°로 표현한 것이다.

▶ 파동의 합성에 의해 동위상으로 겹쳐지면 진폭이 증가하고, 역위상으로 겹쳐지면 진폭이 감소한다.

▶ 음향 콘텐츠 제작 시 소리의 간섭 현상을 이용하여 사운드의 강화, 잡음 제거 등을 할 수 있다.

〈잡음(Noise)〉

㉠ 히스 잡음(Hiss Noise)

• 히스(Hiss)는 주전자에서 물이 끓어 증기가 빠져나가며 '삐이−'거리는 소리를 설명하기도 한다.

• 아날로그 녹음 테이프(Tape)를 재생할 때 발생하는 고주파의 잡음으로 아날로그 기재 등의 S/N가 나쁜 경우에 나타난다.

더 알아보기

S/N비(Signal to Noise Ratio, 신호 대 잡음비)는 테이프 녹화 시스템 용어로 일정하게 신호가 송출될 때 수신 측에 도착한 결과 신호와 잡음의 비율을 말한다.

㉡ 핑크 잡음(Pink Noise)

옥타브당 주파수가 낮아질수록 에너지가 3dB(데시벨)씩 감소하는 유형의 잡음으로 이전 옥타브의 1/2씩 감쇠(감소)해 자연스러운 소리를 만들기 위해 사용한다.

❸ 확 산

반사된 소리가 여러 방향으로 흩어져서 전달되는 현상이다.
⟨예⟩ 콘서트 홀(Hall), 극장 등의 스피커에서 나오는 소리가 벽과 천장에 반사되어 관객들에게 고르게 들린다.

〈실내 음향(Room Acoustics) 설계의 목표〉

• 주위에 신경 쓰지 않고 소리를 낼 수 있도록 방해되는 소음이 없어야 한다.

• 듣고 싶은 소리를 잘 들을 수 있도록 음성은 명료하게 들려야 한다.

• 듣고 싶지 않은 소리를 듣지 않도록 실내 전체에 대한 음압 분포가 균일해야 한다.

❹ 회 절

▶ 소리가 진행하다가 장애물을 만나면 차단되지 않고 구부러지거나 장애물의 뒤쪽까지 전파되는 현상

▶ 문을 닫아도 문 너머에서 나오는 소리가 들린다.

❺ 굴 절

▶ 소리가 전달되는 매질의 밀도나 온도가 달라지면 소리가 나아가는 방향이 바뀌는 현상이다.

▶ 밤에 지표면의 온도가 내려가면서 소리가 지면으로 굴절하기 때문에 소리가 낮보다 밤에 멀리까지 더 잘 들린다.

01 스튜디오 안의 연주음은 청중에서 들려오는 직접파와 벽을 통해 반사되는 반사파가 합쳐져 음의 크기가 점차 평형상태에 이르게 되고, 이후 갑자기 연주를 멈추면 반사파만 순간 남게 된다. 이때의 반사파를 무엇이라 하는가?

21년 3회, 16년 2회, 13년 1회

① 2차 순음
② 잔 향
③ 순간 측음
④ 회 절

02 녹음테이프를 재생할 때 발생하는 자기테이프 특유의 자체 잡음을 가리키며 녹음되어 있는 내용에 관계없이 일정한 레벨로 나타나는 잡음은?

22년 1회, 18년 2회, 13년 1회

① 히스 잡음
② 핑크 잡음
③ 왜곡(디스토션) 잡음
④ 백색 잡음

03 스펙트럼에서 주파수가 옥타브 상승하면서 에너지가 1/2씩 감쇠되는 잡음은? 15년 2회

① 핑크 잡음
② 백색 잡음
③ 마스크 잡음
④ 고음 잡음

04 실내 음향 설계의 목표 중 가장 거리가 먼 것은?

16년 2회, 14년 1회, 10년 3회

① 방해되는 소음이 없어야 한다.
② 음성은 명료하게 들려야 한다.
③ 에코 현상은 가능한 한 증폭시키도록 한다.
④ 실내 전체에 대한 음압 분포가 균일해야 한다.

05 소리나 빛이 진행하다가 장애물을 만나면 차단되지 않고 장애물의 뒤쪽까지 전파되는 현상은?

20년 3회, 16년 2회

① 회 절
② 반 사
③ 간 섭
④ 굴 절

해설
빛도 소리와 같은 회절 속성을 가지고 있다.

06 소리가 낮보다 밤에 멀리까지 더 잘 들리는 현상은?

17년 3회, 13년 3회

① 회 절
② 굴 절
③ 증 폭
④ 반 사

소음에 의해 음성의 명료도가 저하되는 현상은?　　　　　　18년 2회, 17년 1회, 15년 2회, 14년 3회

① 간 섭
② 피 치
③ 마스킹
④ 클리핑

|정답|③

족집게 과외

1. 소리의 현상

소리의 현상을 이해함으로써 멀티미디어 콘텐츠 제작 시 다양한 오디오 요소를 조합하여 의도한 메시지나 목적을 효과적으로 전달할 수 있다.

❶ 마스킹 효과(Masking Effects)
- ▶ 2개의 음이 동시에 존재할 때 한쪽 음이 다른 한쪽의 음에 의해 은폐되는 현상으로 약한 소리를 강한 소리가 가리거나 숨길 수 있다.
- ▶ 음 A를 듣고 있을 때, A보다 진폭이 큰 강한 음 B가 가해지면 원래의 음 A는 들리지 않게 된다.
- ▶ 노이즈 마스킹(Noise Masking)은 소음에 의해 음성의 명료도가 저하되는 현상이다.

  〈마스킹 효과의 적용〉
  - ㉠ 음악과 노래에 잔향 추가
    잔향은 음악과 노래 제작에 사용되는 필수 오디오 효과로 리버브의 양과 유형을 조정하여 콘서트 홀 또는 실내 스튜디오 등에서 생성된 사운드와 같은 사실감을 만들어 소리의 깊이, 넓이, 공간감 등을 표현하는 데 사용한다.

더 알아보기

리버브(Reverb, 반향(反響))는 소리가 공간에서 반사되어 생성되는 잔향 현상을 재현하는 음향 효과로 공간의 크기, 형태, 재질 등에 따라 달라진다.

- ㉡ BGM으로 주변 소음 마스킹
  주변 소음이 있는 환경에서 거슬리는 소리를 가리거나 은폐하기 위해 BGM(배경 음악)을 사용하는 경우로 배경 소음을 효과적으로 억제하여 산만하지 않고 편안한 환경을 만들 수 있다.

❷ 칵테일 효과(칵테일 파티 효과, Cocktail Party Effect, 자기 관련 효과)
많은 악기 연주음 중에서 특정한 악기에 관심을 가지면, 그 소리만 지각할 수 있는 것과 같이 여러 음원이 존재할 때 자신이 듣고 싶은 음을 선별해서 들을 수 있는 현상이다.

❸ 하스 효과(Hass Effect, 선행음 효과)
- ▶ 독일의 음향학자 헬무트 하스(Helmut Haas)가 발견하였다.
- ▶ 동일 음이 여러 방향에서 같은 음량으로 전달되는 경우, 인간의 귀에 제일 먼저 도달되는 음원의 방향으로 음상의 정위치가 쏠려서 들리는 현상이다.

더 알아보기

음상(音像)은 소리를 듣고 인지하는 음원의 공간적 위치 또는 위치에 대한 인지를 의미한다.

- ▶ 하스 효과를 이용하여 몰입감 높은 3차원 사운드 환경을 만들 수 있다.

  〈하스 효과의 적용〉
  스테레오 시스템에서 두 개의 스피커로 주파수와 음압이 동일한 음을 동시에 재생할 경우, 먼저 들린 소리만 들린다.

❹ 도플러 효과(Doppler Effect)

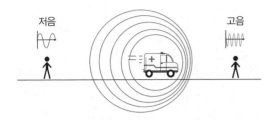

- ▶ 오스트리아의 물리학자 크리스티안 요한 도플러 (Christian Johann Doppler)가 발견하였다.
- ▶ 음원과 관측자가 상대적인 운동을 하고 있을 때, 관측자가 듣는 진동수와 음원의 진동수가 다르게 관측되는 현상으로 음원이 움직일 때 진동수의 변화가 생겨 진행 방향 쪽에서는 발생음보다 고음으로, 진행 방향의 반대쪽에서는 저음으로 들리게 된다.

❺ 두귀 효과(Binaural Effect, 바이노럴 효과, 양이 효과)

양쪽 귀를 사용하여 소리의 방향과 거리를 지각할 수 있는 현상이다.

❻ 근접 효과(Near Field Effect)

작은 음원에서 나오는 소리가 그 음원 가까이에서 들릴 때 저주파수 영역의 강한 충격적인 음압(Strong Impulsive Sound Pressure)과 구면파 효과 (Spherical Wave Effect)에 의해 저주파음이 더욱 강조되는 현상이다.

ⓐ 강한 충격적인 음압(Strong Impulsive Sound Pressure)

작은 음원에서 나오는 소리는 소리 파동이 짧은 시간 내에 높은 압력을 만들어내어, 근처에 강한 충격적인 음압을 생성한다.

ⓑ 구면파 효과(Spherical Wave Effect)

구면파(Spherical Wave)는 하나의 중심에서 모든 방향으로 균일하게 전파되는 파동으로 구면파 형태의 전파는 음원 주변에서 반사되거나 감쇠되는 현상을 만들어내며 특히 저주파수 영역에서 강조된다.

01 다음 중 어떤 음 A를 듣고 있을 때, A보다 진폭이 큰 음 B가 가해지면 원래의 음 A는 들리지 않게 된다. 이러한 현상은? 12년 1회, 10년 3회

① 칵테일 현상
② 마스킹 현상
③ 믹서 현상
④ 하울링 현상

02 음의 마스킹 효과와 관계없는 것은?
16년 1회, 13년 1회

① 음악에 잔향 부가
② BGM으로 주변 소음 마스킹
③ 노래에 잔향 부가
④ 대역폭이 증가하면 라우드니스 감소

03 여러 음원이 존재할 때 인간은 자신이 듣고 싶은 음을 선별해서 들을 수 있는 현상은?
19년 3회, 17년 3회, 15년 2회, 12년 3회

① 칵테일 파티 효과
② 하스 효과
③ 마스킹 효과
④ 바이노럴 효과

04 여러 개의 음원 중 제일 먼저 도달되는 음원 쪽에 음상이 정위되는 현상은? 18년 3회, 15년 3회

① 마스킹 효과
② 하스 효과
③ 도플러 효과
④ 비트 효과

해설
음상의 정위(Localization)란 소리가 들리는 방향이나 거리를 뜻한다.

05 음원과 관측자가 상대적인 운동을 하고 있을 때, 관측자가 듣는 진동수와 음원의 진동수가 달라지는 것을 무엇이라 하는가?
21년 1회, 17년 2회, 13년 1회

① 도플러 효과
② 광전 효과
③ 소리의 공명현상
④ 맥놀이 현상

해설
② 광전효과 : 음원과 관련이 없는 광학적인 현상으로 광자가 물체에 충돌하여 전자를 방출하는 현상이다.
③ 소리의 공명현상 : 음파의 주기와 울리는 물체의 고유진동수가 일치할 때 진폭이 크게 증가하는 현상이다.
예 소리로 와인잔 깨기
④ 맥놀이 현상 : 주파수가 비슷한 두 음이 중첩되어 서로 간섭할 때 나타나는 현상으로 소리의 강도가 주기적으로 커졌다 작아졌다 한다.
예 유리잔 연주

06 인간의 입과 같이 작은 음원에서 나오는 음은 그 음원 가까이에서는 대단히 강한 충격적인 음압과 구면파 효과에 의해 저주파음이 강조되는 현상은? 18년 2회, 12년 1회

① 청감곡선
② 양의 효과
③ 근접 효과
④ 마스킹 현상

모든 방향에 똑같은 감도를 가지고 있어 특정 방향에 대한 지향성 없이 모든 방향의 소리를 녹음할 수 있는 마이크는?

21년 1회

① 단일지향성 마이크
② 초단일지향성 마이크
③ 쌍방향성 마이크
④ 무지향성 마이크

|정답| ④

한 줄 요약

디지털 음향 녹음은 아날로그 음향 신호를 디지털로 변환하는 것으로 아날로그 음향 녹음에 비해 소리의 품질이 우수하고, 편집과 복사, 전송이 자유롭다.

족집게 과외

1. 마이크의 지향성

마이크(Microphone)의 지향성은 어떤 방향으로 수음(收音, 음을 모으다)이 되는지를 뜻하며 마이크 지향성의 종류에 따라 사용하는 목적이 달라진다.

❶ **무지향성**

음원뿐만 아니라 주변의 음(소리)에 대해서도 360° 모든 방향에 일정한 감도를 가지고 있어 특정 방향에 대한 지향성 없이 주위의 모든 음을 골고루 녹음할 수 있다.

❷ **단일지향성**

대표적인 마이크의 지향성으로 앞면의 수음 강도가 높고 옆으로 갈수록 감도가 떨어져 라이브 시스템에 주로 사용된다.

❸ **초지향성**

단일지향성의 한 종류로 앞면의 수음 강도가 상대적으로 높아 스튜디오 또는 야외의 수음에 가장 적합하다.

❹ **양지향성**

마이크의 앞면과 뒷면에서 수음하는 지향성이다.

더 알아보기

마이크의 근접효과
근접효과(Proximity Effect)는 지향성이 있는 마이크를 음원에 가깝게 배치하면 저음의 출력이 상승하는 효과로 마이크와 음원 사이의 거리가 10cm 미만일 때 가장 크게 나타난다.

2. 마이크의 종류

❶ 다이나믹 마이크(Dynamic Microphone)

내구성이 강하고, 전원이 필요하지 않으며 고음량의 소리에도 잘 대응한다.

❷ 콘덴서 마이크(Condenser Microphone)

민감도가 높아 세부적인 소리를 잘 잡아내며 전원 공급 장치가 필요하다.

❸ 리본 마이크(Ribbon Microphone)

리본 모양의 금속 막을 이용하여 소리를 전기 신호로 변환하는 양방향성 마이크로 부드러운 음색을 가지며 민감도가 낮고 고음량의 소리에 취약하다.

3. 음향 녹음 기법

❶ 클로즈 마이킹(Close Miking) 방식

마이크를 음원에 매우 가깝게 배치하여 실내 분위기로 집중되도록 녹음한다.

❷ 엠비언트 마이킹(Ambient Miking) 방식

주변 환경과 자연스러운 잔향을 더 많이 녹음하기 위해 마이크를 음원에서 멀리 배치한다.

❸ 스테레오 마이킹(Stereo Miking) 방식

두 개 이상의 마이크를 사용하여 녹음에 깊이와 공간적 사실감을 더한다.

❹ MS(Mid Side) 방식

두 개의 마이크를 사용하는 방식으로 단일 지향성 마이크와 양지향성 마이크를 $90°$ 각도에 배치하여 녹음한다.

❺ 룸 마이킹(Room Miking) 방식

방의 자연스러운 잔향과 분위기를 녹음한다.

❻ 폴리(Foley)

▶ 전체적인 사운드 디자인을 향상시키는 데 중요한 역할을 하는 요소로 녹음실에서 영상을 보면서 필요한 음향효과를 만든다.

▶ 사람의 발자국 소리, 유리 깨지는 소리 등 여러 가지 효과음을 신체나 소도구 등을 이용하여 직접 제작한다.

01 다음 중 마이크 지향성의 종류로 거리가 먼 것은?

13년 3회

① 양지향성
② 무지향성
③ 수직지향성
④ 단일지향성

02 마이크로폰의 종류 중에서 전원(Phantom Power)의 공급이 필요한 것은?

17년 3회

① 무빙 코일형 마이크로폰
② 리본형 마이크로폰
③ 콘덴서 마이크로폰
④ 다이나믹 마이크로폰

해설

무빙 코일형 마이크로폰(Moving Coil Microphone)은 다이나믹 마이크로폰의 한 종류이다.

03 지향성 마이크를 음원 가까이에 배치하면 마이크의 낮은 음역 주파수 특성이 상승하는 효과는?

21년 1회, 17년 2회, 14년 1회

① 회절효과
② 왜곡효과
③ 근접효과
④ 반사효과

04 양지향성과 단일지향성 마이크를 음원에 가깝게 대고 사용하면 저음의 출력이 상승하는 효과는?

18년 3회, 15년 2회

① 근접효과
② 회절효과
③ 왜곡효과
④ 반사효과

05 녹음실에서 영상을 보면서 필요한 음향효과를 직접 신체나 물건 등을 이용하여 제작하는 작업은?

19년 1회, 14년 1회, 11년 1회

① 배경음(Ambience)
② A/B TEST
③ 신시사이저(Synthesizer)
④ 폴리(Foley)

06 정면 방향을 향한 단일지향성 마이크와 양지향성 마이크를 90도 각도에 배치하여 녹음하는 방식은?

14년 3회

① MS 방식
② ORTF 방식
③ OSS 방식
④ NOS 방식

기출유형 01 ▶ 사운드 편집 소프트웨어

사운드 편집 소프트웨어에 해당하지 않는 것은?   18년 2회

① Painter
② GoldWave
③ Audition(Cool Edit Pro)
④ Creative Wave Studio

|정답| ①

족집게 과외

1. 사운드 편집 소프트웨어

❶ **GoldWave(골드웨이브)**

캐나다 소프트웨어 개발 회사 골드웨
이브(GoldWave Inc)사의 오디오 편집
소프트웨어이다.

❷ **Audition(오디션)**

▶ Cool Edit Pro(쿨에디트프로)를 어
도비(Adobe)가 인수하면서 이름이
Audition으로 변경되었다.

▶ 무료 음악 편집 프로그램으로 다양한 오디오 파일
형식을 지원한다.

❸ **Creative Wave Studio**

싱가포르의 음향기기 회사 Creative사의 오디오 편집
및 녹음 소프트웨어이다.

❹ **WavePad**

호주의 소프트웨어 회사 NCH Software
의 전문적인 오디오 및 음악 편집 소프
트웨어이다.

2. 음향 기술 용어

❶ **사운드 믹싱(Mixing)**

두 개 이상의 사운드를 하나로 합치는 작업으로 여러
개의 사운드를 동시에 재생할 수 있다.

❷ **사운드 페이스트(Paste)**

사운드 잘라내기 및 붙여넣기 편집을 말한다.

❸ **샘플링(Sampling)**

실제의 소리를 직접 녹음하여 디지털 오디오 샘플
(Sample, 견본)을 생성하는 과정이다.

❹ **샘플러(Sampler)**

샘플링된 샘플을 재생 또는 편집, 조작하여 악기나 효
과음 등으로 이용할 수 있도록 한 하드웨어 장치 또는
소프트웨어를 말한다.

❺ **룸톤(Room Tone)**

주변 소리라고도 하며 모든 공간에 존재하는 자연스
러운 소음이다.

01 믹싱에서 이펙트가 많이 사용되는 이펙트를 음의 요소로 분류할 때 거리가 가장 먼 것은?

11년 3회

① 주파수의 변화
② 진폭의 변화
③ 시간축의 변화
④ 위상의 변화

02 음향편집에서 사용되는 이펙터로 합창과 같은 효과로 사용되는 이펙터는 무엇인가? 19년 1회

① 에 코
② 코러스
③ 디스토션
④ 컴프레스

03 실제의 소리를 디지털 방식으로 직접 녹음하여 그것을 편집하여 악기나 효과음 등으로 이용할 수 있도록 한 것을 무엇이라 하는가? 04년 3회

① 드럼 모듈
② 샘플러
③ 믹 서
④ 신디사이저

04 두 개 이상의 사운드를 하나로 합하여 동시에 재생하는 작업은? 02년 12월

① 사운드 믹싱(Mixing)
② 사운드 페이스트(Paste)
③ 샘플링(Sampling)
④ 사운드 크로스(Cross)

해설
사운드 믹싱(Mixing)
두 개 이상의 사운드를 하나로 합치는 작업으로 여러 개의 사운드를 동시에 재생할 수 있다.

05 사운드 편집에서 룸톤(Room Tone)에 대한 설명으로 거리가 먼 것은? 18년 1회, 12년 3회

① 인위적으로 조성한 음향 효과
② 룸 노이즈(Room Noise)
③ 엠비언트 사운드(Ambient Sound)의 일종
④ 특정 방(Room)이나 세트 안에서 발생하는 소음

해설
① 룸톤은 공간의 자연스러운 소음으로 인위적으로 조성한 음향 효과와는 거리가 멀다.
③ 엠비언트는 주변의, 주위의, 잔잔한, 은은한 등의 뜻을 가진 단어로, 엠비언트 사운드는 명상이나 요가 등의 휴식을 위한 배경음으로 널리 사용된다.

06 동영상을 위한 음악편집은 그 영상의 분위기에 상당한 영향을 미친다. 다음 설명 중 틀린 것은?

09년 1회

① 동영상을 위해 작곡된 음악은 화면 전개에 맞추어 구성이 이루어진다.
② 음악 편집에 있어서, 음악 외에 다른 소리가 크게 들리는 지점을 편집 위치로 잡는 것도 좋은 방법 중에 하나다.
③ 효과적인 음악의 삽입은 동영상을 보는 관중들이 순간순간 장면을 어떻게 느껴야 하는지를 알려주는 역할을 하기도 한다.
④ 음악은 동영상의 장면 전환과 상관없이 그 음악적 분위기에 충실하면 그 효과가 극대화된다.

기출유형 01 ▶ 스피커

스피커의 특정 주파수 신호를 입력하여 스피커의 정면 축상의 특정 거리에 생기는 출력 음악 레벨은?

20년 3회, 14년 1회

① 감 도
② 파 워
③ 임피던스
④ 지 향

|정답| ①

족집게 과외

1. 스피커의 구성요소

❶ **슈퍼 트위터(Super Tweeter)** : 20kHz 이상의 초고음을 담당하는 드라이버(Driver)이다.

❷ **트위터(Tweeter)** : 2kHz에서 20kHz 사이의 고음을 담당하는 드라이버이다.

❸ **미드레인지(Midrange)** : 300Hz에서 2kHz 사이의 중음을 담당하는 드라이버이다.

❹ **미드 우퍼(Mid Woofer)** : 80Hz에서 300Hz 사이의 중저음을 담당하는 드라이버이다.

❺ **우퍼(Woofer)** : 80Hz 이하의 저음을 담당하는 유닛이다.

❻ **서브 우퍼(Sub Woofer)** : 20Hz에서 80Hz 사이의 저음과 저주파 효과를 재생하는 드라이버이다.

❼ **인클로저(Enclosure)** : 스피커 드라이버를 감싸고 있는 통이다.

2. 스피커 채널 구성

스피커 채널은 스피커의 개수와 위치를 나타내는 것이다.

❶ **2.1 채널** : 왼쪽과 오른쪽에 각각 하나씩 스피커가 있고, 서브우퍼가 하나 있는 구성이다.

❷ **5.1 채널** : 왼쪽, 오른쪽, 중앙, 왼쪽 후면, 오른쪽 후면에 각각 하나씩 스피커가 있고, 서브우퍼가 하나 있는 구성이다.

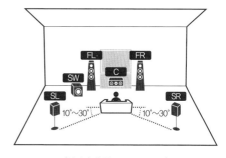

(이미지 출처 : yamaha.com)

▶ FL(Front Left) : 앞쪽 좌측 스피커
▶ C(Center) : 중앙 스피커
▶ FR(Front Right) : 앞쪽 우측 스피커
▶ SL(Surround Left) : 서라운드 좌측 스피커
▶ SR(Surround Right) : 서라운드 우측 스피커
▶ SW(Sub Woofer) : 서브 우퍼

❸ **7.1 채널** : 5.1 채널에 왼쪽 측면과 오른쪽 측면에 각각 하나씩 스피커가 추가된 구성이다.

스피커 시스템
- 1 way : 하나의 스피커 구성 요소만 가지고 있다.
- 2 way : 트위터 + 우퍼
- 3 way : 트위터 + 미드레인지 + 우퍼
- 4 way : 트위터 + 미드레인지 + 미드우퍼 + 우퍼
- 5 way : 슈퍼트위터 + 트위터 + 미드레인지 + 미드우퍼 + 우퍼

3. 스피커의 성능 지표

❶ 재생 주파수 대역(Frequency Reaponse, 주파수 응답)

스피커가 재생할 수 있는 음역으로 인간의 가청주파수(20Hz~20kHz) 대역을 얼마나 충실히 재생해 줄 수 있는가에 대한 지표이다.

❷ 감도(Sensitivity)

▶ 스피커에 입력된 전력에 대해 스피커 정면 축상의 특정 거리에서 얼마나 크게 들리는지를 측정하는 지표이다.

▶ 감도가 높은 스피커는 낮은 전력으로도 큰 소리를 낼 수 있고 감도가 낮은 스피커는 더 많은 전력을 필요로 하여 앰프의 출력이 커야 한다.

❸ 댐핑(Damping)

스피커의 우퍼가 움직일 때 발생하는 진동이 얼마나 빨리 멈추는지를 나타내는 것으로 스피커에 불필요한 진동이 생기지 않는 정도를 평가하는 지표이다.

❹ 크로스오버 주파수

스피커가 여러 개의 유닛으로 구성된 경우 각 유닛이 담당하는 주파수 범위를 구분하는 값으로 스피커의 구조나 유닛의 성능에 따라 다르게 설정된다.

4. 스피커 재생 방식

❶ Monophonic(모노포닉)

마이크와 앰프가 한 채널로 연결되어 있어 하모니나 카운터멜로디(Counter Melody, 주선율을 보좌하는 대선율) 없이 한 채널의 스피커 시스템으로 하나의 멜로디만 재생되는 방식이다.

❷ Streophonic(스테레오포닉)

두 개의 독립된 채널로 소리를 만들고 재생하여 여러 방향이나 위치에서 소리가 나오는 것처럼 방향감을 준다.

❸ Polyphonic(폴리포닉)

각 멜로디의 마이크와 앰프가 다른 채널로 연결되어 있어 한 번에 여러 개의 멜로디가 동시에 재생되는 방식이다.

❹ Homophonic(호모포닉)

서로 다른 채널을 연결하여 한 개의 멜로디가 다른 음들과 함께 재생되는 방식으로 하모니나 카운터멜로디가 있지만 주된 멜로디가 두드러진다.

01 스피커 시스템의 인클로저(Enclosure) 역할이 아닌 것은? 14년 3회

① 스피커 보호
② 위상 간섭 방지
③ 저음 상쇄 현상 방지
④ 지향각 조정

[해설]
② 위상(Phase)은 소리의 파동이 어떤 위치에 있는지를 나타내는 각도로, 위상 간섭은 스피커에서 발생하는 소리가 다른 소리와 만나서 증폭되거나 감소하는 현상이다. 인클로저의 크기, 모양, 재질, 설계 등은 소리에 영향을 미치므로 인클로저를 적절하게 선택하여 스피커의 진동과 공명을 제어하고, 주파수 응답을 조절하며, 소리의 품질을 높인다.
③ 저음 상쇄 현상은 스피커에서 발생하는 저음이 인클로저의 구멍이나 틈새로 빠져나가면서 스피커의 뒷면에서 나오는 저음과 위상이 반대인 소리가 만나 서로 상쇄되는 현상으로, 스피커의 저음 재생 능력을 저하시키고 소리의 품질을 떨어뜨린다.

02 다음 중 5.1 채널 음향 스피커의 구성요소가 아닌 것은? 13년 1회

① 센터 스피커
② 레프트 스피커
③ 서라운드 스피커
④ 리어 센터 스피커

03 다음 중 5.1 채널에서 ".1"이 뜻하는 것은? 15년 2회, 12년 1회

① Sub Woofer Speaker
② Sub Tweeter Speaker
③ Left Speaker
④ Right Speaker

04 7.1 채널의 홈시어터에서 0.1 채널을 제공하는 스피커는? 13년 3회, 09년 1회, 05년 1회

① 서브 우퍼
② 중앙 스피커
③ 좌측 스피커
④ 우측 스피커

05 스피커에 불필요한 진동이 생기지 않는 정도를 평가하는 파라미터는? 15년 2회

① 과도 특성
② 댐 핑
③ 주파수 특성
④ 왜곡 특성

06 마이크와 앰프가 한 채널로 연결되어 있으며, 한 채널의 스피커 시스템으로 재생하는 방식은? 19년 1회, 13년 3회

① Monophonic
② Binaural
③ Streophonic
④ Diotic

Microsoft사와 IBM사가 PC 환경에서 사운드 표준 포맷으로 공동 개발한 사운드 포맷은?

11년 1회, 08년 1회, 07년 1회, 04년 3회

① MID
② AU
③ RMI
④ WAV

|정답| ④

한 줄 묘약

오디오 파일 형식 중 웨이브(WAVE) 방식은 사운드 파형을 그대로 표현하며 무손실, 무압축 방식으로 용량이 크며 원본 손실 없이 저장할 수 있다.

족집게 과외

1. 웨이브 방식의 오디오 파일 형식의 종류

❶ WAV(WAVeform audio format)

▶ Microsoft사와 IBM사가 공동 개발한 사운드 표준 포맷으로 윈도우에서 가장 대표적으로 사용하고 있다.

▶ 확장자 : *.wav

❷ AU(Audio)

▶ 미국의 썬 마이크로시스템즈(Sun Microsystems)사에서 개발한 UNIX 운영체제에서 사용되는 사운드 파일 포맷이다.

▶ 확장자 : *.au, *.snd

❸ VOC(Creative Voice)

▶ Creative Labs(Creative사의 사운드 카드)에서 사용되는 사운드 파일 포맷으로 VOC 파일을 열려면 Creative Labs 장치와 호환되는 프로그램이 필요하다.

▶ 확장자 : *.voc

❹ AIFF(Audio Interchange File Format), AIF

▶ Apple사의 Macintosh에서 사용되는 운영체제인 Mac OS의 사운드 포맷으로 사운드 데이터 자체와 데이터의 기록방식을 함께 포함하고 있다.

▶ 확장자 : *.aiff, *.aif

01 사운드 파형을 그대로 표현하는 웨이브(Wave) 방식을 사용하는 파일 종류로 거리가 먼 것은?

21년 3회, 18년 2회

① AU
② MOD
③ WAV
④ ALFF

해설
MOD는 일본의 전자 제품 회사 JVC가 개발한 디지털 카메라에서 사용하는 비디오 파일 확장자이다.

02 사운드를 웨이브 방식으로 표현하는 파일이 아닌 것은?

02년 12월

① AU
② MID
③ VOC
④ WAV

03 애플의 매킨토시에서 사용되는 사운드 포맷으로 사운드 데이터 자체와 데이터의 기록방식을 함께 포함하고 있어 일반적인 웨이브 파일의 기록에 사용되는 파일 포맷은?

19년 1회, 14년 2회

① AU
② RIFF
③ AIFF
④ MOD

04 다음 중 오디오 파일의 확장자명이 아닌 것은?

20년 1 · 2회, 06년 1회, 02년 12월

① SND
② AIF
③ MP3
④ PDF

05 확장자의 종류가 다른 하나는? 17년 1회, 07년 1회

① MOV
② MP3
③ MID
④ WAV

해설
MOV는 Apple사에서 개발한 QuickTime 동영상 파일 확장자이다.

다음의 디지털 오디오 파일 형식들 중 MPEG을 이용한 압축방식을 적용하고 있는 것은?

17년 1회, 08년 1회, 06년 1회

① MP3
② WAV
③ AU
④ VGF

| 정답 | ①

족집게 과외

1. MP3의 특징

❶ MPEG Audio Layer-3의 약자로 MP1, MP2를 개량하여 만들어졌다.

❷ CD와 유사한 음질을 제공하면서도 파일 크기는 작다.
  ※ CD에 기록된 MP3 데이터의 압축비율 1:10 ~ 1:12

❸ PC 음악저장용과 인터넷을 통한 오디오 스트리밍에 널리 사용된다.

❹ 다양한 음악 재생기와 응용 프로그램에서 호환된다.

2. MP3 파일 생성 과정

❶ 주파수로 변환
  ▶ 원음(Original Sound)을 MP3 파일로 저장하기 위한 주파수로 변환한다.
  ▶ 주파수 변환에는 FFT와 같은 수치화된 변환 기법이 사용된다.

더 알아보기

FFT(Fast Fourier Transform, 고속 퓨리에 변환)
시간 영역에서 주파수 영역으로 신호를 변환하는 데 사용되는 알고리즘이다.

❷ 서브밴드 분할
  주파수를 32개의 서브밴드(Subband, 주파수 영역을 여러 부분으로 나눈 것)로 분할한다.

❸ 데이터 압축
  인간의 청각 특성을 고려하여 불필요한 주파수를 제거하는 단계로 파일 크기를 작게 만든다. 원음의 주파수가 제거되므로 손실 압축이라고 한다.

❹ 데이터로 저장
  MP3 파일로 저장한다.

01 MP3 파일에 대한 설명 중 가장 거리가 먼 것은?

10년 1회

① 음을 주파수 대역별로 나누어 압축하는 방법이다.
② 인터넷을 통한 오디오 스트리밍에 사용되고 있다.
③ 압축률은 일반적으로 1:4 정도이다.
④ MPEG-1 Layer-3 파일을 말한다.

02 MP3 압축방식으로 주로 사용하는 것은?

12년 3회

① MPEG-1 오디오 계층 1
② MPEG-3 오디오 계층 1
③ MPEG-1 오디오 계층 3
④ MPEG-3 오디오 계층 3

03 MPEG-1 Audio의 규격 중 압축률이 1:10~1:12 정도로 우수하며 음을 주파수 대역별로 나누어 이를 압축하는 방법을 사용하는 규격은 다음 중 어떤 것인가?

17년 1회, 13년 1회, 09년 1회

① MPEG Audio Layer - 1
② MPEG Audio Layer - 2
③ MPEG Audio Layer - 3
④ MPEG Audio Layer - 4

04 MP3에 대한 설명으로 바른 것은?

06년 3회

① 실시간으로 영상을 보내기 위해 만든 압축 방식이다.
② 통합 멀티미디어 파일로서 파일 안에 오디오, 비디오, 이미지까지 들어갈 수 있다.
③ 디지털 음악 악기의 표준 규격이다.
④ MPEG-1의 오디오 부분에 해당하는 Layer-3를 말한다.

05 다음 중 MP3에 대한 설명으로 적절한 것은?

08년 3회

① MPEG-1의 Audio Layer-3을 의미한다.
② 가청주파수를 10개의 서브밴드로 나누어 압축한다.
③ 무손실 압축 기법을 사용한다.
④ 압축율이 약 3:1 정도이다.

06 MP3 파일에 대한 설명으로 올바른 것은?

09년 3회

① Creative Lab의 오디오 카드에서 사운드 정보를 저장하기 위해 사용하는 파일 형식이다.
② 빠른 전송률과 높은 압축률로 인해 실시간 스트리밍에 사용되는 Real Audio 포맷이다.
③ Microsoft에서 개발한 Window Media Format을 기반으로 한 인터넷 전송용 포맷이다.
④ 오디오 CD와 유사한 음질을 보이면서 데이터 크기가 작아 음악저장용으로 널리 사용된다.

해설
① VOC 파일 포맷에 대한 설명이다.
② Real Audio 포맷은 RealNetworks사가 개발한 오디오 파일 포맷으로 Realplayer에서 재생할 수 있다.
③ WMA(Windows Media Audio)은 윈도우 미디어 플레이어의 표준 포맷으로 손실 압축방식으로 오디오 데이터를 저장하며 파일 구조에 저작권 정보를 포함하고 있다.

기출유형 01 ▶ 미디(MIDI)

컴퓨터 음악 기기의 인터페이스 방법으로 음악 합성기, 디지털 피아노 등의 전자 음악 기기들을 컴퓨터에 연결하여 제어하고 관리하는 표준 인터페이스는 무엇인가?

08년 3회

① WAV
② MIDI
③ MP3
④ RA

┃정답┃ ②

한 줄 요약

미디(MIDI, Musical Instrument Digital Interface, 전자 악기 디지털 인터페이스)는 전자 음악 기기와 컴퓨터 간의 음악 재생, 편집, 녹음 등의 조작과 제어를 위한 표준 인터페이스이다. WAV나 MP3 등은 사운드 자체에 대한 데이터를 저장하여 파형을 녹음한 것이지만 MIDI는 사운드를 어떻게 연주할 것인가에 대한 정보인 악보 그 자체라고 할 수 있다.

족집게 과외

1. 미디(MIDI)의 특징

❶ 미디는 일반 오디오 파일과 같이 사운드 자체에 대한 오디오 데이터가 포함되어 있지 않으므로 용량이 매우 작아 100KB를 넘지 않는 경우가 많다.

❷ 음악의 조옮김과 빠르기를 쉽게 변환할 수 있다.

❸ 미디 파일의 형식 SMF
  ▶ SMF(Standard MIDI File)는 미디 파일의 정식 명칭이다.
  ▶ 웹에서 쉽게 찾을 수 있으며 파일 확장자는 *.mid 이다.

2. 활용 소프트웨어

❶ 악보용 소프트웨어
  ▶ 미디 데이터를 악보로 변환하거나 악보를 입력하여 MIDI 데이터로 출력하는 소프트웨어이다.
  ▶ Finale(피날레), Sibelius(시벨리우스), MuseScore (뮤즈스코어) 등의 프로그램들이 있다.

❷ 디지털 오디오 워크스테이션(DAW)
  ▶ 미디 데이터와 디지털 오디오 신호를 동시에 녹음, 편집, 재생, 믹싱, 마스터링 등 다양한 사운드 효과를 적용할 수 있는 통합 소프트웨어이다.
  ▶ Cubase(큐베이스), Logic(로직), Pro Tools(프로툴), Ableton Live(에이블톤 라이브) 등의 프로그램들이 있다.

3. 음의 합성

❶ FM 방식

▶ 변조 신호의 크기에 따라 반송파 주파수를 변화시키는 변조 방식으로 다양한 주파수 스펙트럼을 얻을 수 있다.

▶ 색소폰, 트럼펫 등의 악기음을 합성할 수 있다.

❷ PCM 방식

▶ 소리를 디지털 데이터로 변환하여 사용하는 방식이다.

▶ 샘플링 방식이라고도 한다.

❸ AI 방식

▶ 인공지능을 활용해 음색의 특성을 분석하고 모방하여 악기 소리를 재현하는 방식이다.

▶ 가야금, 거문고, 피아노 등의 악기 음을 합성할 수 있다.

더 알아보기

• 미디 시퀀싱(MIDI Sequencing)은 미디 메시지를 녹음하고 편집하고 재생하는 과정이다.
• 미디 시퀀서(MIDI Sequencer)는 입력·녹음·편집·연주 등을 할 수 있고 자동 연주를 목적으로 하는 장비 또는 프로그램을 말한다.

01 미디(MIDI)에 관해 설명한 것 중 거리가 가장 먼 것은? 06년 3회, 04년 3회

① 미디 파일은 WAV 파일에 비하여 매우 작다.
② 미디는 음악의 빠르기를 쉽게 변환할 수 있다.
③ 미디는 조옮김을 쉽게 할 수 있다.
④ 미디는 어떤 음원에서도 동일한 음질로 들을 수 있다.

02 MIDI에 대한 다음 설명 중 가장 올바른 것은? 05년 1회

① MIDI는 일종의 디지털 전자 악기를 말한다.
② MIDI는 사운드 카드와 전자 악기를 연결해주는 연결선을 말한다.
③ MIDI는 디지털 악기 상호 간의 통신 규약을 말한다.
④ MIDI는 모든 디지털 건반악기를 말하는 것이다.

03 MIDI에 대한 설명으로 틀린 것은? 09년 3회

① 미디 파일은 일반 오디오 파일보다 크기가 작다.
② Musical Instrument Digital Interface의 약어이다.
③ 인터넷을 통한 서로 다른 컴퓨터들을 연결하기 위한 통신규약이다.
④ 미디 파일에는 사운드 자체에 대한 데이터를 저장하는 것이 아니라, 사운드를 어떻게 연주할 것인가에 대한 정보가 저장되어 있다.

> **해설**
> ④ MIDI(Musical Instrument Digital Interface)는 음악의 키, 음의 높낮이, 박자 등의 정보가 저장되어 있다. 사운드 자체에 대한 데이터를 저장하는 것은 WAV와 MP3이다.

04 다음은 미디 음악작업에 활용되는 소프트웨어이다. 거리가 가장 먼 것은? 07년 1회

① 작곡용 소프트웨어
② 악보용 소프트웨어
③ CAD용 소프트웨어
④ 음색편집용 소프트웨어

05 미디 규약을 사용하여 음원 모듈에서 음을 합성하려고 한다. 다음 중 음을 합성하는 방식과 거리가 먼 것은? 09년 1회

① FM 방식
② AM 방식
③ PCM 방식
④ AI 방식

06 FM 라디오방송에서 75[μs]의 시정수를 사용하여 음성 대역의 고역 부분의 레벨이 강조되도록 하여 S/N비를 향상시키는 회로는? 21년 3회

① 매트릭스 회로
② 펄스 회로
③ 디엠파시스 회로
④ 프리엠파시스 회로

> **해설**
> • 용어 풀이
> − μs(마이크로초, Microsecond) : 백만분의 1초
> − 시정수(Time Contant) : 최종 출력값의 63.2%에 도달하는 시간
> − S/N비(Signal to Noise Ratio) : 신호 대 잡음비
> • 음을 합성하는 FM 방식은 고역 부분의 레벨이 강조될수록 잡음은 증가한다.
> • 디엠파시스와 프리엠파시스는 고역 부분의 잡음을 줄이기 위해 사용하는 기술이다.
> − 프리엠파시스(Pre Emphasis) : 고역 부분의 레벨이 강조되도록 신호를 미리 강화하는 과정
> − 디엠파시스(De Emphasis) : 고역 부분의 강조된 레벨을 복원하는 과정

오디오 신호레벨이 일정한 레벨(스레숄드 레벨) 이하가 되면 재빨리 증폭률을 저하시켜 출력레벨을 낮추어 주
는 장치는?

21년 1회, 16년 2회

① 이퀄라이저
② 노이즈 게이트
③ 압신기
④ 이펙터

|정답|②

족집게 **과외**

1. 미디 장치의 종류

❶ 신디사이저(Synthesizer)

▶ 전기적인 신호를 합성하여 음을 생성하는 장치로
   일렉트로닉(Electronic) 음악 발전에 큰 기여를 하
   였다.
▶ 신디사이저의 외관은 크게 소리를 발생시키는 음
   원부(Sound Module)와 음을 입력하거나 연주하
   는 건반(Keyboard)부로 나뉜다.

❷ 샘플러(Sampler)

▶ 음원을 샘플링(Sampling)하여 악기의 모든 음을
   가지고 있다.
▶ 샘플링된 소리를 재생하거나 실제의 소리를 디지
   털 방식으로 직접 녹음하여 편집할 수 있다.

❸ 믹서(Mixer, Mixing Console)

▶ 미디 시퀀서 프로그램이 실행되는 컴퓨터와 미디
   모듈 간을 연결해주는 장치이다.
▶ 여러 개의 오디오 신호를 섞어서 하나의 신호로 만
   들어 주는 역할을 한다.

❹ 리미터(Limiter)

▶ 리미터는 출력 신호의 최대 크기를 제한하여 클리
   핑을 방지하는 장치이다.
▶ 갑작스러운 과부하 입력에 대한 왜곡을 제한시키
   기 위해 이용한다.

❺ 익사이터(Exciter)

▶ 오디오 신호의 특정 고역대를 강조하는 데 사용하
   는 장치이다.
▶ 입력신호의 고역대를 일그러뜨리고, 일그러진 소
   리의 배음 성분만을 집어내서 원음에 삽입하여, 음
   색을 바꾸고 균일한 음량을 만든다.

❻ 이퀄라이저(Equalizer)

▶ 주파수를 조절하여 음색을 변경하거나 음악의 균
   형을 조절하는 장치이다.
▶ 원하는 음향 특성을 강화하거나 약화시켜 음악의
   톤을 조절하거나 특수 효과를 부여한다.

⑦ 노이즈 게이트(Noise Gate)

▶ 입력신호의 크기가 일정 수준 이하일 때 출력을 차단하는 장치이다.

▶ 오디오 신호레벨이 일정한 레벨(스레숄드 레벨) 이하가 되면 재빨리 증폭률을 저하시켜 출력레벨을 낮춘다.

더 알아보기

스레숄드 레벨(Threshold Level)은 일정 레벨을 넘으면 동작을 시작하는 레벨을 의미한다.

⑧ 다이나믹 레인지(Dynamic Range, 동적 범위)

▶ 입력 신호의 크기에 따라 크고 작은 소리 차이가 같은 크기로 들리도록, 출력 신호의 크기를 자동으로 조절하는 장치이다.

▶ 오디오 신호의 최강음(가장 큰 레벨의 소리)과 최약음(가장 작은 레벨의 소리) 간의 비(배율)를 [dB]단위로 표현하며 오디오 신호의 균일성을 조절한다.

· [dB]은 데시벨(Decibel)의 약자로 음량이나 전력 등의 비율을 나타내는 단위이다.

· [dB] 숫자가 클수록 음량의 차이가 크다.

⑨ 미디 인터페이스 카드(Midi Interface Card)

▶ 컴퓨터와 미디 장치를 연결하여 미디 신호를 컴퓨터가 이해할 수 있는 디지털 신호로 변환해 주는 장치이다.

▶ USB, 파이어와이어, 무선 등의 방식으로 연결할 수 있다.

01 전기적인 신호를 합성하여 음을 생성하는 장치를 의미하는 것은?   07년 3회, 03년 3회

① 믹서(Mixer)
② 샘플러(Sampler)
③ 신디사이저(Synthesizer)
④ 미디 인터페이스 카드(MIDI Interface Card)

02 오디오 믹서의 기능 중 갑작스러운 과부하 입력에 대한 왜곡을 제한시키기 위해 이용하는 것은?   20년 1 · 2회, 12년 1회

① 동기 신호 발생기
② 리미터
③ 저역 소거 필터
④ 윈드 스크린

03 원하는 소리의 음색을 위해 주파수 특성을 조정하는 시그널 프로세서는?   22년 1회, 18년 2회

① 컴프레서(Compressor)
② 이퀄라이저(Equalizer)
③ 익스팬더(Expander)
④ 리미터(Limiter)

04 음향 신호를 전송하거나 녹음할 때 최강음과 최약음의 비를 [dB]로 나타낸 것을 무엇이라 하는가?   15년 3회

① 다이나믹 레인지
② S/N 비
③ SPL
④ 정재파비

05 16비트 디지털 오디오의 다이내믹 레인지로 적절한 것은?   15년 1회

① 약 96dB
② 약 106dB
③ 약 128dB
④ 약 256dB

해설
• 다이나믹 레인지(dB) 계산 공식 : $20 \times \log$(비트수)
• 16Bit 디지털 오디오의 다이내믹 레인지
  $20 \times \log(2^{16}) = 20 \times \log(65,536)$
  $= 20 \times 4.81648$
  $= 96.3296$
  $\therefore$ 약 96dB

06 컴퓨터와 사운드 모듈(또는 신디사이저)을 연결하는 장치로 미디 신호를 컴퓨터가 이해할 수 있는 디지털 신호로 변환해 주는 장치는?   06년 3회

① 미디 케이블
② 싱크로나이저
③ 시퀀서
④ 미디 인터페이스 카드

01 압축 및 복원

기출유형 01 ▶ ADC

음향 신호의 변환 시 아날로그 방식과 디지털 방식의 특징으로 틀린 것은? 21년 3회, 17년 2회

① 아날로그 신호는 전기회로의 구성이 복잡하다.
② 디지털 신호는 아날로그 방식에 비해 신호처리 속도가 빠르다.
③ 아날로그 신호는 잡음에 의해 신호가 변할 수 있다.
④ 디지털 신호는 정보의 조작이 비교적 쉽다.

|정답| ②

한 줄 요약

- ADC(Analog-to-Digital Conversion, 아날로그-디지털 변환)는 아날로그 신호를 디지털 신호로 변환하는 과정이다.
- 아날로그 신호는 자연상태에서 발생하는 신호로 연속적인 값으로 표현되며 무한한 정밀도를 가진다.
- 디지털 신호는 0과 1로 표현하는 이진수(Binary)의 불연속적인 값으로 표현되며 일정한 간격으로 값이 변화하는 특징이 있다.

족집게 과외

1. 아날로그 신호와 디지털 신호

❶ 아날로그 신호의 특징

▶ 연속적인 값의 정밀한 아날로그 신호를 정확하게 감지하고 전달하기 위해서는 전기회로의 설계나 구성이 비교적 복잡하다.

▶ 아날로그 신호는 잡음이나 외부적인 요인에 의해 신호 전송 중 신호가 왜곡되거나 변화할 수 있다.

❷ 디지털 신호의 특징

▶ 디지털 신호는 이진수 형태로 표현되어 잡음에 강하고 정확한 값의 복제와 저장이 가능하다.

▶ 정밀한 제어가 가능하며 복잡한 계산을 간단한 논리 연산으로 표현할 수 있어 정보의 조작이 비교적 쉽다.

▶ 아날로그 신호를 디지털로 변환하는 과정에서 일부 정보의 손실이 발생할 수 있다.

2. 데이터 압축 방식

데이터 압축은 아날로그 신호를 디지털 신호로 변환하면서 정보를 효율적으로 표현하거나 저장하기 위해 데이터의 양을 줄이는 과정이다. 데이터 압축을 통해 불필요한 정보나 중복되는 내용을 제거하여 데이터의 용량을 최소화한다.

❶ 공간적 중복성 압축 방식(Spatial Redundancy Compression)

▶ 데이터 내에서 같거나 유사한 값들이 반복적으로 나타날 때 반복 횟수 또는 패턴으로 저장하여 데이터를 압축한다.

▶ 이미지와 텍스트 압축에 효과적이다.

ㄱ 서브샘플링(Subsampling) 기법 : 이미지나 비디오의 해상도를 축소하여 원본 데이터보다 더 낮은 해상도로 저장하는 기법으로 압축률에 따라 화질의 변화가 있다.

ⓒ 영역 부호화(Region Coding) : 비슷한 색감을 가진 특정 영역이나 패턴을 하나의 부호로 저장하여 중복성을 감소시킨다.

❷ **시간적 중복성 압축 방식(Temporal Redundancy Compression)**

▶ 영상에서 사용한다.

▶ 시간의 변화에 따라 변하는 값들 중에서 이전 프레임의 정보를 참조하여 압축한다.

ⓐ 델타프레임(Delta Frame) 기법 : 프레임 간에 변화가 적은 부분은 새로운 화면정보를 모두 다 기록하지 않고 앞 프레임과 다음 프레임 간의 차이만을 저장하여 프레임 수(Fps)와 프레임 크기(Number of Pixels)를 축소한다.

ⓑ 이동 보상 압축기법(Motion Compensation Compression) : 인접한 프레임 사이에서 물체의 움직임과 이동된 물체를 추정하여 움직이지 않는 배경과의 차이만을 표현한다.

더 알아보기

동작 보상(Motion Vector, 모션 벡터)
이동 보상 압축기법에서 사용되는 개념 중 하나로 프레임 간의 움직임을 나타내는 벡터를 말한다.

ⓒ 예측부호화(Predictive Coding) : 현재 데이터값을 이전 데이터값의 기반으로 예측하여 예측 오차만을 부호화하여 데이터를 압축한다.

ⓓ 블록 기반 압축(Block-Based Compression) : 프레임을 작은 블록으로 나누고, 각 블록에 대한 동작 정보를 활용하여 압축한다.

❸ **통계적 중복성 압축 방식(Statistical Redundancy Compression)**

데이터의 확률과 빈도 분포를 분석하여 자주 발생하는 값에 적은 비트를, 드물게 나타나는 값에는 많은 비트를 할당하여 중복성을 제거하여 압축한다.

ⓐ 주파수차원 변환기법(Frequency Domain Transformation Technique) : 데이터의 주파수 특성을 활용하여 이미지나 음성 데이터의 중복성을 제거하여 압축한다.

ⓑ 엔트로피 부호화 (Entropy Coding) : 데이터의 엔트로피(정보량)를 최소화하는 방식이다.

❹ **색신호 간 중복성 제거(Color Interpolation Removal)**

중복된 색상 신호를 제거하거나 차이를 저장하여 색상 정보를 압축한다.

ⓐ 채널 분리 및 예측(Channel Separation and Prediction)
색상 정보의 중복성을 줄이기 위한 방식으로 픽셀당 컬러 비트 수(Color Bit Depth)를 축소한다.

ⓑ 컬러 스페이스 변환(Color Space Conversion)

• 인간의 시각은 밝기 변화에는 민감하고 색상변화에는 둔감한 점을 이용하여 인간이 잘 느끼지 못하는 색차정보(Chrominance, 크로미넌스)를 제거하는 기법이다.

• 원래의 빛의 삼원색인 RGB 컬러 스페이스에서 밝기와 색차 정보로 분리하여 압축하는 YCbCr 컬러 스페이스로 변환하여 중복성을 줄인다.

01 다음 중 영상미디어의 압축 방식이 아닌 것은?

14년 2회, 11년 1회

① 공간적 중복성 압축 방식
② 시간적 중복성 압축 방식
③ 고정적 중복성 압축 방식
④ 통계적 중복성 압축 방식

02 영상신호의 압축 방법 영상신호에 내재되어 있는 중복성 제거요소로 거리가 먼 것은? 15년 2회

① 색신호 간 중복성 제거
② 공간적 중복성 제거
③ 시간적 중복성 제거
④ 이상적 중복성 제거

03 영상 압축 기법 중 새로운 화면정보를 모두 다 기록하지 않고, 앞 화면과의 차이만을 기록하는 방식은? 16년 2회, 13년 3회, 11년 1회

① 동작보상 기법
② 주파수 차원 변환 기법
③ 서브샘플링 기법
④ 델타프레임 기법

04 비디오를 압축할 때 고려사항이 아닌 것은?

18년 1회, 08년 1회, 05년 1회, 02년 12월

① 초당 필요 Frame 수
② 압축률에 따른 화질의 변화
③ 압축 및 복원 속도
④ 플러그인 적용여부

해설
압축 및 복원 속도가 빠를수록 데이터를 더 빠르게 전송하거나 저장할 수 있다.

05 다음 중 일반적인 비디오 압축 방법으로 거리가 가장 먼 것은?

07년 1·3회, 05년 1회, 04년 3회, 03년 3회

① 픽셀당 컬러 비트 수(Color Bit Depth)의 축소
② 프레임 크기(Number of Pixels)의 축소
③ 프레임 수(Fps)의 축소
④ BMP 파일 크기의 축소

06 동영상 압축 기법의 설명으로 옳지 못한 것은?

04년 3회

① 서브샘플링 기법 : 주어진 영상 정보 중 필요한 일부 정보만을 선택하여 압축하는 기법
② 주파수차원 변환기법 : 3차원 평면의 픽셀을 색상별로 정하여 압축하는 기법
③ 동작보상 기법 : 연속적인 동작을 표현할 때 기본 동작에서 벡터 정보만을 추출하여 압축하는 기법
④ 델타프레임 기법 : 두 화면의 큰 차이가 없는 경우 미세한 차이점만을 선택하여 압축하는 기법

데이터를 압축할 때 고려되어야 할 사항으로 거리가 가장 먼 것은?　　　　　05년 3회

① 복원의 결과가 원래의 데이터와 큰 차이가 없어야 한다.
② 압축과 복원으로 인한 지연시간이 길지 않아야 한다.
③ 압축 알고리즘 자체 복잡도가 높은 것을 가장 우선시해야 한다.
④ 다양한 데이터 압축을 지원할 수 있어야 한다.

|정답| ③

족집게 과외

1. 데이터 압축 기법 분류

무손실 압축	예측 기법	Delta Coding(델타 부호화)	
	변환 기법	Run-length Encoding (RLE, 런랭스 부호화, 반복 길이 코딩)	
		Huffman Coding (허프만 부호화, 가변길이 부호화)	
		Lempel-Ziv[럼펠지브, LZW(Lempel-Ziv-Welch)] 부호화	
손실 압축	예측 기법	PCM(Pulse Code Modulation, 펄스부호 변조)	DPCM
			ADPCM
		예측 부호화(Predictive Coding)	
	변환 기법	DCT(Discrete Cosine Transform, 이산 코사인 변환)	JPEG 압축
			MPEG 압축
			H.26X
		Wavelet Transform (웨이블릿 변환)	JPEG 2000
		절단 부호화(Truncated Encoding)	
		벡터 양자화(Vector Quantization)	

❶ **무손실 압축(Lossless Compression)**
  ▶ 데이터의 내용을 완전히 보존하면서 압축하는 방식으로 압축된 데이터를 복원하면 원본 데이터와 정확히 일치한다.
  ▶ 데이터 품질의 손실 없이 파일이나 데이터의 크기를 줄일 수 있어 데이터 전송과 저장에 유용하다.
  ▶ 일반적으로 손실 압축보다 압축률이 낮다.

  ▶ 텍스트 파일, 데이터베이스, 압축 파일과 같은 데이터에서 주로 사용한다.

❷ **손실 압축(Lossy Compression)**
  ▶ 데이터의 일부 정보를 제거하여 압축하는 방식으로 압축된 데이터를 복원하면 원본 데이터와 일치하지 않을 수 있다.
  ▶ 인간의 감각에 덜 중요하거나 덜 눈에 띄는 일부 정보를 삭제하여 압축한다.
  ▶ 보통 10:1~40:1의 높은 압축률을 얻을 수 있는 대신 약간의 품질 손실이 있다.
  ▶ 이미지, 음악, 동영상과 같은 데이터에서 주로 사용한다.

❸ **예측기법(Prediction Techniques)**
  ▶ 이전 정보로부터 다음 데이터 값을 예측하고 새로 부호화할 예측 오차를 압축하는 기법이다.
  ▶ 압축 효율성이 높고 주로 음성, 영상 등의 데이터에 사용한다.

❹ **변환기법(Transform Techniques)**
  ▶ 데이터를 다른 표현 형태로 변환하여 데이터의 특성을 변경하는 기법이다.
  ▶ 변환된 데이터는 원본 데이터와는 다른 값들로 이루어져 있으며 역변환을 통해 원래 데이터로 복원될 수 있다.

01 비디오의 압축 방법 중에서 손실 압축 기법에 대한 설명으로 옳은 것은? 　21년 1회

① 원래 영상으로 완전한 복구가 가능하다.

② 보통 10:1~40:1의 높은 압축률을 얻을 수 있다.

③ X레이, 단층촬영(CT) 등 의료용 영상 분야에서 많이 활용된다.

④ 압축 시 미세한 데이터를 중요시하는 기법이다.

해설

① · ③ · ④는 무손실 압축 기법에 대한 설명이다.

02 다음의 영상 압축 기법 중 무손실 압축 기법이 아닌 것은? 　10년 3회

① DCT 변환

② Lempel-Ziv 부호화

③ Huffman 부호화

④ Run-Length 부호화

03 다음 중 손실 부호화 압축 방법으로 거리가 먼 것은? 　15년 3회

① 절단 부호화

② 양자화 부호화

③ 변환 부호화

④ 허프만 부호화

영상압축기법 중 무손실 압축 기법이 아닌 것은?

22년 1회, 14년 3회

① Run-Length 부호화
② Huffman 부호화
③ Lempel-Ziv 부호화
④ ADPCM 변환

| 정답 | ④

족집게 과외

1. 무손실 압축 변환기법의 종류

❶ **Run-Length Encoding(RLE, 런랭스 부호화, 반복 길이 코딩)**

동일한 데이터 값이 연속으로 나타날 때 하나의 쌍으로 표현하는 비교적 간단한 압축기법이다.

〈런랭스 압축 과정〉

㉠ 데이터를 왼쪽에서 오른쪽으로 읽는다.
㉡ 같은 값이 연속으로 나타나면 해당 값과 연속된 횟수를 하나의 쌍으로 표현한다.
㉢ 같은 값이 연속으로 나타나지 않으면 해당 값과 연속된 횟수를 표현하지 않는다.

* 런랭스 압축의 예

AAAABBBCCDAA → 4A3B2CD2A

❷ **Huffman Coding(허프만 부호화, 가변길이 부호화)**

▶ 미국의 컴퓨터 과학자 데이비드 앨버트 허프만(David Albert Huffman)이 개발하였다.
▶ 자주 발생하는 데이터 값에 적은 비트를, 드물게 나타나는 데이터 값에는 많은 비트를 할당하는 기법이다.

〈허프만 압축 과정〉

㉠ 문자 또는 확률분포를 빈도순으로 구분한다.
㉡ 빈도가 가장 낮은 2개의 그룹을 합쳐 노드를 생성한다.
㉢ 이전 단계를 반복하여 트리 구조(Tree Structure)를 만든다.

㉣ 빈도수가 큰 그룹에 0을 주고 빈도수가 작은 그룹에 1을 주어 엔트로피(Entropy) 구조를 완성한다.

※ 엔트로피 부호화(Entropy Encoding)는 빈도수가 큰 그룹에 짧은 코드를 할당하고, 빈도수가 작은 그룹에는 긴 코드를 할당하여 데이터를 압축하는 기법이다.

㉤ 할당된 비트로 치환한다.

〈허프만 압축의 예〉

㉠ 8(A) 4(B) 3(C) 2(D)

A | 1
B | 01
C | 000
D | 001

AAACDAABBBAAABBCCD →
1110000111101011110101000000011

❸ Lempel-Ziv[럼펠지브, LZW(Lempel-Ziv-Welch)] 부호화

▶ 이스라엘 출신의 컴퓨터 과학자들인 아브라함 렘펠(Abraham Lempel)과 야콥 지브(Jacob Ziv)에 의해 개발되었다.

▶ 입력 데이터에서 반복되는 패턴을 찾아내어 딕셔너리(Dictionary, 사전)에 저장하고 번호를 붙여, 같은 패턴의 새로운 문자열이 등장하면 딕셔너리 번호로 부호화한다.

01 다음 중 무손실 압축 기법에 해당되지 않는 것은?

06년 3회

① RLE
② DM
③ 허프만 코딩
④ 픽셀 패킹

해설

② DM(Differential Modulation)은 DPCM(Differential Pulse Code Modulation)의 줄임말이다.
① RLE는 Run-Length Encoding(런랭스 부호화)의 약자이다.
④ 픽셀 패킹(Pixel Packing)은 이미지나 영상의 효율적인 저장 및 전송을 위해 픽셀 데이터를 조밀하게 나열하는 기술이다.

03 파일 압축 기법 중 손실 기법에 속하는 것으로 데이터의 의미나 특정 미디어의 특성이 반영되는 것을 소스 인코딩이라 한다. 다음 중 소스 인코딩에 속하는 방식이 아닌 것은?

21년 3회

① 다단계 코딩
② 변환 방식
③ 허프만 코딩
④ 벡터 양자화

해설

손실 압축 기법은 원본 데이터의 일부 정보를 제거하여 압축률을 높이는 기법으로 소스(Source, 원본 데이터)를 인코딩(Encoding, 부호화)한다.
③ 허프만 코딩(Huffman Coding, 가변길이 부호화) : 무손실 압축 기법이다.
① 다단계 코딩(Multistage Coding) : 데이터를 여러 단계로 나누어 압축하는 방식으로 각 단계에서는 다른 기법이 사용될 수 있다.
② 변환 방식(변환 기법) : 데이터를 다른 표현 형태로 변환하여 데이터의 특성을 변경한다.
④ 벡터 양자화(Vector Quantization) : 벡터(여러 개의 숫자나 값을 가진 배열 형태) 데이터 집합을 대표하는 일련의 코드북(Vector Codebook)을 만들어, 입력 데이터를 가장 가까운 코드북 벡터에 할당하여 압축하는 기법이다.

02 다음 영상미디어 압축 방식 중 자주 발생하는 값에 적은 비트를, 드물게 나타나는 값에는 많은 비트를 할당하는 방법으로서 통계적으로 중복성을 제거하는 방법은?

13년 3회

① DCT 변화 부호화
② DOCM 예측 부호화
③ PCM 부호화
④ Huffman 부호화

해설

Huffman Coding(허프만 부호화)
데이비드 앨버트 허프만이 개발한 기법으로 자주 발생하는 데이터 값에 적은 비트를, 드물게 나타나는 데이터 값에는 많은 비트를 할당하는 기법이다.

디지털 오디오의 과정 중 아날로그 신호와 디지털 신호 간의 변환 과정이 올바른 것은? 05년 1회, 03년 3회

① 표본화 → 아날로그 신호 → 양자화 → 부호화

② 아날로그 신호 → 표본화 → 부호화 → 양자화

③ 아날로그 신호 → 표본화 → 양자화 → 부호화

④ 아날로그 신호 → 양자화 → 부호화 → 표본화

❙정답❙③

한 줄 요약

PCM(Pulse Code Modulation, 펄스부호변조)은 무손실 압축 중 변환기법으로 아날로그 신호를 펄스로 변환시켜 부호화하는 기법이다.

족집게 과외

1. 손실 압축 PCM 과정

❶ 표본화(Sampling, 샘플링)

▶ 아날로그 신호의 연속적인 값을 일정한 시간 간격으로 표본화하여 표본(Sample, 샘플)을 추출한다.

▶ 표본화를 많이 할수록 원음에 가깝게 표현할 수 있지만 데이터 저장을 위한 공간이 증가한다.

▶ 단위는 Hz(헤르츠)이다.

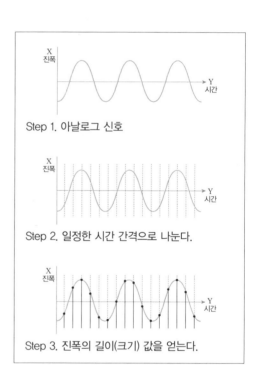

Step 1. 아날로그 신호

Step 2. 일정한 시간 간격으로 나눈다.

Step 3. 진폭의 길이(크기) 값을 얻는다.

❷ 양자화(Quantization, 퀀타이제이션)

▶ 표본화된 신호를 일정한 단위로 나누어 정수 값으로 변환한다.

▶ 정수(Integer) : 소수점 이하가 없는 양의 또는 음의 수

▶ 실수(Real Number) : 정수와 소수점 이하의 값을 포함하는 수

▶ 실제 신호 크기를 미리 설정한 몇 개의 단계의 정수 값으로 반올림하여 디지털 양(정수 값)을 표시한다.

▶ 단위는 Bit(비트)이다.

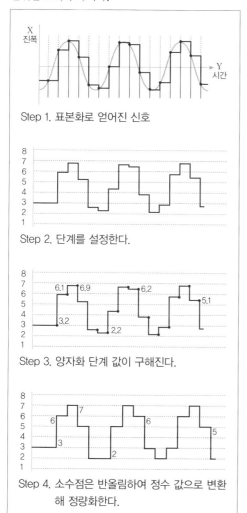

Step 1. 표본화로 얻어진 신호

Step 2. 단계를 설정한다.

Step 3. 양자화 단계 값이 구해진다.

Step 4. 소수점은 반올림하여 정수 값으로 변환해 정량화한다.

❸ 부호화(Encoding, 인코딩)

양자화로 얻어진 정수 값을 이진수의 비트열로 변환하는 단계이다.

01 다음 중 아날로그 신호를 디지털 신호로 변환 시에 사용되는 과정이 아닌 것은?

11년 3회, 09년 1회

① 복호화(Decoding)
② 표본화(Sampling)
③ 양자화(Quantization)
④ 부호화(Coding)

02 아날로그 이미지를 디지털화하는 과정에서 이미지의 위치 값을 나타내는 연속적인 데이터를 일정간격으로 나누어 불연속적인 위치데이터로 바꾸는 작업은?

17년 1회

① 표본화
② 앨리어싱
③ 평준화
④ 필터화

해설
• 이미지의 위치 값은 픽셀의 위치 값(X, Y)을 나타내며 X는 열(Row)을, Y는 행(Column)의 위치 값을 가진다.
• 연속적인 데이터 = 아날로그 데이터 / 불연속적인 데이터 = 디지털 데이터

03 아날로그 사운드를 디지털 형태로 바꾸는 과정 중 표본화(Sampling)에 대한 설명으로 거리가 가장 먼 것은?

08년 3회, 05년 3회

① 표본화를 많이 할수록 원음을 잘 표현할 수 있다.
② 표본화에서 Hz는 10분에 주기가 몇 번 있는가를 의미한다.
③ 표본화를 많이 할수록 데이터 저장을 위한 공간이 증가한다.
④ 아날로그 파형을 디지털 형태로 변환하기 위해 표본을 취하는 것이다.

04 영상 값을 어떤 상수 값으로 나누어 유효자리의 비트 수를 줄이는 압축과정은?

22년 1회, 17년 3회, 12년 1회, 09년 3회

① 변형(Transformation)
② 전처리(Preprocessing)
③ 양자화(Quantization)
④ 가변길이 부호화(Variable Length Coding)

해설
문제에서의 상수 값은 정수 값을 나타내는 정수 상수(Integer Constant)를 의미한다.

05 표본화된 펄스의 진폭을 디지털 2진부호로 변환시키기 위하여 진폭의 레벨에 대응하는 정수 값으로 등분하는 과정은?　　　16년 1회, 11년 1회

① 부호화
② 복조화
③ 양자화
④ 평활화

해설

양자화 과정

표본화된 펄스(신호, Pulas)의 진폭을

디지털 2진 부호로 부호화하기 위하여
(부호화 단계로 가기 위하여)

진폭의 레벨에
(진폭의 양자화 단계에)

대응하는
(단계에 맞춰 반올림된)

정수값으로 등분한다.
(정수값을 구한다)

06 아날로그 신호를 디지털 신호로 변환하는 과정에서 실제의 신호 크기를 미리 설정한 몇 개의 단계 중의 하나로 변환하는 기능을 무엇이라 하는가?　　　17년 2회

① 보간(Interpolation)
② 명세화(Specification)
③ 비율(Rate)
④ 양자화(Quantization)

기출유형 05 ▶ PCM 표본화

오디오 파형을 디지털화하는 데 있어 표본화율(Sampling rate)에 대한 설명으로 옳지 않은 것은?

07년 3회, 04년 3회

① 표본화율이 높을수록 원음에 가깝다.
② 표본화율이 높을수록 데이터 양이 줄어든다.
③ 44,100Hz라는 표본화율은 22,050Hz의 주파수까지 표현할 수 있다.
④ 나이키스트(Nyquist)의 표본화 법칙을 활용한다.

| 정답 | ②

족집게 과외

1. 나이키스트(Nyquist) 이론

스웨덴 태생의 전자공학자 해리 나이키스트(Harry Nyquist)와 미국의 수학자 클로드 섀넌(Claude Shannon)이 개발한 이론으로 표본화 정리(Sampling Theorem) 또는 나이키스트-섀넌 정리(Nyquist-Shannon Theorem)라고도 한다.

❶ 정보 손실 방지

아날로그 신호를 디지털 신호로 표본화(샘플링)할 때 표본화 주파수(Sampling Frequency, 표본화율)는 최고 주파수의 2배 이상이어야 원신호(Original Signal)를 그대로 반영할 수 있다.

❷ 엘리어싱 에러 방지

▶ 엘리어싱(Aliasing)은 표본화 주파수가 충분하지 않을 경우에 발생하는 신호 왜곡 현상이다.
▶ 표본화 주파수가 입력 신호의 2배가 되지 않는 경우 높은 주파수 성분이 낮은 주파수 신호에 침범하여 신호가 왜곡되어 잘못 표현된다.

〈나이키스트(Nyquist) 이론의 공식〉

fs ≥ 2fmax
(fs : 표본화 주파수, fmax : 원신호의 최대주파수)
표본화 주파수는 원신호 최대 주파수의 2배 이상이어야 한다.

01 아날로그 사운드의 원음을 그대로 반영하기 위해서는 원음이 가지는 최고 주파수의 몇 배 이상으로 표본화해야 하는가?

09년 1회, 07년 1회, 03년 3회

① 2배
② 5배
③ 10배
④ 15배

02 아날로그 사운드를 디지털화할 때 원음을 그대로 반영하기 위해 원음이 가지는 최고 주파수의 2배 이상으로 표본화하는 것을 무엇이라 하는가?

20년 1·2회

① 나이키스트 정리
② 마스킹 효과
③ 스칼라 양자화
④ 서라운드 사운드 방법

03 디지털 신호체계에서 원신호와 샘플링 주파수와의 관계는? (단, fs : 샘플링 주파수, fmax : 원신호의 최대주파수)

14년 2회, 12년 1회, 10년 3회

① fs = fmax
② fs ≥ 2fmax
③ fs < 2fmax
④ fs = 3fmax

04 44.1kHz로 샘플링한 CD의 경우 이론적으로 재생할 수 있는 최대 주파수에 가장 근접한 주파수 (kHz)는?

20년 1·2회, 15년 1회, 13년 3회, 12년 3회, 11년 3회

① 22
② 13
③ 10
④ 5

> **해설**
> 나이키스트 이론 공식
> fs ≥ 2fmax = 44.1kHz ≥ 2fmax = 22.05kHz

05 디지털 방송의 음성 부호화에서 사용되는 PCM 방식의 경우 표본화 주파수를 입력 신호의 2배가 되지 않는 주파수로 표본화하면 높은 주파수 성분이 낮은 주파수 신호에 침범하여 신호가 왜곡된다. 이를 무엇이라고 하는가?

16년 2회, 11년 3회

① 양자화 왜곡
② 압축 에러
③ 부호화 잡음
④ 엘리어싱 에러

06 Nyquist 표본화 주기를 만족하지 않게 표본화함으로써 주파수 영역에서 스펙트럼이 겹쳐지게 되어 신호가 왜곡되는 현상은?

11년 1회

① 절단오차
② 압축에러
③ 반올림 오차
④ 엘리어싱 에러

음성을 7비트에서 8비트로 양자화로 부호화했을 때 설명으로 틀린 것은? 　20년 1·2회, 16년 2회, 14년 1회

① 표본화 잡음이 반으로 감소된다.
② 압축 특성이 개선된다.
③ 양자화 잡음이 감소한다.
④ 신장 특성이 개선된다.

| 정답 | ①

족집게 과외

1. 양자화 스텝

양자화 스텝(Quantization Step)은 표본화된 PAM 신호의 범위를 양자화 단계(레벨)로 나눈 값으로, 단위는 비트(Bit)를 사용하며 양자화 단계(레벨) 개수가 많을수록 더 세밀하게 표현된다.

〈양자화 스텝 수 계산 공식〉

> 양자화할 수 있는 레벨의 개수 계산 공식
> 양자화 스텝 수 $L = 2^n$

2. 양자화의 신장 특성(Characteristic)

양자화의 신장 특성(Characteristic)은 양자화 과정에서 발생하는 오차나 왜곡을 나타내는 것을 말한다.

❶ 양자화 잡음(Quantization Noise)

▶ 양자화 과정에서 발생하는 무작위적인 잡음 형태이다.
▶ 양자화 스텝이 클수록 디지털 값 간의 간격이 넓어져서 양자화된 값들이 원본 신호와의 차이가 커지므로 양자화 잡음이 커진다.
▶ 양자화 스텝이 작을수록 디지털 값들 간의 간격이 좁아져 양자화된 값들이 원본 신호에 더 가깝게 위치하게 되어 양자화 잡음이 줄어든다.

❷ 디더링(Dithering)

▶ 양자화 잡음을 조절하거나 분산시키기 위하여 신호를 혼합하는 기법이다.
▶ 난수(Random Number)나 잡음을 추가하여 양자화 오차를 분산시킨다.
▶ 화이트 노이즈(White Noise)는 모든 주파수 영역에서 동일한 에너지를 가지는 잡음으로 양자화 디더링에서 잡음을 분산시키는 데 사용한다.

❸ 반올림오차(Roundoff Error)

샘플링된 신호가 양자화 과정에서 정수 값으로 반올림되면서 원신호의 실제 값과의 차이로 발생하는 오차이다.

❹ 클리핑(Clipping)

▶ 양자화 레벨을 벗어난 값이 양자화 과정에서 잘라내어 가장 가까운 양자화 레벨로 표현되는 현상이다.
▶ 신호의 크기가 양자화하여 나타낼 수 있는 범위를 벗어나는 경우 나타난다.

01 5비트를 사용하여 양자화하는 경우 양자화 Step 의 수는?

20년 3회, 15년 2회

① 8
② 16
③ 32
④ 64

해설

양자화 스텝 수 $L = 2^n = 2^5 = 32$

02 양자화 잡음에 대한 설명으로 거리가 먼 것은?

15년 1회, 12년 1회

① 양자화 스텝이 클수록 양자화 잡음은 줄어든다.
② PCM통신에서 대부분을 차지하는 잡음이다.
③ 입력신호가 있을 때 발생한다.
④ 연속적인 신호를 불연속적인 신호로 변환 시 발생하는 잡음이다.

03 아날로그 파형을 디지털 형태로 변환하는 과정 에서 발생하는 화이트 노이즈를 인위적으로 첨 가하여 양자화 잡음과 음의 왜곡을 줄이는 방법은?

18년 1회, 14년 3회, 08년 1회, 06년 1·3회, 05년 1·3회

① 디더링
② 클리핑
③ 앤티앨리어싱
④ 절환오차

04 사운드에서 원음의 진폭이 기계가 수용하는 진 폭보다 크거나 양자화하여 나타낼 수 있는 진폭 보다 큰 경우에 발생하는 현상은?

18년 3회, 12년 1회

① 클리핑
② 디더링
③ 지터 에러
④ 양자화 오차

05 연속적인 아날로그 신호를 PAM 신호로 바꾸는 과정에서 발생되는 오차를 무엇이라 하는가?

20년 1·2회, 13년 3회

① 절단 오차
② 시그널 오차
③ 반올림 오차
④ 앨리어싱 오차

해설

PAM(Pulse Amplitude Modulation) 신호는 연속적인 아 날로그 신호를 표본화하고 양자화하는 과정 중에 신호의 크기와 단계를 디지털 숫자로 표현한 디지털 신호이다.

06 (   ) 안에 들어갈 내용으로 알맞은 것은?

14년 1회, 09년 1회

> 디지털 비디오에서 샘플 크기는 샘플 값을 표현하기 위해 사용되는 (㉠)의 수를 말 하며, (㉡)는 아날로그 신호의 연속 값들 을 불연속의 디지털화된 값으로 매핑하는 것을 말한다.

① ㉠ 비트, ㉡ 양자화
② ㉠ 바이트, ㉡ 동기화
③ ㉠ 프레임, ㉡ 동기화
④ ㉠ 프레임, ㉡ 양자화

다음 디지털 오디오 데이터의 10초 분량의 22.05kHz, 8Bit 샘플 크기의 스테레오 사운드를 저장하기 위한 용량은?

22년 1회

① 541KByte

② 441KByte

③ 341KByte

④ 264KByte

해설

데이터 용량 = 22.05kHz × (8Bit÷8) × 2 × 10초
　　　　　 = 22,050Hz ×　　1　　 × 2 × 10초 = 441,000Byte
1,024Byte = 1KB → 441,000Byte ÷ 1,024 = 약 430.66KB
(문제는 1KB를 1,024Byte 대신 1,000Byte로 간주하였다.)

┃정답┃②

족집게 과외

1. 데이터 크기와 용량

❶ 개념의 차이

㉠ 데이터 크기(Data Size)

해당 파일이 차지하는 디스크 공간을 의미하며 바이트(B), 킬로바이트(KB), 메가바이트(MB), 기가바이트(GB) 등과 같은 단위로 표현된다.

㉡ 데이터 용량(Data Capacity)

저장 장치나 매체의 용량으로, 하드 디스크 또는 USB에 저장할 수 있는 총 데이터 양을 나타낸다.

❷ 데이터의 크기 계산 공식

> 데이터 크기(Byte) =
> 샘플링 주파수(Hz) × [샘플 비트(Bit) 수 ÷ 8]
> × 채널 수(모노=1, 스테레오=2)
> × 저장 시간(초)

※ 단위에 유의한다.

※ 계산 Tip : 샘플 Bit를 Byte로 환산하여 계산한다.
　(1Byte = 8Bit)

01 CD의 표준 샘플링 주파수와 양자화 비트 수는?

20년 1회, 16년 1회, 13년 1회, 04년 3회

① 44.1kHz, 16Bit

② 46.1kHz, 32Bit

③ 48.2kHz, 32Bit

④ 49kHz, 16Bit

해설

CD의 표준 샘플링 주파수는 44.1kHz이고 양자화 비트 수는 16Bit이다.

CD의 데이터 용량 계산의 예

1분 스테레오 CD의 데이터 용량

데이터 용량
= 44.1kHz × (16Bit÷8) × 2 × 60초
= 44,100Hz × 2 × 2 × 60초
= 1,0584,000Byte

1KB = 1,024Byte
→ 1,0584,000Byte ÷ 1,024
= 10,335.9375KB

1MB = 1,024KB
→1,378KB ÷ 1,024 = 약 10MB
(일부 시스템에서는 1KB를 1,024Byte 대신 1,000Byte 로 간주할 수 있다)

02 다음 중 녹음 시간이 동일할 때 디지털 오디오의 데이터 크기가 가장 큰 것은?

09년 3회

① 샘플링 비율 21kHz, 샘플 비트 8Bit, 모노 녹음

② 샘플링 비율 11kHz, 샘플 비트 16Bit, 모노 녹음

③ 샘플링 비율 21kHz, 샘플 비트 16Bit, 스테레오 녹음

④ 샘플링 비율 21kHz, 샘플 비트 8Bit, 스테레오 녹음

해설

시간이 동일하므로 시간은 제외하고 계산한다.

③ 21kHz × (16Bit ÷ 8) × 2 = 21,000Hz × 2 × 2 = 84,000Byte

① 21kHz × (8Bit ÷ 8) × 1 = 21,000Hz × 1 × 1 = 21,000Byte

② 11kHz × (16Bit ÷ 8) × 1 = 11,000Hz × 2 × 1 = 22,000Byte

④ 21kHz × (8Bit ÷ 8) × 2 = 21,000Hz × 1 × 2 = 42,000Byte

비디오의 압축 과정으로 옳은 것은? 18년 3회

① 변환 → 전처리 → 양자화 → 가변길이 부호화
② 전처리 → 변환 → 양자화 → 가변길이 부호화
③ 양자화 → 가변길이 부호화 → 변환 → 전처리
④ 가변길이 부호화 → 변환 → 전처리 → 양자화

|정답| ②

족집게 **과외**

1. DCT 압축 과정

❶ JPEG(Joint Photographic Experts Group, 제이펙)

ISO/IEC(국제표준화기구 및 국제 전기 표준화 기구)
와 ITU-T(국제전기통신연합 통신표준분과)에서 공
동으로 제정한 정지 화상 국제 표준이다.

㉠ 전처리(Preprocessing)

• 색상 변환 : RGB 채널을 인간의 시각 특성을 고
려한 YCbCr 모델로 변환한다.

• 크로마 다운샘플링(Chroma Down-Sampling)
 – 해상도를 낮추는 과정이다.
 – 인간의 시각은 밝기 변화에는 민감하고 색상
 변화에는 둔감한 점을 이용하여 인간이 잘 느
 끼지 못하는 색차정보(Chrominance, 크로미
 넌스)를 제거한다.

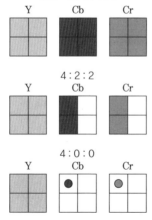

㉡ DCT(Discrete Cosine Transform)

• 이미지 분할 : 원본 이미지를 가로, 세로 각각
8개의 픽셀(화소) 블록으로 나눈다(8×8 =
64Pixel).

• DCT 변환
이미지 블록을 저주파와 고주파 영역으로 나눈다.
 – 저주파 영역 : 색차변화가 거의 없는 주파수
 영역이다.
 – 고주파 영역 : 색차변화가 많은 주파수 영역
 이다.

㉢ 양자화(Quantization)

• 인간의 시각은 색차변화가 적은 넓은 면적 부분
에는 민감하고 색차변화가 많은 정밀한 부분에
는 둔감한 점을 이용하여 인간이 변화를 잘 느끼
지 못하는 고주파 영역을 제거한다.

• 데이터의 압축률을 높이면서도 정보의 손실이
발생한다.

㉣ 엔트로피 부호화(Entropy Coding)

양자화된 값을 허프만 부호화(Huffman Coding,
가변길이 부호화) 또는 다른 엔트로피 부호화 방법
을 사용하여 압축한다.

❷ MPEG(Motion Picture Expert Group, 엠펙)

ISO/IEC와 ITU-T에서 제정한 동영상 압축 국제 표준으로 MPEG-1, MPEG-2, MPEG-4, MPEG-7, MPEG-21 등 여러 버전이 있다.

ㄱ 프레임 분할(Frame Partitioning)
  • 동영상을 프레임으로 분할한다.
  • MPEG 프레임 구조
    – I-프레임(Intra-coded Frame, 인트라프레임) : 기준이 되는 독립적인 이미지 프레임으로 프레임 내의 부호만을 사용하여 부호화한다.
    – P-프레임(Predictive-coded Frame) : I-프레임 이후에 등장하며 이전 I-프레임 또는 P-프레임 간의 순방향 차이를 나타내는 예측 오차를 저장한다.
    – B-프레임[Bidirectional predictive-coded frame, 인터프레임(Inter Frame)] : 이전 프레임과 이후 프레임 간의 쌍방향 차이를 나타내는 예측 오차를 저장한다.

ㄴ 모션 추정(Motion Estimation) : P-프레임과 B-프레임 간의 움직임을 추정하고, 예측 프레임을 생성한다.

ㄷ DCT(Discrete Cosine Transform) 변환
  • 이미지 데이터를 주파수 도메인으로 변환하여 이미지의 주파수 정보를 추출한다.
    – 주파수 도메인 : 데이터나 신호를 주파수 성분으로 분석하는 영역
    – 주파수 정보 : 데이터의 변화 패턴
  • 낮은 주파수부터 높은 주파수까지 순차적으로 표현된다.

ㄹ 양자화(Quantization)
  • DCT 변환된 주파수 성분을 정수 값으로 양자화한다.
  • 데이터의 압축률을 높이면서도 정보의 손실이 발생한다.

ㅁ 인코딩(Encoding, 부호화) : 양자화된 데이터를 비트스트림으로 인코딩한다.

ㅂ 비트스트림 생성 및 저장 : 인코딩된 데이터와 필요한 부가 정보를 결합하여 최종 비트스트림(Bit Stream)을 생성하여 동영상 파일로 저장되거나 전송한다.

ㅅ 비트스트림 디코딩(Decoding, 복호화) : 비트스트림으로 생성 및 저장된 데이터는 동영상 디코더에서 해독되어 다시 양자화 해제, 역변환, 모션 보상 등의 과정을 거쳐 원래 프레임을 복원하고 재생된다.

❸ H.26X

ITU-T(국제전기통신연합 통신표준부문)에서 제정한 동영상 압축 국제표준군으로 H.261, H.263, H.264(AVC, Advanced Video Coding), H.265(HEVC) 등 여러 버전이 있다.

01 DCT 부호화 방식에서 입력 화상의 기본 블록화 화소 수는?　　　　　　　14년 3회, 11년 3회

① 100
② 64
③ 16
④ 8

해설
8 × 8 = 64 Pixel

02 JPEG 압축 알고리즘의 단계가 맞는 것은?
　　　　　　　　　　　　　　　　22년 1회

① 색상 변환표 → 다운 샘플링 → DCT 과정 →
　 양자화 과정 → 허프만 코딩
② DCT 과정 → 다운 샘플링 → 허프만 코딩 →
　 양자화 과정 → 색상 변환표
③ 다운 샘플링 → DCT 과정 → 양자화 과정 →
　 색상 변환표 → 허프만 코딩
④ 색상 변환표 → 양자화 과정 → 허프만 코딩 →
　 다운 샘플링 → DCT 과정

03 JPEG 압축 알고리즘의 마지막 단계로 무손실 압축을 사용하여 최종 압축을 수행하는 과정으로, 일반적으로 허프만 코딩(Huffman Coding)을 많이 사용하는 것은 무엇인가?　　05년 3회

① DCT 변환
② 윤곽선 추출(Edge Detection)
③ 디더링(Dithering)
④ 엔트로피 코딩(Entropy Coding)

04 MPEG-2에서 사용되는 프레임 구조에서 하나의 프레임 내에서 부호화가 이루어지는 프레임은?
　　　　　　　　　　　　　　　　15년 2회

① P
② I
③ B
④ K

05 MPEG의 압축기술에서 사용하는 화면 중 프레임 간의 순방향 예측부호화 영상은 어느 것인가?
　　　　　　　　　　　　　　　　19년 1회

① I(Intra Coded) Picture
② P(Predictive Coded) Picture
③ B(Bidirectional Coded) Picture
④ T(Temporal Coded) Picture

06 MPEG의 동영상 압축과정에 해당하지 않는 것은?
　　　　　　　　　　　　　　　　14년 3회

① 비트스트림
② 코드 할당
③ 양자화
④ 에러제어

해설
④ 에러제어(Error Control)는 압축과정이 아니라 데이터의 전송과 저장 중에 발생할 수 있는 오류를 감지하거나 수정하는 기술이다.

다음 중 CD-ROM의 저장매체를 적용 대상으로 하는 압축 알고리즘의 표준은?   12년 3회, 11년 1회

① MPEG-1
② MPEG-2
③ MPEG-3
④ MPEG-4

|정답| ①

족집게 과외

1. 영상 압축 부호화 표준

❶ **MPEG(Motion Picture Experts Group, 엠펙)**

ISO/IEC(국제표준화기구 및 국제 전기 표준화 기구)와 ITU-T(국제전기통신연합 통신표준분과)에서 제정한 동영상 압축 국제표준이다.

ⓐ MPEG-1(Moving Picture Experts Group-1)
- MPEG에서 개발한 첫 번째 비디오 및 음성 데이터 압축표준이다.
- CD-ROM의 용량과 특성을 고려하여 개발되었으며 VCD(Video CD) 형식으로 사용한다.

ⓑ MPEG-4(Moving Picture Experts Group-4)
- 멀티미디어 데이터의 압축 및 전송을 위한 표준이다.
- 64Kbps 정도의 낮은 데이터 전송 속도에서도 고압축률로 동영상을 효과적으로 압축하고 전송하는 것을 목적으로 한다.
- 인터넷 스트리밍(Internet Streaming), 멀티미디어 서비스 등 다양한 응용 분야에서 사용한다.

ⓒ MPEG-7(Multimedia Content Description Interface)
- 멀티미디어 정보를 정리하고 설명하기 위한 표준으로 데이터 그 자체가 아닌 데이터의 내용에 대한 표현 방법을 다룬다.
- 멀티미디어 데이터베이스의 색인화와 정보 검색을 목적으로 한다.
- 멀티미디어 정보의 제작, 전송, 저장, 유통 및 검색 분야에 활용할 수 있는 메타데이터(Metadata, 다른 데이터에 대한 정보를 제공하는 데이터) 표준 기술이다.

❷ **H.26X**

ITU-T(국제전기통신연합 통신표준부문)에서 제정한 동영상 압축 국제표준군이다.

ⓐ H.261
- ITU-T에서 제정한 첫 번째 비디오 압축표준이다.
- 인트라프레임(Intra Frame, I-프레임)과 인터프레임(Inter Frame, B-프레임) 두 가지 압축 방식을 사용한다.
- 실시간 동영상 압축 및 복원 처리를 목적으로 한다.
- 초저속 전송 속도($p \times 64$Kbps)에서도 품질을 유지할 수 있어 화상 회의와 화상 전화 통신 네트워크를 가능하게 했다.

ⓒ H.263
- H.261의 후속 버전으로 개발된 비디오 압축 국제표준이다.
- 화상 회의와 화상 전화 및 멀티미디어 응용 프로그램에서 사용하기 위해 개발되었다.

ⓒ H.264(AVC, Advanced Video Coding)
- 뛰어난 압축률과 높은 품질을 제공하는 현대적인 비디오 압축표준이다.
- 스트리밍, 디지털 TV, 온라인 비디오 등 다양한 응용 분야에서 사용한다.

ⓔ H.265(HEVC, High Efficiency Video Coding)
- H.264의 후속 버전으로 약 1.5배 더 높은 압축률을 가지면서도 동일한 비디오 품질을 제공하는 고효율 비디오 압축표준이다.
- 4K UHD 및 고해상도 비디오에서 높은 효율성을 제공하며, 더 나은 비디오 압축 및 전송을 위해 개발되었다.

01 대역폭이 적은 통신 매체에서도 전송이 가능하고, 양방향 멀티미디어를 구현할 수 있는 A/V(Audio/Video) 표준 부호화 방식으로, 64Kbps급의 초저속 고압축률 실현을 목적으로 하는 동영상 압축 표준안은?

20년 3회, 18년 1회, 08년 3회

① MPEG-1
② MPEG-2
③ MPEG-4
④ MPEG-7

02 다음 중 MPEG-7에 대한 설명으로 옳은 것은?

18년 3회, 10년 3회

① 오디오와 비디오 콘텐츠 인식에 대한 표준을 제공한다.
② 멀티미디어 데이터베이스 검색이 가능하도록 한다.
③ MPEG-1과 MPEG-2를 대체할 수 있다.
④ DVD 수준의 영상을 목적으로 제정되었다.

03 MPEG-7에 대한 설명으로 거리가 가장 먼 것은?

10년 1회, 07년 3회, 05년 1회

① 다양한 멀티미디어 정보를 기술하기 위한 표준화 방안이다.
② 멀티미디어 정보의 효율적인 색인화와 검색을 목적으로 하고 있다.
③ 멀티미디어 정보의 제작, 전송, 저장, 유통 및 검색 분야에 활용할 수 있다.
④ 고화질 디지털 영상을 이용한 HDTV 방송 실현을 목표로 한다.

해설
④ HDTV 방송 실현을 목표로 하는 표준은 MPEG-2이다.

04 비디오 압축, 부호화 방식인 H.261에 대한 설명으로 거리가 가장 먼 것은?

06년 1회

① 이 규격의 전송 속도는 p(p=1~30)×64Kbps이다.
② H.261은 실시간 압축/복원 처리용으로 개발하였다.
③ H.261은 부호화 방식으로 인트라프레임(Intraframe)과 인터프레임(Interframe)을 사용한다.
④ 정지 이미지의 압축 및 복원에 관한 표준규격이다.

해설
④ H.261은 영상 압축 표준이다.

05 동영상의 부호화는 영상과 오디오를 함께 부호화하여 압축한다. 다음 중 영상에 대한 ITU-T 권고 국제표준에 해당하는 것은?

07년 1회

① G.711
② H.261
③ MPEG-2
④ MPEG-3

06 화상 회의 및 화상 전화를 응용하기 위한 영상 압축 코딩표준은?

16년 1회, 12년 1회

① G.727
② H.235
③ H.225
④ H.263

해설
④ H.261은 초기에 화상 회의 및 화상 전화에 사용되었고, H.263은 H.261의 후속 버전이다.

ATSC 디지털 TV 표준 방식의 영상신호 압축방식은?

① MPEG-1
② MPEG-2
③ MPEG-3
④ MPEG-4

| 정답 | ②

족집게 과외

1. MPEG-2

❶ ISO(국제표준화기구)와 ITU-T(국제전기통신연합 표준화 부문)에서 공동으로 개발한 고품질 비디오 및 음성 데이터를 압축하고 전송하는 압축표준이다.

❷ 영상 디스플레이의 순차주사 방식과 격행주사 방식을 모두 지원한다.

　㉠ 순차주사 방식(Progressive Scan, Noninterlace)

　　• 화면을 위에서 아래로 한 줄씩 스캔하는 방식으로, 모든 화면을 순서대로 표시한다.

　　• 프로그레시브 스캔 방식으로 불리며 컴퓨터 모니터에서 사용한다.

　㉡ 격행주사 방식(Interlaced Scan)

　　• 화면을 짝수 번째 줄과 홀수 번째 줄을 번갈아 가며 스캔하는 방식으로, 한 번의 스캔에 두 줄의 정보를 표시한다.

　　• 인터레이스 스캔 방식으로 불리며 텔레비전 방송에서 사용한다.

❸ ATSC(Advanced Television Systems Committee) 디지털 TV 표준 방식으로 HDTV 방송 실현을 목적으로 한다.

❹ MPEG-2로 압축된 비디오를 MPEG-1 디코더에서도 재생할 수 있는 순방향 호환성을 지닌다.

❺ DVD, 디지털 TV, 브로드캐스팅(Broadcasting) 등에서 사용한다.

❻ MPEG-2의 목표 전송률

　㉠ SDTV(Standard Definition Television)
　　2~6Mbits/sec의 전송률로 표준 해상도의 TV 방송을 위한 전송률로 사용한다.

　㉡ HDTV(High Definition Television)
　　10~20Mbits/sec 이상의 전송률을 가진다.

　㉢ DVD 비디오
　　4~9Mbits/sec 사이의 전송률을 가진다.

　㉣ 영상 스트리밍
　　전송 속도에 따라 다양하며, 45Mbits/sec 이상의 범위를 넘지 않는다.

01 MPEG-2 표준과 관계없는 것은?   20년 3회

① 순차주사 방식과 격행주사 방식 모두 지원
② 1.5Mbps 이하의 전송 속도
③ 디지털 TV
④ MPEG-1에 대한 순방향 호환성 지원

02 비디오 압축 기술 중 MPEG-2 방식 설명으로 틀린 것은?   20년 1·2회, 08년 3회

① 목표 전송률은 1.5Mbits/sec 이하이다.
② 표준을 따르는 MPEG-2 디코더는 MPEG-1 스트림도 재생할 수 있다.
③ HDTV 전송의 표준을 포함하고 있다.
④ 순차주사(Noninterlace) 방식과 격행주사 (Interlace) 방식 모두를 지원한다.

03 비디오 압축 기술 중 MPEG-2 방식의 설명으로 거리가 가장 먼 내용은?   16년 2회, 07년 3회, 05년 3회

① 목표 전송률은 0.8Mbit/sec 이하이다.
② MPEG-1에 대한 순방향 호환성을 지원한다.
③ 광범위한 신호형식에 대응하기 위해 프로파일 (Profile) 및 레벨(Level)에 따라 복수 개의 사양이 정해져 있다.
④ 순차주사(Noneinterlace) 방식과 격행주사 (Interlace) 방식 모두를 지원한다.

해설
① 목표 전송률은 매체에 따라 다르며 2Mbits/sec~ 45Mbits/sec 범위 안에 있다.
③ MPEG-2는 다양한 비디오 및 오디오 신호의 특성을 고려하여 조절 가능한 유연성을 제공하기 위해 여러 가지 설정 옵션을 가지고 있다.
• 프로파일(Profile)은 압축된 미디어의 특성 정의이다.
• 레벨(Level)은 비디오 또는 오디오 데이터의 복잡성과 해상도를 나타낸다.

04 MPEG-2의 압축 방법으로 거리가 가장 먼 것은?   18년 2회, 06년 3회

① 허프만 코딩(Huffman Coding)
② RLE(Run Length Encording)
③ DCT
④ H.261

해설
H.261은 낮은 전송 속도에서도 품질을 유지할 수 있도록 대역폭을 절약하는 것을 목표로 하며, MPEG-2는 더 넓은 응용 범위를 대상으로 개발된 표준으로 MPEG-2는 허프만 코딩(Huffman Coding), RLE(Run Length Encording), DCT(Discrete Cosine Transform) 등 다양한 압축 기술을 조합하여 사용한다.

05 디지털 TV와 DVD 수준의 영상을 목적으로 제정된 MPEG 기술은?   06년 1회

① MPEG-1
② MPEG-2
③ MPEG-4
④ MPEG-7

06 영상 압축 기술의 용도를 잘못 설명한 것은?   18년 2회

① JPEG : 정지화상 전송
② H.261 : 영상회의, 원격 강의
③ MPEG-1 : Video CD 제작
④ MPEG-2 : 인터넷 방송 제작

01 애니메이션의 원리

기출문형 01 ▶ 애니메이션 개요

"정지화상이나 그래픽들을 연속적으로 보여주어 보는 사람으로 하여금 화상들을 연속된 동작으로 인식하도록 한다."에 해당하는 애니메이션의 기본 원리는?

17년 2회, 09년 3회, 07년 1회, 05년 1회

① 모 핑
② 잔상효과
③ 역운동학
④ 로토스코핑

| 정답 | ②

한 줄 요약

- 애니메이션(Animation)의 어원은 라틴어의 Animatus(아니마투스, 움직이게 한다, 살아나게 한다.)로 여러 장의 그림들을 연속적으로 보여주어 움직이는 것처럼 보이게 하는 기술이다.
- 애니메이션은 잔상효과를 기본 원리로 하며 잔상(After Image, 殘像)효과는 눈의 자극이 사라진 후에도 잠깐 동안(약 0.1초) 눈에 남아있는 감각 현상이다.
- 이런 잔상효과를 이용하면 보는 사람으로 하여금 빠르게 바뀌는 화상들을 연속된 동작으로 인식하도록 한다.

족집게 과외

1. 애니메이션의 12가지 원칙

애니메이션의 12가지 원칙은 월트디즈니(Walt Disney)사의 애니메이터(Animator) 올리 존스톤(Ollie Johnston)과 프랭크 토머스(Frank Thomas)가 공동 저서한 "The Illusion of Life: Disney Animation"에서 처음 소개되었다.

❶ 찌그러짐과 늘어남(Squash & Stretch)
❷ 사전 대기 자세(Anticipation)
❸ 스테이징 & 연출(Staging)
❹ 스트레이트와 포즈 투 포즈(Straight Ahead and Pose-to-Pose)
❺ 원인, 결과 교차 동작(Follow Through and Overlapping Action)
❻ 가속도(Ease In and Ease Out)
❼ 곡선운동(Arcs)
❽ 2차 동작(Secondary Action)
❾ 타이밍(Timing)
❿ 과장(Exaggeration)
⓫ 그리기(Solid Drawing)
⓬ 호소력(Appeal)

2. 애니메이션 동작의 기본 3원칙

❶ 예비 동작

애니메이션 동작의 첫 번째 단계로 어떤 동작이 나올
지를 미리 표현하는 것이다.

예 캐릭터가 점프하기 전에 무릎을 구부리고 약간 웅
크린다.

❷ 본(실행) 동작

애니메이터가 묘사하려는 기본 동작 또는 움직임이다.

예 캐릭터의 달리기, 춤, 던지기 동작

❸ 잔여 동작

후속 동작이라고도 하며 애니메이션 동작의 마지막
단계이다.

예 캐릭터가 달리다가 갑자기 멈추는 경우 머리카락,
옷 또는 느슨한 물체가 안정되기 전까지 약간 앞으
로 계속 움직인다.

3. 애니메이션의 분류

❶ 절차적 애니메이션(Procedural Animation)

프레임별로 손으로 제작되는 것이 아니라 현재 상황
에 맞게 알고리즘과 규칙을 통해 자동으로 생성되도
록 애니메이션한다.

예 • 비디오 게임에서 캐릭터가 이동하는 움직임을 생성
 • 흐르는 물 또는 바람과 나뭇잎의 움직임과 같은
 자연 현상을 생성

❷ 역운동학(Inverse Kinematics ; IK) 애니메이션

▶ 로봇이나 인간의 동작을 실제처럼 표현하기 위해
사용되는 기법으로 관절 회전을 자동으로 계산한다.

▶ 캐릭터 애니메이션, 로봇 공학 및 시뮬레이션 응용
프로그램 등 3차원 애니메이션에 많이 사용한다.

예 • 캐릭터의 손이 물체나 지면에 닿도록 한다.
 • 캐릭터의 다리가 자연스럽게 움직이도록 하기 위
 해 사용한다.

❸ 집합 애니메이션

여러 개체를 하나의 그룹으로 묶어서 동일한 방식으
로 애니메이션한다.

예 여러 도형이나 텍스트를 그룹으로 묶어서 한 번에
움직이거나 페이드인/아웃하도록 한다.

4. 초기 애니메이션 장치

❶ 조이트로프(Zoetrope, 회전 요지경) / 1800년대 초

회전 드럼 안에 그림을 그려 넣고 회전시키면서 구멍
을 통해 보면 마치 움직이는 것처럼 보인다.

❷ 페나키스티스코프(Phenakistiscope) / 19세기

▶ 영국의 사진가 에드워드 제임스 마이브리지
(Eadweard James Muybridge)가 발명하였다.

▶ 잔상효과를 이용한 애니메이션으로 원반에 연속동
작을 그리고 회전시키면서 작은 구멍을 통해 보면
마치 움직이는 것처럼 보인다.

❸ 소마트로프(Somatrope) / 1820년

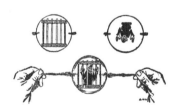

▶ 영국 의사인 존 패리스(John Paris)가 발명하였다.

▶ 원판 끝에 실을 묶어 돌리면 원판의 앞뒤에 그려진
이미지들이 회전하면서 하나로 합쳐져 새로운 그
림처럼 보인다.

❹ 프락시노스코프(Praxinoscope) / 1877년

▶ 조이트로프를 계승한 애니메이션 장치로 회전 드럼 안에 동심원 형태의 원기둥이 있다.

▶ 안쪽 동심원에는 거울을 두르고 바깥쪽 동심원에는 그림띠를 둘러 원기둥을 회전시키면 거울에 반사된 그림띠가 움직이는 것처럼 보인다.

❺ 키네토스코프(Kinetoscope) / 1889년

▶ 미국의 발명가 토머스 에디슨(Thomas Alva Edison)과 윌리엄 딕슨(William Dickson)이 발명했다.

▶ 영화 필름 영사기의 전신이다.

❻ 시네마토그래프(Cinématographe) / 1895년

영화의 아버지라 불리는 프랑스의 루이스 뤼미에르(Louis Lumière) 형제가 발명한 필름 카메라이면서 필름 영사기이다.

01 애니메이션 기법 중에 대상물의 움직임을 시작 단계와 끝 단계를 기준으로, 중간 단계를 생성하는 방식을 무엇이라고 하는가? 19년 1회

① 스트레이트 어헤드 방식
② 포즈 투 포즈 방식
③ 로토스코핑 방식
④ 스톱모션 방식

해설
애니메이션의 12가지 원칙 중 스트레이트 어헤드 방식과 포즈 투 포즈 방식
• Straight Ahead : 포즈를 연속적으로 그리는 방식이다.
• Pose to Pose : 애니메이션의 시작과 끝에 해당하는 포즈를 먼저 그린 다음, 대상물의 움직임을 시작 단계와 끝 단계를 기준으로 중간 단계를 생성하는 방식이다.

02 다음에 해당하는 애니메이션 제작기법은 무엇인가? 17년 2회

> • 연극무대 위의 연기자들은 그들이 연기 시에 액션을 보통보다 더 크게 해주어야 뒷자석의 관람객까지 이야기가 올바르게 전달된다.
> • 이와 마찬가지로 애니메이션 작화 시에도 만화체 캐릭터의 동작을 실제 배우의 액션보다 더욱 강조해 주어야만 이야기가 화면에 전달된다.

① 반복(Cycling)
② 이즈 인/아웃(Ease In/Out)
③ 도려내기(Cut-Out)
④ 과장(Exaggeration)

해설
애니메이션의 12가지 원칙 중 과장(Exaggeration)은 캐릭터의 움직임을 과장하여 더욱 화려하게 만드는 기법이다.

03 애니메이션 동작의 기본 3원칙이 아닌 것은? 18년 3회, 11년 3회

① 예비 동작
② 범프 동작
③ 본(실행) 동작
④ 잔여 동작

04 잔상효과를 이용한 애니메이션 초기 장치를 무엇이라 하는가? 19년 1회, 15년 2회, 12년 1회

① 페나키스티스코프(Phenakistiscope)
② 조이트로프(Zoetrope)
③ 키네토스코프(Kinetoscope)
④ 프락시노스코프(Praxinoscope)

05 다음 중 1889년 토머스 에디슨이 창안한 영사기는?　18년 1회, 15년 3회, 13년 1회

① 키네토스코프
② 뮤토스코프
③ 씨네마토그라프
④ 고우몬

06 최초의 애니메이션 원리를 이용한 광학 기계로 망막 잔상효과를 이용한 것으로 원판 앞뒤에 서로 다른 그림을 그려 이를 합쳐보는 기구를 무엇이라고 하는가?　14년 3회, 11년 1회

① 스트로보스코프(Stroboscope)
② 소마트로프(Somatrope)
③ 페나키스티코프(Phenakisticope)
④ 프락시노스코프(praxinoscope)

해설
① 스트로보스코프는 일정한 간격으로 짧은 빛을 방출하여 물체를 정지하거나 느리게 보이게 하여 회전하는 기계 부품의 상태 점검, 의학 분야에서 신체의 움직임 관찰 등 다양한 연구 및 실험에서 사용되는 도구이다.
③ 페나키스티코프는 연속 동작이 그려진 원반 형태의 애니메이션 장치로 원반을 회전시켜 움직이는 이미지를 만들어낸다.
④ 프락시노스코프는 그림띠가 둘러진 회전 드럼 형태의 애니메이션 장치로 드럼을 회전시켜 움직이는 이미지를 만들어낸다.

셀(Cell) 애니메이션과 관련이 가장 먼 것은?   17년 1회

① 셀은 셀룰로이드(Celluloid)를 의미한다.
② 투명의 셀지에 선화를 그리고, 뒷면에 채색하는 방식이다.
③ 한 장의 셀에 배경과 캐릭터를 함께 그리는 방식이다.
④ 여러 개의 셀이 몇 겹의 층을 이루어 하나의 화면을 만들어 낸다.

|정답|③

족집게 과외

1. 애니메이션의 종류

❶ 플립 북(Flip Book) 애니메이션

▶ 가장 단순한 형태의 애니메이션으로 연속된 그림들을 빠르게 넘기면서 움직임을 만든다.

▶ 모든 프레임을 일일이 그려 구성하는 프레임 기반(Frame Based) 애니메이션이다.

❷ 셀(Cell) 애니메이션

▶ 미국의 애니메이터 얼 허드(Earl Hurd)가 1915년에 고안하였다.

▶ 투명한 셀룰로이드(Celluloid) 시트에 그린 이미지들이 하나의 배경 셀과 여러 장의 전결 셀로 나뉘어 여러 개의 층을 이룬다.

　예 디즈니(Disney)사의 〈백설공주와 일곱 난쟁이〉, 〈라이온 킹〉

❸ 정지 모션(Stop Motion) 애니메이션

　㉠ 클레이(Clay) 애니메이션

　점토를 사용하는 애니메이션으로 철사 또는 특수 제작된 골격구조 위에 애니메이션용 점토를 입혀 모델을 만든 후 모델을 조금씩 변형시키면서 변화된 각각의 장면을 한 프레임씩 촬영해서 만든다.

　예 〈월레스 & 그로밋〉, 〈치킨 런〉

　㉡ 절지(Cut-Out) 애니메이션

　　• 그림이나 사진, 종이, 헝겊, 나무 등 여러 가지 재료를 사용할 수 있으며 재료를 잘라내어 배경 위에 겹쳐 놓고 프레임별로 촬영하는 애니메이션이다.

　• 절지 애니메이션의 활용 예

　　– 셀 애니메이션에서 팔을 흔드는 동작과 같이 캐릭터의 동작이 정해져 있을 경우, 캐릭터의 몸 전체를 매번 그리지 않고 분리되어 있는 팔만 다시 그려서 합성한다.

　　– Cut-Out은 도려내기 효과라고도 한다.

　㉢ 피겨(Figure) 애니메이션

　인형이나 모형 등을 한 프레임씩 움직여서 촬영하는 애니메이션이다.

　㉣ 애니마트로닉스(Animatronics)

　전자 장치나 컴퓨터를 이용하여 서보모터를 구동한 로봇이나 인형 등을 움직이게 하여 촬영한다.

　예 〈쥬라기 공원〉, 〈아바타〉

❹ 컴퓨터(Computer) 애니메이션

컴퓨터 프로그램을 사용하여 이미지를 생성하고 조작하는 애니메이션으로 2D와 3D로 구분할 수 있다.

예 〈토이 스토리〉, 〈슈렉〉

01 다음 애니메이션의 종류 중 가장 단순한 형태로, 애니메이션의 모든 프레임을 일일이 그려 구성하는 프레임 기반(Frame Based) 애니메이션은?

06년 1회

① 셀(Cell) 애니메이션
② 클레이(Clay) 애니메이션
③ 플립북(Flip-book) 애니메이션
④ 스프라이트(Sprite) 애니메이션

02 철사 또는 특수 제작된 골격구조 위에 애니메이션용 점토를 입혀 점토모델을 만든 후 모델을 조금씩 변형시키면서 변화된 각각의 장면을 한 프레임씩 촬영해서 만들어지는 애니메이션 제작방식은?

18년 3회, 14년 1회

① 3D 애니메이션
② 클레이 애니메이션
③ 셀 애니메이션
④ 픽셀 애니메이션

03 도려내기 효과라고도 불리며 잘려진 종이 등의 재질을 이용하여 분절된 움직임을 연출하고 이를 프레임별 촬영을 통하여 완성하는 애니메이션 기법은?

20년 3회

① 퍼핏(Puppet)
② 컷 아웃(Cut Out)
③ 클레이 애니메이션(Clay Animation)
④ 로토스코핑(Rotoscoping)

> **해설**
> ① 퍼핏(Puppet)은 인형극에서 사용되는 인형을 말한다.

04 종이나 헝겊, 또는 나무 등으로 만든 그림을 잘라내어 배경 위에 겹쳐 놓고 촬영하는 애니메이션 기법은?

07년 1회, 05년 1회, 02년 12월

① 셀 애니메이션
② 절지 애니메이션
③ 페이퍼 애니메이션
④ 스톱 모션 애니메이션

05 2D 애니메이션 기법에 속하지 않는 애니메이션은?

21년 3회, 19년 1회

① 셀 애니메이션(Cell Animation)
② 오브제 애니메이션(Object Animation)
③ 컷아웃 애니메이션(Cut-Out Animation)
④ 페이퍼 애니메이션(Paper Animation)

> **해설**
> ② 오브제 애니메이션(Object Animation)은 장난감, 블록, 인형 등의 오브제를 이용하여 만드는 애니메이션이다.

06 애니메이션의 화면 구성에서 인물을 무릎에서부터 위로 잡는 기법은?

20년 3회, 13년 1회

① American Shot
② Full Shot
③ Wide Shot
④ Long Shot

> **해설**
> • 인물을 무릎에서부터 위로 잡는 American Shot(아메리칸 샷)은 절지 애니메이션에서 자주 사용되는 기법 중 하나로 Cowboy Shot(카우보이 샷)이라고도 불린다.
> • 카우보이 샷은 카메라의 위치를 변경하지 않고 대화 장면을 담기 위한 목적으로 사용되는 기법으로 서부영화 속 카우보이가 무릎 높이에서 손을 올려 허리에 찬 권총을 뽑는 장면을 담는 데 자주 사용되어 붙여진 이름이다.

인간의 움직임을 만들어내는 가장 자연스러운 방법으로 3차원 컴퓨터 애니메이션의 생성을 위해 가장 많이 사용되는 기술은?

08년 1회, 07년 3회, 05년 1·3회, 03년 3회

① 절차적 애니메이션(Procedural Animation)
② 키 프레임 애니메이션(Key-frame Animation)
③ 모션캡처(Motion Capture)
④ 역운동학(Inverse Kinematics)

| 정답 | ③

족집게 과외

1. 애니메이션 제작 기법

❶ 애니메틱스(Animatics)

스토리보드의 정지 이미지를 이용한 시안용 기법으로 스토리 릴(Story Reel)이라고도 불린다.

❷ 모션캡처(Motion Capture)

▶ 인간이나 동물의 몸에 센서(Tracker, 트래커) 또는 적외선 마커(IR Marker, 적외선을 쪼이면 발광하는 물질이 칠해진 마커)를 부착하여 움직임을 디지털로 기록한 후 캐릭터의 움직임과 연동시키는 기법이다.

▶ 인간이나 동물의 움직임을 만들어내는 가장 자연스러운 방법으로 움직임을 직접 캡처하여 3차원 컴퓨터 애니메이션의 생성을 위해 가장 많이 사용하는 기술이다.

　㉠ 자기방식 모션캡처(Magnetic Motion Capture)
　자기장을 사용하여 센서 또는 마커의 위치와 방향을 추적하는 방식으로 광학 모션캡처를 사용할 수 없는 상황에서 자주 사용한다.

　㉡ 관성 모션캡처(Inertial Motion Capture)
　IMU(관성 측정 장치) 센서를 부착하여 신체 부위의 방향과 움직임을 측정하는 방식이다.

　㉢ 깊이 감지 카메라(Depth Sensing Cameras)
　거리를 측정하는 적외선 카메라와 일반 카메라 두 대를 본체에 장착하여 피사체의 깊이 정보를 캡처하는 방식이다.

　㉣ 얼굴 모션캡처(Facial Motion Capture)
　얼굴에 마커를 배치하거나 마커리스(Markerless) 기술을 사용하여 표정과 움직임을 캡처한다.

　㉤ 광학방식 모션캡처(Optical Motion Capture)
　• 적외선 마커를 액터(Actor)의 관절에 부착하여 반사된 빛을 촬영한 후 3차원 공간상의 위치를 파악한다.
　• 모션캡처 방식 중 가장 정교하며 자기 방식에 비해 더 오랜 캡처 셋업 시간과 넓은 캡처 공간을 필요로 한다.

01 다음 중 스토리 릴(Story Reel)이라고도 불리며 스토리보드의 정지 이미지를 이용한 시안용 애니메이션 기법을 의미하는 것은? 09년 1회

① 피칭(Pitching)
② 시놉시스(Synopsis)
③ 콘티(Continuity)
④ 애니메틱스(Animatics)

02 3차원으로 구성된 캐릭터에 움직임을 부여하는 애니메이션 기법으로 인간의 몸에 센서를 부착하거나 적외선 등을 이용하여 인간의 움직임을 디지털로 기록하여 캐릭터의 움직임과 연동시키는 기법은? 19년 3회, 17년 1회, 10년 3회

① 키 프레임
② 스쿼시와 밴드
③ 모션캡처
④ 로토스코핑

03 애니메이션 모션캡처 기법에 대한 설명으로 옳지 않은 것은? 17년 3회

① 모션캡처는 인간의 움직임을 직접 캡처하여 움직임 정보를 3차원으로 저장한다.
② 자기(Magnetic) 방식의 모션캡처는 무선으로 컴퓨터에 연결되어 사용자의 행동이 자연스럽게 동작된다.
③ 모션캡처 방식은 자기방식, 광학방식 등이 있다.
④ 광학방식의 모션캡처는 자기(Magnetic) 방식에 비해 성능이 뛰어나다.

04 사람이 움직이는 동작을 데이터로 이용하기 위하여 인간이나 동물의 움직임을 디지털 코드화하는 기법은? 18년 2회, 13년 3회

① 프랙탈
② 모션캡처
③ 래디오시티
④ 모 핑

해설
프랙탈(Fractal)과 래디오시티(Radiosity)는 모델링(Modelling)의 종류 중 하나이다.

05 적외선을 쪼이면 발광하는 물질이 칠해진 마커를 액터의 관절 부위에 부착하여 반사된 빛을 비디오카메라로 촬영한 후, 3차원 공간상에서의 위치를 파악하는 모션캡처 방식은? 20년 3회

① 광학식 방식
② 기계식 방식
③ 자기식 방식
④ 전자식 방식

06 모션캡처(Motion Capture)는 크게 광학(Optical) 방식과 자기(Magnetic)방식으로 구분된다. 다음 중 광학방식의 특징이 아닌 것은? 17년 2회

① 자기방식에 비해 모션캡처 시 넓은 캡처 공간을 필요로 한다.
② 철 등의 물체에 영향을 받아 신호가 왜곡될 수 있어 실험실 환경에 주의를 기울여야 한다.
③ 자기방식에 비해 더 오랜 캡처 셋업 시간이 필요하다.
④ 적외선 마커를 액터의 관절에 부착 촬영한 후 공간상의 위치를 파악한다.

다음 중 컴퓨터 애니메이션의 특수효과에 해당하지 않는 것은? 　　　　　18년 1회

① 모핑(Morphing)
② 로토스코핑(Rotoscoping)
③ 입자 시스템(Particle System)
④ 벡터 애니메이션(Vector-Based Animation)

┃정답┃ ④

족집게 과외

1. 애니메이션의 특수효과

❶ 트위닝(Tweening)

인비트위닝(Inbetweening, 동화작용)의 줄임말로 키
프레임을 이동하는 사이에서 움직임이나 변형의 종류
를 채우면서 애니메이션을 만드는 기법이다.

❷ 로토스코핑(Rotoscoping)

▶ 실제 장면을 촬영한 영상을 배경으로 애니메이션
모델 이미지를 합성하는 기법으로 사실적인 액션
을 생성하기 위해 사용한다.

▶ 실제 액션 장면의 정지 프레임들을 수동 또는 자동
으로 추적하여 동작을 캡처(Capture)한다.

❸ 모션블러(Motion Blur)

▶ 카메라 앞에서 너무 빨리 움직이는 물체가 흐리게
보이는 현상으로 현실감 있는 애니메이션 동작을
위해 움직임에 흐릿한 잔상을 표현하는 기법이다.

▶ 자동 기능이 아닌 제작자가 추가해야 하는 기능으
로 줄무늬의 번짐 효과로 나타난다.

❹ 모핑(Morphing)

▶ 2개의 서로 다른 이미지나 3차원 모델 사이에서
점진적으로 변화해 가는 모습을 보여주는 기법이다.

▶ 어떤 사물의 형상을 전혀 다른 형상으로 점차 변형
시킨다.

❺ 입자 시스템(Particle System, 미립자 시스템)

비, 불, 연기, 폭발 등의 자연현상을 제작할 때 사용
하는 기법이다.

01 애니메이션 제작 용어에 대한 설명으로 틀린 것은? 20년 1 · 2회

① 트위닝(Tweening) : 키 프레임 사이에서 움직임이나 변형의 종류를 채우면서 애니메이션을 만드는 것

② 모핑(Morphing) : 2차원에서만 사용되는 기법으로 사물의 형상이 다른 형상으로 서서히 변하는 모습을 보여주는 과정

③ 로토스코핑(Rotoscoping) : 실제 장면을 촬영한 동영상과 애니메이션 이미지를 합성하는 기법

④ 입자 시스템(Particle System) : 비, 불, 연기, 폭발 등의 특수 효과를 내기 위해 사용하는 기법

02 실사 촬영한 영상 시퀀스를 배경으로 하여 그 위에 컴퓨터에서 만들어진 모델을 정렬시켜 애니메이션 동작을 얻어내는 것은? 21년 3회, 11년 3회

① 리깅(Rigging)

② 로토스코핑(Rotoscoping)

③ 인 비트윈(In Between)

④ 플레이 백(Play back)

03 현실감 있는 애니메이션 동작을 위하여 움직임에 흐릿한 잔상을 표현하는 기법은? 18년 1회

① 모션 블러(Motion Blur)

② 모션 매스(Motion Math)

③ 모션 트래킹(Motion Tracking)

④ 모션 트위닝(Motion Tweening)

04 모션블러(Motion-Blur)에 대한 설명으로 틀린 것은? 20년 3회, 17년 3회

① 카메라 앞에서 너무 빨리 움직이는 물체가 흐리게 보이는 현상이다.

② 이 현상은 물체의 속도가 빨라지고 대상물이 카메라에 가까워짐에 따라 감소한다.

③ 컴퓨터 그래픽에서 고속으로 운동하고 있는 물체를 표현하는 방법 중 하나이다.

④ 이 현상은 컴퓨터 애니메이션에서는 자동적으로 일어나지 않으며 제작자가 추가해야 한다.

05 2개의 서로 다른 이미지나 3차원 모델 사이에서 점진적으로 변화해 가는 모습을 보여주는 애니메이션 기법은? 18년 3회, 18년 1회, 09년 3회, 06년 1회

① 로토스코핑

② 모 핑

③ 모션캡처

④ 미립자 시스템

06 비, 불, 연기, 폭발 등의 자연현상을 애니메이션으로 제작할 때 유용하게 사용되는 기법은? 22년 1회, 19년 3회, 17년 3회, 14년 1회, 12년 1회, 07년 1회, 06년 1 · 3회, 05년 1 · 3회, 02년 12월

① 로토스코핑(Rotoscoping)

② 모핑(Morphing)

③ 역운동학(Inverse Kinematics)

④ 입자 시스템(Particle System)

05 그래픽 콘텐츠 제작

01 컴퓨터그래픽스

기출유형 01 ▶ 컴퓨터그래픽스 개요

컴퓨터그래픽스(Computer Graphics)에 대해 설명한 내용 중 틀린 것은?　　　17년 3회

① 영상화의 단계에서 컴퓨터를 사용하여 그림이나 화상 등의 그림 데이터를 생성하고 조작하고 출력하는 모든 기술을 말한다.
② 컴퓨터그래픽 기술이 개발되기 시작한 것은 1950년대 초로 비교적 역사가 짧다.
③ 손이나 다른 도구를 사용하던 종래의 작업 방식에 비해 합리적이다.
④ 컴퓨터그래픽은 일반적으로 2D, 3D, 4D로 구분되며, 4D는 3차원 공간에 시간 축을 더한 것으로 시간예술이라 할 수 있다.

|정답|②

한 줄 요약

컴퓨터그래픽스(Computer Graphics)는 1960년대부터 시작된 기술로 컴퓨터를 사용하여 이미지, 영상, 도형, 애니메이션 등의 시각적인 콘텐츠를 생성, 편집, 조작, 출력하는 분야이다.

족집게 과외

1. 컴퓨터그래픽스의 분류

❶ 2D(2차원) 그래픽스

컴퓨터를 사용하여 평면적인 2D 그림, 이미지, 도형 등을 생성하고 편집하는 기술로 그래픽 디자인에 사용한다.

❷ 3D(3차원) 그래픽스

공간을 가진 3D 모델을 생성하고 표현하는 기술로 영화, 게임, 가상 현실(VR), 산업 디자인 등 다양한 분야에서 사용한다.

❸ 4D(4차원) 그래픽스

3D 그래픽스에 시간 축을 더한 기술로 4D 애니메이션, 시뮬레이션(Simulation), 가상 현실(VR) 등 다양한 분야에서 사용한다.

2. 그래픽 분석 도구

❶ Luminance(루미넌스, 밝기)

▶ 색상이 가지고 있는 명암을 파악하고 밝기 조절 및 대비 조정 등의 영상 처리에 사용한다.
▶ 색상 정보를 무시하고 각 픽셀의 밝기 값을 분석하여 밝기 정보만을 나타낸다.
▶ 일반적으로 0부터 255까지의 정수값으로 표현되며, 0은 완전한 검은색이고 255는 완전한 흰색이다.

❷ Contrast(콘트라스트, 대비)

▶ 화면에서 가장 어두운 부분과 가장 밝은 부분 사이의 밝기 강도차를 나타낸다.
▶ 높은 콘트라스트는 이미지를 시각적으로 두드러지게 만들 수 있고, 낮은 콘트라스트는 부드럽고 차분한 느낌을 준다.

❸ Histogram(히스토그램, 도수분포표그래프)
- ▶ 이미지나 영상의 명암값들의 분포를 나타낸 그래프이다.
- ▶ 각 화소(픽셀)의 명암값 분포를 분석하여 이미지의 대비와 밝기 조절을 위해 사용한다.
- ▶ 각 명암값에 대한 화소(픽셀)의 개수를 직사각형의 그래프로 표시한다.

❹ Chrominance(크로미넌스)
- ▶ 이미지나 영상에서 화면의 색상 정보를 추출하고 표현한다.
- ▶ 색상(Hue)과 채도(Saturation) 정보를 통해 색상 특성을 파악한다.

❺ Color Temperature(컬러 템퍼쳐, 색온도)
- ▶ 빛(광원)이나 색상의 따뜻함과 차가움 정도를 표현하는 척도로 켈빈(K, Kelvin) 단위를 사용한다.
  - ㉠ 높은 색온도(High Color Temperature) : 높은 색온도는 빛이나 색상이 차가워 보이는 상태로 파란빛 성분이 강하다.
  - ㉡ 낮은 색온도(Low Color Temperature) : 낮은 색온도는 빛이나 색상이 따뜻하게 보이는 상태로 빨간빛 성분이 강하다.

01 색의 3요소에서 색이 갖고 있는 밝기를 나타내는 것은?

18년 2회, 14년 2회

① Tone
② Hue
③ Luminance
④ Saturation

02 화면에서 검은 부분과 흰 부분 사이의 강도차를 의미하는 것은?

17년 1회

① 해상도
② 화 질
③ 색 도
④ 대 비

03 명암과 색조 등의 대비를 이용하여 의미를 강조하는 효과를 말하며 주로 중심 피사체를 가장 밝은 곳에 위치하게 하여 관심을 집중시키는 것은?

14년 2회

① 콘트라스트
② 심 도
③ 여 백
④ 방 향

04 다음 중 영상에 존재하는 명암값들의 분포를 파악하기 위한 도구로 각 명암값에 대한 화소의 개수를 표시한 그래프는?

13년 3회, 10년 1회

① Alpha Channel
② Frewuence diagram
③ Histogram
④ Clamping

05 화면의 색 정보를 포함하는 신호는?

14년 2회

① 휘 도
② 콘트라스트
③ 크로마키
④ 크로미넌스

06 색온도(Color Temperature)에 대한 설명으로 거리가 먼 것은?

15년 3회

① 표시단위로 K(Kelvin)를 사용한다.
② 광원의 종류에 따라 색온도가 다르다.
③ 색온도가 낮으면 푸른색, 색온도가 높으면 붉은색을 띄게 된다.
④ 절대온도인 273℃와 그 흑체의 섭씨온도를 합친 색광의 절대온도이다.

해설
색온도는 색광의 절대온도로 표시한다.
• 색광의 절대온도(K) = 흑체의 섭씨온도 + 섭씨온도
• 절대온도 0K(0켈빈) = 섭씨 273℃
• 흑체(Black body) : 모든 파장의 전기파를 완전히 흡수하고 모든 파장으로 방출하는 물체를 말한다.
• 섭씨온도(Celsius temperature) : 섭씨온도는 물의 녹는점을 0℃, 끓는점을 100℃로 정한 온도이다.

컬러모델(Color Model)에 대한 설명으로 틀린 것은?   18년 2회

① 컬러모델은 특정 상황 안에서 컬러의 특징을 설명하기 위한 방법이다.
② 컬러의 특성을 표현하기 위하여 한 종류의 컬러모델을 정의하여 사용한다.
③ 컬러모델의 종류에는 RGB, CMY, HSV 모델 등이 있다.
④ 실제로 적용할 때는 CMY보다는 CMYK 모델을 더 사용한다.

| 정답 | ②

한 줄 요약

컴퓨터 컬러모델은 컴퓨터에서 색상을 표현하고 처리하는 방법을 나타내는 모델이다.

족집게 과외

1. 컴퓨터 컬러모델의 종류

❶ **RGB(Red, Green, Blue) 모델**
  ▶ 빛의 삼원색인 빨강(Red), 초록(Green), 파랑(Blue)을 조합하여 가산혼합 방식으로 색을 표현한다.
  ▶ 빛의 3원색을 모두 혼합하면 흰색(White)이 된다.
  ▶ TV나 컴퓨터 모니터 등에서 사용한다.

❷ **CMY(Cyan, Magenta, Yellow) 모델**
  ▶ 색료의 삼원색인 시안(Cyan), 마젠타(Magenta), 노랑(Yellow)을 조합하여 감산혼합 방식으로 색을 표현한다.
  ▶ 색료의 3원색을 모두 혼합하면 검은색(Black)이 된다.
  ▶ 디지털 이미지를 인쇄하거나 출판물을 제작할 때 사용한다.

❸ **True Color(트루컬러, 24비트 컬러)**
  모니터와 디스플레이가 지원하는 표준 컬러모델로 컴퓨터 그래픽스에서 흔히 사용하는 컬러 표현 방식이다. 3개의 색상 채널인 빨강(Red), 초록(Green), 파랑(Blue)을 사용하여 모든 색상을 표현하며 각 색상 채널은 8비트를 사용하므로 8비트 × 3채널 = 24비트가 되어 24비트 컬러라고도 불린다.

❹ **HSB(Hue, Saturation, Brightness) 모델**
  인간의 시각과 흡사한 컬러모델로 색상(Hue), 채도(Saturation), 명도(Brightness)를 변환하여 사용한다.

❺ **HSL(Hue, Saturation, Lightness) 모델**
  색상(Hue), 채도(Saturation), 명도(Lightness) 세 가지 요소로 나타낸다.

❻ **HSV(Hue, Saturation, Value) 모델**
  색상(Hue), 채도(Saturation), 명도(Value) 세 가지 요소로 나타낸다.

01 RGB 컬러모델에 대한 설명 중 가장 거리가 먼 것은? 10년 1회, 06년 1회

① RGB 컬러모델은 컬러프린터나 인쇄 등에 유용하게 쓰인다.
② 빛의 삼원색(Red, Green, Blue)이 기본색이 되는 컬러모델이다.
③ 기본색을 더하여 새로운 컬러를 만들어내므로 가산 모델이라고도 한다.
④ 여러 색의 빛을 더하면 흰색이 되는 빛의 성질을 이용한다.

02 빛의 3원색(R, G, B)을 같은 양으로 합치면 만들어지는 색은? 17년 3회, 13년 1회

① Black
② Red
③ Green
④ White

03 다음 컬러모델 중 빛의 삼원색을 이용하여 색을 표현하며 TV나 컴퓨터 모니터 등에서 많이 사용되는 것은? 17년 2회

① CMY
② YUV
③ YIQ
④ RGB

04 빛의 특성을 이용하여 CRT 모니터 등에서 많이 사용하는 컬러모델은? 10년 3회

① CMY
② YUV
③ YIQ
④ RGB

05 다음 중 일반적인 트루컬러(True Color)의 비트 수는? 13년 1회

① 4Bit
② 8Bit
③ 16Bit
④ 24Bit

06 다음 중 512×480픽셀로 구성된 24비트 컬러이미지 데이터의 크기로 가장 적절한 것은? 09년 1회

① 738Byte
② 7.38Kbyte
③ 738Kbyte
④ 7.38Mbyte

해설

컬러이미지 데이터 크기 계산 공식 = 가로 픽셀 × 세로 픽셀 × 픽셀당 Byte 수

- 24비트 컬러 이미지(True color)는 한 픽셀당 각각 8Bit씩 R(빨강), G(초록), B(파랑) 3개의 색상 채널을 가지며 24Bit는 3Byte를 나타낸다.
- 8Bit = 1Byte, 24Bit = 3Byte
- 512(가로 픽셀) × 480(세로 픽셀) × 3(픽셀당 Byte 수) = 737,280Byte
- 1Kbyte = 1,024Byte이므로 737,280 ÷ 1,024 = 720Kbyte

※ 일부 시스템에서는 1KB를 1,024Byte 대신 1,000Byte로 간주할 수 있다. 문제에서는 737,280Byte와 가장 근사한 값인 738Kbyte를 정답으로 하였다. 이러한 근사 방식은 간편한 표기를 위해 사용되는 일반적인 관행이며 대부분 상황에서는 큰 차이를 발생시키지 않는다.

이미지 필터링에 대한 내용으로 틀린 것은?   20년 1 · 2회

① 필터링이란 기본 이미지에 임의의 변환을 가하여 특수한 효과를 얻는 것을 말한다.

② 필터링을 사용하면 잡음이나 왜곡으로 인해 변형된 이미지를 원래의 품질로 복원시킬 수도 있다.

③ 윤곽선 추출 필터를 적용하면 주위의 픽셀 값과 섞여서 잡음이 감소되는 효과를 볼 수 있다.

④ 평균값 필터는 이미지의 각 픽셀에서 일정한 주위의 픽셀 값을 평균치를 구하며 현재 픽셀 값을 대체시키는 필터이다.

| 정답 | ③

한 줄 요약

• 그래픽 필터링(Filtering)은 디지털 이미지나 영상에 적용되는 변환 기술로 기본 이미지에 임의의 변환을 가하여 특수한 효과를 얻는 것을 말한다.

• 필터링을 사용하면 이미지나 영상의 특정 특징이나 성질을 강화하거나 약화시킬 수 있으며 잡음이나 왜곡으로 인해 변형된 이미지를 원래의 품질로 복원시킬 수도 있다.

족집게 과외

1. 그래픽 필터의 종류

❶ 앤티앨리어싱(Anti Aliasing)

이미지의 물체 경계면에서 발생하는 계단현상(Aliasing)을 완화하거나 제거하기 위해 물체의 색상과 배경의 색상을 혼합하여 부드럽게 보이도록 하는 기술이다.

❷ 엠보스(Emboss)

이미지의 경계 부분을 볼록하게 양각과 음각 효과를 만들어 3차원적인 입체를 만드는 필터이다.

❸ 샤프닝(Sharpening)

이미지의 선명도를 높여주는 필터이다.

❹ 크리스프닝(Crispening)

영상을 날카롭게 만드는 필터로 영상 내의 엣지(Edge) 부분을 강조하여 영상을 더욱 선명한 느낌으로 만든다.

❺ 블러링(Blurring)

▶ 이미지의 세부 정보를 줄여서 부드러운 효과를 만드는 필터이다.

▶ 픽셀 값을 평균화하거나, 물체 경계선에 나타나는 계단현상의 특정 영역 픽셀 값을 흐리게 만들어 주변과의 경계를 부드럽게 완화한다.

▶ 2D의 가우시안 블러(Gaussian Blur), 미디안 블러(Median Blur), 3D의 모션 블러(Motion Blur) 등이 있다.

❻ 디스토트(Distort)

원래의 형태나 모양을 일부러 바꾸거나 비틀어 왜곡시키는 필터이다.

❼ 스케치(Sketch)

이미지를 스케치 또는 손으로 그린 듯한 느낌으로 변환하는 필터이다.

❽ 고주파 필터링(Highpass Filtering)

이미지의 고주파 정보를 보존하고 저주파 정보를 제거하여 이미지의 선명도를 높이는 필터이다.

01 이미지는 픽셀 단위로 작업이 처리되므로 경계선이 계단 모양으로 부자연스럽게 나타난다. 이것을 처리하기 위해 물체의 색과 바탕면 색의 중간 값을 정하여 표현하여 보다 자연스러운 이미지로 만들어 주는 기법을 무엇이라 하는가?

09년 3회

① 디어링
② 앨리어싱
③ 안티앨리어싱
④ 플래싱

03 다음 중 이미지의 경계 부분을 양각과 음각 효과를 만들어 3차원적인 입체 효과를 만드는 필터 기능은?

19년 3회, 13년 1회

① Distort
② Sharpen
③ Emboss
④ Sketch

02 물체 경계면의 픽셀을 물체의 색상과 배경의 색상을 혼합해서 표현하여 경계면이 부드럽게 보이도록 하는 기법은?

20년 3회, 17년 2회, 08년 3회, 07년 3회, 05년 1회, 02년 12월

① 투영(Projection)
② 디더링(Dithering)
③ 모델링(Modeling)
④ 앤티앨리어싱(Antialiasing)

04 래스터(Raster) 출력 장치에서 생성한 직선이나 그림은 출력 장치가 갖는 해상도의 한계로 인하여 물체 경계선에서 계단현상이 나타나게 되는데, 이러한 경계선을 부드럽게 보이도록 하기 위한 처리방법은?

21년 1회, 17년 1회, 05년 3회

① 샤프닝(Sharpening)
② 크리스프닝(Crispning)
③ 고주파 필터링(Highpass Filtering)
④ 블러링(Blurring)

시간축 방식(Time-line) 저작도구에 대해 가장 올바르게 설명한 것은? 08년 3회, 05년 3회

① 텍스트가 중심이 되는 경우에 적절하다.
② 하나의 연속된 장면의 경우 미디어 정보를 시간축에 따라 배치한다.
③ 프로그램의 흐름을 플로차트 형태의 창으로 보여준다.
④ 모든 정보를 카드 단위로 표시하여 여러 개의 카드 묶음은 스택(Stack)으로 정의된다.

|정답| ②

족집게 과외

1. 저작 방식에 따른 분류

❶ 프로그램 방식(Programmatic Approach)
▶ 컴퓨터 그래픽스를 제작하는 과정에서 프로그래밍 언어를 사용하여 그래픽 요소를 직접 생성하고 조작하는 방식이다.
▶ 주로 그래픽 라이브러리나 그래픽 API를 이용하여 그래픽 요소를 생성하고 그린다.

❷ 흐름도 방식(Flowchart Approach)

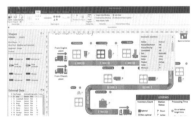

〈흐름도 방식 소프트웨어 'Microsoft Visio'의 인터페이스〉

▶ 그래픽 디자인 작업을 위해 흐름도를 사용하는 방식으로 각 아이콘에 파라미터를 지정하여 내용을 추가해 나간다.
▶ 스크립트언어를 사용하지 않고도 타이틀을 쉽게 만들 수 있어 슬라이드쇼나 프레젠테이션 등을 목적으로 하는 타이틀의 제작에 적합하다.

❸ 책 방식(Book Approach)
그래픽 디자인 작업을 페이지 또는 슬라이드 형태로 구성하는 방식이다.

❹ 시간축(Time-line) 방식
▶ 애니메이션과 모션 그래픽을 만드는 데 사용되는 방식이다.
▶ 시간에 따라 변하는 그래픽 요소(미디어 정보)를 시간축에 따라 배치하고 각 프레임마다 변화를 설정하여 움직이는 이미지나 영상을 만든다.

2. 사용 분야에 따른 분류

❶ 2D 그래픽 소프트웨어
㉠ 이미지 편집 : Adobe Photoshop(포토샵)
㉡ 벡터(Vector) 그래픽 디자인 : CorelDRAW(코렐드로우), Adobe Illustrator(일러스트레이터), Fireworks(파이어웍스)
㉢ 애니메이션 : Adobe Animate(애니메이터)

❷ 3D 그래픽 소프트웨어
Alias, Light Wave, Blender, Maya, 3D Studio Max, Cinema 4D, SoftImage 3D

❸ 영상 편집
Final Cut Pro(파이널 컷 프로), Adobe After Effects(애프터이펙트), Adobe Premiere Pro(프리미어 프로)

3. 그래픽 태블릿

그래픽 태블릿(Graphic Tablet)은 그래픽 드로잉과 디자인을 위해 사용되는 디지털 입력 장치이다.

❶ 평판 태블릿(Flatbed Tablet)

일반적인 태블릿으로 사각형의 평면 작업 영역을 제공한다.

❷ 터치 스크린 태블릿(Touch Screen Tablet)

터치 스크린을 갖춘 태블릿으로 손가락으로 그림을 그릴 수 있다.

❸ 마우스(Mouse)

커서를 움직이고 클릭하여 사용하는 디지털 입력 장치이다.

❹ 스타일러스(Stylus)

펜 모양을 가진 디지털 입력 장치로 무선 타입과 유선 타입이 있다.

01 멀티미디어 저작 도구의 저작 방식에 따른 분류 중 흐름도 방식의 설명으로 옳지 않은 것은?

04년 3회

① 스크립트언어를 사용하지 않고도 타이틀을 쉽게 만들 수 있다.
② 다양한 제어구조로 인해 하이퍼미디어 형태의 타이틀 저작에 적합하다.
③ 각 아이콘에 파라미터를 지정하여 내용을 추가해 나가는 방식이다.
④ 슬라이드쇼나 프레젠테이션 등을 목적으로 하는 타이틀의 제작에 적합하다.

02 멀티미디어 툴북에 관한 설명 중 가장 거리가 먼 것은?

10년 1회

① Asymetrix사에서 내놓은 멀티미디어 저작 도구이다.
② 책 방식의 메타포를 사용한다.
③ 아이콘에 기반한 흐름도 방식의 메타포를 사용하는 대표적인 저작 도구이다.
④ OpenScript라는 스크립트 언어를 사용한다.

> **해설**
> 툴북(Toolbook)은 미국의 소프트웨어 회사 Asymetrix(아시메트릭)사에서 책 방식으로 개발한 소프트웨어로 1990년대에 주로 사용했다.

03 벡터(Vector) 기반 드로잉 소프트웨어로만 나열된 것은?

20년 1·2회

① 파이널 컷 프로, 코렐드로우
② 파이어웍스, 포토샵
③ 파이어웍스, 프리미어
④ 코렐드로우, 일러스트레이터

04 다음 중 3차원 그래픽 편집 소프트웨어가 아닌 것은?

03년 3회

① Adobe Photoshop
② 3D Studio MAX
③ SoftImage 3D
④ MAYA

05 다음 중 3D 그래픽 편집 도구가 아닌 것은?

19년 1회

① Freehand
② Alias
③ Light Wave
④ Maya

> **해설**
> ① Freehand(프리핸드)는 미국의 소프트웨어 회사 Macromedia(마크로미디어)사에서 개발한 벡터 그래픽 소프트웨어로 현재는 서비스가 중단되었다.
> ② Alias(앨리어스)는 미국의 소프트웨어 회사 Autodesk(오토데스크)사에서 개발한 3D 그래픽 소프트웨어로 자동차 디자인, 산업 디자인, 제품 디자인 등에 사용한다.
> ③ Light Wave(라이트웨이브)는 미국의 소프트웨어 회사 NewTek(뉴텍)사에서 개발한 3D 애니메이션 소프트웨어이다.
> ④ Maya(마야)는 미국의 소프트웨어 회사 Autodesk(오토데스크)사에서 개발한 3D 컴퓨터그래픽 소프트웨어로 영화, 애니메이션, 비디오 게임, TV쇼 등에 사용한다.

06 그래픽 태블릿(Graphic Tablet)의 설명으로 옳은 것은?

21년 3회, 17년 2회

① 손으로 쓴 글씨 입력에는 불편한 점이 있다.
② 정확한 위치정보의 입력이 불가능하다.
③ 섬세한 그림 제작에 불편한 점이 있다.
④ 평판 태블릿, 마우스와 스타일러스로 구성된다.

기출유형 01 ▶ 3D 그래픽스 개요

카르테시안 공간(Cartesian Space)에 대한 설명으로 거리가 가장 먼 것은?   14년 3회, 11년 3회

① 컴퓨터의 가상공간
② X=0, Y=0, Z=0
③ 직교좌표계
④ 삼차원 유클리드 공간의 면에 대한 좌표

| 정답 | ④

한 줄 요약

• 3D 그래픽스는 일반적인 2D 그래픽스와 달리 깊이(Depth) 정보가 포함된 3차원 공간을 기반으로 한 그래픽이다.
• 2D 그래픽스는 가로와 세로의 두 차원으로만 구성되어 있는 평면 정보만을 담고 있지만 3차원 영상은 가로, 세로와 깊이(높이)까지 포함하여 공간정보를 만든다.

족집게 과외

1. 카르테시안 공간

▶ 카르테시안 공간은 데카르트 좌표계(Cartesian Coordinate System, 직교좌표계)를 사용하여 나타내는 컴퓨터의 3차원 가상공간을 말한다.

▶ 데카르트 좌표계는 프랑스의 수학자 르네 데카르트(René Descartes)에 의해 개발되었으며 폭(수평 방향)을 X축, 높이(수직 방향)를 Y축, 깊이를 Z축으로 하여 좌표계의 원점을 (0, 0, 0)으로 정의한다.

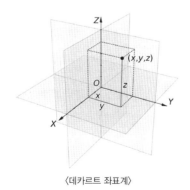

〈데카르트 좌표계〉

2. 3D의 오브젝트의 단위

3D Object(오브젝트, 물체)는 3차원 공간에서 존재하는 물체나 3D 모델을 말한다.

❶ Voxel(복셀, 정점)
  ▶ 3D 공간상의 점으로 3차원 입체를 표현하기 위한 가장 기본적인 단위이다.
  ▶ x, y, z좌표로 표현한다.

❷ Edge(엣지, 선분)
  ▶ 두 개의 정점을 연결하는 선이다.
  ▶ 정점을 이어서 선분들의 집합을 만든다.

❸ Face(페이스, 면)
  3개 이상의 선분으로 이루어진 평면 도형이다.

❹ Polygon(폴리곤, 다각형)
  ▶ 평면 다각형들의 집합으로 이루어진 면을 구성하는 최소 단위이다.
  ▶ Poly(폴리)로 줄여서 부르기도 한다.

❺ Mesh(메시)

Polygon들의 집합으로 구성된 3D 모델이다.

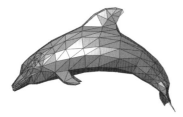

〈돌고래 모양의 폴리곤 메시〉

3. 3차원 그래픽 생성 과정

❶ 모델링(Modeling)

3차원 좌표계를 사용하여 객체의 형상과 구조를 설계
하고 물체의 모양을 표현하는 과정이다.

❷ 투영(Projection)

모델링된 3차원 모델을 2차원 화면에 표시하기 위해
3차원의 직교좌표를 2차원의 UV좌표로 변환하는 과
정이다.

더 알아보기

※ 3D 모델의 각 점은 UV좌표계상의 특정한(U, V) 좌
표로 표시되며 U는 수평 방향, V는 수직 방향을
가리킨다.

❸ 렌더링(Rendering)

3D 모델을 보다 사실적으로 묘사하기 위하여 색감이
나 질감, 그림자, 빛의 반사 및 굴절 효과 등을 부여
하는 과정이다.

01 컴퓨터그래픽에서 3차원 입체를 표현하기 위한 기본적인 단위는?
15년 3회, 12년 3회

① Pixel
② Voxel
③ Texel
④ Dot

02 3차원 컴퓨터그래픽에서 면을 구성하는 최소 단위로 다각형을 의미하는 것은?
18년 3회, 16년 1회, 12년 3회

① Vertex
② Polygon
③ Edge
④ Object

03 3D 오브젝트를 변형하기 위한 단위가 아닌 것은?
17년 1회, 14년 3회

① Vertex
② Edge
③ Polygon
④ Spline

04 메시(Mesh)와 폴리(Poly)에 대한 설명으로 옳은 것은?
21년 1회, 14년 3회

① 폴리(Poly)의 편집 구성요소는 면으로만 구성된다.
② 폴리(Poly)에서 면은 사각형으로만 만들어낼 수 있다.
③ 메시(Mesh)는 점을 선택할 수 없다.
④ 메시(Mesh)에서 면의 최소 기본단위는 삼각형이다.

05 다음 중 3차원 그래픽 생성 과정으로 올바른 것은?
18년 1회, 09년 1회

① 투영 → 모델링 → 렌더링
② 렌더링 → 모델링 → 투영
③ 모델링 → 투영 → 렌더링
④ 모델링 → 렌더링 → 투영

06 3차원 그래픽스의 생성 과정 중 모델링에 관한 설명으로 틀린 것은?
21년 1회, 17년 2회, 05년 1회

① 3차원 스캔에 의한 모델링은 현재 기술적으로 실현 불가능하다.
② 와이어프레임 모델은 물체의 형태를 표현한 모델이다.
③ 모델링이란 3차원 좌표계를 사용하여 컴퓨터로 물체의 모양을 표현하는 과정을 말한다.
④ 다각형 표현 모델은 다각형 면을 이용하여 3차원 모델을 표현한다.

> **해설**
> ① 3D 스캔 모델링 기술은 제조업, 의료, 예술, 엔터테인먼트, 건설 및 다양한 분야에서 활용되고 있다.
> 예 • 의학 분야의 CT 스캔
> • 유적지를 레이저 스캐닝(Laser Scanning)하여 디지털화

3차원 입체를 제작하기 위하여 2차원 도형을 어느 직선방향으로 이동시키거나 또는 어느 회전축을 중심으로 회전시켜 입체를 생성하는 기능은?

21년 1회, 12년 1회, 10년 3회

① 스위핑(Sweeping)
② 라운딩(Rounding)
③ 프리미티브(Primitive)
④ 타이포그래피(Typography)

|정답|①

족집게 과외

1. 솔리드 모델링(Solid Modeling)의 개념

솔리드 모델링은 객체의 표면만을 정확하게 표현하는 서피스 모델링과는 달리 3차원 물체의 표면과 내부구조를 정확하게 표현하는 기법으로 실제 물리적 성질을 계산하기 위해 많이 사용한다.

❶ 표현력이 크고 응용범위가 넓어 다양한 분야에서 활용되고 있으며 주로 CAD(Computer Aided Design) 소프트웨어에서 많이 사용한다.

❷ 기본 객체(3차원 프리미티브)들에 집합연산을 적용시켜 만든다.

❸ 솔리드 모델링의 기본 객체(3차원 프리미티브)
정육면체(Cube), 구(Sphere), 원뿔(Cone), 원통(Cylinder), 타원(Ellipse), 관(Tube), 평면(Plane) 등

더 알아보기

3차원 프리미티브(3D Primitive)는 가장 기본적이고 간단한 형태의 기본 도형을 말한다.

2. 솔리드 모델링의 종류

❶ 스위핑(Sweeping) 모델링

2D 프로파일의 경로를 따라 이동하면서 3D 객체를 만드는 기법이다.

더 알아보기

• 프로파일(Profile)은 3D 객체를 만들기 위한 기본 형태를 나타내는 2D 도형이다.
• 경로(Path)는 프로파일이 이동하는 곡선 또는 선이다.

〈스위핑 모델링의 종류〉
㉠ 사출법(Extrusion)
　프로파일을 3D 공간으로 끌어와 객체의 높이를 만드는 기법이다.
　• 사각형 사출법(Rectangular Extrusion) : 사각형 모양의 2D 프로파일을 사용하여 직사각형 기둥을 만든다.
　• 원형 사출법(Circular Extrusion) : 원 모양의 2D 프로파일을 사용하여 원통을 만든다.
　• 경사 사출법(Tapered Extrusion) : 사각형 또는 다각형 모양의 2D 프로파일을 사용하여 높이가 점점 줄어드는 기둥을 만든다.
㉡ 회전법(Lathing), 선반(Lathe)
　2D 프로파일을 중심축 주위로 회전시켜 3D 객체를 만드는 기법이다.
　• 원형 회전법(Circular Lathing) : 원형 모양의 2D 프로파일을 중심축 주위로 회전하여 원기둥을 만든다.

- 원뿔 회전법(Conical Lathing) : 원형 모양의 2D 프로파일을 중심축 주위로 회전하여 원뿔을 만든다.
- 그릇 회전법(Bowl Lathing) : 원형 모양의 2D 프로파일을 중심축 주위로 회전하여 그릇 모양을 만든다.

ⓒ 로프팅(Lofting)

두 개 이상의 프로파일을 사용하여 연속적인 곡면을 만드는 기법이다.

- 직선 로프팅 (Linear Lofting) : 두 개 이상의 직선 모양의 2D 프로파일을 사용하여 직선으로 이어진 곡면을 만든다.
- 곡선 로프팅(Curved Lofting) : 두 개 이상의 곡선 모양의 2D 프로파일을 사용하여 부드러운 곡면을 만든다.
- 다각형 로프팅(Polygonal Lofting) : 두 개 이상의 다각형 모양의 2D 프로파일을 사용하여 다각형 형태의 곡면을 만든다.

❷ 바운더리(Boundary) 모델링

객체의 표면을 면(Face), 선분(Edge), 정점(Vertex)으로 구성하여 객체를 표현하는 방식이다.

01 물체의 표면만 정의되는 서피스 모델링과 달리 표면과 객체의 내부도 정의되어 있는 모델로서 객체의 물리적인 성질까지 계산할 수 있는 모델링은?　　　　　15년 3회, 11년 1회

① 프랙탈(Fractal) 모델링
② 와이어프레임(Wire Frame) 모델링
③ 스플라인(Spline) 모델링
④ 솔리드(Solid) 모델링

02 3차원 입체형상 모델링을 위한 솔리드 모델에 대한 설명으로 옳지 않은 것은?
　　　　　14년 3회, 10년 3회

① 데이터 구조가 복잡하다.
② 물리적 성질을 계산할 수 있다.
③ 표현력이 크고, 응용범위가 넓다.
④ 단면도 작성이 불가능하다.

03 육면체나 원기둥, 원뿔 등과 같은 기본 객체들에 집합연산을 적용시켜 만드는 3차원 모델링 방법은?　　　　　17년 3회, 14년 2회

① 와이어프레임 모델링(Wire Frame Modeling)
② B-스플라인 모델링(B-Spline Modeling)
③ 솔리드 모델링(Solid Modeling)
④ 스캔라인(Scan Line)

04 3차원 물체를 외부형상뿐만 아니라 내부구조의 정보까지도 표현하여 물리적 성질 등의 계산까지 가능한 모델은?　　　　　13년 3회

① 서피스 모델
② 와이어프레임 모델
③ 솔리드 모델
④ 엔티티 모델

05 솔리드 모델링의 기본요소 중 3차원 프리미티브에 해당되지 않는 것은?　　　　　16년 2회

① 구(Sphere)
② 관(Tube)
③ 원통(Cylinder)
④ 선(Line)

06 3차원 모델링 방법 중 스위핑(Sweeping) 기법에 속하지 않는 것은?
　　　　　17년 3회, 14년 1회, 10년 1회

① 사출(Extrusion)
② 패치(Patch)
③ 회전(Revolve)
④ 선반(Lathe)

3차원 애니메이션의 모델링 중에서 물체의 골격만을 표현한 방법은? 21년 3회

① 와이어프레임 모델링(Wireframe Modeling)
② 솔리드 모델링(Solid Modeling)
③ 쉐이딩 모델링(Shading Modeling)
④ 텍스처 매핑 모델링(Texture Mapping Modeling)

| 정답 | ①

족집게 과외

1. 와이어프레임 모델링, 서피스 모델링

❶ 와이어프레임(Wire Frame) 모델링

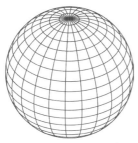

〈와이어프레임 모델링의 예〉

와이어프레임(Wire Frame) 모델링은 3D 객체를 선분으로만 구성하여 물체의 골격만을 표현하는 3D 모델링 기법이다.

❷ 서피스 모델링(Surface Modeling, 곡면기반 모델링)

서피스 모델링은 객체의 표면을 정확하게 표현하는 기법으로 곡선들을 사용하여 부드러운 곡면을 생성한다.

〈서피스 모델링의 종류〉

㉠ 폴리곤(Polygon) 모델링

• 가장 일반적으로 사용되는 모델링 기법으로 정점(Vertex)과 면(Face)으로 구성된 폴리곤 메시(Polygon Mesh)를 이용하여 객체를 만든다.
• 단순하고 빠른 모델링이 가능하지만 곡선이나 곡면을 정확하게 표현하는 데에는 한계가 있어 다른 서피스 모델링 기법을 사용하여 더 정확하고 자연스러운 곡면을 만든다.

㉡ 스플라인(Spline) 모델링

• 매끄럽고 정교한 곡선(Curve, 커브)과 곡면(Surface, 서피스)을 만들기 위해 사용하는 수학적인 곡선 기법으로 여러 개의 제어점(Control Point)을 이용하여 곡선의 형태를 조절할 수 있다.
• 베지어 스플라인(Bezier Spline) : 간단한 형태의 객체에 사용되는 기본 스플라인으로, 두 개의 끝점과 두 개의 컨트롤 포인트를 이용하여 곡선을 그린다.
• B-스플라인[B(Basis)-Spline] : 베지어 스플라인의 변형으로 제어점 점들과 제어점에 대한 가중치(Weights)를 사용하여 곡선을 그린다.

㉢ 넙스(NURBS, Non-Uniform Rational B-Splines) 모델링

• 스플라인 기법의 확장된 형태로 고정된 형태의 구를 만들 수 있고 정교한 곡선과 곡면을 생성하는 데에 사용한다. 주로 자동차 디자인, 항공기 모델링 등에 사용한다.

NURBS 구성요소

넙스(NURBS)　　**메시(Mesh)**

- B-Spline
- Control Vertex[CV, 컨트롤 버텍스, Control Points(컨트롤 포인트)]
  - 곡선이나 표면의 형태를 결정하는 데 사용되는 점들의 집합이다.
  - NURBS 구를 만드는 데 사용한다.
- Hull(헐)
  - CV를 연결한 선이다.
  - CV의 위치를 정의하고 조절할 수 있다.
- Edit Point(에디트 포인트)
  - 특정 곡선 또는 표면의 정점 또는 점이다.
  - CV와 비슷한 역할을 하며 곡선의 형태를 조정하거나 표면의 모양을 변경하는 데 사용한다.
- Isoparm(아이소팜, 등각선)
  - NURBS 표면의 특정 방향에서의 곡선 형태를 확인하는 데 사용된다.
  - Isoparm을 추가하거나 제거하여 표면의 밀도를 조절하거나 표면의 형태를 조정할 수 있다.

ⓔ 패치(Patch) 모델링

네모나 다각형 등의 작은 패치들을 조합하여 복잡한 곡면을 만드는 기법이다.

01 3차원 모델링에서 제어점들이 스플라인 곡선상에 놓이지 않고, 스플라인 곡선 주변에 설정되는 기본 스플라인의 변형 방법은? 20년 3회

① 베지어(Bezier) 스플라인 모델
② B-스플라인(B-Spline) 모델
③ 넙스(Nurbs) 모델
④ 패치(Patch) 모델

02 NURBS Sphere의 선택된 구성요소 중 UV 선상의 CV의 외곽을 한꺼번에 조절할 수 있는 구성요소는? 21년 3회, 18년 1회

① Hull
② Isoparm
③ Edit Point
④ Control Vertex

해설
NURBS Sphere(넙스 스피어)는 NURBS 기반으로 생성된 3D 구를 의미한다.

03 3차원 모델링 요소 중 그 성격이 다른 하나는? 18년 2회

① 스플라인(Spline) 모델
② 넙스(Nurbs) 모델
③ 패치(Patch) 모델
④ 솔리드(Solid) 모델

04 3D 모델링 방식에서 넙스(NURBS)의 기본 구성요소로 거리가 가장 먼 것은? 16년 2회, 13년 3회

① Vertex
② Curve
③ Isoparm
④ Matrix

05 3차원의 기하학적 형상 모델링으로 거리가 가장 먼 것은? 20년 1·2회, 19년 1회, 15년 2회, 13년 3회

① 시스템 모델링
② 와이어프레임 모델링
③ 서피스 모델링
④ 솔리드 모델링

06 모델링 컴퓨터그래픽에서 3차원 입체 형상 모델링의 표현 방식이 아닌 것은? 15년 1회, 10년 3회

① 와이어프레임 모델링(Wireframe Modeling)
② 곡면기반 모델링(Surface Modeling)
③ 솔리드 모델링(Solid Modeling)
④ 범프 모델링(Bump Modeling)

하나의 분자구조와 같은 입자구조로 하나하나에 빛과 색상을 따로 줄 수 있는 모델링으로 연기나 수증기, 번개 등을 표현하는 데 사용하는 모델링은?

22년 1회

① 파티클 모델링
② 프랙탈 모델링
③ 와이어프레임 모델링
④ 파라메트릭 모델링

|정답| ①

족집게 과외

1. 3D 형상 모델링 - 특수기법

❶ 파티클 모델링(Particle Modeling)

▶ 입자(Particle) 구조를 이용하여 현실적인 느낌을 완성하기 위한 모델링 방식이다.

▶ 물방울, 비, 바람, 눈, 연기, 구름, 수증기, 번개 등과 같은 현실 세계에서 나타나는 다양한 자연현상과 무리현상을 만들어 준다.

❷ 파라메트릭 모델링(Parametric Modeling)

▶ 파라미터(Parameter, 매개변수)를 기반으로 계산된 기초 도형의 반복으로 모델링된다.

▶ 모델의 형태와 구조를 미리 정의하고, 해당 모델의 파라미터(매개변수)를 조절하여 데이터에 가장 적합한 모델을 찾는다.

▶ 산업 디자인, 건축 등의 분야에서 일반적으로 사용된다.

더 알아보기

파라미터는 모델, 함수, 시스템 또는 알고리즘 등에서 사용되는 변수이다.

❸ 프렉탈 모델링(Fractal Modeling)

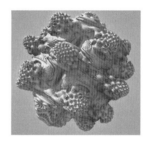

▶ 수학적인 기법을 사용하여 반복적으로 자기 유사한 패턴을 생성하는 모델링 기법이다.

▶ 알고리즘의 초기값을 정해주어 반복 적용하면 처음에는 단순한 형태의 모양에서 출발하여 복잡한 형상을 구축해 나간다.

▶ 자연물, 지형, 구름의 형태, 해안, 산, 혹성 등 자연의 복잡한 형태를 효과적으로 표현하거나 예술적인 창작에도 활용한다.

❹ 스컬프팅(Scultping) 모델링

〈스컬프팅 소프트웨어 'ZBrush'의 인터페이스〉

▶ 스컬프팅의 브러시 도구를 사용하여 자연스러운 곡선이나 형태를 생성한다.

▶ 주로 캐릭터 디자인, 캐릭터 애니메이션 등에 많이 사용한다.

▶ 스컬프팅은 디지털 조형 작업에 특화된 3D 모델링 소프트웨어로 여러 회사의 다양한 스컬프팅 소프트웨어가 있다.

❺ 불린(Boolean)

두 개 이상의 솔리드 객체를 합치거나 빼는 기법으로 교집합, 합집합, 차집합 등 수학적 개념을 이용하여 새로운 모델을 제작한다.

❻ Subdivision or Mesh Smoothing[서브디비전(세분화) 또는 메시 스무딩]

메시를 더 작은 요소로 세분화하여 정교하고 부드러운 표면을 만들기 위한 기술로 넙스(NURBS) 모델의 부드러운 곡면표현 능력과 폴리곤(Polygon) 모델의 유연함을 혼합하였다.

❼ 메타볼(Metaball) 모델링

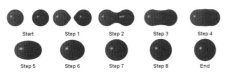

〈메타볼의 상호작용〉

▶ 여러 개의 작은 구(Ball) 또는 점들을 사용하여 객체의 외형을 형성한다.

▶ 여러 개의 작은 구(Ball) 또는 점들은 서로 영향을 주고받으며 자연스럽게 융합하여 중량, 영향력, 거리를 지정한다.

▶ 액체와 같은 부드러운 형태의 모델링에 유용하다.

01 3D 애니메이션에서 보다 현실적인 느낌을 완성하기 위해서는 오브젝트를 중심으로 비, 바람, 눈, 연기, 구름 등의 자연현상이 가미되어야 하는데, 다음 중 3D Max에서 자연현상과 무리현상을 만들어 주는 시스템을 무엇이라고 하는가?

08년 1회

① 맵핑(Mapping)
② 파티클(Particle)
③ 스페이스워프(SpaceWarps)
④ 다이나믹스(Dynamics)

해설
3D Max(3D Studio Max)는 미국의 Autodesk사의 3D 컴퓨터 그래픽 및 애니메이션 소프트웨어이다.

02 3차원 형상 모델링인 프랙탈(Fractal) 모델에 대한 설명으로 거리가 먼 것은?

18년 3회, 15년 2회, 12년 3회

① 단순한 형태의 모양에서 출발하여 복잡한 형상을 구축하는 방식의 모델을 말한다.
② 자연물, 지형, 해안, 산, 혹성 등 표현하기 어려운 부분까지 표현해낼 수 있다.
③ 대표적인 프로그램으로는 Bryce 3D가 있다.
④ 점과 점 사이의 선분이 곡선으로 되어 있어 가장 많은 계산을 필요로 한다.

해설
④ 스플라인(Spline) 모델링 기법에 대한 설명이다.
③ Bryce 3D는 미국의 DAZ Productions사가 개발한 3D 컴퓨터 그래픽 소프트웨어이다.

03 다중 해상도를 갖는 폴리곤 모델링(Polygon Modeling) 방식으로 넙스(NURBS) 모델의 부드러운 곡면표현 능력과 폴리곤(Polygon) 모델의 유연함을 혼합한 것은?

19년 1회, 14년 3회

① Subdivision or Mesh Smoothing
② Extrude Surface
③ Revolved Surface
④ Lofted Surface

해설
②·③·④ CAD에서 3D 모델링을 위해 사용하는 서피스(Surface) 모델 기법의 종류들이다.

04 3차원 모델링 과정에서 A, B 두 모델을 결합하여 새로운 모델을 제작할 때 수학적 개념을 이용하여 합치거나 빼는 모델링 방법은?

16년 1회, 13년 1회

① 모프(Morph)
② 메타볼(Mata Ball)
③ B워프(Warp)
④ 불린(Boolean)

05 3D 애니메이션을 위한 모델링 기법으로 여러 개의 구(Ball)를 융합하여 중량, 영향력, 거리를 지정하여 모델링하는 기법은?

14년 2회

① 트랙볼
② 키 프레임
③ 메타볼
④ 수평주사

3차원으로 모델링된 물체의 형상에 대해 색감이나 질감, 그림자, 빛의 반사 및 굴절 효과 등을 부여하는 과정을 무엇이라고 하는가?

10년 1회

① 렌더링(Rendering)
② 로토스코핑(Rotoscoping)
③ 더빙(Dubbing)
④ 모션캡처(Motion Capture)

┃정답┃①

한 줄 묘약

- 3D 형상 제작과정에서의 렌더링(Rendering)은 모델링된 물체의 형상 위에 질감이나 조명 등을 적용하여 현실적이고 자연스러워 보이도록 디자인을 입히는 과정이다.
- 렌더링의 과정에서 색감, 질감, 그림자, 빛의 반사 및 굴절 효과 등의 부여할 수 있으며 은면제거, 쉐이딩, 텍스처 매핑 등 다양한 기법들이 사용된다.

족집게 과외

1. 렌더링 기법

볼륨 렌더링	레이 캐스팅	
	레이 트레이싱	반사와 굴절
표면 렌더링	쉐이딩	플랫 쉐이딩
		구로드 쉐이딩
		퐁 쉐이딩
	매핑	텍스처 매핑
		범프 매핑
	카툰 렌더링	
은선/은면제거	Z-Buffer(Z 버퍼) 알고리즘	
	Back-face 제거 알고리즘	
	Painter's 알고리즘	

❶ 볼륨 렌더링(Volume Rendering)

객체의 부피(Volume) 정보를 통해 내부 구조를 시각화하는 기법이다.

㉠ 레이 캐스팅(Ray Casting, 광선 투사) : 물체에 가상의 보이지 않는 빛(레이)을 쏘아서 화면에 어떻게 보이는지를 계산하는 기법이다.

㉡ 레이 트레이싱(Ray Tracing, 광선 추적) : 레이 캐스팅에서 더 발전된 기법으로 빛의 직접 또는 반사 및 굴절까지 고려하여 이미지를 생성하는 기법이다.

❷ 표면 렌더링(Surface Rendering)

객체의 외부 표면을 시각화하는 기법이다.

㉠ 쉐이딩(Shading) : 물체의 입체감을 나타내기 위하여 물체의 표면에 색상과 명암을 표현한다.

㉡ 매핑(Mapping) : 물체의 질감이나 재질을 표현하는 과정이다.

㉢ 카툰 렌더링(Cartoon Rendering) : 물체의 표면을 간단하고 단순한 색상으로 나타내어 만화나 애니메이션 스타일의 느낌을 주는 기법이다.

❸ 은선/은면제거(Hidden Line/Hidden Surface Removal)

화면에 보이지 않는 선이나 면을 제거하여 렌더링 성능을 향상시키는 기법이다.

01 컴퓨터그래픽의 그림자나 색채의 변화와 같은 3차원적 질감을 더하여 현실감을 추가하는 과정으로 와이어프레임 이미지를 명암이 있는 이미지로 바꾸는 데 사용하는 기법은? 17년 3회

① Modeling
② Rendering
③ Projection
④ Antialiasing

02 완성된 장면을 제작하기 위해서는 모델에 색상과 질감 등 사실성을 부여해야 하며 이러한 작업을 무엇이라고 하는가? 03년 3회

① Authoring
② Modeling
③ Rendering
④ Animation

03 다음 중 렌더링과 관련이 없는 것은? 09년 1회

① 레이 캐스팅
② 은면제거
③ 레이 트레이싱
④ 와이어프레임 제작

04 다음 중 렌더링(Rendering) 기법에 속하지 않는 것은? 18년 1회, 14년 3회, 09년 1회, 05년 1회

① Z 버퍼 기법
② 모핑 기법
③ 카툰 렌더링
④ 레이 트레이싱 기법

해설
모핑(Morphing)은 어떤 사물의 형상을 전혀 다른 형상으로 점차 변형시키는 애니메이션 기법이다.

05 3차원 모델링에서 물체에 질감을 표현하기 위한 기법은? 19년 1회, 10년 3회, 04년 3회

① Dithering
② Texture Mapping
③ Blend
④ Material

06 3D 애니메이션의 작업 중 어떠한 대상물을 크기만 변경하여 통일된 형태를 가진 복제물, 즉 3차원 객체에 사진이나 그림 등의 2차원적 화상을 입히어 질감이나 재질을 표현하는 과정은? 20년 1 · 2회

① 모델링(Modeling)
② 모핑(Morphing)
③ 매핑(Mapping)
④ 셰이딩(Shading)

물체에 반사된 빛이 다른 물체에 반사될 때까지 추적하여 투영과 그림자까지 완벽하게 표현하는 렌더링 방식은?

20년 3회, 16년 1회, 12년 3회

① 레이 트레이싱(Ray Tracing)
② 범프 매핑(Bump Mapping)
③ 스캔 라인(Scan Line)
④ 텍스처 매핑(Texture Mapping)

┃정답┃ ①

한 줄 요약

- 볼륨 렌더링(Volume Rendering)은 3D 데이터의 부피(Volume) 정보에 대해 투명도나 색상 값을 매핑시켜 시각화하는 기법이다.
- 볼륨 렌더링은 표면 렌더링(Surface Rendering)과는 다르게 객체의 외형이나 겉모습을 강조하는 것이 아니라, 객체의 내부 구조를 시각화한다.

족집게 과외

1. 볼륨 렌더링(Volume Rendering)

❶ 레이 캐스팅(Ray Casting, 광선 투사)

▶ 물체에 가상의 보이지 않는 빛(레이)을 쏘아서 화면에 어떻게 보이는지를 계산하는 기법이다.

▶ 빛이 물체에 닿았을 때 그 만남 지점에서 어떤 색상이나 빛의 반응이 일어나는지를 계산하여 이미지를 생성한다.

▶ CT(Computed Tomography) 스캔이나 MRI(Magnetic Resonance Imaging) 스캔 등 의료 영상 분야에서 주로 사용한다.

❷ 레이 트레이싱(Ray Tracing, 광선 추적)

▶ 레이 캐스팅에서 더 발전된 기법으로 빛의 직접 또는 반사 및 굴절까지 고려하여 더 현실적인 이미지를 생성하는 기법이다.

▶ 3D 공간 내의 모든 픽셀(화소)을 대상으로 광선을 추적(Trace)하여 볼륨 내부의 각 픽셀의 색상과 빛의 강도(밝기)를 매핑시켜 계산(결정)한다.

▶ 물체에 반사된 빛이 다른 물체에 반사될 때까지 빛의 경로를 추적(Trace)하여 투영과 그림자까지 완벽하게 표현하여 컴퓨터그래픽 분야에서 주로 사용된다.

ㄱ 빛의 반사(Reflection) : 광선이 물체의 표면에 닿았을 때 빛이 동일한 각도로 표면에서 튀어나가게 되는 현상으로 빛의 각도와 표면 방향을 고려하여 반사 방향과 색상이 계산된다.

ㄴ 빛의 굴절(Refraction) : 빛이 투과 가능한 투명한 물질에 들어갈 때 빛의 속도가 변함에 따라 광선의 방향이 바뀌는 현상으로 물이나 유리 등 투명체에 들어간 빛이 굴절되어 주위의 환경을 왜곡시킨다.

01 렌더링 과정 중 데이터 요소로 여러 가지 투명도나 색상 값으로 매핑시켜서 렌더링하는 것을 무엇이라고 하는가?   15년 1회

① 은면제거
② 쉐이딩
③ 텍스처링
④ 볼륨 렌더링

02 다음 렌더링 기법 중 여러 개의 물체가 있고, 이들 중 일부가 투명하거나 빛의 굴절과 같은 복잡한 상황을 현실감 있게 가시화할 수 있는 기법은?   13년 1회

① Ray Tracing
② Phong Shading
③ Flat Shading
④ Ground Shading

03 3D 그래픽에서 객체의 한 지점에서 색을 결정하기 위해 조명등의 직접적인 빛뿐만 아니라 조명으로부터 반사/굴절되어 온 빛의 그림자까지도 고려한 렌더링 방법은?   14년 1회, 06년 1회, 02년 12월

① 레이 캐스팅(Ray Casting)
② 댑스 맵 쉐도우(Depth Map Shadow)
③ 스캔라인(Scan Line) 렌더링
④ 레이 트레이싱(Ray Tracing)

04 광원으로부터 나오는 광선이 직접 또는 반사 및 굴절을 거쳐 화면에 도달하는 경로를 역추적하여 화면을 구성하는 각 화소의 빛의 강도와 색깔을 결정하는 렌더링 방법은?   15년 1회

① Z-버퍼링 방법
② 후향면 제거(Back-face Culling) 방법
③ 화가 알고리즘(Painter's Algorithm) 방법
④ 광선 투사(Ray Tracing) 법

05 3차원 질감에서 물이나 유리처럼 투명체가 주위의 환경을 왜곡시키는 정도를 무엇이라고 하는가?   14년 1회, 11년 3회

① 스페큘러(Specular)
② 굴절률(Reflection)
③ 투명도(Transparency)
④ 발광률(Glow)

해설
① 스페큘러(Specular, 정반사, 경면광)는 하이라이트(Highlight)라고도 하며, 물체 표면에서 반사되는 광선으로 표면의 재질이나 모양에 따라 다르게 나타난다.
③ 투명도(Transparency)는 물체가 얼마나 투명한지를 나타내는 속성으로 투명도가 높을수록 내부를 볼 수 있다.
④ 발광률(Glow)은 물체가 빛을 내는 속성으로 물체의 표면이 주변보다 밝게 보이게 한다.

06 국제표준화기구가 제정한 그래픽 표준은 아니지만 "Silicon Graphics"사가 만든 그래픽 라이브러리를 확장한 산업체 그래픽 표준은 다음 중 어느 것인가?   08년 1회, 06년 1회

① VRML(Virtual Reality Modeling Language)
② JPEG(Joint Photography Experts Group)
③ PHIGS(Programmer's Hierarchical Interactive Graphics System)
④ OpenGL(Open Graphics Library)

해설
④ OpenGL는 3D 그래픽 렌더링을 위한 개방형 그래픽 라이브러리이다.

렌더링 과정 중에서 물체의 입체감을 나타내기 위하여 물체의 표면에 색상과 명암을 표현하는 과정을 무엇이
라 하는가?

19년 3회, 17년 2회

① 메시와 폴리
② 은면의 제거
③ 쉐이딩
④ 레이트레이싱

| 정답 | ③

족집게 과외

1. 표면 렌더링 기법

표면 렌더링(Surface Rendering)은 객체의 외부 표면
을 시각화하는 기법이다.

❶ 쉐이딩(Shading)

물체의 입체감을 나타내기 위하여 물체의 표면에 색
상과 명암을 표현하는 기법이다.

플랫 쉐이딩　**구로드 쉐이딩**　**퐁 쉐이딩**

㉠ 플랫 쉐이딩(Flat Shading)
- 면(Face) 단위로 쉐이딩하며 한 면(Face) 내의
모든 픽셀은 동일한 색상을 가진다.
- 색상의 경계가 뚜렷하게 구분되어 자연스러운
물체로 만들기에는 적합하지 않다.

㉡ 구로드 쉐이딩(Gouraud Shading)
- 물체가 빛 아래에서 어떻게 보이는지를 계산하
여 이미지를 표현하는 기법으로 프랑스의 컴퓨
터 과학자 앙리 구로드(Henri Gouraud)가 개발
하였다.
- 빛이 표면에 닿아 반사될 때 물체의 색상과 빛의
색상을 조합하여 최종적인 반사된 색상을 계산
한다.

- 물체를 이루는 각 다각형(Polygon)의 꼭짓점
(Vertex)의 색상 정보와 반사광의 강도 정보를
보간하여 내부 화소(픽셀)의 값을 계산한다.
- 하나의 면과 인접한 면에 색퍼짐 효과를 사용하
여 두 면 사이를 부드러운 그라데이션 효과로 표
현한다.
- 퐁 쉐이딩과 달리 화소마다 별도의 빛 반사효과
는 나타내지 않고 보간한 색상을 사용하기 때문
에 사실적인 이미지 표현이 가능하지만, 물체의 하
이라이트가 제대로 표현되기에는 부족함이 있다.

㉢ 퐁 쉐이딩(Phong Shading)
- 표면의 광택과 음영을 현실적으로 표현하기 위
한 기법으로 베트남의 컴퓨터 과학자 뷔 통 퐁
(Bui Tuong Phong)이 개발하였다.
- 물체를 이루는 각 다각형(Polygon)의 꼭짓점
(Vertex)에서 법선 벡터를 계산하고, 이 법선 벡
터들을 화소마다 보간하거나 법선 벡터와 빛의
방향 벡터를 비교 연산하여 음영을 계산한다.
  - 법선 벡터(Normal Vector)는 표면으로 수직
  인 방향을 나타내는 3차원 벡터로 해당 점
  (Vertex)에서 물체의 표면이 어떤 방향을 향
  하고 있는지 표면의 방향을 나타낸다.

더 알아보기

3차원 벡터는 공간 내의 점들을 나타내는 데 사용되
는 수학적 개념으로 물리적인 공간에서의 위치, 방향,
크기 등을 나타내는 데 사용한다.

- 빛의 방향 벡터(조명 벡터, Lighting Vector)
  는 빛이 어느 방향에서 온 것인지를 나타내는
  벡터이다.
- 빛의 방향 벡터와 법선 벡터 사이의 각도가
  작을수록 빛이 표면에 수직에 가깝게 비춰지
  므로 밝게 보이고 큰 각도에서는 빛이 표면에
  평행하게 비추므로 어둡게 보인다.
• 물체의 각 점(Vertex)에 전달되는 빛의 양을 계
  산하여 반사와 그림자 등의 표현이 가능하기 때
  문에 쉐이딩 기법 중 가장 사실적인 이미지를 만
  든다.

Specular(스페큘러)
경면광, 물체의하이라이트

Diffuse(디퓨즈)
난반사광

Ambient(엠비언트)
주변광, 주변 환경의 일반적인 조명

〈퐁 반사 모델(Phong Reflection Model)〉

❷ 매핑(Mapping)

보다 사실적으로 3D 모델을 묘사하기 위하여 표면에
2차원 이미지나 그래픽, 문양 등을 입혀 물체의 질감
이나 재질을 표현하는 과정이다.

㉠ 텍스처 매핑(Texture Mapping)

  3D 모델의 표면에 색이나 패턴을 입히는 과정이다.

㉡ 범프 매핑(Bump Mapping)

  • 3D 모델의 표면에 음각과 양각 효과를 내어 입
    체적인 높낮이를 표현하는 기법이다.
  • 돌기(Indentation), 엠보싱(Embossing), 주름
    (Wrinkles) 등을 표현할 수 있다.

㉢ 스페큘러 매핑(Specular Mapping)

  표면의 광택과 반사를 나타내는 데 사용하는 기법
  이다.

㉣ 리플렉션 매핑(Reflection Mapping)

  금속, 유리, 물과 같은 반사성이 있는 표면에 주변
  환경이나 주변 물체가 반사되어 보이는 것처럼 형
  상을 만들어내는 기법이다.

01 하나의 면과 인접한 면에 색퍼짐 효과를 사용하여 두 면 사이를 부드럽게 표현한 음영처리 방법은?　　　　　　　　　　17년 3회, 10년 1회

① 플랫 쉐이딩(Flat Shading)
② 퐁 쉐이딩(Phong Shading)
③ 메탈 쉐이딩(Metal Shading)
④ 구로드 쉐이딩(Gouraud Shading)

02 다각형으로 표현된 곡면의 각 꼭짓점에서 반사광의 강도를 보강하여 내부의 화소에 반사광의 강도를 계산하는 음영법은?　　　　16년 1회

① Gouraud Shading
② Phong Shading
③ Ray Tracing Shading
④ Z Buffer Shading

03 컴퓨터 그래픽스 음영기법 중 각 꼭짓점의 법선 벡터를 보간하여 면 내부 픽셀의 음영값을 구하는 방법은?　　　　　　　　　　　　15년 3회

① 레이 트레이싱
② 퐁 쉐이딩
③ 고러드 쉐이딩
④ 플랫 쉐이딩

04 3D 객체에 사진, 그림, 문양을 입히는 기술은?
　　　　　　　　　　　　　　20년 3회, 06년 3회

① 매 핑
② 렌더링
③ 쉐이딩
④ 스키닝

05 돌기를 형성한 것 같이 면에 기복이 있는 질감을 나타내는 방법은?　　　　　　15년 2회, 12년 3회

① 범프 매핑(Bump Mapping)
② 픽처 매핑(Picture Mapping)
③ 스팩큘라 매핑(Specular Mapping)
④ 리플렉션 매핑(Reflection Mapping)

06 다음이 설명하는 매핑(Mapping) 처리 기법은?
　　　　　　　　　　　　　　20년 3회, 17년 1회

> • 물체 표면에 텍스처(Texture)를 사용하여 음각과 양각 효과를 내는 방법
> • 물체 표면에 엠보싱 효과를 나타낼 때 사용함

① 텍스처 매핑(Texture Mapping)
② 솔리드 텍스처 매핑(Solid Texture Mapping)
③ 범프 매핑(Bump Mapping)
④ 패턴 매핑(Pattern Mapping)

다음 중 은선 또는 은면제거 알고리즘으로 거리가 먼 것은? 15년 2회

① Painter 알고리즘

② Z-Buffer 알고리즘

③ Back-face 제거 알고리즘

④ Cohen-Sutherland 알고리즘

┃정답┃④

한 줄 묘약

은선/은면제거(Hidden Line/Hidden Surface Removal) 렌더링은 화면에 보이지 않는 선이나 면을 제거함으로써 불필요한 계산과 픽셀 쉐이딩을 줄여 렌더링의 성능을 향상시키는 기법이다.

족집게 과외

1. 은선/은면제거 렌더링 기법

❶ Z-버퍼(Z-Buffer, 깊이버퍼) 알고리즘

▶ 3D 그래픽스에서 버퍼(Buffer)는 임시적으로 데이터를 저장하거나 처리하는 메모리 영역을 가리킨다.

▶ Z-버퍼는 픽셀의 깊이 정보(Z 값)를 저장하는 버퍼로 이미지의 각 픽셀당 깊이 정보를 저장한다.

▶ 저장된 Z-버퍼 값을 비교하여 관측 지점에서 보이지 않는 부분의 불필요한 은선이나 은면을 제거한다.

▶ 은선/은면제거 렌더링 중 가장 일반적으로 사용하는 기법이다.

❷ Back-face Removal(후면제거) 알고리즘

시야에서 보이지 않는 뒷면을 제거하는 기법이다.

❸ Painter's(화가, 깊이정렬) 알고리즘

그리기 순서 결정 알고리즘 중 하나로 객체의 깊이 값을 기반으로 화면에 가까운 객체부터 그린다.

01 다음 이미지 공간 렌더링 기법 중 각 면의 깊이 정보를 버퍼에 저장하고 이 값을 비교하여 불필요한 은선을 제거하는 것은? 　14년 2회

① Z-버퍼 알고리즘
② 레이 트레이싱
③ 레디오시티
④ 와이어프레임

해설

Z-버퍼 알고리즘은 픽셀의 깊이 정보를 저장하는 버퍼로 이미지의 각 픽셀당 깊이 정보를 저장한다.

03 공간상에 있는 물체가 투영되어 2차원 화면에 나타날 때 관측 지점에서 보이지 않는 부분을 알아내어 제거하는 은면제거 방법 중 가장 일반적으로 사용되는 방법으로 물체의 가시선을 픽셀 단위로 조사하여 카메라에서 가장 가까운 화소들만 그려나가는 방법은? 　05년 3회

① 깊이버퍼기법(Z-Buffer 기법)
② 깊이 정렬법(Painter 알고리즘)
③ 레이 캐스팅(Ray Casting)
④ 레이 트레이싱(Ray Tracing)

02 이미지 공간 렌더링 기법의 하나로 깊이 정보는 버퍼에 저장되며 감춰진 면 제거 계산이 일어나는 렌더링 과정에 사용되는데 이러한 은선제거의 대표적인 기법은? 　10년 3회

① Z-버퍼 알고리즘
② 레이 트레이싱
③ 레디오시티
④ 와이어프레임

애니메이션 기법 중에 대상물의 움직임을 시작 단계와 끝 단계를 기준으로, 중간 단계를 생성하는 방식을 무엇이라고 하는가?

08년 3회

① 스톱모션 방식
② 키 프레임 방식
③ 로토스코핑
④ 스타트스톱 방식

|정답| ②

한 줄 요약

키애니메이션(key Animation)은 키 프레임(Key Frame)을 사용하여 시작점과 끝점 사이에서 움직임의 변화를 정의하는 키 프레임 방식 애니메이션이다.

족집게 과외

1. 키애니메이션의 생성 원리

❶ 프레임 설정

애니메이션의 시작(초기 상태)과 끝부분(최종 상태)을 결정하는 키 프레임을 설정한다.

❷ 중간 프레임 추가

시작과 끝 키 프레임 사이에 중간 프레임을 추가하여 부드러운 움직임이 되도록 한다.

❸ 보간(Interpolation)

중간 프레임 간의 시간 경과에 따른 속성 변화를 자동으로 계산하여 위치, 회전, 크기 등의 움직임을 완성한다.

2. 키애니메이션 기법

❶ 트위닝(Tweening, 중간효과) 기법

▶ 기준이 되는 키 프레임만을 설정하고 키 프레임 사이의 중간 단계의 움직임은 컴퓨터 연산에 의해 자동으로 만들어지는 기법이다.

※ Point – 중간 프레임의 자동 생성

❷ 인터폴레이션(Interpolation, 보간) 기법

▶ 기준이 되는 키 프레임 사이의 중간 단계의 값을 추정하거나 계산하여 키 프레임 사이의 값들을 부드럽게 연결하는 기법이다.

※ Point – 주어진 데이터 사이의 값 추정

01 애니메이션 제작 시 애니메이터는 장면이 변화하는 키 프레임(Key Frame)만을 제작하고, 중간에 속해 있는 프레임들은 컴퓨터가 자동으로 생성하는 기능은? 21년 1회, 18년 2회, 07년 1회

① 플립북 애니메이션(Filp Book Animation)
② 셀 애니메이션(Cell Animation)
③ 스프라이트 애니메이션(Sprite-based Animation)
④ 트위닝(Tweening)

02 애니메이션 제작 기법 중 두 개의 키 프레임 사이의 중간 단계를 자연스럽게 연결하여 전체 애니메이션을 만드는 기법은 어느 것인가? 18년 1회

① 레이어
② 트위닝
③ 렌더링
④ 포지션

03 애니메이션을 구현하는 기법 중 키 프레임(Key Frame)을 설정하게 되면, 키 프레임 사이의 움직임은 컴퓨터가 자동으로 생성하는 기법은? 22년 1회, 19년 3회

① 타임라인
② 트위닝
③ 로토스코핑
④ 시퀀스

04 다음 애니메이션 기법 중 키 프레임 사이의 중간 모습을 자동적으로 만들어주는 기법은? 12년 3회

① 양파껍질 기법(Onion-Skinning)
② 트위닝 기법(Tweening)
③ 도려내기 기법(Cut-out)
④ 반복 기법(Cycling)

05 셀 애니메이션 제작 시에 키 프레임들 사이에 연속된 프레임을 넣어 그리는 작업 과정을 무엇이라 하는가? 10년 1회

① 레이어
② 트위닝
③ 렌더링
④ 인젝션

06 중간효과(Tweening) 애니메이션을 가장 올바르게 설명한 것은? 05년 3회

① 여러 개의 셀들을 몇 겹의 층으로 구성하여 하나의 프레임을 만든다.
② 장면이 바뀔 때 부드러운 연결을 위하여 장면 효과를 이용하여 화면을 전환시켜주는 것
③ 다른 프로그램에서 작성된 애니메이션을 중간에 삽입하는 것
④ 기준이 되는 키 프레임을 두고 키 프레임에 각 스프라이트의 속성을 설정하면 중간 단계의 프레임이 자동으로 생성되는 것

01 화면 크기가 800×600이고, 픽셀당 16Bit인 한 장의 정지 영상을 저장하는 데 필요한 저장 장치의 용량(KByte)은? 14년 1회

① 240KB
② 480KB
③ 960KB
④ 1920KB

02 영상에서 사용되는 한 장면 한 장면을 말하며, 다른 의미로는 카메라의 시야에 들어오는 모든 범위를 말하기도 하는 영상의 기본 단위는? 18년 3회

① 풀 스크린(Full Screen)
② 프레임(Frame)
③ 클립(Clip)
④ 셀(Cell)

03 디지털카메라의 CCD 화소 수와 가장 직접적으로 관계가 있는 요소는? 19년 1회

① 이미지의 크기
② 이미지의 채도
③ 이미지의 색감
④ 이미지의 밝기

04 피사체를 올려다보는 카메라의 각도를 말하며, 건물의 장엄함이나 신체를 길어 보이게 하는 효과를 주는 카메라 앵글은? 14년 1회

① High Angle
② Eye Angle
③ Low Angle
④ Oblique Angle

05 아래 그림과 같이 카메라의 위치를 움직이지 않고 카메라 헤드만을 수평 방향으로 회전시키면서 촬영하는 기법은? 11년 3회

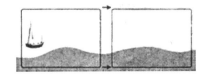

① Tilt
② Pan
③ Zoom
④ Dolly

06 촬영 기법 중 카메라가 좌에서 우로, 혹은 우에서 좌로 이동하면서 촬영하는 기법은? 08년 1회

① 틸팅(Tilting)
② 패닝(Panning)
③ 주밍(Zooming)
④ 스테디샷(Steady Shot)

07 다음 중 촬영 시 카메라 동작에서 피사체의 움직임을 따라가면서 촬영하는 것은? 11년 3회

① Crain Shot
② Reaction Shot
③ Follow Shot
④ PAN

08 디지털 영상의 촬영과 편집에 대한 설명 중 가장 거리가 먼 것은? 10년 1회

① 촬영한 동영상을 캡처하여 프리미어 소프트웨어에서 편집할 수 있다.
② 음향효과를 삽입하면 더 좋은 효과를 나타낼 수 있다.
③ 비순차적으로 편집할 수 없기 때문에 촬영 시 반드시 스토리 순서대로 촬영하여야 한다.
④ 프리미어 소프트웨어에서 VHS 테이프로 최종 출력할 수 있다.

해설
넌 리니어(Non-Linear, 비선형) 편집은 디지털 영상파일을 자유롭게 편집하는 비순차적인 편집방식이다.

09 다음 중 장면전환의 기법이 아닌 것은? 21년 3회

① 틸트(Tilt)
② 오버랩(Overlap)
③ 와이프(Wipe)
④ 컷(Cut)

10 디지털 영상합성에서 영상의 이미지가 컬러 또는 흑백에 관계없이 회색의 음영값을 적용해서 원하는 키(Key)를 빼는(축출하는) 방법을 무엇이라 하는가? 05년 1회

① Alpha Channel
② Luminance
③ Image Matte
④ Difference Matte

11 광원에서 1m 떨어진 곳의 조도가100 럭스(lux)일 때 10m 떨어진 곳의 조도(lux)는? 16년 1회

① 1
② 10
③ 25
④ 50

해설
• 조도는 대상 면에 입사하는 빛의 양을 나타내는 단위로 촛불 1개는 1lux이다.
• 거리와 조도의 관계 : 광원과 대상 면의 거리가 2배가 될 때마다 대상 면의 조도가 1/4로 줄어들고, 반대로 거리가 1/2로 줄어들면 조도가 4배로 증가한다.

12 색의 파장이 다른 여러 단색광이 모두 같은 에너지를 가진다고 해도 눈은 그것을 같은 밝기로 느끼지 않는 특성은? 22년 1회, 18년 2회

① 명암의 순응도 특성
② 색순응도 특성
③ 시감도 특성
④ 비시감도 특성

해설
• 순응(Adaptation) : 외부에서 자극하는 정도에 따라 상황의 변화나 주위 환경에 맞추어 부드럽게 적응하는 것을 뜻한다.
• 명암의 순응도 : 눈이 빛의 밝기에 순응해서 물체를 보는 현상이다.
• 색순응도 : 눈이 색의 변화에 순응해서 색을 인식하는 현상이다.
• 시감도(Luminosity Efficiency) : 빛의 파장(색상)에 따라 빛의 밝기를 다르게 느끼는 정도로 주로 밝은 곳에서의 시각 상태를 말한다.
• 비시감도(Relative Luminous Efficacy) : 최대시감도에 대비한 다른 파장(색상)의 시감도의 비(Ratio)이다.

13 광 파장의 차이에 의한 색채감각을 나타내는 것으로 색의 종류를 표시하는 것은?

21년 3회, 21년 1회, 11년 1회

① 명 도
② 포화도
③ 색 상
④ 감 도

14 TGA 파일 포맷에 대한 설명으로 틀린 것은?

20년 3회

① 비디오 이미지를 저장하기 위해 개발된 포맷이다.
② 8비트 알파 채널을 지원한다.
③ RGB 신호를 디지털화한 데이터 포맷이다.
④ Bitmap, PostScript 이미지를 동시에 저장하고, RGB컬러와 알파 채널을 지원한다.

15 GIF(Graphic Interchange Format)에 대한 설명 중 틀린 것은?

18년 1회, 08년 1회, 05년 1회, 02년 12월

① Illustrator로 제작된 그래픽 파일의 경우 압축 효과가 크다.
② 압축방식은 LZW(Lempel-Ziv-Welch) 알고리즘을 사용한다.
③ 색상정보는 그대로 두고 압축을 하기 때문에 사진 압축에 가장 유리한 방법이다.
④ 미국 Compuserve사에서 자체 개발 서비스를 통해 이미지를 전송할 목적으로 개발되었다.

16 다음에서 설명하는 파일 포맷은?

17년 1회

> • 손실 압축기법을 사용하는 JPEG에 반하여 비손실 압축기법을 사용하는 그래픽 파일 형식이다.
> • 특허문제가 얽혀있는 GIF 형식의 문제를 해결하기 위하여 고안된 파일 형식으로 2003년 ISO/IEC와 W3C의 표준으로 확정되었다.

① BMP
② PNG
③ MPEG
④ TIFF

해설
• ISO/IEC는 ISO(국제표준화기구)와 IEC(국제 전기 기술 위원회)의 합동기술위원회이다.
• W3C(World Wide Web Consortium)는 국제 웹 표준화 기관이다.

17 다음 단위 중 소리의 크기를 나타내는 것은?

13년 3회, 06년 1회

① Bit
② Hz
③ dB
④ pcm

18 초당 사운드 파형의 반복 횟수를 의미하며, 소리의 높고 낮음을 결정하는 것은?

18년 2회

① 진 폭
② 파 장
③ 속 도
④ 주파수

13 ③　14 ④　15 ③　16 ②　17 ③　18 ④　**정답**

19 스테레오 시스템에서 두 개의 스피커로 주파수와 음압이 동일한 음을 동시에 재생할 경우, 인간의 귀에는 먼저 도달한 소리만 들리는 현상은?

14년 1회, 11년 3회

① 도플러 효과
② 마스킹 효과
③ 하스 효과
④ 임계 효과

20 다음 중 어떤 음 A를 듣고 있을 때, A보다 진폭이 큰 음 B가 가해지면 원래의 음 A는 들리지 않게 된다. 이러한 현상은?

12년 1회, 10년 3회

① 칵테일 현상
② 마스킹 현상
③ 믹서 현상
④ 하울링 현상

21 녹음기에서 마스킹 효과를 이용하여 히스 잡음을 줄이기 위하여 고안된 것은?

14년 3회, 12년 1회

① 녹음시스템
② 재생시스템
③ 돌비시스템
④ 서라운드시스템

해설
③ 돌비시스템(Dolby System)은 미국의 돌비랩스(Dolby Laboratories)사가 개발한 음향 기술을 총칭하는 용어로 5.1채널과 7.1채널에서 채용하는 형식이다.

22 양지향성과 단일지향성의 마이크를 음원에 가까이 대고 사용하면 저음의 출력이 증가되는 현상은?

20년 3회, 15년 3회

① 칵테일파티 효과
② 회 절
③ 도플러 효과
④ 근접 효과

23 영화나 TV 방송에서 편집이 완성된 비디오를 보면서 사람의 발자국 소리, 유리 깨지는 소리와 같은 효과음을 스튜디오에서 소도구 등을 이용하여 사람이 직접 만들어내는 작업을 무엇이라고 하는가?

17년 2회

① 폴리(Foley)
② A/B롤
③ 신디사이저(Synthesizer)
④ 샘플러(Sampler)

24 아날로그 음성 데이터를 디지털 형태로 변환하여 전송하고, 디지털 형태를 원래의 아날로그 음성 데이터로 복원시키는 것은?

21년 3회

① ROE
② CCU
③ DFE
④ CODEC

25 스레숄드(Threshold) 이상의 오디오 신호가 들어오면 회로를 통과시키고, 그 이하의 신호는 통과되지 못하도록 회로를 닫는 원리로 작동하는 시그널 프로세서는?　18년 1회

① 리미터(Limiter)
② 노이즈 게이트(Noise Gate)
③ 덕커(Ducker)
④ 디에서(De-esser)

26 음향의 최대신호 레벨과 그 음향기기가 가지고 있는 잡음 레벨과의 차를 무엇이라고 하는가?　14년 2회

① 신호대 잡음비
② 최대 레벨
③ 클리핑
④ 다이나믹 레인지

27 화면 프레임의 모든 정보를 기록하지 않고 앞 프레임과 다음 프레임이 큰 변화가 없는 점을 이용하여 동영상을 압축하는 기법은?　14년 2회, 11년 3회

① 서브샘플링 기법
② 주파수 차원변환기법
③ 동작보상기법
④ 델타프레임기법

28 다음 중 오디오 신호의 양자화 과정에서 왜곡을 줄이기 위해 잡음 신호를 혼합하는 기법은?　19년 1회, 12년 3회

① 디더링(Dithering)
② 에일리어싱(Aliasing)
③ 렌더링(Rendering)
④ 오버 샘플링(Over Sampling)

29 현재와 같은 셀 애니메이션(Cell Animation)기법이 고안된 연도와 인물이 맞게 설명된 것은?　15년 2회, 12년 1회

① 1911년, 라디슬라스 스타레비치
② 1909년, 리틀 네모
③ 1912년, 조지 맥마너스
④ 1015년, 얼 허드(Earl Hurd)

30 인형 애니메이션, 클레이 애니메이션이라고도 하며 찰흙 소재인 클레이나 인형을 조금씩 움직여서 1콤마씩 촬영한 다음 연결하는 기법을 무엇이라고 하는가?　10년 1회

① 플립북
② 컷 아웃 애니메이션
③ 셀 애니메이션
④ 스톱모션 애니메이션

25 ② 26 ④ 27 ④ 28 ① 29 ④ 30 ④　정답

31 2개의 서로 다른 이미지나 3차원 모델 사이에 점진적으로 변화해 가는 모습을 보여주는 애니메이션 기법은?

18년 1회, 16년 2회, 09년 3회, 08년 3회, 05년 1회

① 모 핑
② 도려내기 효과
③ 입자시스템
④ 과장효과

32 다음 중 비, 불, 연기, 폭발 등의 자연 현상을 애니메이션으로 제작하고자 할 때 사용되는 효과로 영화 "트위스터"나 "화산고" 등에 사용된 특수 효과는 무엇인가? 12년 1회, 06년 3회, 05년 1회

① 로토스코핑
② 모 핑
③ 모션캡처
④ 미립자 시스템

33 형태의 움직임이나 모양의 특성을 강조하여 제작한 애니메이션의 파일 저장 형식이 아닌 것은?

21년 3회

① Index
② FLC
③ SWF
④ FLA

34 호주의 블리스(C.K. Bliss)가 발명한 것으로 블리스 심볼릭스(Bliss Symbolics)라고도 불리는 국제적인 그림 문자 시스템은?

18년 1회, 15년 1회, 12년 3회

① 아이소타입(Isotype)
② 시멘토그래피(SementoGraphy)
③ 포노그램(Phonogram)
④ 다이어그램(Diagram)

해설

블리스 심볼은 그래픽 기호 체계로 다양한 언어와 문화에 상관없이 사람들이 효과적으로 소통할 수 있도록 설계되었다.

35 다음 방법 중 3D 프로그램의 제작과정 중 제작된 모델을 보다 사실적으로 묘사하기 위해 2차원상에서 만든 이미지 등을 입혀서 구현하는 방법은?

08년 1회

① 매핑(Mapping)
② 모핑(Morphing)
③ 솔루션(Solution)
④ 스키닝(Skinning)

36 44.1[Khz]로 샘플링한 CD의 경우 이론적으로 재생할 수 있는 최대 주파수에 가장 근접한 주파수[Khz]는? 13년 3회

① 10
② 16
③ 20
④ 25

37 1988년 ITU-T에서 원격화상 회의 전화용 부호화방식 H.261의 화상 압축기술이며, 국제표준인 MPEG에 채용된 고능률 영상 부호화 압축기술은? 15년 1회

① PCM 방식
② DCT 변환 부호화
③ ADPCM 방식
④ 호프만 부호화

38 MPEG 압축기술의 프레임 종류로 거리가 먼 것은? 15년 3회, 12년 3회

① I
② P
③ B
④ Z

39 동영상 관련 압축 알고리즘이 아닌 것은? 20년 3회

① TOONZ
② MPEG-2
③ H.264
④ DVI

40 영상 압축 관련 기술과 거리가 가장 먼 것은? 21년 1회, 12년 3회

① DVI
② H.261
③ H.263
④ G.722

오랫동안 꿈을 그리는 사람은 마침내 그 꿈을 닮아간다.

– 앙드레 말로 –

행운이란 100%의 노력 뒤에 남는 것이다.

– 랭스턴 콜먼 –

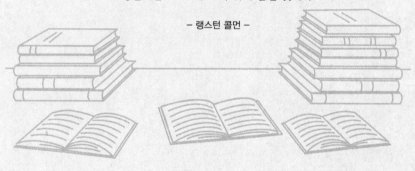

좋은 책을 만드는 길, 독자님과 함께 하겠습니다.

2025 시대에듀 60kim쌤의 멀티미디어콘텐츠제작전문가 필기 공부 끝

개정1판1쇄 발행	2025년 01월 10일 (인쇄 2024년 10월 31일)
초 판 발 행	2024년 03월 15일 (인쇄 2024년 01월 18일)
발 행 인	박영일
책 임 편 집	이해욱
저 자	김유경
편 집 진 행	노윤재 · 장다원
표지디자인	김지수
편집디자인	박지은 · 장성복
발 행 처	(주)시대교육
공 급 처	(주)시대고시기획
출 판 등 록	제10-1521호
주 소	서울시 마포구 큰우물로 75 [도화동 538 성지 B/D] 9F
전 화	1600-3600
팩 스	02-701-8823
홈 페 이 지	www.sdedu.co.kr

I S B N	979-11-383-7939-7 (13560)
정 가	25,000원

나는 이렇게 합격했다

자격명 : 위험물산업기사
구분 : 합격수기
작성자 : 배*상

나는 할 수 있다
69년생 50중반 직장인 입니다. 요즘
자격증을 2개 정도는 가지고 입사하는 젊은 친구들에게
일을 시키고 지시하는 역할이지만 정작 제 자신에게 부족한 점
이 많다는 것을 느꼈기 때문에 자격증을 따야겠다고
결심했습니다. 처음 시작할 때는 과연 되겠
냐? 하는 의문과 걱정 이 한가득이었지만
시대에듀 인강 을 우연히 접하게
되었고 잘 차려 진 밥상과 같은 커
리큘럼은 뒤늦게 시 작한 늦깍이 수험 생이었던 저를
합격의 길 로 인도해 주었습니다. 직장생활을
하면서 취득했기에 더욱 기뻤습니다.
감사합니다!

합격은 시대에듀

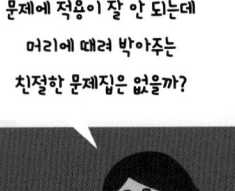

유선배 과외!

자격증 다 덤벼!
나랑 한판 붙자

✓ 혼자 하기 어려운 공부, 도움이 필요한 학생들!
✓ 체계적인 커리큘럼으로 공부하고 싶은 학생들!
✓ 열심히는 하는데 성적이 오르지 않는 학생들!

유튜브 **무료 강의** 제공
핵심 내용만 쏙쏙! 개념 이해 수업

[자격증 합격은 유선배와 함께!]

맡겨주시면 결과로 보여드리겠습니다.

SQL개발자 (SQLD)	GTQ포토샵& GTQ일러스트 (GTQi) 1급	웹디자인기능사	사무자동화 산업기사	사회조사분석사 2급	정보통신기사